JN093374

狩猟用語事典

『狩猟生活』編集部編
小堀ダイスケ 佐茂規彦 吉野かぁこ 著

山と溪谷社

はじめに

東西南北に広がる日本列島では、狩猟（ハンティング）用語は全国共通のものから、地域特有の呼び方や隠語なども含めると実に多彩です。「冬眠」「引き金」「牡丹（ぼたん）」「紅葉（もみじ）」といった狩猟をしない人にも通じる用語から、「アマッポ」「オンタ」「バックストップ」「タツマ」など狩猟者に通じる言葉も存在します。それに「けもの道」という用語ひとつとってみても、「ウツ」「ウジ」「トアト」「トウリ」「トオ」「道」「国道（使用頻度の高いけもの道の意）」などの呼び方があります。現在、狩猟用語についてまとまった最新の文献がないことから、本書の企画・編集はスタートしました。狩猟に関する一般用語、動物、猟銃・射撃、わな猟、網猟、猟犬、刃物、ジビエや解体、皮なめしなどについて、思い浮かぶ限りの言葉を採集し、写真や図版などを適宜入れて用語の補足もしています。

動物に関しては、狩猟鳥獣46種（２０２２年度猟期現在、獣類20種＋鳥類26種）はもちろんのこと、見た目が似ている非狩猟鳥獣もできるかぎり収録しました。狩猟鳥獣は生息数の増減や環境の改善・悪化など時代によって増減があり、現在、指定されている鳥獣であっても、突如指定が解除されたり、逆もしかり。狩猟界に身を置くハンターであれば、狩猟鳥獣以外の動物について知っておいても不都合はないと思います。

そして、「狩猟にまつわる知識集」として、猟銃・射撃、わな猟、網猟、ジビエといったテーマを後半にまとめました。たとえば、リンゴの皮をむいて食べる人と、むかずに皮ごと食べる人がいるように、狩猟の世界においても狩猟者ごとにアプローチはさまざま。本書で紹介している猟法はほんの一部にすぎませんが、狩猟者ごとに流儀や哲学があってどの方法で臨むか好みが分かれます。イノシシ猟でも銃猟とわな猟で獲物へのアプローチが異なり、さらに単独猟なのかグループ猟なのか、地域によって積雪があったりなかったり、地形の高低差があったりなかったり、山の植生の違いや獲物が食べる餌なども多様です。違法なものや危険なものを除いてどの方法もある意味で正解といえますが、多くのデータを取捨選択して、臨機応変にその地域でベストな猟法をとれる狩猟者がやはりよく獲れます。

本書をまとめるにあたり、各分野の専門の方々からアドバイスをいただくとともに、校閲をお願いしました。多大なるお力添えをいただきましたことを、この場を借りて厚く御礼申し上げます。

2022年11月22日　『狩猟生活』編集部

目次

ENCYCLOPEDIA OF HUNTING TERMS

Contents

目次

ENCYCLOPEDIA
OF
HUNTING TERMS

Contents

狩猟用語事典

Part 1

あ行

ＩｏＴ式はこわな【あいおーてぃーしきはこわな】

赤外線センサーやＩｏＴ技術（あらゆるものをインターネットに接続する技術）を利用したはこわな。たとえば、獣がわなに入ると赤外線センサーが感知し、動画撮影を開始。その映像がインターネット経由でパソコンやスマートフォンなどに送られて、狩猟者は遠隔操作で扉を落とすことができる。通常のはこわなとは違い、リアルタイムの映像を見ながら、最適なタイミングで扉を落とせるというメリットがある。

Iot式はこわな

アイカップ【eye cup】

ライフルスコープの接眼レンズに取り付けるゴム製のチューブ。スコープに余計な光が入り込むのを防ぎ、適正なアイリリーフを担保する効果がある。

アイリッシュセター【Irish setter】

犬種名。チェスナットと呼ばれる鮮やかな栗色で、柔らかいシルクのようなコートが目を引くアイルランド原産のガンドッグ。フランスのスパニエル種にポインターの血が掛け合わされたとされ、18世紀には固有犬種として認識されていた。ほかのセター種と同様、鳥猟では鋭い嗅覚で獲物となる鳥を捜索し、近づいてハンターに位置を知らせるように身をかがめるセットという姿勢をとる。優秀な作業能力と多大なスタミナを有し、鋭敏かつ利口で、愛情深く、誠実である。

アイリリーフ【eye relief】

スコープなど光学照準器を覗いたときに全体を見渡すことができる接眼部と目の距離のこと。そのポイントよりも離れると、ケラれて全体が見渡せなくなる。製品によってアイリリーフが異なる。

アイリリーフ

アオガシ
クスノキ科の常緑高木「ホソバタブ」の通称。幹は高さ約 15mで、本州中部以西・四国・九州・沖縄に分布。本種が群生しているエリアには、この実を食べて脂肪の乗ったイノシシが多く活動するといわれる。本種の樹皮はシカも好む。

アオサギ【ペリカン目サギ科】

非狩猟鳥(一部地域で駆除対象)。留鳥(北海道では夏鳥、南西諸島では冬鳥)。

[分布]全国。

[環境]海岸、内湾、湖沼、河川、水田、湿地など。

[特徴]全長約93㎝と大きく、全身が青灰色のサギ。顔は白く、額から後頭には濃紺の帯、同じ色の長い冠羽がある。嘴は黄色で太く長い。雌雄同色。

[行動]高木の枝上にコロニーをつくり、繁殖中はひなに餌を与えるために頻繁に採食する。動物食で、魚類のほか、両生類、爬虫類、小型哺乳類、鳥類のひななどさまざまなものを食べる。

[鳴き声]「グワーア」「ゴアーーァ」としわがれた声を出す。

[獣害]魚の食害や稲の踏み付けなどが多発していることから、地域によっては有害捕獲対象となっている。

[食肉として]塩焼きは旨味があり肉質も柔らかく、牛肉のハラミに似ている。蒸し焼きにするとより肉汁が楽しめる。

アオサギ

アオバト【ハト目ハト科】

非狩猟鳥。キジバトと誤認されやすい。留鳥(北海道や東北の個体は冬は南へ移動)。

[分布]主に九州以北。

[環境]冬は平地で越冬するとされているが詳細は不明。

[特徴]。雌雄ほぼ同色。全身が鮮やかな緑色で、成鳥のオスは翼の一部が赤紫色。全長約33㎝で、キジバトやドバトとほぼ同じ大きさ。

[行動]樹上で果実を食べるが、冬は地上でドングリなどを食べることもある。森林で生活し、開けた場所に出ることは少ない。

[鳴き声]主に「オーアオー アーオオーアオアー」と尺八のように鳴く。

[キジバトとの識別]体型は狩猟鳥のキジバトに似ているが、本種は体色と鳴き声がキジバトと異なる。シルエットだけで判断しないこと。

アカヤマドリ
狩猟鳥。九州北・中部に分布するヤマドリの亜種。ヤマドリに比べて尾羽が赤い。同地域には、非狩猟鳥の亜種コシジロヤマドリも生息しているので、識別に注意すること。詳細は「ヤマドリ」の項参照。

アクアラング用高圧ボンベ【あくあらんぐようこうあつぼんべ】
プリチャージ式空気銃の蓄圧用に使う。ハンドポンプに比べ操作は楽だが、空気の充塡は許可を持つ事業所で行わなければならない。

アカヤマドリ

味取り

味取り【あじとり】

皮に含ませた塩を水で洗い流すこと。

足元犬【あしもとけん】

猟野において放犬後、ノーリードの状態でもハンドラーである狩猟者から離れず、極めて近くにいる状態で渉猟ができる犬のこと。足元犬という特殊な犬種がいるわけではない。ハンドラーからあまり離れないという習性は、本来、犬種によるところが大きい。ただし、獲物の臭跡をたどりハンドラーから離れていくハウンドなどの中にも、離れた間に受けたネガティブな経験や、もともとの個体差から来る性格などが理由となってハンドラーからあまり離れない個体も見られる。

アジャスタブルサイト【adjustable sight】

調整可能な照準器。上下左右すべてに調整可能なものはフルアジャスタブルサイトと呼ばれる。

亜種【あしゅ】

生物分類上の基本的な単位は「種」であり、通常は同じ種の個体の間でしか繁殖しないとされている。亜種はその下位の分類。同種ではあるが、地域間で異なる集団があると認められた場合には、複数の亜種に分けられる。たとえば、ニホンジカという種の中には、日本だけでもエゾシカ、ホンシュウジカ、キュウシュウジカ、マゲシカ、ヤクシカ、ケラマジカ、ツシマジカの7亜種がある。

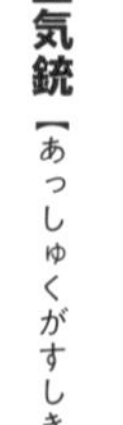

アジャスタブルサイト

圧縮ガス式空気銃【あっしゅくがすしきくうきじゅう】

CO_2（二酸化炭素）ガスボンベの圧力

で弾丸を撃ち出す空気銃のことで、冬場は気化効率が悪く威力が低いため現在はほぼ廃れている。ガスカートリッジ式空気銃。

安土【あづち】
放った弾丸がシューターのコントロール外へいかないようにするための、獲物の後方にある高い土や崖などで、安土で確実に弾丸が止まる。獲物を狙う際には、常に安土があることを確認して発砲する。バックストップともいう。

アップレディ【upready】
銃の保持方法で銃口を上に向けた状態をいう。特に射撃場ではこの方法が推奨される。（反）ローレディ。

アップレディ

跡見【あとみ】
イノシシ猟またはシカ猟において、猟場に獲物がいるか否かを判断するため、事前に山裾などを見回り、食痕や足跡の有無や新旧を大まかに確認することをいう。見切りと同義で使われることも見られるが、厳密には、跡見は見切りの前に行われるものであって、跡見により大まかに獲物の存在や出現を確認した後に、見切りによってさらにその詳細を確定する、という時系列の関係がある。

アナグマ【ネコ目イタチ科】

狩猟獣（日本固有種）。

［分布］本州、四国、九州、小豆島。

［環境］丘陵地から山地の竹藪や林。

［特徴］目の周囲から頭頂にかけて黒褐色。丸みを帯びた体型で、四肢が短く暗い色をしている。雌雄同色だが、オスのほうがやや大きい。頭胴長44〜68㎝。尾長12〜18㎝。体重4〜12㎏。標準和名ではないが「ニホンアナグマ」や、タヌキやハクビシンなどと併せて「ムジナ」と呼ばれることもある。

［行動］土中に長いトンネルを掘って暮らす。基本的に夜行性。地上でミミズや昆虫、カエルやカタツムリなどを捕食したり、落下した果実やドングリなどを食べる雑食性。秋に脂肪を蓄え、11月頃になると巣穴で冬眠に入る。

［食肉として］甘みのある脂身が豊富。個体によってはほのかにラム肉のような芳香がすることも。少し硬めなので、調理はよく煮込むシチューや鍋、すき焼きなどが合う。

［皮・毛皮］本種は毛先が細く、脂がいきわたっているため水に濡れても束にならない。弾力もあり、きめ細かい泡が立てられるとしてシェービングブラシなどに利用されている。

［獣害］トウモロコシ、スイカ、イチゴ、ブドウ、トマトなどへの食害。また人家に侵入し、床下や庭に穴を掘るという生活被害も発生している。

［捕獲］はこわなや囲いわな、くくりわな、銃猟など。

［タヌキやアライグマとの識別］狩猟獣のタヌキは本種より四肢が長い。そして、タヌキとアライグマは本種と異なり、目の周囲の模様は頭頂部まで達していない。またアライグマは尾に黒色の環がある。

アニマルトラッキング【animal tracking】

直訳すると「動物を追跡すること」であるが、言葉の意味はさらに広く、野生動物の足跡や食痕、糞の状態など、動物の活動により残されるあらゆる痕跡を対象として調査、分析し、対象となる動物の種類の特定や、生息状況を追跡しようというもの。

長い爪が特徴。歩行パターンは、前足の歩いた跡に後ろ足も重ねるような歩き方をする。蹠行性(せきこうせい)

アマス

イノシシの寝屋、特にメスのイノシシが出産をする場所のことをいう猟師言葉のひとつ。語源は定かではないが、雨をしのげる巣の意味で「雨巣」(あます)ではないかという説がある。

アマッポ

「据銃(すえじゅう)」の項参照。

アマミヤマシギ【チドリ目シギ科】

非狩猟鳥。ヤマシギと誤認されやすい。留鳥。

[分布] 南西諸島(現在繁殖が確認されているのは奄美群島のみ)。

[環境] 山地の薄暗い林。

[特徴] 雌雄同色。褐色で黒褐色の斑の

糞は直近に食べたものを知る手がかりになる

ヒグマが木の幹に残した爪痕

ある点や、おむすび型の頭に長い嘴のある点は、狩猟鳥のヤマシギによく似ている。全長約36㎝。

［行動］基本的に1羽で行動。夜間に採食し、落ち葉の下などからミミズや昆虫の幼虫などを捕る。

［ヤマシギとの識別］ヤマシギに比べて、本種は少し大きく、頭頂もそれほど尖っていない。また目の周りの皮膚が裸出しており、肉の色に見える個体もある。とはいえ、野外でヤマシギと区別をするのはかなり困難。

網猟【あみりょう】

法定猟法のひとつで、網を使用する猟法のこと。猟具としての網とは、動植物性繊維または化学繊維の糸などで編まれ、鳥獣捕獲の目的で地上または空間に張ったり、もしくは鳥獣にかぶせ、鳥獣をすくうことができるようにつくられたものをいう。法定猟具としての網は、むそう網、はり網、つき網、なげ網の4種類が定められている（鳥獣保護管理法施行規則第2条第2号）。

網猟免許【あみりょうめんきょ】

鳥獣保護管理法第39条に基づく狩猟免許の区分のひとつ。網を使用する猟法または同法第2条第6項の環境省令で定める猟法により狩猟鳥獣の捕獲等をしようとする者が受けなければならない免許。なお法律上は「同法第2条第6項の環境省令で定める猟法」とあり、銃器、網またはわな以外の法定猟法を意味するが、現時点では環境省令における定めがないため、実質的に網猟のみを指すと解されている。

アメリカンビーグル【American beagle】

犬種名。19世紀半ばにイギリスからアメリカに輸入されたビーグルが、アメリカにおいて人気を博し繁殖されるようになった犬種。ビーグルはもともと、狩猟者が歩いて追えるほどの速度で獲物を追跡する小型のハウンド犬種で、16世紀頃にはイギリスにおいてウサギ狩りに使役されていた。現在、日本の猟野でもウサギ狩りやシカ狩りに使役されているほか、一般家庭の愛玩犬としても人気がある。イギリス系のビーグルに比べ、小柄、尾が太く短いとされる。

アメリカンビーグル

アライグマ【ネコ目アライグマ科】

狩猟獣（特定外来生物）。タヌキやアナグマと誤認されやすい。

［分布］ほぼ全国。

［環境］森林地帯から市街地など、幅広い環境の水辺。

［特徴］北アメリカ原産で、日本ではペットとして輸入されたものが野生化した。体毛は灰褐色で、目の周りのはっきりした黒いマスク模様と尾の環が特徴。雌雄同サイズ。頭胴長42～60㎝。尾長20～41㎝。体重6～10㎏。

［行動］夜行性で雑食、獰猛な性格。他

歩行

前足より、後ろ足が細長いのが特徴。歩行パターンはジグザグで、前足のほぼ横に後ろ足がつくように歩く。蹠行性（せきこうせい）

の動物が掘った穴や樹洞を利用して年1回、春に出産するが、妊娠や子育てに失敗すると、夏から秋に再度繁殖行動をすることがある。水で食べ物を洗うように見える行為は、水辺で獲物を探す行動が飼育下では満たされないために起こるものだと考えられている。

［食肉として］個体差や捕獲時期の差は不明だが、筋肉がしっかりして硬めの肉質。肉の味は濃く、臭いことも。メスは比較的柔らかく、臭みもないといわれる。ただしアライグマには雑菌が多く、また糞尿には「アライグマ回虫」が混入している可能性もある。人間に感染した場合、致死的な中枢神経障害の原因ともなる。捕獲時の運搬や解体などには、厳重な注意が必要。

［皮・毛皮］毛皮はラクーンと呼ばれる。上毛や下毛が長いのでボリュームがあり、保温性に優れている。

［獣害］トウモロコシやスイカなどの農作物、養魚、養鶏などを食べるため、一次産業への被害が拡大している。

［捕獲］はこわなや囲いわな、くくりわな、エッグトラップ、散弾銃（散弾）や空気銃での銃猟など。

［タヌキやアナグマとの識別］外見の特徴や食性、生息環境などが狩猟獣のタヌキに似ている。しかし、タヌキの尾には環がなく全体的に淡い褐色。目の周りのマスク模様も本種に比べて不明瞭だ。狩猟獣のアナグマには、本種のような鼻から額に伸びた黒い部分がない。

洗い矢【あらいや】

銃身内を清掃するために使う棒状の道具。先端にブラシなどを装着して使用する。

アルマー（日本）【AL MAR】

ナイフメーカー。ガーバー社のデザイナーだったアルマー氏が立ち上げたブランドで、製造は岐阜県関市のサカイが担当。デザインから製造まで一貫してアジア人が行ったナイフが世界中で大ヒットした例は過去になく、さまざまな意味でパイオニアだといえる。

安全器【あんぜんき】
一時的に引き金を動かないように固定するためのパーツ。

安全子【あんぜんし】
安全器と連動している場合もあり、一時的に引き金を固定して動かなくさせるパーツ。

安全装置【あんぜんそうち】
銃の発射機能を一時的に阻止するための装置。引き金だけを固定するものや撃針を不動にするものなど各種あるが誤作動の可能性は否定できず、完全に信用すべきではない。

アンダーレバー式【あんだーればーしき】
レバー操作で装塡排莢を行う連発銃の形式。1800年代中頃に実用化された古い形式だが、現在も使われている。

胃【い《イノシシ》】
動物の臓器。反芻動物であるシカの胃は4つあるので、食用部位としてウシと同

上はアンダーレバー式、下はボルト式

様、第一胃から第四胃までそれぞれミノ、ハチノス、センマイ、ギアラと呼ばれる。一方、イノシシの胃はひとつなので、豚にちなんでガツと呼ばれる。イノシシの胃には豚胃虫という線状の寄生虫がつくことがあるので、事前に厚生労働省のカラーアトラスなどを見てその形状や特徴を確認しておきたい。

E型肝炎【いーがたかんえん】
E型肝炎ウイルスによる急性ウイルス性肝炎。我が国では汚染された食品や動物の臓器や肉の生食による経口感染が指摘されている。潜伏期間は平均6週間といわれている。初期は風邪に似た症状が出るほか、発熱、体のだるさ、腹痛、寒気、食欲不振等を呈する。慢性化することはないが、妊婦（第3三半期）に感染すると劇症化しやすく、致死率も高く20％に達することもある。特異的な治療法はなく、対症療法が中心となる。
シカ肉やイノシシ肉などの野生肉にもE型肝炎ウイルスによる食中毒のリスクがあり、厚生労働省からは解体などに使用した器具の消毒や、肉の中心部までしっかり火を通して食べることなどの注意喚

起がなされている。

イサカ【Ithaca】
アメリカの銃器メーカー。スライドアクション式散弾銃のM37が有名。排莢口が下部にあるため異物などが入りにくく、劣悪な環境にも耐える。

依託射撃【いたくしゃげき】
銃を他の物体に載せたり押し付けるなどし固定した状態で射撃すること。命中率を上げることが期待できる。「座射」「膝射」「伏射」「立射」の項参照。

依託射撃

イタチ
日本に分布する種にはニホンイタチとシベリアイタチがある。しかし、一般的にはそれらを区別せずイタチと呼ぶことが多い。詳細は、「ニホンイタチ」「シベリアイタチ」の項参照。

一犬二足三鉄砲【いちいぬにあしさんてっぽう】
古くから猟師に伝わる格言のひとつで、狩猟において重要なものを順番に表している。すなわち、第一に優れた狩猟犬、第二に健脚であることまたは猟場をよく歩くこと、第三に射撃の腕前、を意味し、「一犬、二足（脚）、三腕前」ともいう。

一銃一狗【いちじゅういっく】
ハンドラーである銃猟者ひとりと、狩猟犬1頭でのみ行う狩猟スタイルをいう。狩猟者自身の卓越した技能と犬の高度な猟能が必要であり、何より犬との信頼関係やコンビネーションが不可欠であることから、犬を使った猟法としては、複数人、複数頭で行うグループ猟などと比べ難易度が高いとされる。

一妻多夫【いっさいたふ】
繁殖期に、1頭のメスが複数のオスと繁殖行動を行うこと。形式としては、同時期に複数のオスとつがう「同時的一妻多夫」と、同じ繁殖期の間に次々にペアを変える「連続的一妻多夫」がある。たとえばタマシギは、メスがオスのもとを訪れて交尾・産卵すると去り、次のオスとつがう連続的一妻多夫の形をとっている。日本で一妻多夫に該当する動物はごくわずか。

一夫一妻【いっぷいっさい】
オス1頭（1羽）とメス1頭（1羽）で、交尾や子育てなどの繁殖行動を行うこと。番（つがい）やペア、一雌一雄（いっしいちゆう）とも呼ばれる。繁殖期間内にオス1頭（1羽）とメス1頭（1羽）で過ごしていれば一夫一妻とみなすのが普通。哺乳類の場合はオスも子育てに関わるなど、少なくとも母子と一緒にいる場合を指すことが多い。ただし、ペアを維持したまま他個体と交尾している例も、特に鳥にはしばしばある。

一夫多妻【いっぷたさい】
繁殖期に、1頭のオスが複数のメスと繁殖行動を行うこと。形式としては、同時期に複数のメスとつがう「同時的一夫多妻」と、同じ繁殖期の間に次々にペアを変える「連続的一夫多妻」がある。前者は、シカのハレムのように複数のメスを引き連れて集団行動するのが典型的だが、1頭のオスが単独行動する複数のメスのもとを訪れて同時進行で繁殖行動を行うこともある。一雄多雌（いちゆうたし）または一牡多牝（いちぼたひん）ともいう。

イナーシャ方式【いなーしゃほうしき】
発射時の反動を利用しスプリングなどで増幅させ、ボルトのロッキングを解放することで排莢と装塡を行う自動連発の機構。銃身が機関部に固定されているため、同じ反動利用方式でも銃身後退式に比べて命中精度が高いとされている。

犬馬喰【いぬばくろう】
犬の繁殖や売買で利益を得たり、それを生業にする者、またはその業者のこと。農耕用の牛や馬の売り買いをする仲介業者を「馬喰（ばくろう）」と呼んだことが語源。犬の猟能を究めたり、犬種としての保存を目的とするのではなく利益一辺倒になった繁殖家のことを揶揄（やゆ）する意味をも含むため、用語の使用には注意がいる。

犬笛【いぬぶえ】
犬を呼び戻したり、指示を与えたりするための小型の特殊な笛。人間には聴き取ることができない約20000～30000Hzの周波数の音を出すことができ、周囲の人に不快感を与えずに犬だけに指示を与えることができる。ドッグスポーツなどでコマンドを与えたりするのに用いられるほか、猟場におけるポインティングドッグのコントロール、獣猟犬の呼び戻しなどに使用する狩猟者もいる。

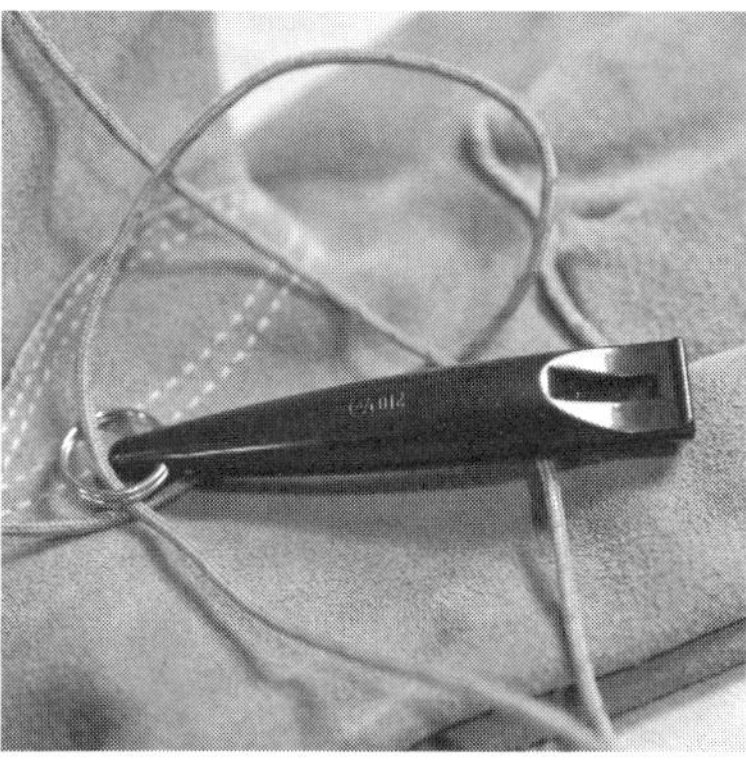
犬笛

犬猟【いぬりょう】
犬に獲物を探索させ、ハンターから見える場所に誘導し、撃った獲物を回収させるといった狩猟犬とともに行う狩猟方法の総称。

イノシシ【鯨偶蹄目イノシシ科】
狩猟獣（日本固有種）。
［分布］北海道を除き、全国的に分布。（日本には2亜種あり、本州、四国、九州に広く分布するのがニホンイノシシ。沖縄に分布するのがリュウキュウイノシシ）。
［環境］平野部から山地にかけての森林や農耕地など。
［特徴］全身が褐色。頭が大きくずんぐりした体型。雌雄同色。オスのほうが大きく、発達した牙（犬歯）を持つ。幼獣は体に汚白色の縞があり、マクワウリの

歩行

イノシシがヌタ浴びをした後に体を木にこすりつけると泥がつく。擦り木という

イノシシ

足跡

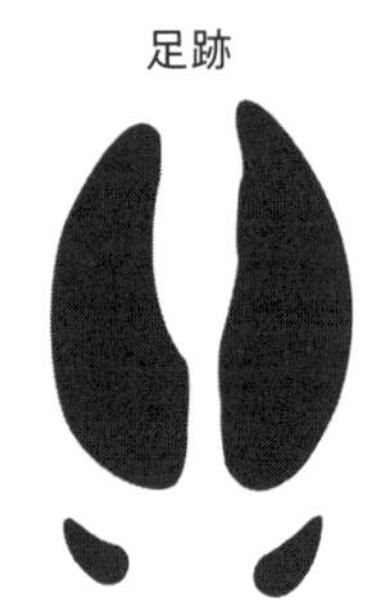

外側の副蹄が発達しているので、左右の足を見分ける手がかりとなる。前足と後ろ足の跡が重ねてつく。蹄行性（ていこうせい）

品種の一部に似ていることから「ウリボウ」とも呼ばれる。頭胴長70～160cm。体重30～150kg。家畜ブタの祖先種でもある。リュウキュウイノシシはニホンイノシシより小柄で、頭胴長は80～120cm。体重はオスでも50kg程度にしかならない。シシ、ブタなどともいう。

［行動］山の中では、昼夜関係なく活動する。人間のいる地域では、その行動に合わせて自らの行動も変える。青系以外の色は認識せず、基本的にモノクロの視界で生活する。近視傾向だが動くものには敏感に反応し、嗅覚も鋭い。警戒時は、耳を立て、目で見て首を上下させて鼻をひくつかせる。泳ぎが得意。雑食だが、メインはタケノコやドングリ、シバの根などの植物質。カエル、ヤマナメクジなども食べる。ブルドーザーのように広大な面積の土を掘っているように見える場合は、スギナの根の採食が考えられる。よくミミズを狙って食べているといわれるが、解体時などに胃に寄生する回虫を見て誤認される例もあり、本当のところはわかっていない。各研究では、餌全体での植物質が重量比70～90％との報告が多い。

年1産で、一般的な交尾期は晩秋から冬にかけて。114～120日の妊娠期間を経て、通常は春に出産する。ただし、場合によっては冬に出産することもある。1回の出産で平均4～5頭産み、縄張りは持たない。草を敷いたりして休憩するための寝屋をつくる（「寝屋」の項参照）。また、主に体温調節のために、大きな水たまりなどで泥水を浴びる「ヌタ場」などを複数持つ（「ヌタ場」の項参照）。

［食肉として］赤身は鮮やかな赤色で、

皿に並べるとボタンの花のように見えることから、「ぼたん肉」とも呼ばれる。融点の低いさらりとした脂身は、ほのかな甘みをもって口の中で広がる。適切に処理された肉に荒っぽい臭みはなく、むしろ滋味深い甘みがある。赤身はやや硬いが、ぼたん鍋や煮込み料理、粗びきにして野性味あるハンバーグなどさまざまな料理で楽しめる。
［皮・毛皮］皮には毛穴が開き通気性がよく、ブタよりもやや柔らかい。近年では害獣活用の一環として各地で加工されている。
［獣害］稲や果実、根菜類など、農作物への被害が全国的な問題となっている。普段はおとなしいが、まれに興奮した本種が人を襲うこともある。
［捕獲］散弾銃（スラッグ弾）やライフル銃での銃猟。猟犬を使った巻き狩り、忍び猟や単独猟。はこわな、囲いわな、くくりわななど。痕跡は、足跡、糞、ヌタ場（「ヌタ場」の項参照）など。食痕には、皮だけきれいに剝いて食べたクリやミカン、殻を吐き出したドングリなどがある。
［豚熱］家畜ブタに甚大な被害をもたらす豚熱（ぶたねつ／CSF）の感染源にもなっているので、豚熱が疑われる山域には立ち入らず、やむなく歩いた際には靴やウエアの消毒を徹底すること。

イノブタ

狩猟獣。イノシシとブタが交配したもの。イノシシとブタは同種であり、両者が交配したイノブタも生物学的にはイノシシと同種（学名「*Sus scrofa*」）である。外見もイノシシそっくりの個体がいる。交配の理由には、食肉生産のための人為的なものや、逃げ出した家畜ブタが野生イノシシと接触するケースなどがある。ただし、ブタと混ざったとしても必ずしも多産になったり繁殖回数が増えたりするわけではない。野生状態では餌条件によって繁殖が制限されるため、人間の管理下から離れれば自然とイノシシと同じ状態に戻っていくことが多い。

イヤプロテクター【ear protector】

銃の発砲音から耳を守るための道具類。

イヤマフ【ear muff】

イヤープロテクターのうち頭に装着するヘッドホン状のもの。電気式で会話を増幅しつつ発砲音のみを遮断するものもある。

イングリッシュコッカースパニエル【English cocker spaniel】

犬種名。体重15kg未満のイギリス原産の狩猟犬。「コッカー」は「ヤマシギ」の意味で、「ヤマシギを飛び立たせる」ということを名称の由来とするガンドッグ。「スパニエル」はフランス語で「スペインの」という意味だが、もともとの出自がスペインにあるのかは不明。毛色は単色のブラックやレッド、レモンアンドホワイト、トライカラー（3色）などさまざま。毛質は美しいシルクのようで、スタンダードは長めだが、狩猟用に繁殖されているフィールド系はやや短いなど違いがある。ヤマシギやキジなどの鳥猟のほか、ウサギ狩りに使役されることもある。

イングリッシュセター【English setter】

犬種名。英セター、英セと略されることもある鳥猟犬の代表的犬種であり、およそ400年の歴史を持つ最古のセター。

イングリッシュポインター

イングリッシュセター

スペイン原産のセッティングスパニエルがその原種といわれる。セターの名は、ゲームを前にして座り込む性質、すなわちセット（セッティング）することが由来であるとされる。実際には現在のセター種でセットするものは少なくなっており、ポインターのように立ったままでポイントするものが多い。猟欲は強く、アクティブで友好的、飼育にはかなりの運動量を要する。

イングリッシュポインター【English pointer】犬種名。英ポインター、英ポと略されることもある鳥猟犬の代表的犬種。17世紀にはポインターの祖犬となるフォックスハウンドやグレーハウンド、スパニエル種などを交配した犬たちがすでに登場しており、18世紀初めに英国に輸入されたオールドスパニッシュポインター（スペイン原産）を原種とし、ほかのポインター種やハウンド種との交配を重ねて固定されたものが現在のイングリッシュポインターとされる。漂う臭いを嗅ぎ取る能力に長けており、高い運動能力と持久力で獲物を探し出す。獲物の位置を認識すると、鼻を獲物のほうに向けて前脚の片方を上げて静止するポイントと呼ばれる姿勢をとることからその名がついた。猟欲は強く、機敏かつ力強さやスピード感を兼ね備える。友好的であり、セター同様、飼育にはかなりの運動量を要する。

インテグラル【integral】シースナイフの製造法。ブレードとヒルトやハンドルまですべて一体の削り出しでつくられたもので、剛性が高く頑丈だ

写真はピカティニーレール。溝と溝の間隔は、ピカティニーレールは5.35㎜で等間隔、ウィバーレールは3.8㎜だが製品によって異なるのが特徴

が製作は難しい。

ウィーバーレール【weaver rail】
マウントベースのうち、マウントリングと連結する部分の溝が3.8㎜規格のもの。ピカティニーレールより歴史は古く、溝と溝の間隔に決まりはない。

ヴィクトリノックス（スイス）【Victorinox】
ナイフメーカー。ナイフブレードのほかに缶切りやドライバーなどをそなえたマルチツールナイフの元祖的存在で、スイス軍が長きにわたり採用している。スイスの国旗がワンポイントに入った赤いハンドルが有名。

ウィンチェスター【Winchester】
1860年代に創業したアメリカ最大級の銃メーカーで正式名称はウィンチェスターリピーティングアームズ。狩猟銃としてはM12、M70、M94などが現役で使用されている。

ウェザビー【Weatherby】
アメリカの銃器メーカー。460ウェザビーなど、マグナムライフルを世に知らしめたメーカー。1970年代に一世を風靡し、ボルトのロッキングブロックを9個とするなど、威力だけではなくデザイン面でも洗練されていた。一部の製品は日本の豊和工業が製造し、本家アメリカ製よりはるかに精度が高かったことでも有名。

ウォールナット【walnut】
クルミ木材。加工性がよく耐久性が高いため銃床用として最高の素材とされている。近年では木材不足のため価格が高騰しており、特に最高級とされるフレンチクラロウォールナットなどはメーカーでも確保が難しい。

動き食み【うごきはみ】
イノシシなどが、餌を食べながら普段の行動圏内などを歩くこと。猟師言葉のひとつ。

うさぎ網【うさぎあみ】
網猟における、はり網の一種。勢子がノウサギやユキウサギを山の上のほうに追い上げることで、網に誘い込んで捕獲する網。網は樹の間などに張り、獲物が引っかかったショックで網が外れ、からめ捕る。

ウズラ【キジ目キジ科】
非狩猟鳥（2013年度から狩猟鳥の指定解除）。夏鳥として本州中部以北で繁殖し、本州中部以南で越冬。
［分布と環境］中部地方以北の平地から山地の草原、農耕地などで繁殖。冬は、本州以南の河原や草原で過ごす。
［特徴］全長約20㎝で、雌雄同サイズでほぼ同色だが、オスはメスに比べて赤みが強く、頬は赤褐色に見える。胸から腹にかけて、白い縦斑がある。
［行動］非繁殖期は1羽か小さな群れで行動する。草地などを歩いて、草の種や昆虫類などを食べる。開けた場所に出ることは、ほとんどない。
［鳴き声］非繁殖期に鳴くことはほぼない。

ウッドストック【wood stock】
木製銃床。強度や加工性などからクルミ材が最適とされており、最高級のフレンチウォールナットはプレミア価格で取引される。カバ、カエデ、サクラなどが使われる場合もある。「シンセティック銃床」の項参照。

ウデ
食肉としての部位、肩（カタ）の別名。「肩」の項参照。

ウミアイサ【カモ目カモ科】
非狩猟鳥。状況によっては、マガモなどと誤認の可能性がある（後述）。冬鳥。
［分布］北海道から九州まで
［環境］海岸近くの海上、河口、内湾、港、河川など。
［特徴］成鳥のオスは、頭部から顎の上部までが黒く、緑色の光沢がある。ツンツンとした冠羽があり、嘴が赤くて細い。メスの頭は赤褐色で冠羽があり、体は灰色で頭と首の色にはっきりとした境界がない。
［行動］数羽から数十羽の群れで行動し、大群になることは少ない。潜水して魚類を捕る。
［鳴き声］主に「グワッ　グルー」などと鳴く。
［マガモとの識別］冠羽が寝ていると、角度によっては狩猟鳥のマガモと誤認することも。実は本種と近縁でそっくりなカワアイサのほうがよく見られるが、いずれも非狩猟鳥。本種やカワアイサは、細長くて先端の曲がった嘴を持ち、首も長いので、識別の目安にする。

海ガモ【うみがも】
海域を中心に生息するカモ。狩猟鳥の中では、ホシハジロ、キンクロハジロ、スズガモ、クロガモの4種。水に浮かんでいるときは尾羽が水面すれすれにあり、飛び立つときは、水面を蹴りながら滑走して飛び立つ。水中の食べ物を採るときは、潜水する。ただし、キンクロハジロとホシハジロは内陸でもよく見られる。潜水をする鳥にカンムリカイツブリがいるが、カモ科でも狩猟鳥でもないので注意。

カモ類の飛び立ちの特徴

海ガモ（左）は飛び立つときに水面を滑走しながら飛び立つ傾向がある。陸ガモ（右）は、助走をつけずに飛び立つ傾向があるという

裏すき【うらすき】
「にべ取り」の項参照。

ウリボウ
狩猟獣イノシシの幼獣の通称。生後まだ間もなく、縞模様が消えていない幼獣のことを指す。縞模様の柄が瓜のように見えること、瓜のような形と大きさであることなどが由来と考えられる。成獣を含む詳細は「イノシシ」の項参照。

エアアームス【Air Arms】
イギリスの空気銃メーカー。スプリング式からプリチャージ式までさまざまな形式の銃を製造しており、エレガントなデザインと高い命中精度に定評がある。

エアカッター
エアコンプレッサーをつないで皮剝ぎをする変形の刃物。

曳光弾【えいこうだん】
発光剤を内蔵した弾丸のこと。弾道を目視することができる。

ATAアームス【ATA ARMS】
ATAアームスはトルコ最大級の銃器メーカーである。ベレッタデザインの銃に定評があり、本家に迫る性能と低価格で販路を広げている。

エキストラクター【extractor】
薬室から薬莢を引き抜くための鉤爪状の部品でボルト先端に装着されている。抽筒子。

エキノコックス症【えきのこっくすしょう】
感染症のひとつ。エキノコックスと呼ばれる寄生虫の卵が、キツネの糞から排出され、その卵をヒトが経口摂取することで感染し、肝機能障害などを起こす。日本では、北海道のキタキツネが主な感染源。エキノコックスに感染したキツネやその糞に直接触れることで、卵が付着することも考えられるが、キツネの糞で汚染された山菜を生で食べたり、沢水やわき水を飲んだりした場合にも、感染のおそれがある。エキノコックスの幼虫の発育は非常に遅く、自覚症状が現れるまで数年から十数年かかるといわれている。現在では、血液検査などで早期に発見でき、手術で治すことも可能。また、北海道で放し飼いをして感染した犬も、キタキツネ同様に感染源となる。北海道以外でも、野犬において犬のエキノコックス症が確認されている。

エキノコックス症の感染源のキタキツネ

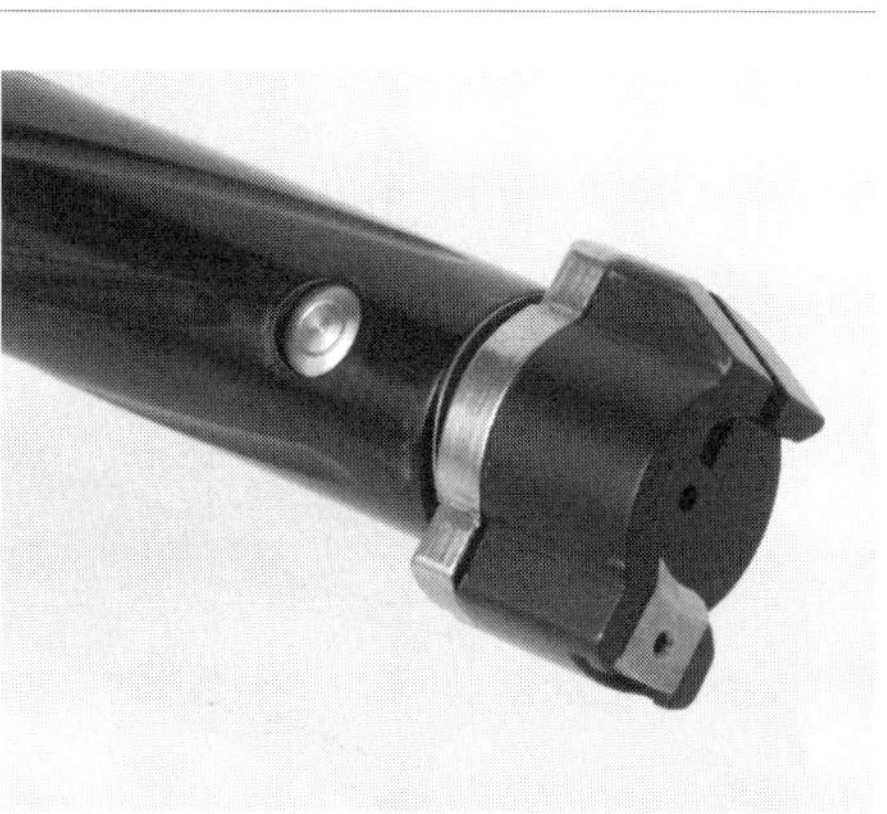

エキストラクター

エコレザー【eco leather】
「日本エコレザー基準（JES）」に適合した革材料のこと。製品の製造・輸送・販売・再利用のサイクルの中で、環境負荷を減らすことに配慮し、環境への影響が少ないと認められるものを指す。

餌釣り式トリガー【えさつりしきとりがー】
餌と直接連動させた、はこわなのトリガ

エコレザー

ー。たとえば、釣り鉤のように曲げた針金をわなの天井部からぶら下げ、その先端に餌をつけておく。獣がこれを食べようとして動かすとトリガーが外れて扉が落ちるという仕組み。アナグマやタヌキなどの小型哺乳類を捕獲する目的で使われることが多い。

エジェクター【ejector】
薬室から抜かれた薬莢を排莢口から排出させるための部品。ボルトアクション銃の場合、コントロールフィード方式では機関部内側に、プッシュフィード方式ではボルト先端に装着されている。

SKB（日本）【えすけーびー】
かつて茨城県にあった銃メーカー。昭和50年代頃、それまで高級品だった散弾銃を大量生産しコストを下げ、庶民にも購入できるようにした功績は大きい。2010年に惜しまれつつ活動を停止した。

エゾシカ
狩猟獣。ニホンジカの中で、北海道に分布する日本最大の亜種。詳しくは「ニホンジカ」の項参照。

エゾモモンガ【ネズミ目リス科】

非狩猟獣。タイワンリスと誤認されやすい。

［分布］北海道。

［環境］平地から山地の森林。

［特徴］ユーラシア北部に分布するタイリクモモンガの亜種。目の周りが黒褐色、尾はふさふさして平たくニホンモモンガに似ている。頭胴長10・1〜16・9㎝。尾長10・2〜10・4㎝。

［行動］夜行性で樹上で生活。前後肢の間の飛膜を広げて、木々の間を滑空する。冬眠はしないが、保温のために同じ樹洞の巣穴を複数の個体が共有している。

［タイワンリスとの識別］体型は狩猟獣のタイワンリスに似ているが、タイワンリスは下面が白くなく、目も小さく見える。

エゾライチョウ【キジ目キジ科】

狩猟鳥。留鳥。

［分布］北海道。

［環境］平地から山地の林に生息し、特に針葉樹林の地面に多い。朝夕は林道などの開けた場所に出てくることもある。

［特徴］全長は約40㎝で、雌雄ともに同程度の大きさと色合い。お腹のぽってりしたずんぐりした体型。全体的に褐色だが、背と腹側では違う密度で、また濃淡も違う茶色の斑が入り、ウロコのような複雑な模様をしている。成鳥のオスは喉が真っ黒で、その周囲を白い帯が取り巻いているように見える。また頭には短い冠羽があり、目の上には赤い肉冠がある。

成鳥のメスにはそれらの特徴はない。北海道では通称ヤマドリと呼ばれることがあるが、もちろん種としてのヤマドリとは別種である。

［行動］繁殖期はつがいで、それ以外は小さな群れで過ごしている。主にナナカマドやノブドウの実などの植物や昆虫を食べる。地上での採食が多いが、樹上で行うこともある。長い距離を飛ぶことはあまりない。驚くと地面から飛び上がり、樹上から様子をうかがっていることが多い。

エゾライチョウ

［鳴き声］笛のような声で鳴く。繁殖期のオスは「ピー ピィ ピッ ピョッピョピョウ」と間隔を空けて繰り返し、その合間に小さく「チョイチュイチョ」などと挟むことがある。

［食肉として］上品であっさりとした白身。季節による採食の変化によって、肉の味の違いも楽しめる。シンプルなスープにも合う。水分が抜けないように火の入れすぎに注意。

［な捕獲］散弾銃（散弾）や空気銃、鳥猟犬を使った銃猟など。

エゾリス【ネズミ目リス科】

非狩猟獣。

［分布］北海道。

［環境］平地から亜高山帯にかけての森林。

［特徴］タイワンリスと誤認されやすい非狩猟獣。ユーラシア大陸北部に分布するキタリスの亜種。冬は背面が褐色か暗い灰褐色、夏は体毛の赤みが強い。夏冬ともに腹は白色。冬は、耳の毛が長くなる。頭胴長22・6～25・3㎝。尾長16・7～19・8㎝。体重260～385g。

［行動］昼行性で主に樹上で活動するが、移動や採食時には地上に降り、種子や果実、キノコ、昆虫などを食べる。秋にはクルミやドングリなどを地面に貯蔵する。

［タイワンリスとの識別］ニホンリス同様、狩猟獣のタイワンリスと体型が似ているが、タイワンリスは本種よりずんぐりした体型で、腹も白くない。

枝肉【えだにく】

獣類をとさつした後に、頭、内臓、血液、皮、四肢、尾を除去した骨付き肉のこと。通常は、背骨を中心にして左右に分割した状態で取引されることが多い。イノシシなどは、地域によって皮ごと食べる習慣もあるため、枝肉に皮がついていることもある。また枝肉のまま、数日間冷蔵室などにおいて熟成させることもある。

エッグトラップ式わな【えっぐとらっぷしきわな】

アライグマのみを捕獲することを目的として開発された捕獲器。卵型の拘束部分に逃げ出し防止のワイヤが連結されている構造が多い。手先が器用なアライグマの特性を利用して、アライグマが餌を取ろうと拘束部分の穴に前脚を入れると、

エッグトラップ式わな。手を入れて餌を取るアライグマの習性を利用したわな

バネがはじけてその脚を拘束する。法定猟具のくくりわなとは異なるので、使用については居住する自治体での確認が必要。

越冬【えっとう】
季節の変化がある地域において、生物がさまざまな方法で冬を過ごすこと。温度の低下や食物の減少などの悪条件を乗り切るために、移動や貯食、冬眠をすることも多い。

エドガン【EDgun】
ロシアの銃器メーカー。エド社長がこだわり抜いた空気銃を製造するメーカー。ブルパップ形式のマタドールという製品が主力で、卓越した命中精度に定評がある。

FXエアガンズ【FX Airguns】
スウェーデンの空気銃メーカー。プレチャージ式空気銃の世界に新風を送り込んだ革新的なメーカー。常に斬新なアイデアを具現化し続け、同社のサイクロンは国内でも爆発的ヒットとなった。

FNハースタル【FN Herstal】
ベルギーの銃器メーカー。ライフル、散弾銃、拳銃などあらゆる銃種の総合メーカーで、ブローニングの銃を製造するメーカーとしても有名。

F1【えふわん】
異なる純血種を掛け合わせて交配させた第一世代のこと。日本の猟野でもＦ１の狩猟犬として、ビーグルと紀州犬を掛け合わせたミックス犬などが見られる。和犬の獣猟犬に追い鳴きの習性を持たせたいなどの理由で、Ｆ１の狩猟犬が求められることがあり、おおむねＦ１個体の猟能は優秀であると評価されることが多い。しかし、Ｆ１同士の掛け合わせや、Ｆ１個体への戻し交配などで目的とする猟能を獲得できるか否かは不確実であるとともに、犬の雑化が進むことで気質、体質や外貌が不安定になり、飼育が困難となるおそれがある。先人たちが多大な時間、労力、知見を費やして作出、固定化を図ってきた個々の犬種や血統を尊重し、維持するためにも、異犬種、他血統間の場合に限らず正しい繁殖知識なくして安易に交配を行うことは避けるべきである。

エムカスタ（日本）【MCUSTA】
岐阜県関市のナイフメーカー。ＣＮＣマシンなど最新の設備でつくられたフォールディングナイフは精度が高く、モダンなデザインとスムーズな作動に定評がある。

エロージョン【erosion】
発射時の高温高圧ガスにより銃腔内など

が焼損する現象。これが進むと命中精度に悪影響を及ぼすため注意が必要。一般的にライフルでは5000発程度でエロージョンが大きくなるといわれており、銃身命数とも深く関わる問題。

塩ビ管【えんびかん】
塩化ビニル管の略称で、硬質の塩化ビニル樹脂でできた配管資材。一般的な用途は水道管だが、狩猟ではくくりわなの踏み板を囲む枠やバネを格納するパイプとして使われる。ホームセンターなどで入手可能。塩ビパイプともいう。

エンフィールド型ライフリング【えんふぃーるどがたらいふりんぐ】
ライフリングの溝がコの字型に切られているタイプ。現代銃はほとんどがこの形で、生産性や命中精度のバランスがいいとされている。

追い鳴き・追い吠え【おいなき・おいぼえ】
シカやイノシシ、ウサギなどが逃げるのを、狩猟犬が鳴き（吠え）ながら追うこと。または、追う際の鳴き声や吠え声そのものを指す。獲物を眼前でとどめたり格闘しているときの声に比べると軽い。

追い矢【おいや】
逃げる獲物に対して撃つ2発目。二の矢ともいう。「向かい矢」の項参照。

追い山【おいやま】
狩猟犬を使ってシカやイノシシなどの獲物を追わせて獲る狩猟の俗称のひとつで、それを行う猟場そのものをいうこともある。

横隔膜【おうかくまく】
哺乳類の心臓や肺がある胸腔と消化器官がある腹腔を隔てる筋肉性の膜。「ハラミ」の項参照。

O157【おーいちごーなな】
食中毒などの原因となる、病原性大腸菌の一種。その中でも、「ベロ毒素」という強い毒素を放出して腸の血管を破壊することから、腸管出血性大腸菌に分類される。家畜のウシや野生のシカなど、さまざまな動物の腸管内に生息し、糞便などを介して肉や野菜などの食品や飲料などを汚染。これらを経口摂取することでヒトにも感染する。少量の菌でも感染するので注意が必要。感染後、3～10日後に激しい腹痛や下痢（血便）などを起こし、溶血性尿毒症症候群（HUS）や脳症などの合併症を起こした場合は死に至ることもある。感染が疑われる場合は、菌を速やかに体外に排出するために下痢止めは飲まず、医療機関を受診することが推奨される。また感染しても発症しないこともある。
予防するためには、肉を食べる場合、菌を死滅させるために必ず中心部を75℃以上で1分以上保持する加熱を行うこと。この菌は冷凍で死滅することはない。また鳥獣を解体する場合は、糞が調理器具や作業台、人体などに付着しないようにし、ナイフなどの器具は83℃以上の温湯で洗浄・殺菌すること。

狼追い【おおかみおい】
逃げるイノシシやシカを狩猟犬が走って追うときに、獲物に対して真後ろから追っていくのではなく、側方から回り込むように追い越し、獲物の前方に出て逃走を防ごうとする追跡方法のことをいう。狼が群れで狩りをする場合に、群れの一部が獲物の前に回り込み、連携して狩りを行うとされていることが由来とされ、比較的に和犬系の獣猟犬に見られる追跡方法とされる。絶滅したニホンオオカミがそのような狩りの方法をとっていたか否かは不明である。

オーバーホール【overhaul】
銃を完全分解し、修理や交換を必要とする部分を確認し実施すること。

大ばらし【おおばらし】
獣肉を解体する工程のひとつ。枝肉をカタ（肩）、ロース、バラ、モモなどの部位ごとに切り分けること。作業中の肉は、吊り下げたり、台に寝かせたりするなどさまざまな方法がある。いずれも関節や筋肉の境目を見極めて、刃を入れることが大事。

オオバン【ツル目クイナ科】
非狩猟鳥。東北より北では夏鳥、それより南では留鳥もしくは冬鳥。
［分布］全国。
［環境］平地から山地の水辺（湖沼、池、河川、水田、湿地など）。

オオバン（非狩猟鳥）

バン（非狩猟鳥）

［特徴］全長は約40㎝弱で、雄雌ともに同程度の大きさと体色。体色は真っ黒で、嘴から額にかけて白い。赤い虹彩も特徴。
［行動］主食は植物の葉。弁足と呼ばれるヒレがついたような特殊な足を持ち、潜水が得意。越冬中は数羽から数十羽、ときには数百羽の群れになることもある。
［鳴き声］普段はあまり鳴かないが、繁殖期に「ケッ」や「キュッ」など甲高い声で鳴くこともある。
［バンとの識別］生息地が似ているが、バンはオオバンより小さめで、嘴が赤と黄色である。

オープンサイト【open sight】
照星や照門など、銃本体にそなわっている照準器。アイアンサイトともいう。

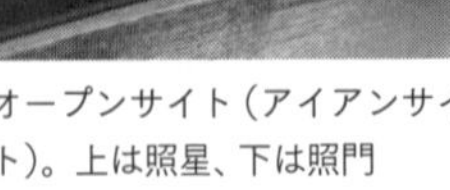
オープンサイト（アイアンサイト）。上は照星、下は照門

起こし・起こす【おこし・おこす】
寝屋にいるイノシシやシカ、ウサギを狩猟犬が捜索から発見し、寝屋から追い出した状態のことをいう。狩猟者は通常、狩猟犬の鳴き（吠え）声で獲物を起こしたか否かを知るが、犬や人の気配を察知して事前に獲物が起きて、寝屋から移動を開始していることもあり、そういう場合を先起きということもある。

寝屋で寝ているイノシシ

峰越網【おごしあみ】
「谷切網（やつきりあみ）」の項参照。

オコジョ【ネコ目イタチ科】

非狩猟獣。

［分布］本州、北海道。

［環境］本州では、標高の高い山地の森林から高山帯の岩くずが積み重なった場。北海道では山地から亜高山帯。

［特徴］イタチ科の狩猟獣などと誤認されやすい非狩猟獣。ユーラシア北部に分布するタイリクモモンガの亜種。目の周りが黒褐色、夏毛は背面がチョコレート色か灰褐色で腹部は白色、冬毛は全身が光沢のある白色。ただし、尾の先端は夏毛も冬毛も黒色である。尾はふさふさして平たくニホンモモンガに似ている（「モモンガ」の項参照）。頭胴長16～24㎝。尾長5～8㎝。

［行動］他のイタチ類に比べて、肉食性が強い。岩の隙間やネズミのトンネルなどに入って、ネズミを捕食したり、自分より大きな鳥類や哺乳類を狙うこともある。近年、ミンクの増加と対応するように、低地からは姿が見えなくなってきている。

［狩猟獣との識別］イタチやテン、ミンクなどイタチ科の狩猟獣や、同じく狩猟獣のハクビシンなどと体型は似ているが、冬季に本種のように白色に変化するものはない。夏毛の場合でも、それらは本種より倍以上の大きさがあり、尾の先が黒くなるものもいない。

おし
漢字で「圧し」と書く。板の上に重りを載せ、獲物がその下を通ると、倒れたり落ちたりして押し潰すタイプのわなのこと。はこ落とし、戸板落とし、格子落としなどがある。現在、おしを捕獲等に用いる猟法は禁止されている。「禁止猟法」の項参照。

教え歩き【おしえあるき】
イノシシが子に餌場などを教えるように連れて歩くこと。猟師言葉のひとつ。

オシドリ【カモ目カモ科】
非狩猟鳥。角度によっては狩猟鳥のカモ類全般と誤認されやすい。留鳥（西日本では冬鳥。東北地方以北ではほぼ夏鳥）。
［分布］ほぼ全国。

［環境］湖沼、池、河川、渓流など。

［特徴］繁殖期のオスは、色とりどりの豪華絢爛な羽毛を持つ。成鳥のメスは、ほかのカモのメス同様に地味な色合いだが、灰色味が強い。白いアイリングがあり、目の後ろから白線が伸びている。雌雄同サイズ。全長約45㎝。

［行動］冬は群れで行動。日中は水面の木陰や、水辺の樹上などで休んでいることが多い。夕方に採餌場に飛んでいき、カシやナラなどの実を食べる。

オシドリ（オス。非狩猟鳥）

［鳴き声］オスは呟くように「チュピ」、メスは「クオッ」などと、夕方活動するころによく鳴く。

［狩猟鳥との識別］本種のメスは、陸ガモ類のメスとよく似た色調。大きさの似たコガモのメスなどとは、本種の羽毛が暗色の色調であることと、アイリングなどで区別する。

押しバネ【おしばね】
一般的には圧縮コイルバネのことで、くくりわなの動力として利用される。コイル状に隙間を空けて巻かれた鉄線が、圧縮されて元に戻る力を利用して、スネアを締める。押しバネは、塩ビ管などのパイプに入れて設置されることが多い。

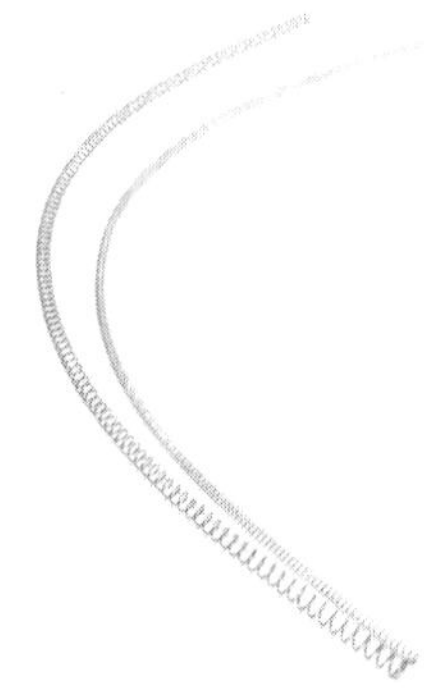

押しバネ

落とし穴【おとしあな】
禁止猟法。土に穴を掘って獲物を落とす原始的な狩猟法であったが、人間が落ちる危険性もあるため禁止された。陥穽（かんせい）と呼ばれる。「禁止猟法」の項参照。

オナガ【スズメ目カラス科】

非狩猟鳥。留鳥。

［分布］青森県から岐阜県の間。

［環境］市街地や山地の林。

［特徴］ヒヨドリやムクドリと誤認されやすい非狩猟鳥。ベレー帽のような黒い頭に、青灰色の翼と長い尾が特徴。胴の色は灰色。雌雄同色で同じサイズ。全長約37㎝。

［行動］一年を通じて群れで生活することが多い。日中は林の中で行動、朝夕は開けた場所で昆虫や果実などを食べる。

［鳴き声］主に「ギューイ　ギュイギュイ」などと濁った声で鳴く。

［ヒヨドリやムクドリとの識別］胴体の大きさは狩猟鳥のヒヨドリやムクドリに似ているが、本種は全身の色調が異なり、尾もかなり長い。

オナガガモ【カモ目カモ科】
狩猟鳥。冬鳥。

［分布］全国。

［環境］湖沼や河川、内湾、沿岸海域など。

［特徴］成鳥のオスは、尾羽の中央2枚が針のように長く尖っている。頭は黒に近いチョコレート色で、胸から目の後ろにかけての白い部分が目立つ。嘴の両側は、青灰色をしている。メスは淡い褐色で、他のカモに比べて尾羽は長いが、オスほどではない。オスは全長約75㎝、メスは約53㎝。

オナガガモ

［行動］ハクチョウ類が餌付けされているところでは、それに混じって多く群生。餌付けされている個体は、陸に上がってくることもある。水面に浮いている種子などを採食したり、シンクロナイズドスイミングのように逆立ちして水底の植物を食べたりすることもある。

［鳴き声］オスは主に「プュルプュル」と鳴き、メスは「グェグェ」と鳴く。

［食肉として］脂が乗りにくい分、赤みが強く野趣に富む。しっかりとした歯ごたえが楽しめるが、個体差も大きい。低温でじっくりロゼ色になるまで焼くのがコツ。脂肪が少ない場合は、ひき肉にしてもよい。

［捕獲］散弾銃（散弾）や空気銃、鳥猟犬を使った銃猟、はり網猟など。

［非狩猟鳥のカモ（メス）との識別］メスは他のカモ類のメスに比べて、尾羽が長めで尖っている。

オピネル（フランス）【OPINEL】
ナイフメーカー。1890年代から日常生活でのさまざまな作業をこなせるフォールディングナイフをつくり続けている。ビロブロックと呼ばれるシンプルなロック機構をそなえ、同一形状でサイズの違う10種類がラインアップされている。狩猟用としては鳥猟などに向いている。

オンタ
オスの獲物のことをいう猟師言葉のひとつ。略して単にオンということもある。
(反) メンタ。

オンタ

オンタリオ（アメリカ）【ONTARIO】
1890年代頃にニューヨークで創業されたメーカー。長きにわたりアメリカ軍へ各種ナイフ類を納入しており、狩猟用としてはマチェットなど大型刃物の製品ラインアップが多い。

か行

カーショウ（アメリカ）【KERSHAW】
ガーバーの元セールスマンが立ち上げたメーカーで、初期の製品は日本の貝印刃物が行っていた。現在はタクティカルデザインのものが多いため、初期につくられたハンティングナイフを探し求めるハンターも多い。

ガーバー（アメリカ）【GERBER】
包丁やカトラリーのメーカーとして創業後、1960年代以降にハンティングナイフのラインアップが強化されていった。都会的なデザインと全体的に薄く切れ重視のブレードが特徴。ガーバーフォールディングハンターはハードボイルド作家の大藪春彦氏が生前に愛用していたことでも有名。

カービン【carbine】
一般的なものより全長が短い銃の総称。古くは騎馬兵が使ったことから騎兵銃とも呼ばれる。フルサイズの銃に比べ命中精度の点でやや劣るともいわれるが、国内の猟場では取り回しの良さから重宝されることが多い。

甲斐犬【かいけん】
日本犬種名。国の天然記念物指定を受けた日本犬6犬種のうちの一種。天然記念物指定は昭和9年。山梨県内の南アルプス周辺地域を発祥とする狩猟犬。体型などにより鹿犬型、猪犬型がある。色味により黒虎、中虎、赤虎の別はあるが、犬種としてすべての犬が虎毛であることは世界的に見ても珍しい特徴となっている。瞳の色はブドウ色と呼ばれ、深い黒または濃紺。尾は差尾または巻き尾で太い。紀州犬などと比べるとやや小さく、飛節が発達しており、険しい岩場などでも軽快に行動できる。古くはカモシカ猟に使役されることが多く、現在はシカ、イノシシ、クマ、ヤマドリなどの狩猟に使われる。ほとんどの繁殖犬は一般家庭向けであるが、今でも少数ながら狩猟者向けに繁殖を行う犬舎がある。

甲斐犬

回収【かいしゅう】
撃ち落としたカモなどの獲物を持ち帰るためレトリーバーなどの犬に取って来させることであり、半矢個体や撃ち落としたゲームを捜索し、発見した後の運搬行為までを含む。大物猟においては撃ち倒したシカやイノシシの個体を持ち帰るために単純に猟場から引き出すことや、放犬した犬を捕まえるという意味で使われることもある。

疥癬【かいせん】
ヒゼンダニが皮膚に寄生して起こる人獣共通の感染症。ヒゼンダニは皮膚に付着すると、表皮の角層にトンネルを掘り、そこに1日2～4個の卵を産み続ける。卵は3～5日で孵化し、10～14日で成虫になる。感染部位には発疹が見られ、ひどい痒みを引き起こすため、動物がかかると感染部位を強くかきむしるために脱毛したり、皮膚を傷つけてそこから別の細菌が感染することがある。狩猟鳥獣のうち、イノシシやタヌキなどにたびたび疥癬にかかった個体が見られ、狩猟や捕獲作業を通じて狩猟者や狩猟犬へ伝染することがある。

回収

改造証明書【かいぞうしょうめいしょ】
銃全長や銃身長、装弾数など、所持許可証記載のデータや銃自体の機能を変更する際に改造した事業者が作成する書類で、改造後の所持許可証の記載事項変更の届出の際に必要になる。改造は銃砲店で行わなければならない。

解体【かいたい】
捕獲した鳥獣をとさつ後、枝肉、部分肉に加工すること。自家消費の場合、解体の方法や場所に法的な規制はない。しかしそこで処理した肉などの販売を行う営利目的の場合は、食品衛生法と厚生労働省のガイドラインに基づき、保健所の許可を得た食肉処理施設で行う必要がある。

回転不良【かいてんふりょう】
自動銃での装填と排莢に関わる作動不良のこと。逆に作動性能がいいことを「回転がいい」と表現することもある。

回転棒式トリガー【かいてんぼうしきとりがー】
はこわなのトリガーのひとつ。扉を落ちないように凹凸の噛み合いで支えるL字型の鉄筋棒が、わなのフレームにあらかじめ取り付けられている。獲物がワイヤに引っかかると、ワイヤとも連動していた鉄筋棒が半回転して外れ、噛み合いが外れることにより扉が落ちる仕組み。一般的なトリガーではないが、狩猟者の創意工夫が感じられる独特の手法。

開閉レバー【かいへいればー】

開閉レバー。レバーを右にひねると機関部を開放することができる

二連銃の銃身を折って薬室を開放するためのレバー。

開放【かいほう】
元折銃の銃身を折ったり自動銃のボルトを後退させるなど、銃の包底面を薬室から分離させ発射不能な状態にすること。射撃しないときは開放がマナー。

外来種【がいらいしゅ】
生物学上の概念。国内外を問わず、本来の生息地域の外で、定着に成功した種のこと。その中でも環境省では、人為的に持ち込まれたものを外来種と定義している。原産地で関係のあった病害生物や天敵から逃れることができるため、原産地では考えられないほどに競争力や繁殖力が大きくなることがある。「外来生物」や「移入種」とほぼ同義。

外来生物【がいらいせいぶつ】
外来生物法第2条第1項で定義づけられており、海外から我が国に導入されることによりその本来の生息地又は生育地の外に存することとなる生物のことをいう。その生物が交雑することにより生じた生物を含む。

外来生物法【がいらいせいぶつほう】
「特定外来生物による生態系等に係る被害の防止に関する法律」の略称。特定外来生物による生態系、人の生命・身体、農林水産業への被害を防止し、生物の多様性の確保、人の生命・身体の保護、農林水産業の健全な発展に寄与することを通じて、国民生活の安定向上に資することを目的とする法律。問題を引き起こす海外起源の外来生物を特定外来生物として指定し、その飼養、栽培、保管、運搬、輸入といった取り扱いを規制し、特定外来生物の防除等を行うこととしている。

カウヒッチ【cow hitch】
ロープの結び方の一種で、牛の鼻輪に結び付けられていたのが呼び名の起源。ロープをふたつ折りにして結び付けたい棒や輪に通し、その輪の中にロープの端をくぐらせて抜く。薪を束にして持ち上げたり、立ち木やカラビナに取り付けたりするときなどにも使用する。日常生活では、携帯電話のストラップの取り付けにも利用されていた。簡単に結べて簡単にほどける。別名、ひばり結び。

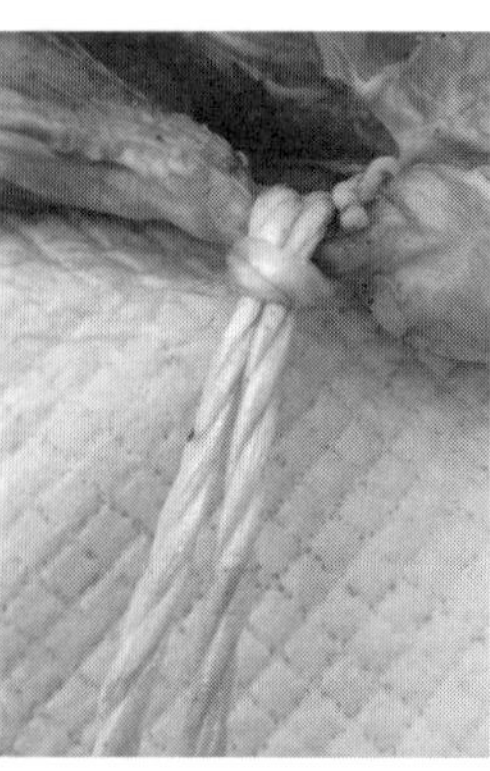

カウヒッチ

替え銃身【かえじゅうしん】
取り替えが可能な銃身のこと。1丁の銃で銃身を替えることで、用途に合った使い分けができる。たとえば、鳥猟ではリブと照星・照門がついた滑腔銃身を使い、大物猟のときはドットサイトやスコープなどがついたスラッグ銃身やハーフライフル銃身に取り替える。

香り鳴き【かおりなき】
捜索を始めた猟犬が、姿の見えない獲物の臭気を取り、それに反応して鳴くこと。プロットハウンドなどセントハウンドによく見られる。

拡散【かくさん】

替え銃身。銃身を替えることで1丁でいろいろな獲物に対応する

散弾の広がり具合のこと。近いほどパターンがまとまり、遠くなるほどパターンが広がる。チョークを選ぶことで調整することができる。

ガク引き【がくびき】
予測される銃の反動などに対して、銃口の向きを正しい照準よりもズラした状態で、力を入れて引き金を引いてしまうこと。命中率を下げる大きな原因のひとつとされる。

カケス【スズメ目カラス科】

非狩猟鳥。キジバトと誤認されやすい。留鳥（寒さが厳しい地域の個体は冬に暖地へ移動）。

［分布］屋久島以北。

［環境］平地から山地の林。

［特徴］翼の鮮やかな青色と胡麻塩模様の頭頂が特徴（北海道の亜種ミヤマカケスは頭頂まで褐色）。体は赤みのある褐色。全長約33cmで胴体はキジバトぐらいの大きさ。雌雄同色。

［行動］繁殖期以外は小群でいることが多く、大きく跳ねるように歩く。雑食性で昆虫や果実を食べるが、ドングリも好む。

［鳴き声］しわがれた声で「ジィ」や「ジェー」などと鳴く。他の鳥の鳴きまねもする。

［狩猟鳥との識別］キジバトと大きさが似ているが、キジバトのほうが体に丸みがあり頭部が小さい。体色も異なる。

かげろう
連続して撃つことで銃身が熱せられ空気の流れが起こり、照準線上の視界が乱れること。

囲いわな【かこいわな】
法定猟具のわなのひとつ。餌を引くなど内部の仕掛けやその他の装置によって、鳥獣自らまたは人の操作により鳥獣を閉

囲いわな

じ込めて捕らえる大型のわなで、上面を除く周囲の全部または一部を、杭、柵等により囲い込むものをいう。なお、上面の水平投影面積が半分を超え、かつ、おおむね屋根形状を呈していると客観的に見えるものは囲いわなとは解さないとすることが適当であるとされている。

一度にたくさんの獲物を捕獲することが可能。イノシシやシカなどの駆除として使用されることも多い。赤外線センサーなどで獣が入ったことを感知し、扉が自動で閉まるわなもある。農林業者が自分の事業への被害を防止する目的で、囲いわなを設置する場合は、狩猟免許や狩猟者登録は不要（ただし、猟期や頭数制限などの規制を守る必要はある）。

ガサドン

銃猟における誤射事故の一例で、藪などが動く様子のみでそこに獲物がいると判断し、射撃対象を目視で確認しないまま発射し、誤って共猟者や狩猟犬などを撃ってしまう事故例のことをいう。藪がガサガサ動くさま、銃声がドーンと鳴ることから、いつからかこのような呼称になったと考えられる。

かしめ機【かしめき】

狩猟では主にワイヤロープの加工に使う。大型のペンチのような形状で、くわえ部にワイヤの太さに合わせた溝が彫られている。ワイヤにスリーブを圧着したり、ワイヤを切断したりする。工具の形には、ハンディタイプからベンチ（台付き）タイプがあり、ベンチタイプのほうが作業がしやすい。スエージャーカッターとも呼ばれる。

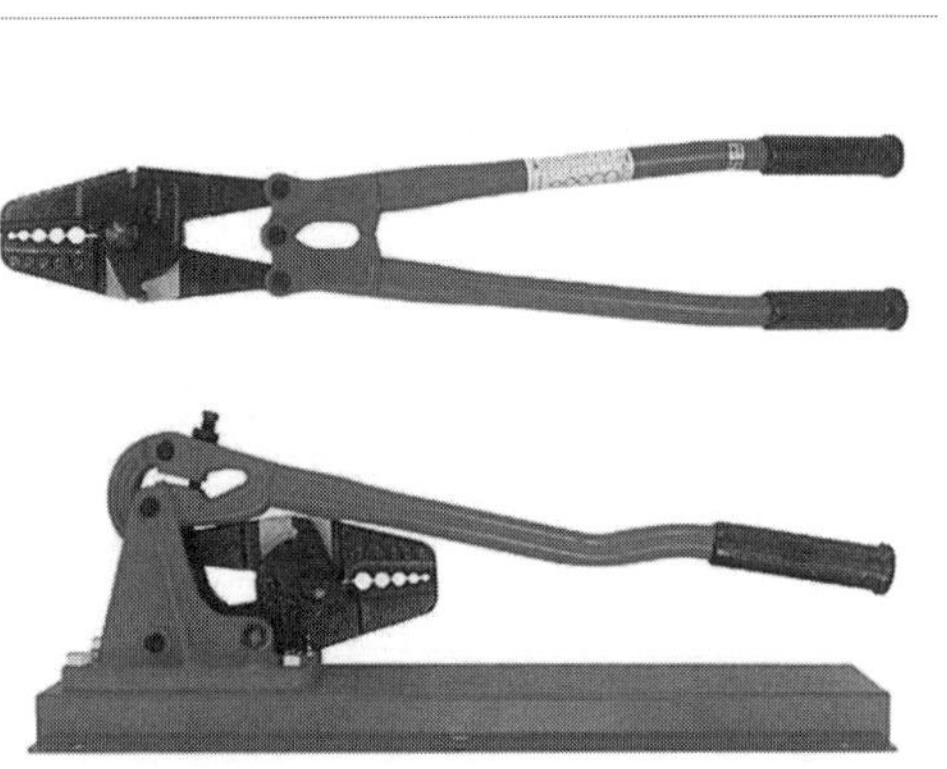

かしめ機。上）アームタイプ、下）ベンチタイプ

カシラダカ【スズメ目ホオジロ科】

非狩猟鳥。スズメやニュウナイスズメと誤認されやすい。冬鳥（北海道では旅鳥）。

［分布］九州以北。

［環境］平地から山地の疎林、林縁、灌木のある草地、アシ原など。

［特徴］雌雄ともに全長約15㎝で、スズメくらいの大きさ。冬羽は雌雄同色。全体的に褐色で、体下面は白い。目の上と頭の下部に白い帯がある。冠羽があるが、立っていないときもある。

［行動］開けた環境を好む。群れで地上を歩きながら、植物の種子などを食べていることが多い。

［鳴き声］小さく「チッチッ」などと鳴く。

［スズメやニュウナイスズメとの識別］大きさや色調が狩猟鳥のスズメやニュウナイスズメに似ているが、頭部の配色や冠羽の有無などで見分ける。

ガスオート式自動銃【がすおーとしきじどうじゅう】

発射ガスの一部を銃身から取り込みピストンを作動させ、ボルトのロッキングを解放し自動で排莢と装填を行う銃の作動方式の銃。

ガスオペレーション【gas operation】
発射時のガスを銃身内の穴から取り込んでシリンダー内に送り込み、ピストンを作動させることでボルトのロッキングを解放し、排莢と装填を行う自動連発の機構。確実な作動性能が特徴だがガスによる汚れを定期的に除去する必要がある。またライフルの場合、銃身に連結したガスシリンダー内で不規則な振動が発生するため命中精度に影響があるともいわれているが、狩猟に使う猟銃ではほとんど影響はない。

ガスカートリッジ式空気銃【がすかーとりっじしきくうきじゅう】
二酸化炭素などの圧縮ガスによってペレットを発射するタイプの空気銃。

ガスシリンダー【gas cylinder】
ガスオペレーション方式の自動銃にそなえられた筒状の部品。多くの場合、銃身の下に連結されており、内部にはボルトのロッキングを解くためのピストンが内蔵されている。CO_2ガス式空気銃にも同名の部品があるが、これはあくまでも蓄気室であり自動銃のガスシリンダーとは意味が異なる。

カスタムナイフ【costom knife】
デザインからナイフ本体、シースまですべての製造工程が原則的にひとりの手によって行われるナイフ。大量生産ができないため高価だが、1本ごとに注文主の好みを反映させることが可能。

ガスピストン【gas piston】
自動銃のガスシリンダー内に収納された部品。発射時のガスで部品が後退することでボルト先端のロッキング部を叩いて開放させる役目を持つ。

かすみ網【かすみあみ】
網猟における「はり網」の一種だが、現在では使用や所持、販売が原則禁止されている。網の横方向に通された棚糸をもち、それにより網をたるませることができるのが特徴。糸が細いため視認性が低く、遠くからは薄く霞がかかったように見える。そのため鳥類が網の存在に気づかずに引っかかり捕獲される。この網における無差別大量捕獲や密猟などが後を絶たなかったため、使用、所持、販売が禁止された。それらが許可される例外としては、学術目的などで環境省の許可を得ている場合がある。

肩・カタ【かた】
食肉部位としては、主に前脚と肩甲骨周辺の肉のこと。脂身がつきにくく、筋肉

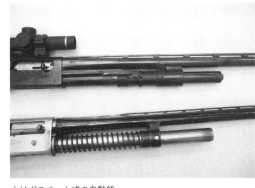

上はガスオート式の自動銃。
燃焼ガスのパワーによって、排莢・装填を可能にする

の旨味が強い。筋肉のスジが多めなので、塊で焼くよりも、煮込み料理やひき肉に向いている。解体の際は、肩甲骨にナイフを立体的に沿わせて外す必要があるので、骨の形が把握できないうちはきれいに切除するのが難しい部位。シカに比べ、前脚の発達しているイノシシのほうが肉の量が多く取れる。

型犬【かたいぬ】
展覧会系の繁殖犬のことをいう。展覧会向けの犬は犬種ごとにスタンダード（標準体型）が定められていることから、繁殖に使われる犬は展覧会に入賞歴を持つなど外貌を重視される傾向にある。一方で狩猟に使役される犬は、外貌よりも猟性能重視の繁殖が行われるため、実猟犬と対比する意味で展覧会向けの繁殖犬は型犬と呼ばれる。

片開き扉【かたびらきとびら】
はこわなで、獲物の出入り口となる扉が片方1カ所だけのもの。両開き扉に比べて安価だが、獣視点では奥が行き止まりに見えるため、警戒してわなになかなか入らないことがある。ただし、扉が閉まった際には、奥が完全にふさがっているので取り逃がすリスクも少ない。

ガットフック

片開き扉

片むそう【かたむそう】
網猟における無双網の一種。枠に張った網を地上に寝かせておき、鳥が近くに来たら網を倒して捕獲する。人間が近くにいると鳥に警戒されるので、網を倒すには縄などを引っ張って遠隔で行う。

ガットフック【gut hook】
フック（鉤）状に曲がった金属パーツ。鳥の肛門から挿入して腸抜きに使うものや、刃がついていて獣の腹の皮を下から上に裂いたり、腱などを切断したりするものもある。ナイフと一体化している製品もあるが、鳥の腸出し用は針金を曲げたりして自作することもできる。

咬み犬【かみいぬ】
イノシシやシカの動きを止めたり、逃走を防止するために、積極的に咬むことを主たる手段とする猟犬。咬む行為があることをもってすぐに咬み犬と呼ぶのではない。

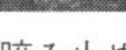
咬み止め

咬み止め【かみどめ】

大物猟において猟犬が獲物に咬みつくことで動きを止め、その逃走を阻むことをいう。咬ませることで「とどめ」を刺すことではなく、また、当初から犬に咬ませることのみを捕獲の手段とした捕獲方法をいうわけではない。咬みつく行為に、動きを止めるといえるほどの時間的経過があることが必要であり、咬みついている時間がごく短時間であったり、散発的な咬みつきを繰り返す行為とは異なる。

鳥獣保護管理法に定められる禁止猟法のひとつに、「犬に咬みつかせて捕獲する方法又は犬に咬みつかせて狩猟鳥獣の動きを止め若しくは鈍らせ、法定猟具を使用する方法以外の方法により捕獲する方法」があるが、本規制は、狩猟者登録を受けていない者が猟犬を使役することによってイノシシ等を捕獲することを防止することが目的であり、そのため狩猟者や捕獲許可を受けた者が法定猟具を持って行う狩猟または捕獲行為であって、次に該当する場合は、この規制の対象とはならない。

●法定猟具を用いて行う捕獲行為において、犬が鳥獣に咬みつく場合

●狩猟者や捕獲者が、捕獲しようとした鳥獣の捕獲予想地点に到達する前に、犬が鳥獣を咬み止めしていた場合

●犬が鳥獣と格闘し絡み合った状態にあり、銃器を発射すれば犬を撃ってしまう可能性が高いため、犬を保護するためにやむを得ず刀剣類等を使用して鳥獣を止めさしする場合

逆に、狩猟者登録や捕獲許可を受けた者であっても、次の場合にはこの規制の対象となるので注意が必要である。

●法定猟具を用いる用意がなく、犬に咬みつかせることのみにより捕獲するか、または犬に咬みつかせて動きを止めもしくは鈍らせ法定猟具を使用する方法以外の方法により鳥獣を捕獲した場合

●猟犬の訓練等において、犬が訓練に使用する養殖鳥獣ではなく野生鳥獣に咬みつき捕獲した場合

紙薬莢【かみやっきょう】

紙製の散弾薬莢のこと。圧力の高い無煙火薬を使用する現代の装弾にはプラスチック製の薬莢が使われる。

夏眠【かみん】

生物が高温や乾燥に適応するために、そのような時期を休眠して過ごすこと。日本の狩猟鳥獣に該当するものはいない。

下毛【かもう・したげ】

動物の体毛は、主に上毛（じょうもう・うわげ）と下毛で構成されている。下毛

は、上毛の下に生えている短く柔らかい毛のこと。極めて細く密生することで空気の層ができ、体温の発散を防いで防寒の役目を果たしている。綿毛（めんもう）やアンダーコート、アンダーファーと呼ばれることもある。

カモキャッチャー
撃ち落としたカモなどが池などの水場に落ちた場合に使用する回収道具。長さ数センチから数十センチの巨大な釣り針状のフックを外向きに数本束にしたもので、釣り糸の先に取り付け、投げ釣りの要領で回収する獲物の方向に釣り竿などで投げ入れ、針を引っかけて回収するというもの。市販品もあるが、自作する狩猟者もいる。

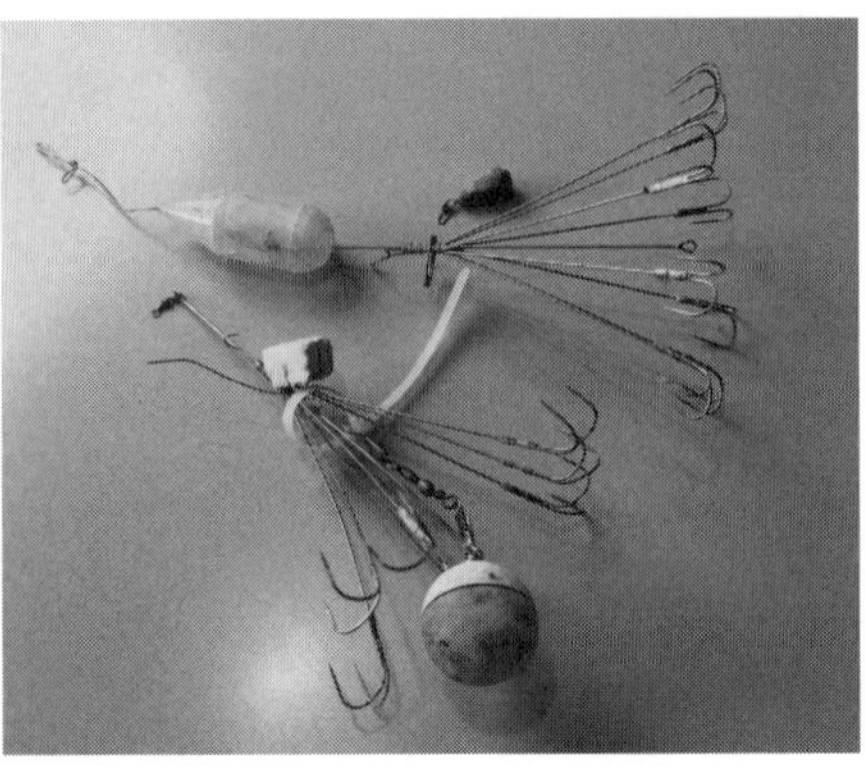
カモキャッチャー

カモシカ【ウシ目ウシ科】

非狩猟獣。ニホンジカと誤認されやすい。特別天然記念物。

［分布］北海道と沖縄を除き、全国的に分布。

［環境］低山帯から亜高山帯にかけての森林や草原など。

［特徴］体色は褐色から汚白色までさまざまで、雌雄ともに太くて短い円錐型の黒い角を持つ。頭胴長105〜120㎝。体重30〜45㎏。足跡はニホンジカに似ている。標準和名ニホンカモシカ。通称として「あおしし」「あお」「けら」とも呼ばれる。

［行動］ほとんどが単独で生活。雪崩草原や岩場で採食することが多く、そのような場所で姿をよく見かける。木の葉、草、ササなどを食べ、冬は樹皮も食べる。

［ニホンジカとの識別］狩猟獣のニホンジカと体型が似ているが、ニホンジカのほうが首が細く、尻に目立つ白色部がある。またニホンジカのオスの角は分岐しており、1歳のオスの角は分岐こそしないがカモシカより細い。またニホンジカのメスには角がない。

カモシカ（非狩猟獣。特別天然記念物）

カラーアトラス【color atlas】
放血や内臓摘出、解体などの処理を行う

際に、その個体の肉が食用に適しているかを判断するための参考資料。寄生虫やE型肝炎などに感染していないかの判断材料となる。シカやイノシシなど動物ごとに、健常な内臓、病変した内臓などの写真とチェック項目などが、肉眼でも判断できるように記載されている。ジビエの食肉処理施設で利用される場合は、主に厚生労働省で作成されたカラーアトラスのことを指す。

空撃ち【からうち】
銃に実包を入れない状態で引き金を引き、撃鉄や撃針を落とすこと。十分な安全確認を行ったうえでなければむやみに行うべきではない。

空ヌタ【からぬた】
水の張っていないヌタ場。

空弾き【からはじき】
主にくくりわなが作動したにもかかわらず、獲物を取り逃がしてしまうこと。

絡み止め【からみどめ】
イノシシ猟において猟犬が獲物となるイノシシに適時に咬みついたり、数十センチから数メートルの距離をおいて吠え込むなどしてその逃走を阻むこと。イノシシの周囲を回りながら激しく吠え込み、隙あらば脚や脇、腿などに咬みつきを見せるが、イノシシが反撃に転じようとすると口を放して再び吠え込みに移行する、というイノシシに絡みつくような粘りのある止め芸のことをいう。

空山【からやま】
獲物がいない猟場のこと、または出猟したが獲物との出会いがなかったことをいう。

カリ
オスのイノシシのことをいう猟師言葉のひとつ。カリッポともいう。

カリモ
イノシシが寝床にすべく積み上げる草や枝などのこと。猟師言葉のひとつ。

カルガモ【カモ目カモ科】
狩猟鳥。留鳥または冬鳥（北海道では大部分が夏鳥）。

カリはオスのイノシシの意

［分布］全国。
［環境］湖沼や河川、水田、沿岸海域など。
［特徴］日本で見られるカモ類の中で唯一、嘴の先が黄色い。最先端の小さな斑と根本は黒色をしている。そして狩猟鳥のカモ類の中で、カルガモだけが雌雄同色。全長約60㎝で、胴体はカラスよりやや大きい。全体的に褐色だが、翼鏡（風

切羽の一部）は青紫色。オスはメスに比べてやや上下尾筒（尾羽の付け根）の色がやや濃い。顔には、黒くてはっきりした過眼線（嘴の付け根から目を横切って走る線）がある。マガモ同様、飛翔時に翼の下の白い面が目立つ。

［行動］主に日中は水上などで休息して、夜に活動するが、市街地や公園などでは昼間でも採食している。冬はマガモなどと一緒になって大規模な群れをつくることもある。陸ガモの一種で水に浮いたまま採餌を行う。飛翔は直線的。

［鳴き声］わりと大きな声で「グエッ、グエッ」などと鳴くが、マガモともよく似ている。

［食肉として］マガモやコガモに味が似て、鉄分の風味を感じる赤身肉。比較的穏やかな味わいなので、さまざまな料理に使える。出汁の旨味が強いので、鍋やうどんなどにしてもおいしい。

［捕獲］散弾銃（散弾）や空気銃、鳥猟犬を使った銃猟。なげ網、はり網猟など。

［非狩猟鳥との識別］多くのカモ類のメスは、褐色で地味な色合いがカルガモと似ているため混同しやすい。嘴の先や翼鏡の色で辛抱強く見分けるしかない。自信がない場合は決して捕獲しないこと。マガモやアヒルとの交配個体（雑種）に注意。嘴の先が黄色く、一見カルガモのようだが、頭に緑色や胸に赤みがさしている個体がいる。これらはマガモまたはアヒルとの雑種といわれている。

カワアイサ【カモ目カモ科】

非狩猟鳥。状況によってはマガモなどと誤認されやすい（後述）。冬鳥。北海道東部と北部では留鳥。

［分布］九州以北。

［環境］大きな湖や河川、河口など。

［特徴］全長約65㎝と、日本に渡来するカモでは最大級。成鳥のオスは、頭部から顎の上部までが黒く、緑色の光沢がある。ツンツンとした冠羽があり、嘴が赤

くて細い。メスの頭は赤褐色で冠羽があり、胸の明るい灰色とはっきり境界がある。

［行動］越冬中は群れで行動することが多い。名前に「カワ」がつくが、海水域にいることもある。潜水して魚類を捕る。

［鳴き声］オスは「ゴゴゴゴ」と小さな声で鳴き、メスは「グワグワ」と鳴く。

［マガモとの識別］冠羽が寝ていると、角度によっては狩猟鳥のマガモと誤認することも。本種と近縁でそっくりなウミアイサも非狩猟鳥。本種やウミアイサは、細長くて先端の曲がった嘴を持ち、首も長いので、識別の目安にする。

カワウ【カツオドリ目ウ科】

狩猟鳥。留鳥（北海道では夏鳥、九州南部以南では冬鳥）。

［分布］全国。

［環境］内湾（大部分を陸地に囲まれた湾）や湖沼、河川など。

［特徴］全長約81cmでカラスよりかなり大きく、細長いシルエット。雌雄同サイズ、同色で、全身が黒い。成鳥では目の後ろの裸出部が白く目立ち、繁殖期には首や足の付け根が白く変わる。水面に浮いているときは、胴体の半分以上が沈んだように見える。

［行動］早朝、ねぐらなどから採餌場へ、数羽から数百羽単位の群れで飛翔する。潜水が得意で魚をよく捕り、石の上やテトラポットの上で翼を広げて乾かしている姿がよく見られる。夕方には、再び集団になってねぐらへ戻る。

［鳴き声］集団生息地では「グルルルル」「コァコァ……」などと鳴く。飛翔中はほぼ鳴かない。

カワウ

カワウとウミウの見分け

［捕獲］散弾銃（散弾）や空気銃、船上から狙う銃猟など。

［非狩猟鳥との識別］非狩猟鳥のウミウとてもよく似ている。ウミウの口角の裸出部は鋭角に尖っているが、カワウはもっとなだらかだ。またウミウの顔の白色部は目の上まで広がっているが、カワウの場合は目の位置より上にはない。そしてウミウは海水域、カワウは淡水域を好むので総合的に識別したい。ほかに似ている種に、ヒメウやチシマウガラスがいるが、いずれもやや小さめで嘴が細く、顔の白色部もない。またこれらは海洋性の鳥である。

川漬け【かわづけ】

皮なめしの工程のひとつ。原皮を川にさらし、脱毛させる方法。水に含まれたミョウバン成分が毛穴を広げ、毛を抜けやすくするといわれている。姫路白なめし革の独特な方法。

皮剥ぎナイフ【かわはぎないふ】

獲物を解体する際に皮を剥ぐ（スキニングする）ためのナイフ。皮を傷つけないように切り刃の部分が大きなカーブを描き、ポイント（刃先）が上を向いた形状になっている。スキナーナイフやスキニングナイフとも呼ばれる。

皮剥ぎナイフ。先端が反っている

カワラヒワ【ハト目アトリ科】

非狩猟鳥。本州以南では留鳥（北海道では主に夏鳥）。

［分布］全国。

［環境］平地から山地の川原、農耕地、草原など。

［特徴］スズメやニュウナイスズメと誤認されやすい非狩猟鳥。地味な褐色の体に、翼の黄色い部分が目立つ。雌雄同色で、全長約15㎝とスズメに似た大きさ。淡紅色の短く太い嘴と、中央がくぼんだM字型の尾羽も特徴。

［行動］冬は群れで地上を跳ね歩いたり、草に止まったりして種子を食べる。

［鳴き声］地鳴きは「キリキリキリ」や「チュウーン」など。

［スズメやニュウナイスズメとの識別］狩猟鳥のスズメやニュウナイスズメと大きさが似ているが、それらの腹部は汚白色である。

貫【かん】

イノシシの重量を表す際によく用いられる単位。1貫は3・75㎏。グラムなどの近代の単位が導入される以前から日本で用いられていた単位で、古くから肉問屋がイノシシを猟師から買い取るときの値付けの基準が貫で表される重量であったため、今でも猪猟師の間では獲物の重さを貫で表す場合が多い。

換羽期【かんうき】

鳥類において、全身の羽毛が抜け替わる

時期のこと。日常生活で消耗した古い羽毛を新しくする役割や、マガモのオスのように繁殖期を色鮮やかな繁殖羽で過ごすものにとっては、非繁殖期の地味な色合いの羽毛（エクリプス）との切り替えの役割も果たす。換羽は体への負担が大きいため、2カ月ほどかけてゆっくり換羽が行われる場合が多い。成鳥の場合では繁殖が終わるころ、幼鳥では生後2～3カ月に行われることが通常。しかし、カモ類などの渡りを行う種は、より短期間で行われる。風切羽などを一気に落とすため、換羽期には一時的に飛べなくなってしまうことがある。

岩塩弾【がんえんだん】
鉛などの金属の散弾ではなく、岩塩を使った散弾のこと。

ガンオイル

ガンオイル【gun oil】
銃の潤滑や錆止めに使う油。必要以上に用いると異物を引き寄せ、作動の妨げになる場合もあるため注意が必要。

ガンカモ調査【がんかもちょうさ】
環境省がとりまとめを行っているガンカモ類の生息調査のこと。毎年1月中旬に都道府県の協力を得て、過去の調査結果、鳥獣保護団体等からの情報に基づき、ガン・カモ・ハクチョウの原則としてすべての渡来地の中から調査地を定め、調査地ごとに調査員を配置して種ごとに個体数を調査し、環境省がとりまとめている。鳥獣行政が林野庁所管であった昭和45年に開始され、調査結果は各種施策や国際的枠組み等で活用されている。

ガンシャイ【gun shy】
恐銃癖ともいう。狩猟犬が発砲音に恐れ猟欲を失ったり、甚だしい場合には逸走したりすること。生来の個性によるもののほか、花火の破裂音や、銃の発砲音の直後に経験したネガティブな記憶などがきっかけになると考えられる。一度ガンシャイになると矯正することは困難であるため、その予防が重要である。予防策としては訓練期にクレー射撃場に連れていき発砲音を聞かせたり火薬の匂いに慣らせるほか、フィールドでの訓練時に陸上競技で用いられるピストルスターターを使用するなどの方法がある。

ガンスミス【gun smith】
銃工。古くは機関部や銃身の鍛造から銃床の削り出しまで総合的に銃の製造を行う者を指した。現在は製造のほか、修理や調整を生業とする者を指すことが多い。

肝臓【かんぞう】
別名、レバー。胃や腸で分解、吸収された栄養素を利用しやすい形で貯蔵しておく臓器。解体時に、肝臓の管からホースを入れて水を出すと、周囲の穴から血が抜けていく。肝臓につながっている胆嚢は薬としても利用されるが、胆汁はとても苦いので破らないように解体する。クマやイノシシなどには胆嚢があるが、シカにはない。肝蛭（かんてつ）などの寄生虫にも注意。

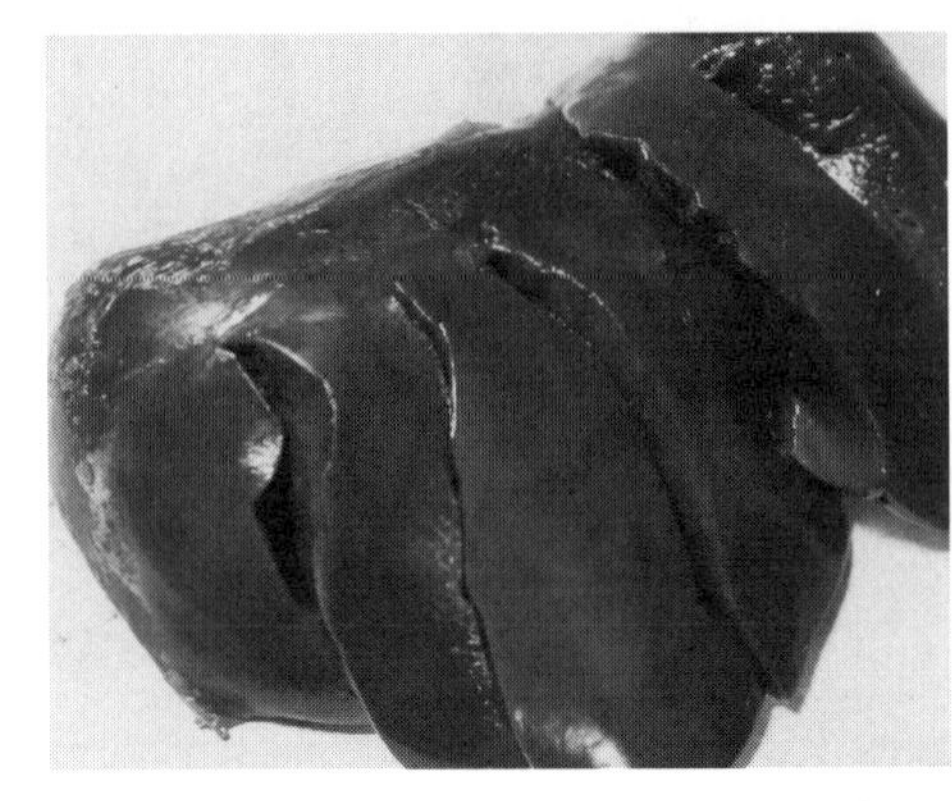
肝臓。切り目を入れることで、病変や寄生虫などを確認

カンチレバー【canti lever】
銃身にスコープを載せるためについているレールマウントのこと。

肝蛭【かんてつ】
哺乳類の胆管に寄生する吸虫の一種。蛭（ヒル）の漢字が当てられているが、環形動物であるヤマビルなどとは異なり、扁形動物に属する。肝蛭は人に寄生すると発熱や白血球の増多、肝炎や胆管炎を引き起こすこともある。赤黒い色をしていて肝臓の色になじんでいるので、レバーを処理するときは注意が必要。こういったケースなども鑑みて、肉を食べるときは内部まで完全に火を通すことが鉄則だ。肝蛭が哺乳類に侵入する経路は次のとおり。まずウシなどの家畜の排泄物に混入していた肝蛭の卵が川などに入り、卵を食べた淡水産巻き貝（中間宿主）の中で孵化して幼虫になる。幼虫が成長すると、巻き貝から外に出て水辺の植物につき、その植物を食べた哺乳類（終宿主）の体に取り込まれ胆管に寄生する。

カンチレバー

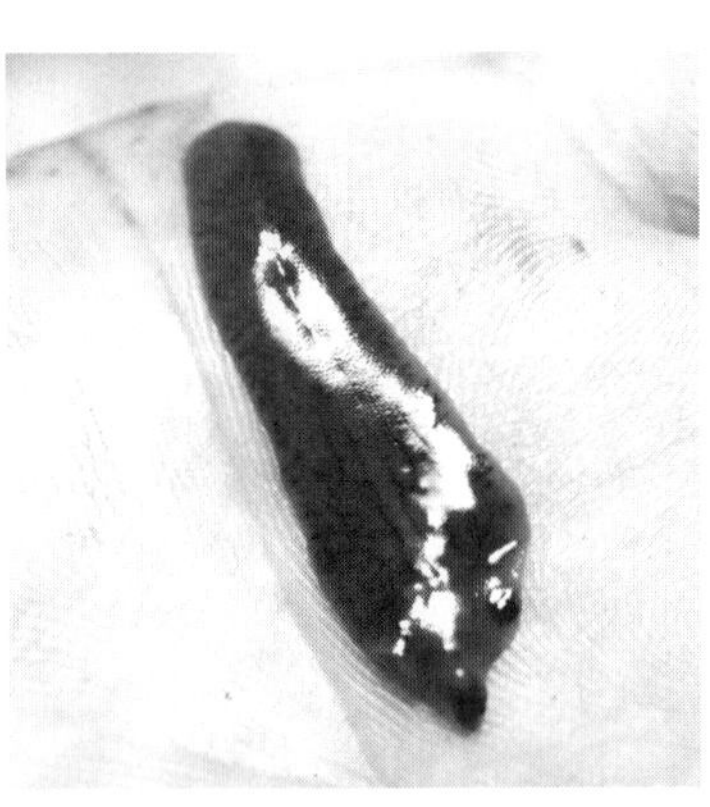
肝蛭

ガンドッグ【gun dog】
鳥猟において狩猟者に獲物を獲らせることをサポートするために作出された狩猟犬の総称であり、ガンドッグという固定の犬種があるわけではない。その役割は主にポイント、フラッシュ、レトリーブに大別され、ポインター、セター、スパニエル、レトリーバーが代表的なガンドッグである。

カンピロバクター【campylobacter】
食中毒を引き起こす、主な細菌のひとつ。家畜をはじめ、イノシシなどの健康な野生動物の多くが保菌している細菌。主に消化管に生息し、汚染された鶏のササミやレバー、タタキなど加熱不十分な肉から感染することが多い。感染すると、通常2〜7日（平均2〜3日）後に下痢や腹痛、発熱などが発症する。カンピロバクター感染症は、2〜5日で治ってしまう場合が多いが、まれに本感染症がきっかけとなり、「ギラン・バレー症候群」と呼ばれる神経の病気を引き起こしてしまうこともある。

これはすべてのジビエにもいえることだが、予防のためには、肉は中心部で75℃1分以上加熱すること。解体や調理で使う器具は、83℃以上の温湯で洗浄・殺菌を徹底することが求められる。

換毛期【かんもうき】

季節ごとの気温や湿度の変化などに対応するため、哺乳類の毛が短期間で抜け替わる時期のこと。人や一部の家畜では絶えず起こっているが、野生動物では春と秋の年2回起こり、夏毛と冬毛が生え変わる。

管理【かんり】

本書では鳥獣保護管理法でいう「管理」について解説する。同法第2条第3項において定義づけられている用語であり、生物の多様性の確保、生活環境の保全又は農林水産業の健全な発展を図る観点から、その生産数を適正な水準に減少させ、又はその生息地を適正な範囲に縮小させることをいう。ニホンジカやイノシシの生息数が急激に増加するとともにその生息地が拡大し、自然生態系、農林水産業、生活環境への被害が深刻な状況となっていることなどを背景とし、平成26年の鳥獣保護法改正により、それまでの「保護」の概念に加えて新たに定義づけられた用語である。

ガンロッカー【gun locker】

銃を所持者自ら保管するための金属製ロッカー。基準が設けられている。

木上げ【きあげ】

ツリーイングともいう。クマはその能力として四肢や鋭い爪を使って立ち木に登ることができ、猟犬がクマを追い立てることで木に登らせることをいう。プロットハウンドに見られる猟芸。

上)気圧計。下)プリチャージ式空気銃に空気を充塡するボンベ

気圧計【きあっけい】

プリチャージ式空気銃の空気圧を表示するための計器。命中精度に深く関わるため入念な管理が必要。

キアッパファイアアームズ【Chiappa Firearms】

イタリアの銃器メーカー。オールドアメリカンスタイルのライフルや散弾銃を復刻製造している。仕上げが美しく、所有欲を満たしてくれる。

キーホール【key hole】

横転弾が標的紙に命中したときの弾痕。真円ではなく細長い鍵穴状の形からそう呼ばれる。弾頭が横転するということは銃身や弾丸に何かしら重大な問題がある

と考えられるため、ただちに射撃を中止する必要がある。

木ウサギ【きうさぎ】
「モモンガ」の項参照。

起縁型薬莢【きえんがたやっきょう】
リムが薬莢の直径より大きく、はみ出ている形式の薬莢。リムドケース。比較的製造は容易だが箱型弾倉を使う銃にはあまり向かないため、散弾実包に多い。(反) リムレスケース。

機関部【きかんぶ】
ボルトや引き金や撃針など、銃から弾丸を発射するための重要なパーツ類を収納する部分。

危険猟法【きけんりょうほう】
鳥獣保護管理法第36条で定義づけられている用語で、爆発物、劇薬、毒薬を使用する猟法その他環境省令で定める猟法のことであり、それにより鳥獣の捕獲等をしてはならない。「その他環境省令で定める猟法」とは、据銃、陥穽その他人の生命又は身体に重大な危害を及ぼすおそれがあるわなを使用する猟法である（鳥獣保護管理法施行規則第45条）。なお、同法第13条第1項の規定により鳥獣の捕獲等をする場合または同法第37条第1項の許可を受けてその許可に係る鳥獣の捕獲等をする場合は、除外されている。

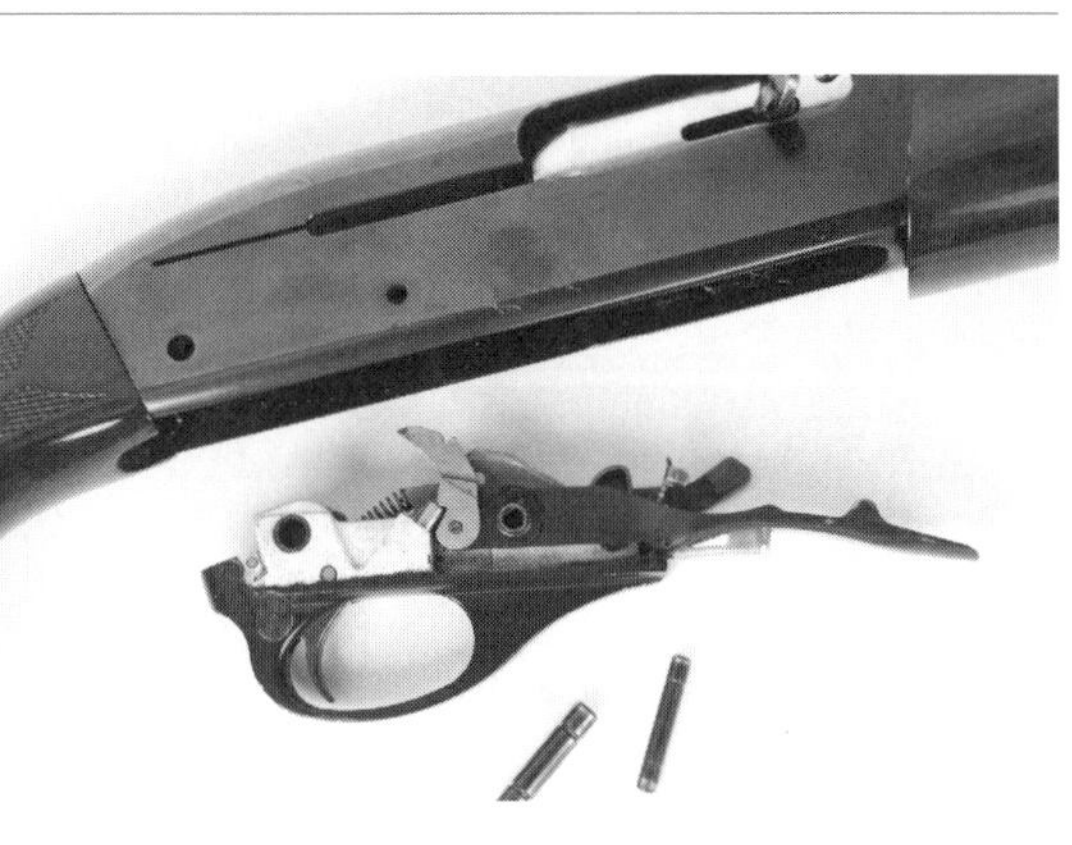
機関部。弾丸を発射するための重要なパーツが収まっている

キジ【キジ目キジ科】
狩猟鳥（メスは非狩猟鳥。亜種のコウライキジは、雌雄ともに狩猟鳥）。留鳥。
[分布] 北海道と沖縄を除く全国。亜種のコウライキジは、中国・朝鮮半島原産の外来種。
[環境] 平地から山地の林、草地、農耕地、河川敷など。
[特徴] 全長はオスが約80㎝、メスが約60㎝で、長い尾を持つ。成鳥のオスは、目の周りに赤い皮膚が露出している（ヤマドリより大きい）。頭から胸にかけての深い緑色が目立つ。成鳥のメスは、体全体のベースが淡い黄白色で、黒褐色の斑がある。コウライキジのオスは、首の周りに白い輪があり胸が赤銅色（キジは緑色）なのが典型的。その他、亜種も複数いるとされるが、狩猟用の放鳥などが何年も行われた結果、交雑によって亜種と識別しがたい個体も生じている。
[行動] 冬は雌雄別々の群れで生活し、春先はつがいか一夫多妻で繁殖する。雑食なので、植物の種や芽、実、また昆虫類なども食べる。歩くときは、足を交互に出して一歩ずつ歩く。
[鳴き声] 通年にわたり、オスは「ケーッ、ケーッ」と長く斬るような声で鳴く。繁殖期には、求愛や縄張りの宣言のため

キジは日本の国鳥

キジの糞

に激しく羽ばたき「ドゥルルル」という低い音を出す。これは母衣打ち（ほろうち）と呼ばれるドラミングの一種である。

［食肉として］上品な白身で、鶏よりあっさりしながらも深みのある旨味がある。可食部分が多いうえに品のよい出汁もとれ、食材としての汎用性が高い。腸が太くて長く、細菌やウイルスを保有している可能性があるので、捕獲後すぐ抜くこと。

［捕獲］散弾銃（散弾）や空気銃、鳥猟犬を使った銃猟など。

［ヤマドリとの識別］ヤマドリのメスより、本種のメスのほうが尾が長い。また、本種のメスは褐色に黒斑が並ぶが、ヤマドリは、赤茶・黒・白色が複雑に混じる。本種はヤマドリと異なり、耳羽（目の後ろにあり、耳のあたりを覆う羽毛）が立っている。ヤマドリのオスは、目の周りに赤い皮膚が露出しているが、キジのメスにはそれがない。またキジのメスは尾羽の先が白くないが、ヤマドリのメスは白い。

キジバト【ハト目ハト科】

狩猟鳥。留鳥。

［分布］ほぼ全国（北海道では夏鳥）。

［環境］市街地や人里、山地の開けた場所など。

［特徴］少し小さめのドバトのような体型。全長約30㎝強。雌雄同サイズ、同色。首筋にある青と青灰色の横縞模様が特徴。翼はキジのメスを連想させるような赤褐色のウロコ模様。

［行動］主に年間を通じてつがいで生活するが、繁殖をしていない個体は冬に群れをつくる。草食性で樹の実や芽、草の

キジバト

種を食べるが、動物質のものを食べるときもある。ハト類の親は、ピジョンミルクと呼ばれる分泌物をひなに与えることができるため、一年中繁殖が可能。営巣は樹上で行う。
［鳴き声］オスは繁殖期に「デデーポッポー」などと鳴き、それ以外の時期は「クウ」や「ブッ」と地鳴きする。
［食肉として］フランス産のハト（ピジョン）とは違い、鉄分が控えめであっさりとやさしい味の赤身。ローストや炭火焼き、味噌焼きなども合う。ただしクセが強い個体もある。牛舎に入って牛糞などを食べた場合は、肉が臭いこともあるので注意。
［捕獲］散弾銃（散弾）や空気銃を使った銃猟。むそう網など。
［他のハト類（非狩猟鳥）との識別］キジバト以外のハト類は非狩猟鳥。シルエットは似ているが、ドバトの首は青緑色で光沢があり、翼にウロコ模様はない。シラコバトは全身が白っぽく、アオバトは全身が緑色。京都府冠島以南の本州島嶼、伊豆、奄美、沖縄諸島に繁殖しているカラスバトは全身が黒っぽい。体色から識別することが容易である。

キジ笛【きじぶえ】
キジをおびき寄せるための、キジの鳴き声に似せた音色の笛。必要以上にキジをおびき寄せることになり、多獲につながることからキジ笛を使用する捕獲等は禁止猟法となっている。

紀州犬【きしゅうけん】
犬種名。国の天然記念物指定を受けた日本犬6犬種のうちの一種。天然記念物指定は昭和9年。和歌山、奈良、三重県を含むいわゆる紀州地方において存在した土着の狩猟犬を祖とする中型犬。紀州犬と呼ばれる以前、和歌山県内では地域によって太地犬や熊野犬などの呼称が使われていたようであり、三重県では300年前に弥九郎という猟師が飼っていた「マン」と名付けられた狼の血を受け継ぐ「弥九郎犬」が紀州犬へとつながっているなどの逸話、伝承がある。イノシシ、シカ、ウサギ猟に使役されるが、特にその猟欲や勇猛さからイノシシ猟に人気の犬種。毛色は好んで繁殖されたことから白が多いが、斑、胡麻などもある。実猟に使われている紀州犬の多くは狩猟家の自家繁殖犬（血統書がない犬）であり、血統書付きの実猟紀州犬は少数である。

希少鳥獣【きしょうちょうじゅう】
鳥獣保護管理法第2条第4項において定義づけられている用語で、国際的または全国的に保護を図る必要があるものとして環境省令で定める鳥獣のこと。具体的には環境省が作成したレッドリストにおいて絶滅危惧ⅠA・ⅠB類またはⅡ類に該当する鳥獣が指定されており、鳥獣保護管理法施行規則第1条の2および別表第一に掲げられている。

寄生虫【きせいちゅう】
人や動物の表面や体内にとりついて、栄養を得ている生き物。シカなどの筋肉に寄生するサルコシスティス（住肉胞子虫）やクマの肉に寄生するトリヒナ（旋毛虫）などがある。ジビエとして食べる場合は、いずれも十分な加熱（75℃で1分以上、またはこれと同等の加熱）をすることでほぼ予防することができる。

キツネ【ネコ目イヌ科】
狩猟獣。
［分布］沖縄を除く全国（日本には2亜

足跡は、イヌと比べて中央の2指が突き出ている。ほぼ直線状の歩行パターン。指行性

種が分布。本州以南~九州はホンドキツネ、北海道にはキタキツネが生息)。

［環境］里山から高山までの森林、草原、農地など。

［特徴］全身が淡い赤褐色で、下顎から下腹部、四肢の内側、尾の先端は白い。キタキツネには耳の裏と四肢に黒斑があるが、ホンドキツネはキタキツネより小型で四肢の黒斑はない。頭胴長40~76㎝、体重3~7㎏。

［行動］主に小動物を捕食。秋にはコクワやアケビなどの果実も食べる。入り口がいくつもある巣穴を掘り、春に出産。夏まで子育てをする。足跡が直線的で雪の上ではよく目立つ。敵に遭遇すると小走りで逃げ、追跡がないか確かめるように振り返ることがある。

ホンドキツネは山地の森林に生息し、そこに接する草原や農地などで採食する。しかし、キタキツネより警戒心が強く、あまり人目のあるところには出ない。キタキツネは人家の近くでも見られる。人畜共通感染症のエキノコックスに感染している個体もいるので注意。

［毛皮・皮］フォックス毛皮と呼ばれる。上毛は長く、下毛はやや長く保温性がある。ボリューム感があり、耐久性に優れている。

［獣害］エキノコックス症の原因となる寄生虫を媒介する可能性がある。寄生虫の卵が人間の口に入るとエキノコックス症を発症し、放置すると死に至ることもある。

［主な捕獲］くくりわな、はこわな、囲いわな。散弾銃（散弾）や空気銃での銃猟など。

木ネズミ【きねずみ】
リスの別称。「ニホンリス」の項参照。

技能検定【ぎのうけんてい】
教習を受けずに射撃のテストのみを受け、修了証明書を取得できる制度。

逆鉤【ぎゃっこう】
シアー。撃鉄が起きた状態を維持するための部品で、引き金を引くことにより逆鉤は動き、撃鉄は前進し撃発が起こる。機関部の中では特にデリケートな部分。

ギャロップ【gallop】
犬の歩態のひとつで、前肢、後肢をそろえて駆ける姿をいう。スピードの点では犬の走り方としては最も速い。フィールドトライアルの場合には、競技時間の大半においてギャロップで走ることがよいとされる。

ギャロップ

九粒弾【きゅうりゅうだん】
直径約8㎜の丸弾を9個内包した散弾実包。イノシシ猟などに用いられるが危険性も大きいため、大日本猟友会では使用の禁止を会員に求めている。

休猟区【きゅうりょうく】
狩猟鳥獣の生息数が著しく減少している場合において、その生息数を増加させる必要があると認められる区域があるときに、都道府県知事が指定することができる当該区域のこと（鳥獣保護管理法第34条第1項）。休猟区の存続期間は3年を超えることができない（同条第2項）。

競技用エアライフル【きょうぎようえあらいふる】
10ｍ標的射撃競技に使われる口径4.5㎜の空気銃。公式試合に使用するためにはＩＳＳＦ（国際射撃スポーツ連盟）の基準に合致しなければならない。

許可捕獲【きょかほかく】
鳥獣保護管理法では、野生鳥獣または鳥類の卵について、狩猟による場合を除き原則としてその捕獲等が禁止されているところ、生態系や農林水産業に対して鳥獣による被害等が生じている場合、学術研究上の必要性が認められる場合などには、環境大臣または都道府県知事の許可を受けて野生鳥獣または鳥類の卵の捕獲等が認められ、この場合の捕獲等が許可捕獲と呼ばれるものであり、狩猟による捕獲等とは区別される。都道府県知事等から受ける許可の内容によるが、捕獲等の対象は狩猟鳥獣以外の鳥獣も含まれ、猟法を問わない（ただし危険猟法等については制限がある）など、狩猟による捕獲等とは違いがある。いわゆる有害鳥獣捕獲や、第二種特定鳥獣管理計画に基づく鳥獣の数の調整目的による捕獲等がこれに当たる。

キンク【kink】
くくりわななどで、ワイヤの曲がりや、うねりがひどくなった状態のこと。キンクが発生すると、素線切れが連鎖してワイヤが切れやすくなり、事故の危険が高まる。キンク防止のためには、よりもどしが必要であり、イノシシ、ニホンジカの捕獲等をする際のよりもどしが装着されていないくくりわなの使用は、禁止猟法とされている。

キンク

キングクラフト（日本）
東京のカスタムライフルメーカー。クラシックライフルと呼ばれる優雅なスタイルを得意とし、ウィンチェスターM70Pre64やベルベックスモーゼルなど、貴重なビンテージアクションをベースに顧客の好みに合わせてつくり上げるスタイルを頑なに守り続けている。現存する製品は少なく、どれも芸術作品と呼べる美しい仕上がりが特徴。

キンクロハジロ【カモ目カモ科】

狩猟鳥。冬鳥（北海道の一部では少数が繁殖）。

［分布］全国。

［環境］湖沼、池、河川、内湾、都市の公園の池など。

［特徴］雌雄ともに、寝ぐせのような冠羽がある。全長約40㎝。黒っぽい顔に黄色い虹彩、嘴は灰色で先端が黒い。成鳥のオスは脇腹の白色がよく目立つが、メスはこげ茶色で冠羽も少し短い。名前の「ハジロ」は、広げた翼に白い帯が見えることが由来。

［行動］日中は休憩していることが多く、暗くなると採食場に飛び立ち、活発に行動する。水面を動き回ったり、潜水したりして、貝類やカニ・エビなどの甲殻類、水草、水生昆虫などを食べる。

［鳴き声］あまり鳴くことはないが、オスはまれに小さく「キュッ」や「ガガア」、メスは「クアッ」などと鳴く。

［捕獲］散弾銃（散弾）や空気銃、鳥猟犬を使った銃猟など。

［スズガモとの識別］雌雄ともに色合いがスズガモに似ている。スズガモには冠羽がなく、メスは嘴の根本に大きな白斑がある。本種の背が黒っぽいのに対して、スズガモの背には灰色みがある。

キンクロハジロ
メス
オス
オスは冠羽が特徴

禁止猟法【きんしりょうほう】
鳥獣保護管理法第12条第1項第3号に定められているもので、国際的又は全国的に特に保護を図る必要があると認める対象狩猟鳥獣がある場合に、環境大臣が当該対象狩猟鳥獣の保護に支障を及ぼすものとして、捕獲等に用いることを禁止する猟法のこと。詳しくは次のとおりである（同法施行規則第10条第3項）。
①ユキウサギ及びノウサギ以外の対象狩猟鳥獣の捕獲等をするため、はり網を使用する方法（人が操作することによってはり網を動かして捕獲等をする方法を除く。）
②口径の長さが10番の銃器又はこれより口径の長い銃器を使用する方法
③飛行中の飛行機もしくは運行中の自動車又は5ノット以上の速力で航行中のモーターボートの上から銃器を使用する方法
④構造の一部として3発以上の実包を充てんすることができる弾倉のある散弾銃を使用する方法
⑤装薬銃であるライフル銃（ヒグマ、ツキノワグマ、イノシシ及びニホンジカにあっては、口径の長さが5・9ミリメートル以下のライフル銃に限る。）を使用する方法
⑥空気散弾銃を使用する方法
⑦同時に31以上のわなを使用する方法
⑧鳥類並びにヒグマ及びツキノワグマの捕獲等をするため、わなを使用する方法
⑨イノシシ及びニホンジカの捕獲等をするため、くくりわな（輪の直径が12センチメートルを超えるもの、締付け防止金具が装着されていないもの、よりもどしが装着されていないもの又はワイヤーの直径が4ミリメートル未満であるものに限る。）、おし又はとらばさみを使用する方法
⑩ヒグマ、ツキノワグマ、イノシシ及びニホンジカ以外の獣類の捕獲等をするため、くくりわな（輪の直径が12センチメートルを超えるもの又は締付け防止金具が装着されていないものに限る。）、おし又はとらばさみを使用する方法
⑪つりばり又はとりもちを使用する方法
⑫矢を使用する方法
⑬犬に咬みつかせることのみにより捕獲等をする方法又は犬に咬みつかせて狩猟鳥獣の動きを止め若しくは鈍らせ、法定猟法以外の方法により捕獲等をする方法
⑭キジ笛を使用する方法
⑮ヤマドリ及びキジの捕獲等をするため、テープレコーダー等電気音響機器を使用する方法

金属探知機【きんぞくたんちき】
食肉の中に金属などの異物が残っていないか、確認するための装置。ジビエの場合は、銃弾の残存を確認する意味合いが強い。確認のタイミングについて、厚生労働省の「野生鳥獣肉の衛生管理に関する指針（ガイドライン）」では冷蔵前が望ましいとされている。しかし、シカに関しては、肉に豊富に含まれる鉄分が金属だと誤検知される可能性がある。それを防ぐために、冷凍した状態の肉を金属探知機に通すことが多い。

空気圧調整装置【くうきあつちょうせいそうち】
エアレギュレーター。プリチャージ式空気銃に内蔵されている減圧装置で、一定の気圧で弾丸を撃ち出せるため命中精度を高めることができる。

空気銃【くうきじゅう】
圧縮空気の力で弾丸を発射する銃のこと。

空気銃

空気を圧縮する方法によりいくつかの形式に分かれており、口径の違いによって威力に大きな差がある。空気散弾銃の所持は禁止されている。エアライフルともいう。

空包【くうほう】

実包から弾頭を除いたもので、有害鳥獣の追い払いなどに使用される。原則的に弾丸は発射されないが、弾頭の代わりに何らかの詰め物が入っておりガス以外の物体も発射されるため、実包同様の安全管理が必要。

くくりわな

法定猟具のわなのひとつ。ワイヤロープなどで輪をつくり、その一端を樹木などに固定して鳥獣の通路に設置しておいて、鳥獣を捕獲することができるようにしたもの。地面にある程度の穴を掘るか、表面を削り、そこに踏み板を設置し、その踏み板を鳥獣に踏ませることで圧縮したバネを解放し、そのバネの復元力によって鳥獣の足をくくるものが多い。トリガーの種類によって、踏み込み式わな、蹴り糸式わななどがある。バネの種類には、引きバネ、押しバネ、ねじりバネなどがある。

クジャク【キジ目キジ科】

非狩猟鳥（沖縄県では駆除対象）。留鳥。

［分布］沖縄県（宮古島、伊良部島、石垣島など）。

［環境］草原や農耕地など。

［特徴］和名インドクジャク。動物園などでよく見られるクジャクが本種。扇状の青い冠羽が特徴で、成鳥のオスは、金

くくりわなで足をくくる

くくりわな（ねじりバネ式）

属光沢の立派な飾り羽（上尾筒）がある。わが国においては、観賞用に飼育されていたものが沖縄県内で野生化した。県内の希少種の捕食や、在来種との食べ物をめぐる競争などで生態系への影響が懸念されている。また農作物への被害も大きい。県では、重点的に駆除等の防除が必要な外来種「重点対策種」として指定している。オスは全長180〜230㎝、メスは全長90〜100㎝。

［行動］雑食で、穀物などの植物類から貝類、小型の両生類から哺乳類まで広く食べる。一夫多妻で、小さな群れをつくり、夜は樹上で休む。春には一度に6〜8個の卵を産む。

［捕獲］くくりわなや空気銃での捕獲などで駆除される。

［鳴き声］「ミャオー」などと大きく甲高い声で鳴く。

熊犬【くまいぬ】

クマ猟に使われる狩猟犬の総称で、熊犬という特別な犬がいるわけではない。クマの生息数の多い信州・東北地方などでは、美濃柴犬、梓山犬、甲斐犬、北海道犬（アイヌ犬）やそれらをベースとした狩猟者の自家繁殖犬などが熊犬として使われている。クマに対して激しい格闘をすることはまれで、通常は積雪時に狩猟者とともにクマの冬眠穴を捜索したり、発見したクマの周囲で鳴いてクマの注意を逸らし、狩猟者に射撃の機会を与えることが役目となる。

クマ棚。葉が落ちるとよく見つかる

クマ棚【くまだな】

ツキノワグマは、樹上の果実や花、新葉などを食べるために樹木に登る。その際、体重を支えられないほど細い枝に登ったときは、細い枝を折って手前に手繰り寄せることがある。そのようにしてできる鳥の巣のような枝の固まりのことをクマ棚と呼ぶ。ほかに「クマ敷き」や「円座」などと呼ばれることもある。ヒグマは幼獣時代はよく木に登るが、成獣になって体重が増えると登ることはまれになる。長い爪が木登りに適していないことも考えられている。

熊の胆【くまのい】

熊胆（ゆうたん）ともいう。ツキノワグマやヒグマの胆嚢を乾燥させたもの。古くから胃痛や食あたりに効く万能薬として重宝され、マタギの間では湯に溶いたり、熊胆を火傷などに貼る湿布として使われている事例もある。お湯に溶かして服用もするが、少量でも強い苦味がある。タウロウルソデオキシコール酸は、クマの胆汁にのみ含まれ薬効があるとされる。胆汁は食物の消化に使われるが、絶食している冬眠中のクマは消化液が使われないため胆汁が胆嚢にたまって肥大化し、大きな熊胆ほど価値が高い。クマの肉や熊胆は、かつてのマタギの貴重な収入源になったともいわれる。現在、熊胆の製造・販売については、いわゆる薬機法（医薬品、医療機器等の品質、有効性及び安全性の確保等に関する法律）に基づいて規制されている。そのため狩猟によって入手しても、その取扱いには注意が必要である。

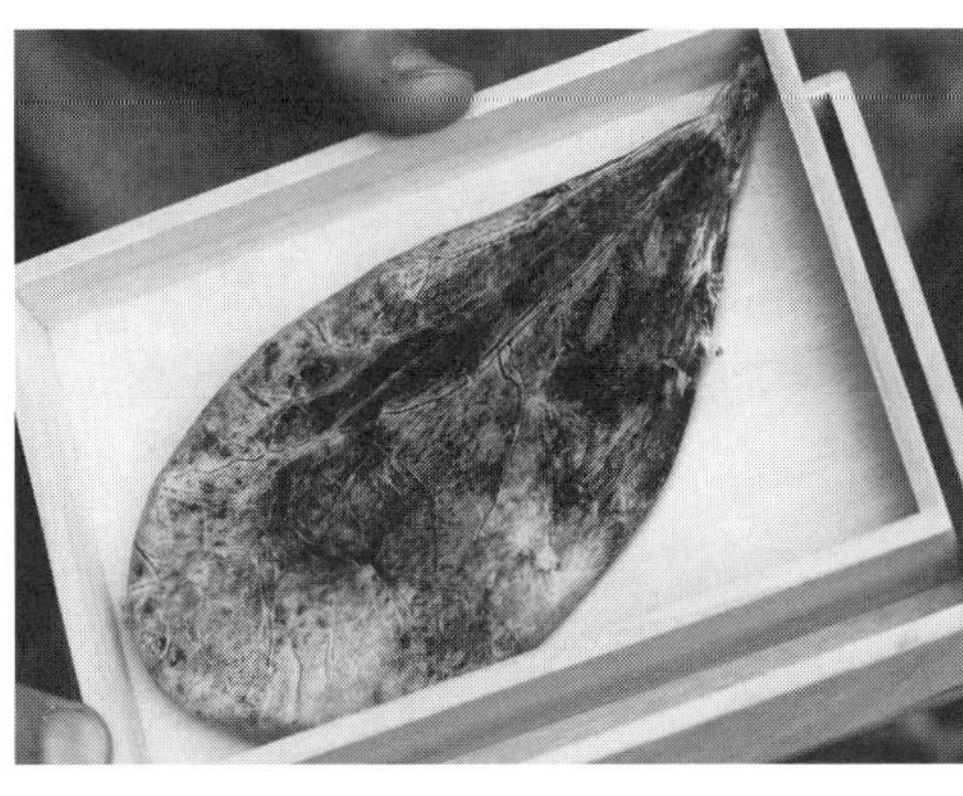
熊の胆

熊野地犬【くまのじいぬ】
和歌山県、奈良県、三重県にまたがる熊野地方の各集落などでイノシシなどの大物猟に使われてきたとされる地犬のこと。紀州犬とルーツは同じであると考えられるが、天然記念物としての紀州犬は、現代では日本犬保存会などの団体による血統書管理によってその繁殖や系統をたどることが可能なものをいうが、熊野地犬はそういった血統書管理からは外れ、狩猟者によって独自に繁殖、系統管理されているものを指すのが一般的である。

熊ぶち【くまぶち】
銃を使った熊猟師のこと。「熊撃ち」が訛ったもの。

グラウンドワーク【ground walk】
猟野競技会において、スピード、ペース（歩態の変化）、レンジ（捜索範囲）、パターン、猟欲（サーチングの強弱）、スタイル（歩態の良否）、スタミナ、自主性、独立性（相手犬に対する）、ハンドラーへの応答、コースに沿っているか（バック・キャストの有無）、バード・センス（鳥の付き場への洞察力）、知的な捜索（風を利用するなど）に対して分析評価すること。

グラスベディング【glass bedding】
ライフルの銃床に機関部を載せる際、パテなどで隙間を埋めて密着させる方法。これにより不確定な振動が抑えられ命中精度が上がるといわれているが、グラスベディングを施すだけで飛躍的によく当たるようになるわけではないので注意が必要。

クリーニングペレット【cleaning pellet】
ライフルや空気銃などの銃身内を清掃するために使うフェルト製の固形物。

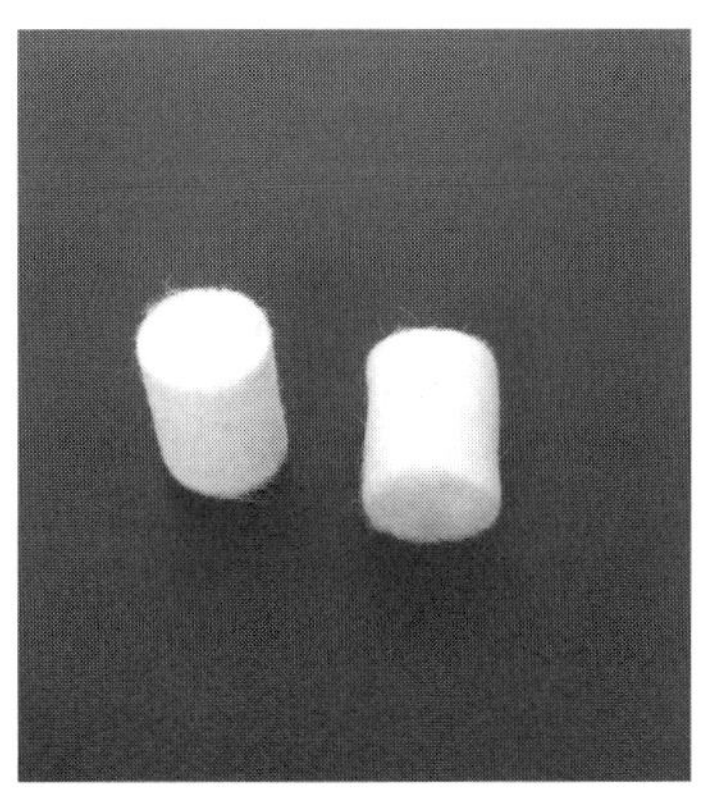
クリーニングペレット

クリコフ【Krieghoff GmbH】
ドイツの銃器メーカー。ドイツらしい質実剛健な散弾銃が人気のメーカー。クレー射撃の世界では反動が少ないといわれるクリコフの上下二連を使う選手が増えており、オリンピックでも多く見られるようになった。

グリス【grease】
粘度の高い油。機関部の構造によっては、潤滑に用いると異物を寄せ付けるため注意が必要。スラッグ弾丸の弾頭先端部に塗布することで銃身内に鉛の汚れをつきにくくする。

スラッグ弾丸の先端にグリスを塗布する

クリステンセンアームズ【Christensen Arms】
アメリカの銃器メーカー。銃身にカーボンを巻き付け特殊技術で成形し、銃床にもカーボンを使用したボルトアクションライフルを製造。剛性を保ったまま驚異の軽さを実現した。ハイエンドモデルは高い命中精度を保証しており、ライフルの世界に新時代を築いた。

グルーピング【grouping】
その銃の命中精度を推し量るため、一定時間内に継続して発射した複数の弾痕が収まる範囲を数値化したもの。弾痕の中心から中心までの距離を計測する方法をＣＴＣ（center to center）といい、１００ヤード（９１ｍ）で25㎜内に収まるグルーピングを１ＭＯＡという。

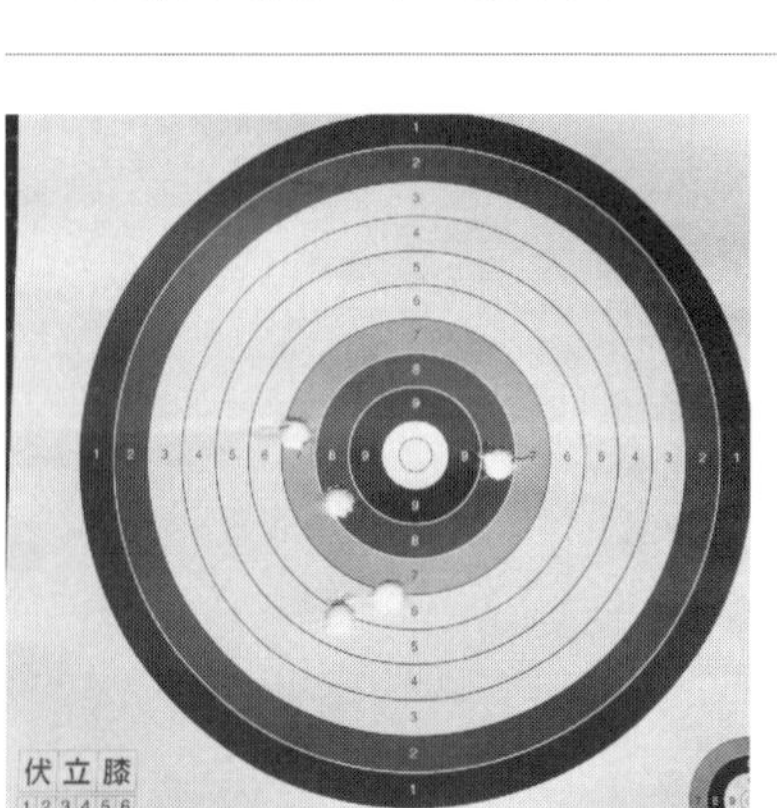

グルーピング。メジャーでCTCを測定する

グループ猟【ぐるーぷりょう】
複数人からなる集団で行う狩猟方法の総称。

グレイン【grain】
火薬や弾頭の重量を表す単位として使われ、１グレインは約０・０６４ｇ。ルーツは大麦ひと粒の重さからきている。

クレー射撃【くれーしゃげき】

クレー射撃で狙うクレー

直径約11㎝の円盤標的を機械で空中に飛ばし、散弾銃で撃破して得点を競う射撃競技。トラップやスキートなどいくつかの種目に分かれており、それによって使う銃や実包の種類も変わってくる。

クロガモ【カモ目カモ科】
狩猟鳥。冬鳥（北海道の一部で越夏、ごく一部は繁殖の可能性）。
[分布] 九州以北。
[環境] 沖合、内湾、港など。
[特徴] 海にいる真っ黒なカモ。成鳥のオスは嘴がこぶのように膨らみ、はっきりとした橙色をしている。メスの体はもう少し薄い褐色で、頬が淡い灰色をしている。嘴は黒い。雌雄ともに全長約48㎝。
[行動] 群れをつくり、主に沖合で生活する。東北地方より北では数千羽の大群でいることもある。大きな波があっても、それを利用するかのように活発に行動し、潜水して貝類などを食べる。二枚貝を狙って、サーフィンができるような砂地の海にいることも多い。
[鳴き声] オスは、海上で笛のように「ピューー」、メスは「クルル」などと鳴く。
[捕獲] 散弾銃（散弾）や空気銃。
[他の非狩猟鳥との識別] 全身が黒い鳥に非狩猟鳥のオオバンがいるが、オオバンは嘴と額が白く、主に淡水域で生活している。

メス
オス
クロガモ

クロスボルトセフティ【cross bolt safety】
安全装置のうち、棒状のものが突出している機構のもの。右側から押すことで発射可能となるものが多く、指先で触っただけで安全装置の状態が理解できる。

クロテン【ネコ目イタチ科】
非狩猟獣。ニホンテンと誤認されやすい。
[分布] 北海道。
[環境] 山地の森林。
[特徴] ユーラシア北部に分布する種で、北海道には亜種のエゾクロテンが生息している。体毛は、濃い褐色から全身が黄色のものまで個体差が大きい（まれに白に近いベージュのような個体もいる）。足裏も毛に覆われ、夏毛は全身が黒っぽくなる。顔の色は明るい。胴長35～56㎝。尾長11～19㎝。
[行動] 樹上、地上問わず活動する。夜行性といわれるが、日中にネズミなどの獲物を求めて出歩くこともある。木の実や果実も食べるが、獰猛でユキウサギを

クロスボルトセフティ

捕食することもある。樹洞や山小屋の天井裏に巣をつくる。

［ニホンテンとの識別］北海道の道南地方では狩猟獣のニホンテンが生息しているので、識別に注意が必要。詳細は「テン」の項参照。

クロムなめし

一般的には三価クロム（自然界に存在している物質で毒性を持たない）を使ったなめし製法。低コスト、短時間でなめすことができる。完成した革は柔らかく、熱に強いことから、現在では流通している多くの革製品がこの方法でつくられている。なめすと青緑色に染まるのが特徴。基本的にはその後、茶色や黒など製品としての着色が施される。

群鳥捌き【ぐんちょうさばき】

鳥猟において、鳥猟犬が2羽以上の群鳥を一度にポイントし、1羽ないし2羽ずつ順に飛び立たせ、狩猟者に射撃の機会を与える猟芸のことをいう。猟野競技会において群鳥捌きについて特別な規定はないが、当該犬の不要な興奮性がないという査証であることから好ましい猟技とされる。

群猪捌き【ぐんちょさばき】

群鳥捌きの派生語で、大物猟において猪猟犬が群れイノシシを発見、対峙し、その群れからイノシシを1頭ずつまたは数回に分けて追い出し、狩猟者に射撃の機会を与える猟芸のことをいう。

蹴糸【けいと】

くくりわなやはこわなで、蹴り糸式のわなに使われるトリガー。蹴り糸（けりいと）とも呼ばれる。「踏み込み式」の項参照。

軽犯罪法【けいはんざいほう】

比較的軽微な秩序違反に対して、拘留または科料に処する法律。狩猟や捕獲等を直接規制する法律ではないが、それらに使用する用具の携帯状況や、狩猟や捕獲にまつわる行動などが同法に抵触するおそれがあるため、銃刀法と同様に狩猟者にとっては注意すべき法律である。同法第一条各号に掲げる違反類型のうち、狩猟者や捕獲従事者に関する場合があると思料されるものは次のとおりである。

【軽犯罪法第一条】

左の各号の一に該当する者は、これを拘留又は科料に処する。

一 （略）

二 正当な理由がなくて刃物、鉄棒その他人の生命を害し、又は人の身体に重大な害を加えるのに使用されるような器具を隠して携帯していた者

三 正当な理由がなくて合かぎ、のみ、ガラス切りその他他人の邸宅又は建物に侵入するのに使用されるような器具を隠して携帯していた者

四～八 （略）

九 相当の注意をしないで、建物、森林その他燃えるような物の附近で火をたき、又はガソリンその他引火し易い物の附近で火気を用いた者

十 相当の注意をしないで、銃砲又は火薬類、ボイラーその他の爆発する物を使用し、又はもてあそんだ者

十一 相当の注意をしないで、他人の身体又は物件に害を及ぼす虞のある場所に物を投げ、注ぎ、又は発射した者

十二 人畜に害を加える性癖のあることの明らかな犬その他の鳥獣類を正当な理由がなくて解放し、又はその監守を怠つ

てこれを逃がした者
十三〜二十六　(略)
二十七　公共の利益に反してみだりにごみ、鳥獣の死体その他の汚物又は廃物を棄てた者
二十八、二十九　(略)
三十　人畜に対して犬その他の動物をけしかけ、又は馬若しくは牛を驚かせて逃げ走らせた者
三十一　(略)
三十二　入ることを禁じた場所又は他人の田畑に正当な理由がなくて入つた者
三十三、三十四　(略)

ケース(アメリカ)【CASE】
ナイフメーカー。古き良きアメリカの雰囲気を今に伝える老舗で小型フォールディングナイフのラインアップが豊富。ハンドル材はスタッグやボーン、ウッドなど天然素材が多い。ブレードに刻まれたXXの刻印は焼き入れを2度行っているという証。

ゲーム【game】
獲物としての狩猟鳥獣全般のことをいう。イノシシ、シカ以上の大型のものは特にビッグゲームという。

毛皮獣【けがわじゅう】
人間が毛皮を利用する哺乳類の総称。主に防寒具として使われ、狩猟獣ではミンクやテン、イタチ、キツネ、タヌキ、リスなどがそれにあたる。水生や半水生の種は防水性能にも優れているとされ、なかでもミンクやヌートリアは毛皮用として日本に持ち込まれた個体が野生化したもの。

毛皮獣であるタヌキ

撃針【げきしん】
実包や空包の雷管を発火させる棒状の部品。まれに折れることがあり、そうなると銃の機能は完全に停止してしまう。ファイアリングピン。

撃鉄【げきてつ】
撃針を作動させるための部品。銃によってはないものもあり、その場合は撃鉄を介さずに逆鉤が直接撃針を解放する。ハンマー。

撃発機構【げきはつきこう】
撃鉄や撃針など実包等を撃発させるための機能。

結紮【けっさつ】
獣を解体する際の技術のひとつ。内臓出しで消化管を取り出す前に、食道や肛門をひもや結束バンドなどで結んで、胃腸の内容物が外に流れ出ないようにしておくこと。腸管出血性大腸菌O157など、食中毒を引き起こす細菌や寄生虫の多くは胃や腸に生息している。よって、糞などその内容物が漏れて肉などを汚染しないようにするために行う。

結紮は食道（写真）と直腸を結束バンドなどで締めて、胃内容や糞などが流出しないようにする

毛引き【けびき】
鳥類の解体時に羽毛を抜くこと。体温が下がると毛穴が閉じて抜けにくくなるので、捕獲後なるべく早く行うことが望ましい。一般的には手でつまんで抜くことが多い。生え変わりの羽は短くて抜きづらいが、羽軸が残ると食べるときに気になるのですべて抜く。水鳥は細かい羽毛が舞うので、ビニール袋などの中で行うと周囲が汚れない。このほかに、ロウ（ダックワックス）で固めてから羽を一気に剥がす方法もある。

けもの臭【けものしゅう】
野生鳥獣の体臭のこと。特に大型獣は、直前まで使っていた寝屋やヌタ場、けもの道などに人間でも感じられるような臭いが残っていることがある。繁殖期のオスは、この臭いが強いといわれる。また、ジビエ料理でも、肉の風味の個性を指して、けもの臭と呼ぶことがある。

けもの道【けものみち】
シカやイノシシなど地面を歩く動物の通行により踏みならされてできた自然の道。その部分の土が削れて道のようになっていたり、枝が折れてトンネルのようになっているため一般的に「けもの道」と呼ばれる。ただし、狩猟者の間でそのように呼ばれることは少なく、単に「道」や「筋」のほか、「かよい」「ノテ」「うつ」「うじ」「とおり」「とお」など地域や年代、所属するグループなどによってさまざまな言い方がある。頻繁に使われている道については「高速道路」「国道」など、地域によって呼び方は異なる。

けもの道

蹴り糸式【けりいとしき】
くくりわなやはこわなのトリガー形式のひとつ。左右に張られた糸に、獲物が引っかかることでわなが作動する。くくりわなでは、地上に張られた糸を押すこと

で、スネア部のストッパーが外れ、輪が閉まる。はこわなではサイドパネルに糸を張り、これに獲物が引っかかると扉を持ち上げている仕掛けが外れ、扉が落ちる。

剣鉈

蹴り糸式

剣鉈【けんなた】

先端が尖ったナイフ状の刃を持つ大型の鉈。藪払いから獲物の解体、薪割りまでこなす万能刃物として愛用するハンターも多い。

ゴイサギ【ペリカン目サギ科】

非狩猟鳥（2022年度から狩猟鳥の指定解除）。留鳥（北海道では少数が夏鳥）。

［分布］全国。

［環境］湖沼、池、河川、海岸、林など。

［特徴］首を縮めていることが多く、その姿はペンギンにも似ている。全長約60㎝弱で胴体はカラスくらいの大きさ。雌雄同色。頭と背がグレーがかった紺色。頭から2本の白くて長い冠羽が伸びている。虹彩は赤く、足は黄色い。幼鳥は成鳥とは異なり、全体的に褐色で白斑がある。

［行動］夜間に川などで魚を食べ、日中は藪や林の中などで休んでいることが多い。

［鳴き声］夜間に飛びながら「クワッ」や「ゴアッ」と大きな声で鳴くことがある。

［ササゴイとの識別］同じく非狩猟鳥のササゴイと似ているが、ササゴイは夏鳥で、本種の3分の2程度のサイズで明らかに小さい。冠羽は短くて黒い。また翼の上面に、ササの葉のような模様がある。虹彩も黄色く、ゴイサギとは異なる。本種の幼鳥は褐色の地色でヨシゴイにも似ているが、本種のほうがはるかに大型で地色が暗色、全身に白色小斑が点在しているので見分けられる。

ゴイサギ

高圧洗浄機【こうあつせんじょうき】
勢いよく噴出される水の力で、汚れを吹き飛ばす洗浄機。ジビエの解体処理施設では、獣の体に付着した泥やダニ、血液を洗い流すために使われることがある。しかしその場合は、水の勢いで汚染を拡散してしまう危険性が指摘されている。

交換式チョーク【こうかんしきちょーく】
散弾銃の銃身先端部分のみを取り外し、チョーク（絞り）を変更できる部品。これにより1本の銃身で散弾粒の散開をコントロールでき、さまざまな用途に対応が可能となる。

交換式チョーク。銃口から入れて、チョークレンチで固定する

口径【こうけい】
銃身内径のこと。散弾銃は番、ライフルは㎜（ミリ）やインチで表記される。

公式セット【こうしきせっと】
クレー射撃におけるクレーの速度、高さ、角度のこと。現在、日本クレー射撃協会の国際ルールの飛行距離は、トラップでは76±1m、スキートでは68±1mとされている。

高炭素鋼【こうたんそこう】
刃物用の場合、炭素を1～1.5％以上含有した鉄のこと。刃物には工具鋼などから転用されたものも多く、鋭い切れ味と研ぎやすさが特徴だが錆びやすい。ハイカーボンスチール。

コウライキジ
キジの亜種。狩猟鳥。首の周りに白い線があることからリングネックフェザントと呼ばれる。詳しくは「キジ」の項参照。

ゴーストリングサイト【ghost ring sights】
リング状の照門を持つ照準器。精密射撃用のピープサイトに比べてリングが大きく標的を捉えやすいが、照門がぼやけて幽霊のようにほとんど見えないためこの名がついた。

ゴールデンレトリーバー【golden retriever】
犬種名。イギリス原産の大型犬。作業欲が強く、ラブラドールレトリーバーと並んで家庭犬はもちろん、盲動犬や救助犬としても世界的に人気がある。耐水性のある毛が密生しており、泳ぎが得意。優しく物を咥えて運搬するソフトマウスの習性を持ち、猟場では撃ち落とした鳥類の回収を担うのが一般的。毛色はゴールドあるいはクリームで、ラブラドールレトリーバーに比べて長く、ウェーブがかっている。

コールドスチール（アメリカ）【COLD STEEL】
ナイフメーカー。硬い材質を挟み込み3層構造にしたサンマイブレードに定評があり、鋭い切れ味と耐久性を両立させることに成功したメーカー。実用重視の製品が多く、ほとんどのナイフには血脂に強いハードラバー製のハンドル材が使用されている。

コール猟【こーるりょう】
繁殖期のオスジカが縄張りを守る習性を利用し、オスジカの鳴き声に似た音を出す笛を吹いておびき寄せる猟法。主に繁殖期と狩猟期間が重なる北海道で行われている。

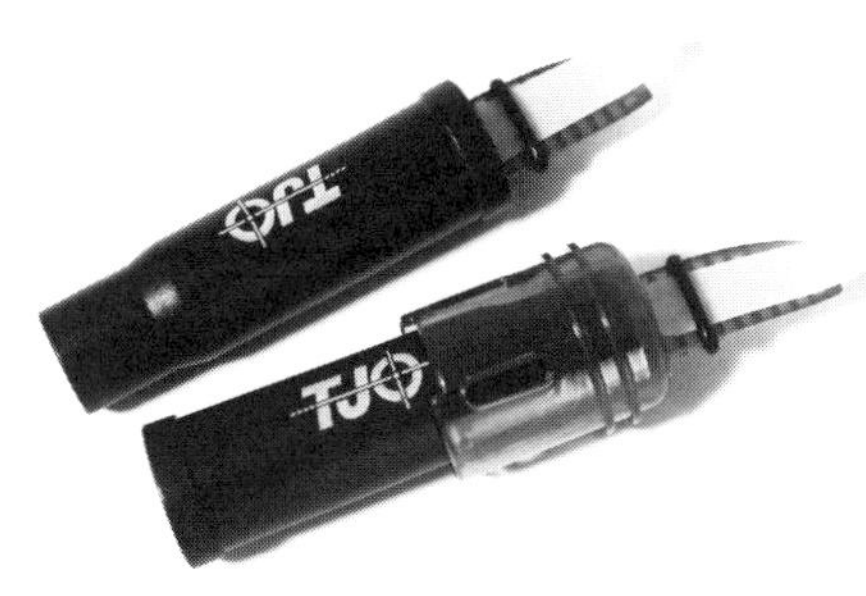

コール猟で使うシカ笛

国産ジビエ認証制度【こくさんじびえにんしょうせいど】
ジビエの利用拡大にあたって、消費者から信頼される食品であるために、流通するジビエの安全性の向上および透明性の確保を図ることが必要であることに鑑み、2018（平成30）年5月に農林水産省が制定した、ジビエの食肉処理施設に対する認証制度。食肉処理施設の自主的な衛生管理等を推進し、より安全なジビエの提供と消費者のジビエに対する安心の確保を図ることを目的としており、衛生管理基準およびカットチャートによる流通規格の遵守、適切なラベル表示によるトレーサビリティの確保等に適切に取り組む食肉処理施設の認証を行うもの。認証を受けた施設は、国産ジビエ認証マークを当該施設で生産されたシカ肉およびイノシシ肉製品に貼付することができる。

国産ジビエ認証制度の認証マーク

黒色火薬【こくしょくかやく】
硝石、硫黄、木炭の混合からなる火薬。現代の猟銃にはほとんど使われないが、火縄銃などの前装銃射撃や古いダマスカス銃身の散弾銃などには必須であるため、今でも銃砲店で入手可能。燃焼速度は速いが膨張率が低く発射時に大量の煙が出るため、連発銃に使うと視界が見えず二の矢がほとんど狙えない。

コガモ【カモ目カモ科】

狩猟鳥。冬鳥（中部地方以北では少数が夏鳥。北海道と北日本ではごく少数が繁殖）。

［分布］全国。

［環境］湖沼、池、河川、公園など。

［特徴］成鳥のオスの頭は赤茶色で、目の周りから後頭にかけて緑色をしている。全長約38㎝と小型で、ハトより少し大きい。他のカモ類同様、メスは全体に褐色の地味な色をしている。ともに翼鏡は緑色。翼鏡とは、カモ類の風切羽の一部で、羽色に金属光沢のある部分を指す。

［行動］日中は安全な場所で休息をとり、主に夕方から活動する。市街地の個体は日中でも活動する。川の浅瀬で石についた藻を食べたり、水田の落穂や畑でイネ科の植物の種を食べたりする。植物食。

［鳴き声］オスは「ピリッ、ピリッ」と2音で鳴くことが多く、メスは「ゲェゲェ」とマガモに似た声を出す。

［食肉として］カモらしい風味が濃く、独特の香りもあって野性味ある味わい。

メス
オス
コガモ

ローストにも向き、肉の風味を生かしてフルーツ系の甘酸っぱいソースも合う。

［捕獲］散弾銃（散弾）や空気銃、鳥猟犬を使った銃猟。むそう網、はり網、なげ網など。

［非狩猟鳥のカモ（メス）との識別］メスの場合、非狩猟鳥のシマアジやトモエガモが似ているが、コガモよりはやや大きい。コガモに比べて、シマアジのメスには顔にはっきりと2本の白線（眉斑）がある。コガモの嘴の付け根はやや黄色味を帯びているが、トモエガモには丸い白斑がある。

コシジロヤマドリ
ヤマドリの亜種。非狩猟鳥。九州中・南部に分布するヤマドリの亜種。その名のとおり、オスの上尾筒（尾羽の付け根を覆う背中側の羽根）が広範囲に白い。また尾羽は亜種の中で最も赤い。メスの識別は難しい。人工繁殖されたものが、各地で放鳥されている。※ヤマドリ全般の特徴については、「ヤマドリ」の項参照。

越場【こしば】
山の高いところにあるヌタ場。

コジュケイ【キジ目キジ科】

狩猟鳥。留鳥。

［分布］九州から本州。ただし積雪の多い地域にはいないとされる。

もとは中国原産の外来種だが、1918年に愛知県、1919年に神奈川県に放鳥されたことから、日本に定着した。（特に1955年頃から十数年間、大日本猟友会が三宅島〈東京都〉で生け捕りしたものを各地に供給した結果、全国に広がるようになった。※『狩猟読本』（大日本猟友会）より）

［環境］平地から山地にかけての人家付近の雑木林や農耕地、河川敷など。

［特徴］全長は約30㎝弱。胴体はハトぐらいの大きさ。尾は短く、丸みを帯びた体型。頬から喉にかけてが赤褐色で、その上下が薄い青灰色。黄色っぽい腹部には、黒い斑がある。雌雄ともに、大きさも色合いもほぼ同じである。

［行動］人家付近の雑木林などで、数羽から数十羽の群れをつくっていることが多い。追われると、一斉に飛び立ち、地面に沿って低く直線的に飛ぶ。雑食性で、主に地上で採食する。

［鳴き声］地鳴きは、「ピィー」や「キ

ャキャキャ、ココココ」などだが、オスは繁殖期に「ちょっと来い」と聞きなしができる高い声で鳴く。
［食肉として］キジ科の名にふさわしい上品な白身で、旨味が深い。丸ごとのローストや炭火焼きに向くが、散弾に被弾した肉を細かく刻む場合はスープにしてもよい。出汁は乳製品と相性がよい。
［捕獲］散弾銃（散弾）や空気銃、鳥猟犬を使った銃猟。網猟など。

コジュケイ

コスミ【Cosmi】
イタリアの銃器メーカー。単身自動銃でありながら機関部を上方に開放して装塡するという独特の機構を持つ散弾銃を製造する。既存の概念を打ち破る構造を具現化するところはさすがデザイン王国イタリア。

個体数調整【こたいすうちょうせい】
第二種特定鳥獣管理計画で定めた特定鳥獣の生息数または生息範囲の抑制を目的として行われる許可捕獲の一種。

コッキング【cocking】
銃の撃鉄や撃針を後退位置で止めた状態。引き金を引けば即撃発となる。

ゴム弾【ごむだん】
金属弾丸の代わりにゴム製の物体を弱い威力で発射する実包。欧米では暴徒鎮圧用に使われる非致死弾の一種で、国内ではサルの駆除などに使用される。

五目猟【ごもくりょう】
獲物をあらかじめ特定せずに猟場を進み、出会った獲物に対し捕獲等を行う銃猟のことをいう。主に散弾銃を使用する場合にスラッグ弾丸および散弾を持ち歩き、シカやイノシシなどの四足獣だけでなく、場合によってヒヨドリ、キジバト、カモ、キジなど鳥類も対象とするもの。通常、発見した獲物が狩猟鳥獣であるか否か判断せずに何にでも射撃をすることの意味までは含まない。

コロンビアリバー（アメリカ）【Columbia River】
1990年代創業の新しいナイフメーカーでほとんどの生産を中国で行っており、製品化のスピードが速く大量のラインアップを送り出し続けている。最新の製造機械を導入しているため品質が極めて高く、中国製ナイフのグレードを引き上げたブランドだといえる。

こんぼう
1歳未満の幼いイノシシのことをいう猟師言葉のひとつ。

さ行

サージェン【Surgeon Rifles】
アメリカの銃器メーカー。最新の工作機械を使い、レミントンアクションを究極の高精度で製造するカスタムメーカー。原則的に機関部のみを製造し、銃身や銃床などは使用者の好みで組み合わせてつくられる。

サーマルビジョン。温度によって表示される色が変わるため、落ち葉の上などにいる鳥なども見つけやすい

サーマルビジョン【thermal vision】
対象物の温度を可視化する装置。狩猟ではわなにかかった状態で木の陰にじっとしている獲物や、撃ち落としたカモなどを発見するのに役立つ。

最大射程距離【さいだいしゃていきょり】
銃から発射された弾が最終的に地面へ落下するまでの距離。35度前後の仰角で撃った場合にもっとも距離が伸びるといわれている。事故を防ぐため自分の銃の最大射程距離を知っておくことは極めて重要。

サイトハウンド【sight hound】
犬の分類。優れた視覚と、細身かつ長い脚を活かしたスピードのある走力をもって、逃げる獲物に追いつき捕らえることを目的とした狩猟犬の総称。草原や砂漠地帯における狩猟のための犬で、主に中近東や中央アジアで発達した。グレーハウンド、ボルゾイなどがこれにあたる。

サイドフォーカス【side focus】
対象物にフォーカスを合わせるための調整ダイヤルが射手から見て左側にあるもの。銃を構えた状態のまま調整できるのが一番の利点。

サイトポイント【sight point】
狩猟犬が目を使って行うポイント動作のことをいう。本来、ポイントは、ゲームの姿を見て行うものではなく、体臭に対して行うものである。サイトポイントはポイント能が発現し始めた仔犬によく見られるもので、成犬がなすべき猟技ではないとされる。ただし、サイトポイントをしなかった仔犬でも、通常のポイントをする場合は多い。

さえずり
繁殖期に求愛したり、縄張りを主張したりする鳥の鳴き声。本来の定義としては、「親の声を聞いて学習する音楽的な音声」のことなので、サギのように学習を経ずに鳴く場合は「求愛声」と呼ばれる。

サカイ（日本）【さかい／じーさかい】
１９７０年代後半にガーバー社からシルバーナイトという小型フォールディングナイフの製造を依頼され、当時としては驚異的な品質で２００万本という大

量生産を実現。国産ナイフメーカーの金字塔を築いた。現在はH-1ステンレス鋼を使用し錆に強いサビナイフが主力商品となっている。

サコー【Sako】
フィンランドの銃器メーカー。日本のハンターにもっとも多く使用されているボルトアクションライフルのひとつ。緻密な加工と精巧な仕上げに高い命中精度、操作感も引き金の切れも最高で、箱出しの状態でカスタムライフルに匹敵する性能を持っている。

先台。写真はスライドアクションの散弾銃

先台【さきだい】
銃身を載せているパーツ。フォアエンド。

錯誤捕獲【さくごほかく】
目的の獲物とは違う生物がわなにかかってしまうこと。それが非狩猟獣の場合、速やかに放獣しなければならない。

イノシシ狙いのくくりわなで錯誤捕獲したハクビシン

ササゴイ【ペリカン目サギ科】
非狩猟鳥。九州以北では夏鳥、九州南部では少数が越冬。南西諸島で冬鳥。
［分布］ほぼ全国。

ササゴイとゴイサギの大きさ比較

［環境］河川や湖沼、水田など。
［特徴］雌雄同色。成鳥の頭頂は、青味がかった黒色で長い冠羽がある。翼にはササの葉に見えるような白い線模様がある。足は黄色。全長約52㎝。
［行動］朝夕に活動するものが多いが、日中も活動する。川岸や浅瀬で魚を捕食する。
［鳴き声］「キュウ！　キュウ！」と、鋭く大きな声で区切るように鳴く。
［狩猟鳥との識別］誤認しやすい狩猟鳥はいないが、水辺の鳥を狙うときには注意したい。

ささみ
鳥の胸肉で胸骨に沿った部位。脂肪は少なめで、タンパク質を豊富に含んでいる。ササの葉に似ていることが名前の由来。

差尾【さしお】
犬の尾の形状について、立った場合に巻かずに直線的な状態で、前方へ傾斜、または上方（またはやや後方）へ直立したものをいう。常に立っていることは要しない。巻き尾に対する猟能の優劣について諸説あるが、その真偽は定かではない。

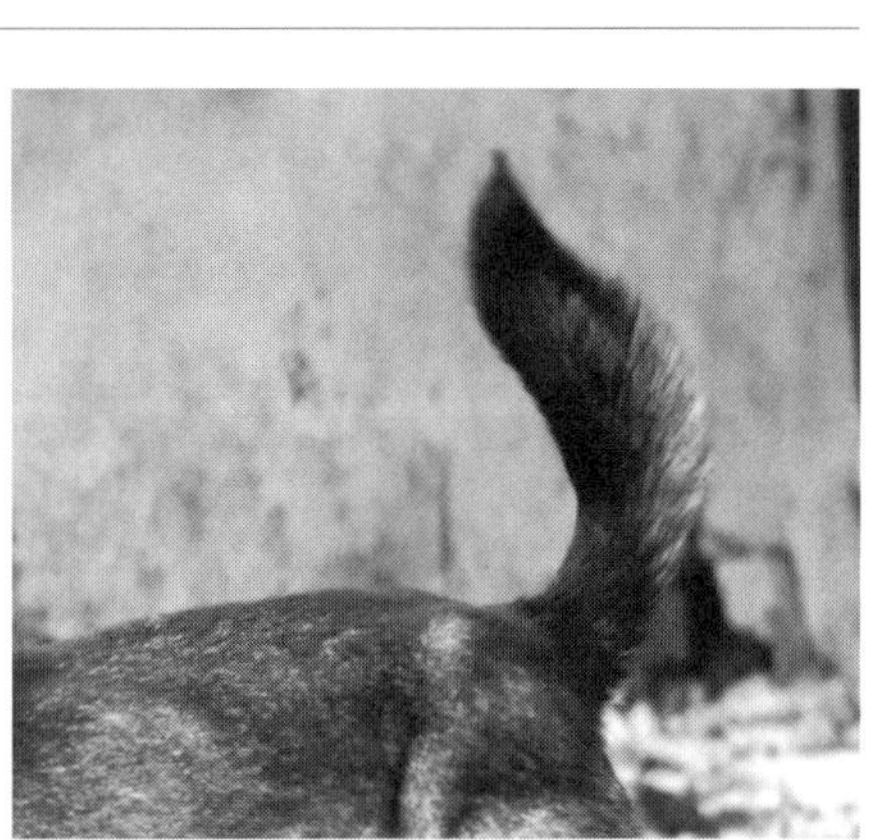
差尾

刺し毛【さしげ】
「上毛（じょうもう）」の項参照。

佐治武士（日本）【さじたけし】
福井県で和式鍛造刃物を製造する伝統工芸士のブランド。多層構造のダマスカス鋼や、装飾にも凝ったデザインの製品が多く、実用はもちろんコレクターズアイテムとしてもファンが多い。

座射【ざしゃ】
尻を地面につけ、両膝を立てた状態で銃を構えて撃つこと。

作動桿【さどうかん】
ボルトハンドル。遊底を後退させるための突起や取っ手のこと。

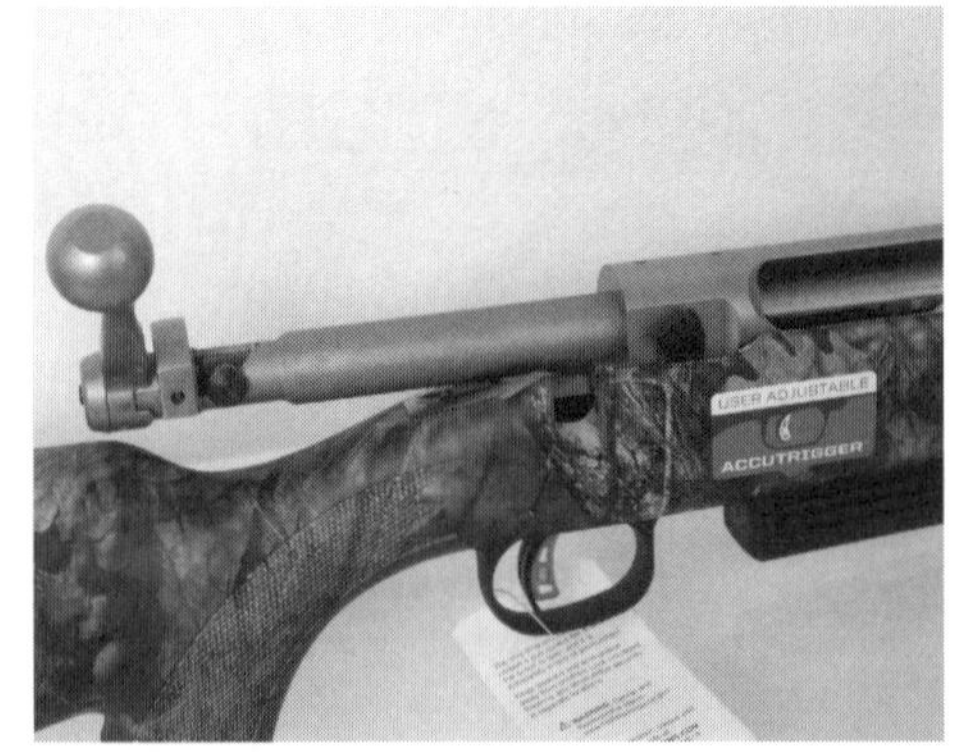

作動桿

サドルマウント【saddle mount】
単身散弾銃にスコープを搭載する際、機関部をまたぐような形で固定するマウントベース。一定以上の精度は出ないが銃自体を加工する必要がないのが特徴。

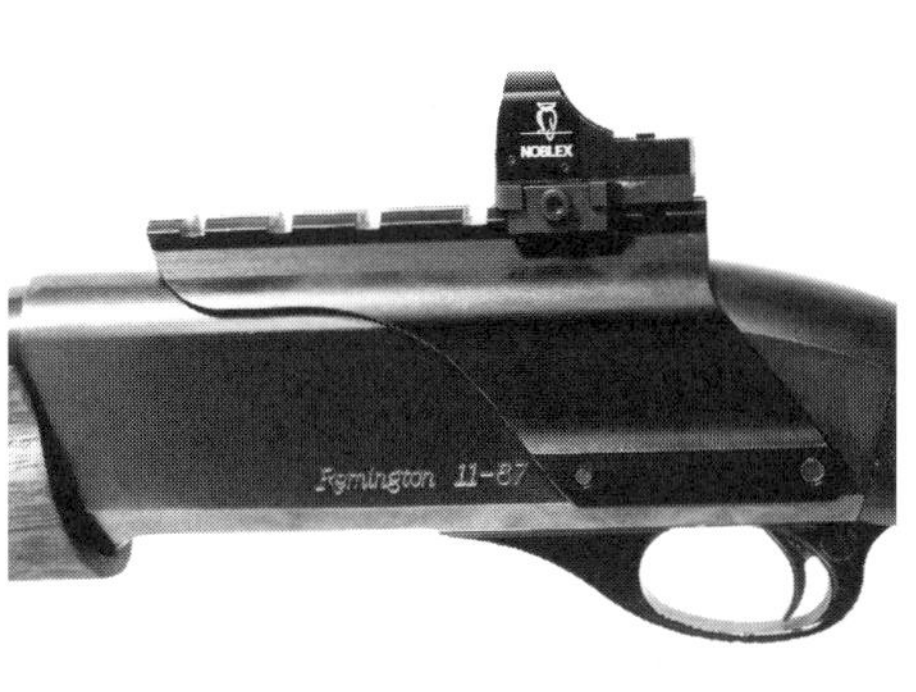

サドルマウント

雑食動物【ざっしょくどうぶつ】
動物性の食物と植物性の食物をどちらも摂取する動物のこと。多様な食物を選択できるので、食物条件の変化が大きい環境にも生息しやすい。雑食といっても、季節や周辺環境によって、昆虫を多く食べたり植物が中心になったりと、食性は偏ることもある。

猟人【さつひと】
狩人（かりゅうど）、猟師（りょうし）の古い呼び名。

砂嚢【さのう】
鳥類の胃の一部にあたる部位のこと。学術的には筋胃、食用としては砂肝や砂ずりなどと呼ばれる。鳥類には歯がないため、小石を飲み込んであらかじめこの部位にためておき、食べ物をすり潰して消化する。そのため筋肉質でコリコリと弾力がある。

サベージ【Savage】
アメリカの銃器メーカー。アメリカでは老舗メーカーとして有名。独特なデザインを採用したアンダーレバー式のM99がマスターピースとして印象深い。現在はボルト式サボットスラッグ銃のM212やM220が有名で日本のハンターにも愛用者が多い。

サボット【sabot】
直訳すると木靴の意。銃の世界ではスラッグ弾頭を覆うプラスチック製のカバーを指す。これがハーフライフリングに沿って回転しながら発射されることで、スラッグ弾としては高い命中精度が実現可能となる。サボットスラッグ弾。

弾頭
ワッズ
サボット
弾頭
雷管

左）スラッグ弾。右）サボット弾。サボットという樹脂パーツで弾頭を包み、発射時はサボットごと銃腔内を回転して射出される

サボットスラッグ【sabot slug】
ハーフライフル銃に使うスラッグ弾で、弾頭がプラスチック製のカバー（サボット）で覆われている。銃身内のライフリングによって回転するため命中精度が高い。銃口から射出されると、弾頭からサボットが外れて、弾頭だけ目標に向かって飛んでいく。

沢下り【さわくだり】
危険を感じたヤマドリが、沢に沿って滑空をする習性のこと。

残滓【ざんし】
一般的には「後に残ったかす」「食べ残

し」などを意味するところ、狩猟や捕獲の場においては、肉を取るために獲物を解体した後に出る内臓や骨、皮などの不要な部分のことをいう。

散弾銃【さんだんじゅう】
主に粒状の散弾を撃ち出す銃。スラッグのような単弾を撃つことも可能でハーフライフル銃も広義には散弾銃である。鳥猟から大物猟まで万能的に使える猟銃。

残弾処理射撃大会【ざんだんしょりしゃげきたいかい】
狩猟用の無許可譲受票で購入した実包や火薬類のうち狩猟期間中に使いきれなかった分を消費するため、猟友会支部などが主催する射撃大会。

シアー【sear】
「逆鉤（ぎゃっこう）」の項参照。

次亜塩素酸ナトリウム水溶液【じあえんそさんなとりうむすいようえき】
ジビエ肉の処理施設などで使われる、水と塩素系漂白剤の混合液。一般家庭用の漂白剤やカビ取り剤としても知られている。食肉処理施設では消毒用として、解体した食肉や調理器具に使用する。食肉に対しては100ppm（0・01%）、器具に対しては200ppm（0・02%）にそれぞれ希釈して使用する。弱酸性の次亜塩素酸水とは異なる。

シースナイフ【sheath knife】
ブレードがハンドルに固定され不動な状態を保ったナイフ。シース（鞘）との組み合わせが必須であることからそう呼ばれる。頑丈だが全長を一定以下に抑えることが難しい。

地犬【じいぬ】
古くから日本の山間の集落など、ある程度ほかの地域から隔絶された場所や地域において、他地域の犬との交雑が進まずに繁殖が繰り返されてきた犬のことを総称していう。国の天然記念物指定されている紀州犬や柴犬なども、もともとは各地方の土着の地犬であったが、日本犬保存会を中心とした犬種としての固定化と血統管理がなされてからは、それらと単純な地犬とは区別されている。

ジェームズパーディー【James Purdey & Sons】
イギリスの銃器メーカー。ロンドンガンと呼ばれるイギリスのクラシック水平二連散弾銃を製造する代表的メーカーのひとつ。フルオーダーが基本で、ユーザーの体格などに合わせて細かくセッティングしながらつくるため完成には数年を要する。

鹿犬【しかいぬ】
シカ猟に使役される犬のことで、中型日本犬の中でもシカ猟に適したものとして区分けした呼び名であり、鹿犬という名の特定の犬種があるわけではない。シカを追うのに適した、一見して身軽で速力の出る体型のものをいう。胴体は細身、体の弾力性は充分、尾は差尾、整った背線、あまり長くない被毛などが特徴とされ、頭部が重いものは好ましくないとされる。また、シカ狩りは皮革の入手が主な目的だったため、狩猟者の意図を理解するなどして執拗にシカに咬みつかないよう、鹿犬には従順さが要求される。

姿芸両全【しげいりょうぜん】

狩猟犬について、美しい姿と、優れた猟芸の両方を体現しているさまをいう。狩猟犬種といえど、「美しい姿」すなわち犬種標準を維持しつつ評価の高い外貌を得ることを重視した犬の繁殖を行う場合、猟芸や猟欲を系統的に維持することの優先順位は相対的に低くなる。逆も同様であり、猟能の継承や固定化を重視するということは外貌の維持が困難になることが多い。容姿と猟芸を同時に高次元のものとすることは困難であり、それを体現した姿芸両全の犬は、狩猟犬種にとって賛美の対象となる。

趾行性【しこうせい】
哺乳類が歩く形式のひとつ。かかとを浮かせて指先だけを地面につけて歩く状態（人間にたとえるとつま先歩きのような状態）。キツネやタヌキ、ノイヌ、ノネコがこれにあたる。つま先立ちになることで足の長さを稼ぐことができ、その分、速く移動することができる。静かに歩くことにも適した歩き方。指行性ともいう。

四国犬【しこくけん】
犬種名。国の天然記念物指定を受けた日本犬6犬種のうちの一種。天然記念物指定は昭和12年。四国地方を発祥とする中型の狩猟犬。地域ごとの系統として幡多系や本川系などが存在する。精悍な体つきと風貌を持つ。毛色は胡麻が多く、本川系には黒四ツ目が多い。山岳地帯のイノシシ猟やシカ猟に使役され、その動きは頑強かつ軽快で、持久力にも富む。なお、いわゆる「土佐闘犬」（単に土佐犬と呼ばれることもある）は江戸時代後期に四国犬（日本犬）にピットブルテリアやマスチフなど大型の外来犬種との掛け合わせで生み出されたものであり、四国犬とは別である。

仕込み銃【しこみじゅう】
ステッキなど、外観からは銃とわからないように偽装された銃。違法であるため所持はできない。

猪犬【ししいぬ】
イノシシ猟に使役される犬のことで、中型日本犬の中でもイノシシ猟に適したものとして区分けした呼び名であり、猪犬という名の特定の犬種があるわけではない。猪犬の特徴としては、顔貌は頭部が大きく、顎の筋肉がよく発達しており、体は胸部が広く、臀部から腿部の筋肉が充実しているものとされる。イノシシは臆病な性格ともいわれるが、身に迫る危機に対しては攻撃的かつ獰猛な反応を見せることから、猪犬には身体的な特徴以上に、イノシシと対峙しても臆することのない強い気魄が必要とされる。

猪犬訓練所【ししいぬくんれんじょ】
イノシシ猟に使役される狩猟犬のための訓練所。過去には全国に多数あったが、猪犬を所有する狩猟者の減少、動物取扱業の制度化などの影響により、現在、業として行っている訓練所は数少ない。

猪ぶち【ししぶち】
銃を使った猪猟師のこと。「猪撃ち」が訛ったもの。

膝射【しっしゃ】
地面に尻をつかず、片膝のみを立てた状態で銃を構えて撃つこと。

実包【じっぽう】
単弾頭や散弾を発射することのできる装

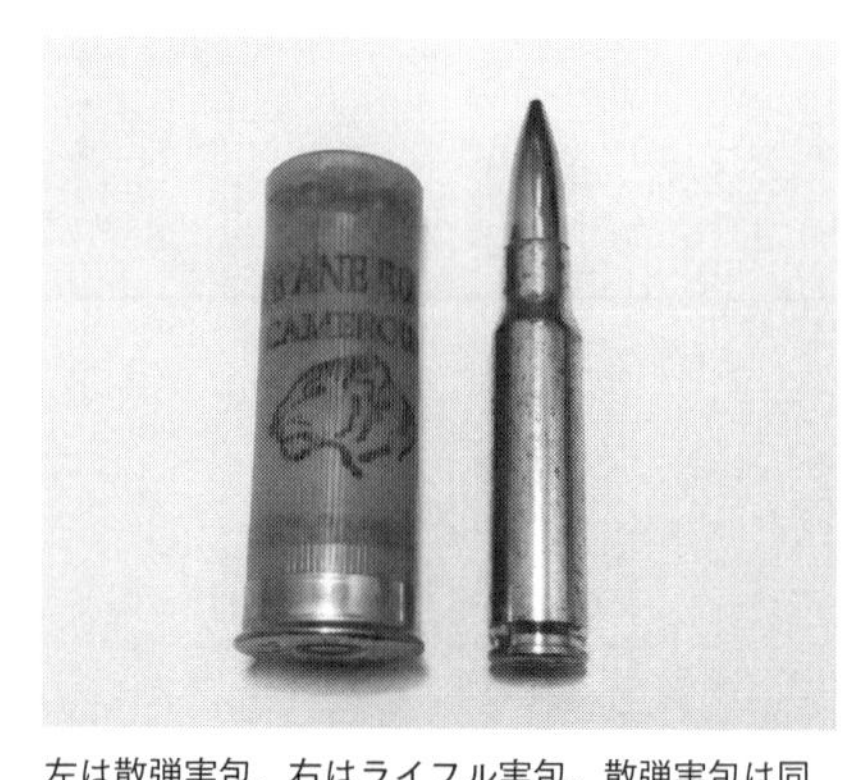
左は散弾実包、右はライフル実包。散弾実包は同じ銃で弾を選び分けることであらゆる獲物に対応

弾。単に弾でも同じ意味だが空包と区別するため特にそう呼ばれる。英語ではライフル実包をカートリッジ、散弾実包をショットシエルという。

指定管理鳥獣【していかんりちょうじゅう】

鳥獣保護管理法第2条第5項で定義づけられている用語であって、希少鳥獣以外の鳥獣であって、集中的かつ広域的に管理を図る必要があるものとして環境省令で定めるものをいう。指定管理鳥獣としては現在、イノシシ（ニホンイノシシ、リュウキュウイノシシおよびイノブタを含む。）およびニホンジカ（エゾシカ、ホンシュウジカ、キュウシュウジカおよびヤクシカを含む。）が定められている（同法施行規則第1条の3）。

指定管理鳥獣捕獲等事業【していかんりちょうじゅうほかくとうじぎょう】

平成26年の鳥獣保護法改正により創設された制度で、集中的かつ広域的に管理を図る必要があるとして、環境大臣が定めた指定管理鳥獣について、都道府県又は国が捕獲等をする事業のことをいう。現在、指定管理鳥獣にはニホンジカ及びイノシシが指定されている。実施については鳥獣保護管理法第14条の2各号に定められており、当該事業を実施する都道府県は、指定管理鳥獣捕獲等事業計画を策定し、この計画に基づいて事業を行う。当該事業の実施に当たっては一定の条件の下で、捕獲した鳥獣の放置や夜間銃猟を実施することができる。

指定猟法禁止区域【していりょうほうきんしくいき】

鳥獣保護管理法第15条に基づき、環境大臣または都道府県知事が、特に必要があると認めるときに、鳥獣の保護に重大な支障を及ぼすおそれがあると認める猟法を定め、当該猟法により鳥獣の捕獲等をすることを禁止するものとして指定した区域のこと。環境大臣にあっては、国際的または全国的な鳥獣の保護のため必要な区域（同条第1項第1号）、都道府県知事にあっては、当該都道府県の区域内の鳥獣の保護のため必要な区域であって、環境大臣が指定した区域以外の区域（同条第1項第2号）をそれぞれ指定する。

特定猟具使用禁止区域（銃）

自動銃【じどうじゅう】
連発銃のうち、排莢と次弾の装塡が自動で行われるもの。銃身交代式やガス圧利用式などがある。

視度調整【しどちょうせい】
ライフルスコープで見る対象物とレティクルにピントが合う状態へ調整すること。多くは対物レンズを回して調整する。各自の視力によって視度の状態は異なるため、他人のスコープを使う場合などは注意が必要。

地鳴き【じなき】
さえずり以外の鳥の鳴き声。群れの仲間に位置を知らせたり、天敵を見つけて警戒を促すときに発する声など。短く単純なものが多い。

忍び猟【しのびりょう】
単独で山に入り、獲物を探しながら行う大物猟。巻き猟に比べて捕獲率は下がるが狩猟本来の醍醐味が味わえる。危険が多いため初心者には向かない。

柴犬【しばいぬ】
犬種名。国の天然記念物指定を受けた日本犬6犬種のうちの一種で、唯一の小型犬。天然記念物指定は昭和11年。現在の岐阜・長野を中心とした中部山岳地帯などで古くから小獣猟用、鳥猟用に使役されてきた赤毛の地犬がルーツであり、それらが柴犬と呼ばれていたことからその名がついた。柴犬の語源は、毛色が柴の赤色に似ているから、「シバ」という語が「小さい」という意味を含んでいるから、などの説がある。現在は家庭犬として繁殖されているものが大勢を占めるが、現在でもヤマドリ猟や大物猟に使役されているものもある。柴犬とルーツを同じくするもので地域性のあるものとしては、山陰柴犬、美濃柴犬、梓山犬などがいる。

地鼻【じばな】
捜索中または着臭してからの犬の鼻の使い方を表すもので、地面すれすれまで鼻を下げて地表に残る足臭を取ることをいう。ポインティングドッグに限っては好ましい猟技ではないとされており、ポインティングドッグはゲームの体臭を求めて捜索しポイントするものであるとされていることがその理由である。ハウンド系の犬種は地鼻をよく使って捜索、追跡を行う。

地鼻

ジビエ【gibier】
フランス語の gibier が語源で、狩猟で得られた食材としての野生動物の肉のこと。野生肉。

ジビエガイドライン
厚生労働省が平成26年11月に策定した「野生鳥獣肉の衛生管理に関する指針」

ジビエ

のこと。野生鳥獣肉を取り扱う者が、食用とされる野生鳥獣肉の安全性を確保するために必要な取り組みとして、狩猟から食肉処理、食肉としての販売、消費に至るまで、野生鳥獣肉の安全性確保を推進するため、関係者が共通して遵守する衛生措置が盛り込まれている。平成26年11月の策定以降、数回の一部改正が行われている。

厚生労働省が策定したジビエガイドラインのほか、各道府県においてさらに厳しい独自のガイドラインなどを策定し、適合するものについて当該地方のブランドジビエとして販売しているところも多い。ジビエガイドラインそれ自体を遵守すべき法的義務はないが、ジビエを処理加工し、販売するために必要な食品衛生法上の食肉処理業および食肉販売業の営業許可の審査や、許可後の指導はこれに準拠している。

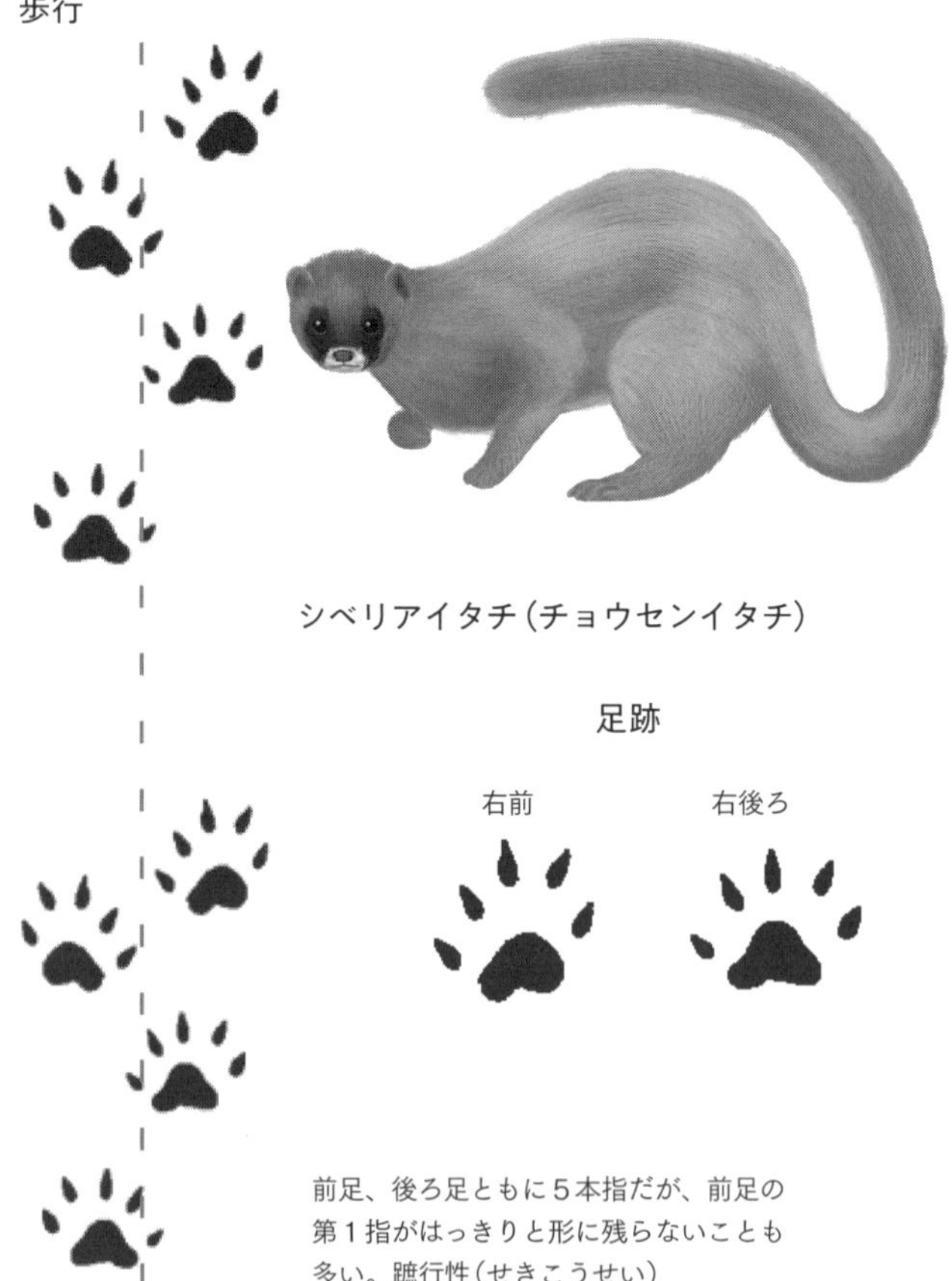
歩行
シベリアイタチ（チョウセンイタチ）
足跡
右前
右後ろ
前足、後ろ足ともに５本指だが、前足の第１指がはっきりと形に残らないことも多い。蹠行性（せきこうせい）

シベリアイタチ【ネコ目イタチ科】

狩猟獣（ただし、長崎県の対馬では雌雄ともに希少獣に指定されており非狩猟）。通称「チョウセンイタチ」。

［分布］自然分布は長崎県対馬のみ。九州、四国と本州西部では外来種として分布。

［環境］低地に多く、ニホンイタチと棲み分けている。

［特徴］頭胴長25～38㎝、体重360～820ｇとニホンイタチより大型で、毛色が明るめの褐色から山吹色。雌雄の大きさにはニホンイタチのような極端な差はあまりない。ニホンイタチと同様、口元が白色で、その上部から目の周りまでが黒っぽい色をしている。

［行動］ネズミや鳥類、ザリガニやサワガニ、魚などを捕食する。ニホンイタチより雑食の傾向が強く、柿の実やイチゴ、トウモロコシなどの農作物も食べる。

［食肉・毛皮］近縁種については、「ニホンイタチ」の項参照。

［獣害］民家の床下や天井裏に棲みついて、糞などの被害をもたらすことがある。

［捕獲］はこわな、くくりわな、筒式イタチ捕獲器など。

［ニホンイタチとの識別］長崎の対馬において、本種は非狩猟獣なので、狩猟獣のニホンイタチとの識別に注意。尾の長さが、体の長さ（頭胴長）の半分以上あればシベリアイタチ。それより短ければニホンイタチだといわれている。よく似ているニホンイタチのメスは非狩猟獣だが、シベリアイタチのほうが体が大きく体色も淡い。

絞り【しぼり】

散弾銃の銃口付近を若干狭くし、獲物までの距離に応じて散弾の展開率を調整するための機構。チョーク。

シマリス【ネズミ目リス科】

狩猟獣（北海道では2027年9月14日まで捕獲禁止）。

［分布］シマリス（標準和名：シベリアシマリス）の亜種がエゾシマリスとチョウセンシマリス。エゾシマリスは北海道。チョウセンシマリスは外来種として本州などに分布している。

［環境］沿岸部から森林地域まで幅広い環境に生息。

［特徴］全身が淡い褐色で、目の周りか

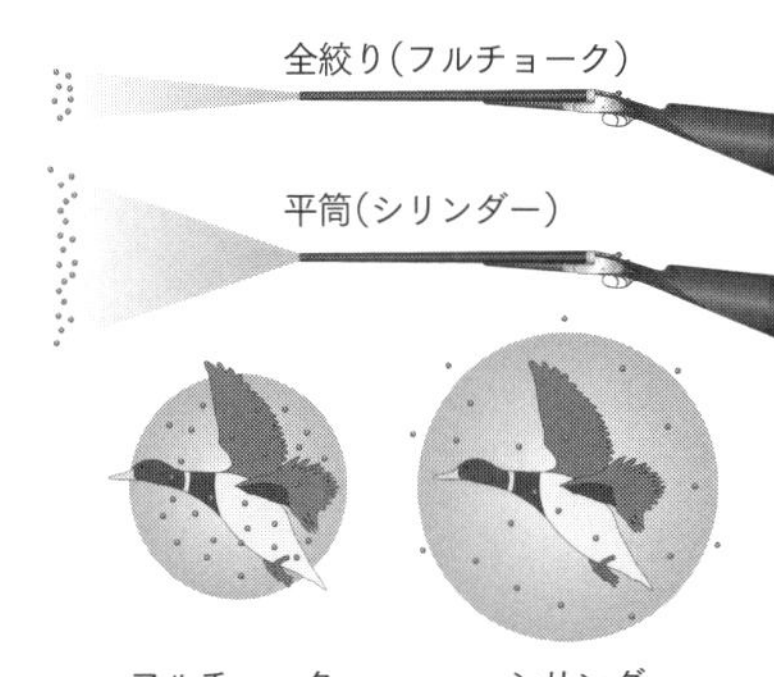

絞りによるパターンの違い

絞りの呼び方とサイズ

分数表示	通称	標準寸度
平筒	平筒、シリンダー、スキートチョーク	18.5㎜以上
1/4絞り	インプ	18.25㎜
1/2絞り	半絞り、モデ	18.0㎜
3/4絞り	インプ・モデ	17.75㎜
全絞り	全絞り、フルチョーク	17.5㎜以下

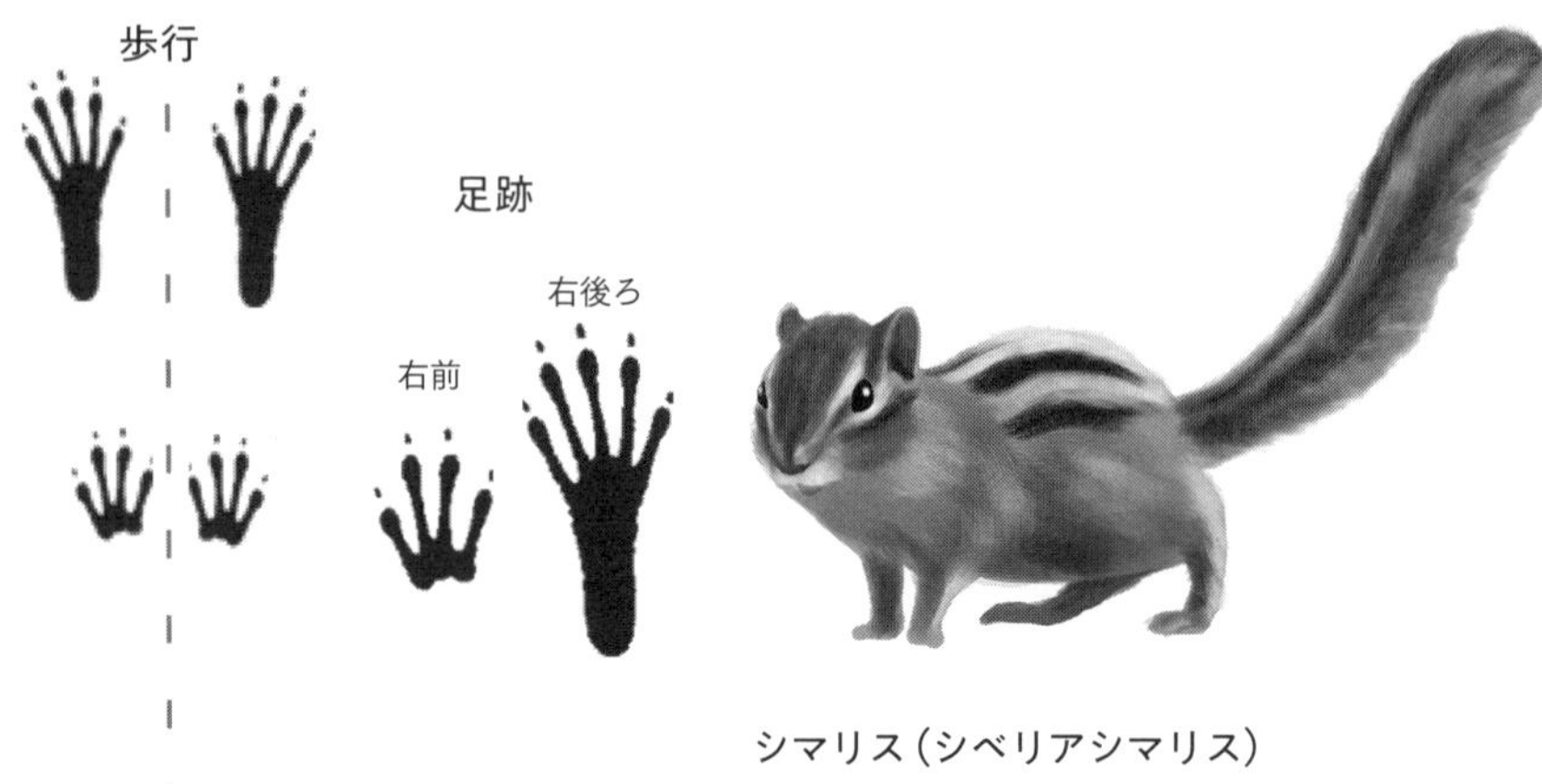

シマリス（シベリアシマリス）

ら背部にかけて、濃い褐色のラインがあるのが特徴。雌雄は同色でほぼ同じ大きさ。狩猟獣の中で最小。頭胴長12・5～24・7㎝。尾長9.6～13・2㎝。体重73～99g。

［行動］昼行性。木登りが得意だが、活動は主に地上。地中に巣穴を掘って、生活や繁殖、冬には冬眠もする。

［食肉として］イギリスで同じリス科に属するハイイロリスは、味がラム肉に似ているとされ、煮込みやパイ料理などで食べられていた。しかし、日本のシマリス類を食べる例は少ない。

［皮・毛皮］リス類の毛は、短く非常に軽くて柔らかい。軽いのでコートの表地などにも使われる。尾の毛は、化粧用の筆にも活用される。

［主な捕獲］はこわな、空気銃など。

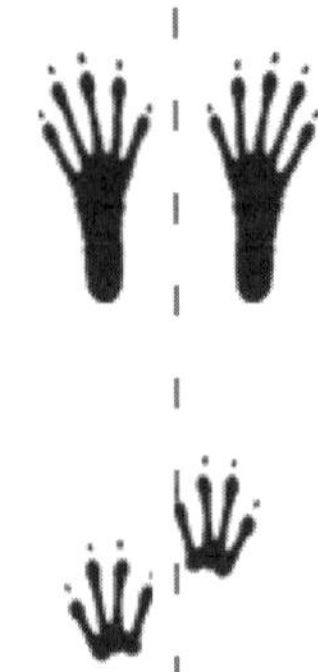

前足が小さく、後ろ足は細長いのが特徴。体重が軽いので、跡が残ることは珍しい

SIMカード【しむかーど】

インターネットに接続可能なトレイルカメラに挿入する小型のカード。たとえば、わな周辺に設置したトレイルカメラをインターネットに接続することで、自宅にいて動画をパソコンやスマートフォンで確認でき、遠隔操作ができるようになる。SIMとはSubscriber Identity Moduleの頭文字を略したもので、加入者を特定するための契約者情報が記録されており、スマートフォンなどにも使われている。

締め付け防止用金具【しめつけぼうしようかなぐ】

くくりわなで錯誤捕獲をしてしまったと

締め付け防止用金具

きに、動物を逃がすための金具。ワイヤのスネア部に取り付け、輪が完全に締まらないようストッパーの役割を果たす。鳥獣保護管理法で装着が義務付けられている。

シャープエースハンター【Sharp Ace Hunter】
1980～90年代にかけて一世を風靡したポンプ式空気銃。それまで一般的だったスプリング式に比べて威力と命中精度が極めて高かった。製造メーカーのシャープは2014年に事業停止。

シャープシューティング【sharp shooting】
あらかじめバックストップを確保した場所を決めておき、餌で誘因したシカを銃で狙撃する捕獲法。ハンターはテントなどに隠れているためシカは警戒心を抱かず、事前に爆音機などを使って大きな音に慣れさせておくこともある。それにより銃声で群れが散らないのも特徴。海外では小口径ライフルと消音器などを使うことでさらに捕獲率を上げるが、日本では法律上不可能なため、本来の成果を上げることが難しい場合も少なくない。

シャープチバ
日本の銃器メーカー。1950年代創業の空気銃メーカーで、かつてはポンプ式空気銃の代名詞的存在だった。現在は廃業しているが、狩猟マンガの主人公がシャープ空気銃を使っていたことから今でも中古銃を探し求めるハンターが後を絶たない。

ジャーマンショートヘアードポインター【German short-haired pointer】
犬種名。イングリッシュポインターにドイツのハウンドやレトリーバーを交配させて確立した犬で、日本の狩猟界ではドイツポインターや略して独ポと呼ばれることがある。ジャーマンショートヘアードポインターが最も知名度があるが、ほかにロングヘアード、ワイアーヘアードと、全3種類ある。多目的に狩猟で使役されるHPR犬の一種。HPR犬とはすなわち、HUNT、POINT、RETRIEVEの頭文字をとった呼び名で、狩猟で必要とされる作業をオールラウンドにこなす万能犬のことをいう。ゆえにHPR犬は鳥猟だけでなく大物猟における獲物の捜索や追跡にも使役される。

シャイ【shy】
人に馴れない犬の性格のことをいう。シャイであることは、飼育者以外の人に簡単には寄り付かないことにつながる。通常、飼育犬は飼育者を含め人には優しく馴れていることが望ましい。狩猟においては巻き狩りなどグループ猟で共猟者が犬を回収しづらいことがあるが、むやみに知らない人家に近づこうとしないことから他人との接触を避け咬傷事故を起こしにくいという評価もあり、シャイであること自体の良否の判断は一様ではない。

射獲【しゃかく】
犬を使った大物猟中に銃で獲物を撃ち獲ること。犬が獲物を咬み止め、狩猟者がナイフで止めさしすることとの対比の意味を含み、わな猟における銃での止めさし（止め撃ち）は含まない。

射撃場【しゃげきじょう】
猟銃や空気銃を使って標的射撃を行う場所。クレー射撃場とライフル射撃場に分けられる。公安委員会から許可を受けた射撃場でなければ撃つことはできない。

射撃場。静的射撃を行うライフル射撃場（上写真）や動的射撃を行うクレー射撃場などがある

射撃場で射撃をする際には、専用のウエアを着用するのがマナー

射撃ベスト【しゃげきべすと】
主にクレー射撃をする際、着用が推奨されるベスト。公式試合以外で着用の義務はないものの、第三者に対し猟銃所持者であるということを示すためにも重要なアイテム。

射台【しゃだい】
銃を撃つことができる区画のこと。ライフル射撃場では射座ともいう。射撃場内であってもここ以外の場所で撃つことはできない。

斜対歩【しゃたいほ】
四足獣の歩き方のひとつ。左前－右後ろ、右前－左後ろというように、対角線上にある2本の肢をペアにして地面につけたり、離して歩く。多くの動物がこれに該当。前後の足がぶつかる可能性があるので、歩幅は大きく稼げないが、左右の動きを打ち消し合うことで胴体がぶれにくくなる。

シャックル【shackles】
くくりわなで、ワイヤロープを樹などの支柱に巻き付けて固定するための金具。

射程距離【しゃていきょり】
銃弾の影響を受ける範囲。弾が最終的に落下する地点までの最大射程距離と、獲物を捕獲できる威力を残した有効射程距離がある。

シャックル

ジャパンルール【Japan rule】
スキート射撃における日本独自のルール。猟友会ルールと呼ばれることもある。ISSFの世界基準とは違うが理解しやすく初心者向き。

ジャム【jam】
自動銃における装填排莢作動不良のこと。

スキート射撃のジャパンルール（左）と国際ルール（右）の射撃順序と射撃数

射台	射撃順序			射撃数
	1	2	3	
1番	P	M	ダブル（P→M）	4
2番	P	M	ダブル（P→M）	4
3番	P	M	–	2
4番	P	M	P	3
5番	P	M	–	2
6番	P	M	ダブル（M→P）	4
7番	P	M	ダブル（M→P）	4
8番	P	M	–	2

1ラウンド合計25枚。Pはプール（ハイハウス）、Mはマーク（ローハウス）

射台	射撃順序		射撃数
	1	2	
1番	P	ダブル（P→M）	3
2番	P	ダブル（P→M）	3
3番	P	ダブル（P→M）	3
4番	P	M	2
5番	M	ダブル（M→P）	3
6番	M	ダブル（M→P）	3
7番	ダブル（M→P）	–	2
4番	ダブル（P→M）	ダブル（M→P）	4
8番	P	M	2

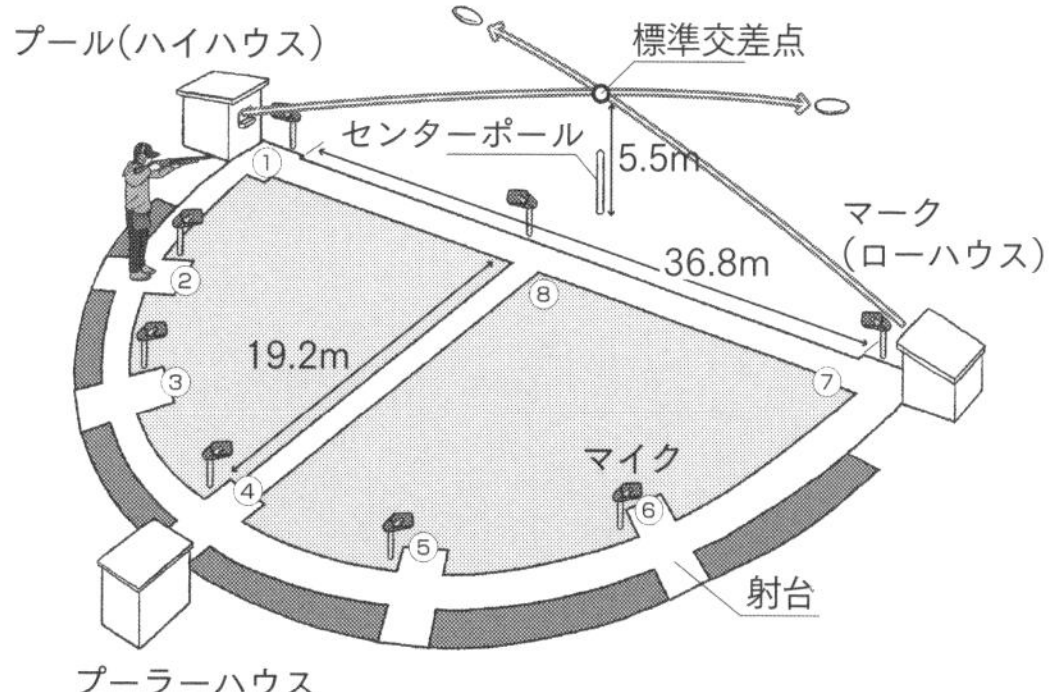

半円状の射場がスキート射撃の特徴。射台によって、いろいろな角度からクレーを狙う楽しみがある

回転不良ともいう。

射面【しゃめん】
クレー射撃場内で競技を行う区画のこと。トラップ2射面、スキート1射面、という言い方をする。

銃器カバー【じゅうきかばー】
銃にかぶせる薄手のカバー。銃刀法第10条第4項により、銃砲等を携帯し、または運搬する場合、原則的に銃砲等に覆いをかぶせるか、または容器に入れなければならない。銃器カバーは比較的近距離を移動する際に使用される。

銃器カバー

銃床【じゅうしょう】
ストック（stock）。

重症熱性血小板減少症候群【じゅうしょうねっせいけっしょうばんげんしょうしょうこうぐん】
Severe Fever with Thrombocytopenia Syndrome を略してＳＦＴＳとも呼ばれる。ＳＦＴＳウイルスを保有するマダニに咬まれることにより感染するダニ媒介感染症。潜伏期間は6～14日で、発症すると、発熱、消化器症状（嘔気、嘔吐、腹痛、下痢、下血）、腹痛、筋肉痛、神経症状、リンパ節腫脹、出血症状などを呈するほか、血小板減少、白血球減少などが認められる。致死率は10～30％。我が国では２０１３年1月にＳＦＴＳの患者が国内で初めて確認されて以降、毎年60～１００名の患者が全国から報告されている。狩猟者にとってダニに咬まれる危険性は常にあり、近年、その対策が極めて重要視されている理由のひとつとなっている。

SFTSウイルスを媒介するダニ

銃身【じゅうしん】
バレル（barrel）。

銃身後退式【じゅうしんこうたいしき】
歴史上初の量産型自動散弾銃であるブローニングオート5に採用された作動方式。発射時の反動でボルトと銃身が一体となって後退し、排莢と次弾の装塡を行う。作動性能は確実だが連射速度が遅いため、現代の自動銃にはほとんど使われていない。現在でも愛用するハンターは多く、全国の銃砲店にも多くの中古銃が眠っている。

銃身線【じゅうしんせん】
銃の発射方向を示す線。

シューズプロテクタ【shoes protector】
上下二連散弾銃の銃身を折って下に向け銃口を靴の上に乗せる際、靴と銃口を守るため靴に装着する板状の防具。

シューズプロテクタ

シューティンググラス【shooting glasses】
射撃の際に装着するメガネ。眼の保護のほか、色付きレンズを使用することでクレーを見やすくする効果もある。

シューティングシミュレーター【shooting simulator】
スクリーンに投影された仮想標的を模擬銃で撃ち、結果を表示する設備。銃砲所持許可のない者でも自由に射撃練習が可能。

銃砲店【じゅうほうてん】
銃の販売や修理を行う事業者。開業には都道府県知事の許可を受けることが必要。火薬類の販売を行う場合は銃砲火薬店と呼ばれる。

銃用雷管・猟用火薬管理帳簿【じゅうようらいかんりょうようかやくかんりちょうぼ】
銃の所持者が火薬類の管理を行うために義務付けられている帳簿。警察から求められた場合は提出しなければならない。

銃猟【じゅうりょう】
法定猟法のひとつで、銃器（装薬銃および空気銃）を使用する猟法のこと。鳥獣保護管理法第38条第1項では「銃器を使用した鳥獣の捕獲等」と定義づけられている。猟具としての銃器とは、装薬銃は火薬が燃焼するときの爆発エネルギーで弾丸を発射する構造の銃器、空気銃は空気の圧力を利用して弾丸を発射する銃器をいう。狩猟免許の区分としては、装薬銃および空気銃を使用できる第一種銃猟免許、空気銃のみを使用できる第二種銃猟免許がある。

銃猟禁止区域【じゅうりょうきんしくいき】
平成14年改正以前の「鳥獣保護及狩猟ニ関スル法律」に基づいて指定されていた、銃猟を禁止する区域。現行法である鳥獣保護管理法においては、銃器に関する特定猟具使用禁止区域がこれに相当する。平成14年以前から狩猟を続けている狩猟者の中には、現在も「銃禁」「銃禁区域」などと呼称する者がいる。

獣猟犬【じゅうりょうけん】
イノシシ、シカ、クマなどを獲物とする大物猟に使役される狩猟犬のことで、獣猟犬という特定の犬種があるわけではない。

自由猟法【じゆうりょうほう】
「自由猟法」という用語は法律用語ではないところ、鳥獣保護管理法でいう法定猟法に対するものであり、同法第11条第1項第2号イが定める「法定猟法以外の猟法による狩猟鳥獣の捕獲等」のことをいうとされる。法定猟法ではないため、狩猟免許および狩猟者登録の制度外に位置づけられるものの、法定猟法と同様の区域、期間において可能であり、対象は狩猟鳥獣に限られる。禁止猟法および危険猟法の制限も受けるため、現実的にはいわゆるスリングショットや石等の用具を用いて行う捕獲等が自由猟法として想定される。使用する用具によっては、その所持や携帯が銃刀法、軽犯罪法、都道府県などが定める迷惑防止条例など鳥獣保護管理法以外の法令に抵触するおそれがあるため注意が必要である。

熟成肉【じゅくせいにく】
調理前の肉を一定期間、低温で保存した肉。肉に含まれているタンパク質が分解されることで、質感が変わり、旨味が増すといわれている。風を循環させたりしながら乾燥させつつ熟成することを「ドライエイジング」、真空パックなどで保湿したまま熟成することを「ウエットエイジング」と呼ぶ。タンパク質を分解する菌のバランスや保存環境により、一歩間違えると腐敗してしまうため注意が必要。

樹上性【じゅじょうせい】
リス類のように、生活の大部分を樹上で過ごす動物のこと。

シュタイアー【Steyr Mannlicher GmbH & K G】
オーストリアの銃器メーカー。通称バターナイフと呼ばれる平たい形状のボルトハンドルや、銃身先端まで伸びたフルストック銃床など特徴的なデザインのボルト式ライフルが有名。ビンテージ品から現行モデルに至るまで多くの製品にロータリー式の弾倉が採用されている。

出猟【しゅつりょう】
狩猟に出かけること。

出猟カレンダー【しゅつりょうかれんだー】
狩猟者が報告する狩猟期間中の出猟の記録で、猟期ごとに狩猟に係る日時、場所、対象などを日付別に記載するもの。鳥獣保護管理法第66条および同法施行規則第65条第13項により、狩猟者登録を受けた者はその有効期間が満了した日から30日以内に、鳥獣の捕獲等をした場所、捕獲等をした鳥獣の種類別の員数の報告が義務付けられており、これらは狩猟者登録証の裏面の記載欄に記入することとなるが、都道府県によっては別に出猟カレンダーの作成と提出を求めている場合がある。報告内容は生息密度指標の基礎データとして活用される。

主蹄【しゅてい】
動物の蹄の大きく発達した部分。蹄は人間でいう指先にあたる部分だが、イノシシやシカのようにひとつの足に主蹄を2本持つ種もいれば、ウマのように1本の種もいる。イノシシの主蹄の間隔は、シカの主蹄より広めである。

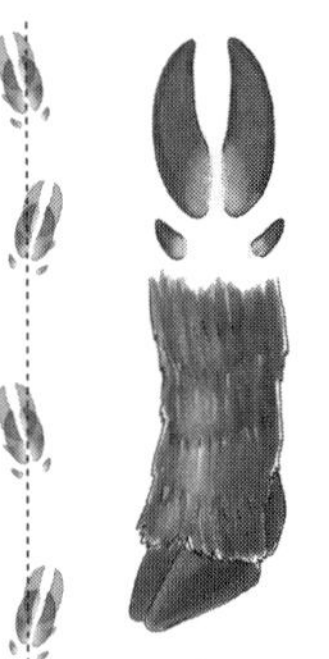

主蹄と副蹄。イノシシの副蹄は低い位置にあるので、跡が地面に残りやすい

樹皮剝ぎ【じゅひはぎ】
クマやシカなどが、木の樹皮を剝ぐこと。シカはその下の形成層を食べたり、角を研ぐために樹皮を剝ぐ。クマも食料として樹の皮を利用しているのではないかといわれている。近年ではこの樹皮剝ぎによって木が枯れてしまい、林業への被害や生態系への影響などが問題となっている。

狩猟【しゅりょう】
一般的な用法として単に「野生動物を狩る」ことを意味するが、鳥獣保護管理法第2条第8項では「法定猟法により、狩猟鳥獣の捕獲等をすること」と定義づけられている。なお同法上の「狩猟」の対象には、鳥類のひな及び鳥類の卵が含まれず、鳥獣の捕獲のみならず殺傷も含まれる。我が国において「狩猟」という用語を使用する場合は、鳥獣保護管理法に定められるものを前提としているのが一般的であり、本書においても同法に準じている。法定猟具を用いない鳥獣等の捕獲行為の呼称には「自由猟法」などがある。
我が国で狩猟をしようとする場合、猟法

に応じた狩猟免許および狩猟者登録、銃器を使用する場合は猟銃所持許可が必要である。

狩猟圧【しゅりょうあつ】

狩猟によって野生動物に与える影響のことで、「狩猟圧が高い」「狩猟圧が低い」といった用いられ方をする。狩猟をすることによって野生動物に、人間に対する警戒心や恐怖心を抱かせることが期待され、その結果、追払い効果や生息密度の低下をもたらすと考えられる。よって「狩猟圧が高い」ことは里山や山裾に広がる田畑作物や森林資源に対する鳥獣被害を低減させることに寄与すると考えられている。一方で、狩猟圧が高くなったために、イノシシが逃げた先の土地の被害が増えることも起こり得る。

狩猟可能区域【しゅりょうかのうくいき】

鳥獣保護管理法第11条第1項に定義づけられるもので、鳥獣保護区、休猟区その他生態系の保護又は住民の安全の確保若しくは静穏の保持が特に必要な区域として環境省令で定める区域以外の区域のことで、同法に基づき狩猟など捕獲等を行うことができる区域のこと。略して「可猟区」ということがある。

狩猟期間【しゅりょうきかん】

鳥獣保護管理法第2条第9項において定義づけられており、毎年10月15日（北海道にあっては毎年9月15日）から翌年4月15日までの期間で、狩猟鳥獣の捕獲等をすることができる期間のことをいう。主として安全確保の観点から、農林業にかかる作業の実施期間や山野で見通しがきく落葉期等を勘案し、当該期間とされている。

なお、同法第11条第2項により、環境大臣は、狩猟鳥獣の保護を図るため必要があると認めるときは、狩猟期間の範囲内においてその捕獲等をする期間を限定することができるとされており、これを受け現在は同法施行規則第9条により当該期間は次のように定められている。

【北海道以外の区域】

毎年11月15日から翌年2月15日まで（猟区の区域内においては、毎年10月15日から翌年3月15日まで、青森県、秋田県及び山形県の区域内であって、猟区の区域以外において、ヨシガモ、ヒドリガモ、マガモ、カルガモ、ハシビロガモ、オナガガモ、コガモ、ホシハジロ、キンクロハジロ、スズガモ、クロガモを捕獲する場合にあっては、毎年11月1日から翌年1月31日まで）

【北海道の区域】

毎年10月1日から翌年1月31日まで（猟区の区域内においては、毎年9月15日から翌年2月末日まで）

さらに同法第14条第2項によって、都道府県知事は、第二種特定鳥獣管理計画の達成を図るため特に必要があると認めるときは、狩猟期間の範囲内で当該第二種特定鳥獣に関して期間を延長することができるとされており、これにより現在、多くの都道府県においてイノシシおよびニホンジカについては3月15日まで、3月末までなどとその期間が延長されている。

狩猟事故共済保険【しゅりょうじこきょうさいほけん】

昭和50年から大日本猟友会が狩猟事故共済事業で運営している保険事業。大日本猟友会への納付する年会費に保険掛け金が含まれており、保険期間は11月15日から1年間となっている。狩猟を行ううえで加入の義務はないが、現在、他損事故の補償限度額が4千万円であり、狩猟者登録における資産要件（保険金額3千万円以上の損害保険契約の被保険者であること、またはそれに準ずる資力信用を有すること）を満たすことができることから、多くの狩猟者が加入している。

狩猟指導員【しゅりょうしどういん】

猟銃の適正な取り扱い方及び狩猟マナー等を指導することにより、狩猟者の資質向上を図り、もって狩猟事故・違反を未然に防止しようとすることを目的として、大日本猟友会が、都道府県猟友会長の推薦を得て委嘱するもの。推薦の対象となるのは、当該都道府県猟友会の会員であって、鳥獣の判別並びに猟具の取り扱い等狩猟に関する事項を熟知し、充分な狩猟経験があり人格に優れた者とされている。

狩猟者記章【しゅりょうしゃきしょう】

鳥獣保護管理法第60条に基づき、都道府県知事が狩猟者登録をしたときに、申請者に対して交付される、狩猟者登録を受けたことを示す記章のこと。狩猟者バッジ、狩猟バッジともいう。狩猟をするときは、この狩猟者記章を衣服または帽子の見やすい場所に着用しなければならない（同法第62条第2項）。

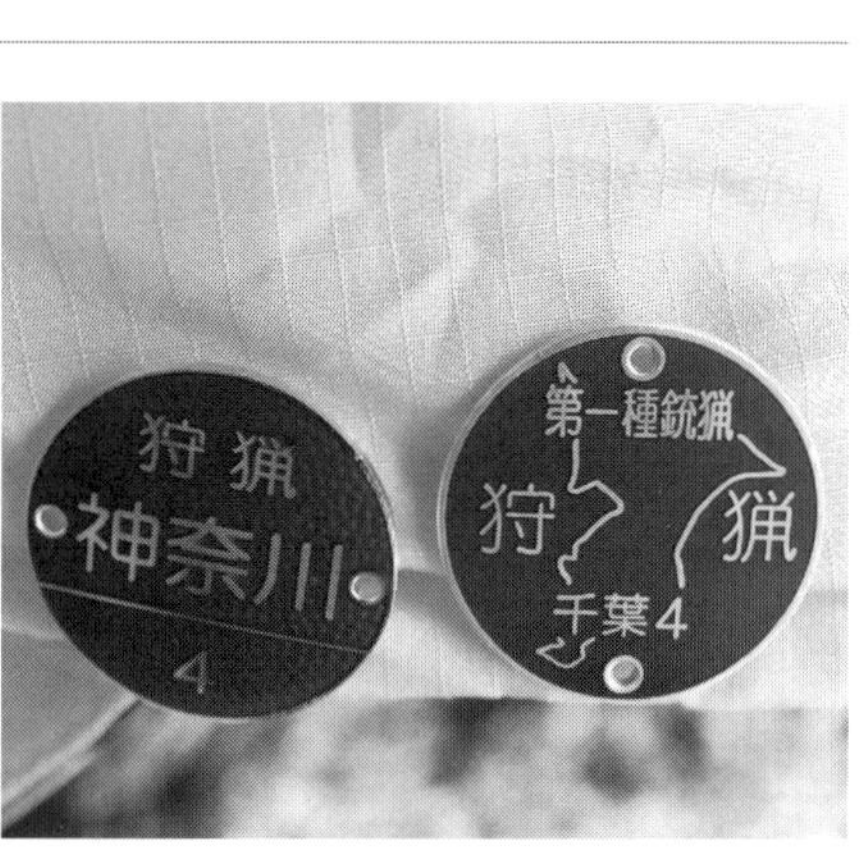

狩猟者記章

狩猟者登録【しゅりょうしゃとうろく】

鳥獣保護管理法に基づいて狩猟をしようとする場合に狩猟者に義務付けられている手続きのひとつ。同法第55条第1項に基づき、狩猟をしようとする者は、狩猟をしようとする区域を管轄する都道府県知事の登録を受けなければならない。有効期間は当該狩猟者登録を受けた年の10月15日（北海道においては9月15日）から、その日の属する年の翌年の4月15日まで（同条第2項）。狩猟者登録は、当該登録を受けた狩猟免許の種類及び狩猟をする場所に限り、その効力を有する（同法第57条第2項）。

狩猟者登録証【しゅりょうしゃとうろくしょう】

鳥獣保護管理法第60条に基づき、都道府県知事が狩猟者登録をしたときに、申請者に対して交付する登録証のこと。狩猟者登録を受けた者は、狩猟をするときは、この狩猟者登録証を携帯し、国又は地方公共団体の職員、警察官その他関係者から提示を求められたときは、これを提示しなければならない（同法第62条第1項）。

狩猟鳥獣【しゅりょうちょうじゅう】

鳥獣保護管理法第2条第7項に定義づけられている用語であり、希少鳥獣以外の鳥獣であって、その肉又は毛皮を利用する目的、管理をする目的その他の目的で捕獲等（捕獲または殺傷をいう。）の対象となる鳥獣（鳥類のひなを除く。）であって、その捕獲等がその生息の状況に著しく影響を及ぼすおそれのないものとして環境省令で定めるものをいう。同法上の「鳥獣」とは、鳥類又は哺乳類に属する野生動物をいう（同条第1項）。この場合の「野生」とは、当該個体がもともと飼育下にあったか否かを問わず、飼育者の管理を離れ、常時山野等において、もっぱら野生生物を捕食し生息している状態を指す。よって、狩猟鳥獣として定められている動物であっても現に飼育されているものであったり、人工的に繁殖されまだ野生していないものなどは狩猟の対象としてはならないため、注意が必要である。

狩猟鳥獣は鳥獣保護管理法施行令第3条および別表第二により、現在、鳥類26種、獣類20種が定められている。

狩猟免許【しゅりょうめんきょ】

鳥獣保護管理法第39条第1項に基づき、狩猟をしようとする者が、都道府県知事から受けなければならない免許。都道府県知事が免許を与えるがその効力は全国に及ぶ。狩猟免許は、網猟免許、わな猟免許、第一種銃猟免許、第二種銃猟免許の4つに区分され、猟法の種類に応じた免許を受けなければならない（同条第2項および第3項）。有効期間は、当該狩猟免許に掛かる狩猟免許試験を受けた日から起算して3年を経過した日の属する年の9月14日まで（同法第44条第1項）であり、期間の更新を受けようとする者は、別途更新手続きを行う必要がある（同法第51条）。更新を受けようとする場合は、管轄する都道府県知事に申請書を提出し、適性試験を受けなければならない。また更新に際して都道府県知事が行

第　　号

第一種銃猟狩猟免状

住所

氏名

鳥獣の保護及び管理並びに狩猟の適正化に関する法律（平成１４年法律第８８号）により狩猟免許を与える。
よってこの証を交付する。

令和４年９月１５日

神奈川県知事

有効期間　　令和７年９月１４日まで

備考　更新
原交付：

眼鏡等使用

狩猟免状

う講習を受けることが努力義務とされている（同法第51条第4項）。この更新時に行われる講習の受講は努力義務とされているが、狩猟免許の更新を受けようとするすべての者が受講することが望ましいとされ、適性試験と合わせて実施されることが通常であることから、事実上、更新希望者のほぼ全員が受講することとなっている。

狩猟免許試験【しゅりょうめんきょしけん】
鳥獣保護管理法第41条に基づき、狩猟免許を受けようとする者が受けなければならない試験。受験するためには受験者の住所地を管轄する都道府県知事に申請書を提出し、試験は管轄の都道府県知事が行う。試験の内容は環境省令で定めるところにより、狩猟免許の種類ごとに、狩猟について必要な適性・技能・知識が問われる。狩猟免許試験の実施回数は都道府県によって異なり、おおむね年に5回前後行われている。

狩猟免状【しゅりょうめんじょう】
鳥獣保護管理法第43条に基づき、狩猟免許試験に合格した者に対して狩猟免許を与えるものとして、都道府県知事から交付されるもの。狩猟免状には、免状の番号、公布年月日、狩猟免許の有効期間の末日、狩猟免許の種類、狩猟免許を受けた者の住所、氏名及び生年月日、狩猟免許に付された条件が記載される。

シュレード（アメリカ）【SCHRADE】
オールドアメリカンスタイルのフォールディングナイフを復刻という形で生産しているメーカー。製造は中国で、低価格帯の製品が多いため、気兼ねなく使える。

消音器【しょうおんき】
銃の発射音を減少させる装置。サプレッサー。国内はもちろん、海外でも違法とされている場合が多い。

衝撃吸収板【しょうげききゅうしゅうばん】
射撃時の衝撃を吸収するゴム＋プラスチック製の板。

上下二連銃【じょうげにれんじゅう】
銃身が縦に2本並び、それぞれ1発ずつ発射できる連発銃。ほとんどが元折れ式でライフルにも散弾銃にも存在する形式。

照準線
第1狙点
弾道曲線
ゼロイン
銃身線
第2狙点

照準線。発射された弾は曲線を描いて飛んでいく。スコープなどに合わせた照準線と交差する

衝撃吸収板

照準器【しょうじゅんき】
銃の狙いを定めるための装置。オープンサイトと光学式のスコープやドットサイトなどに分けられる。

照準線【しょうじゅんせん】
スコープやドットサイトなどの照準器の中心の線。弾道と重なった点がゼロイン地点となる。

照星【しょうせい】
主に銃身の先端に取り付けられた照準器の一部。フロントサイト。

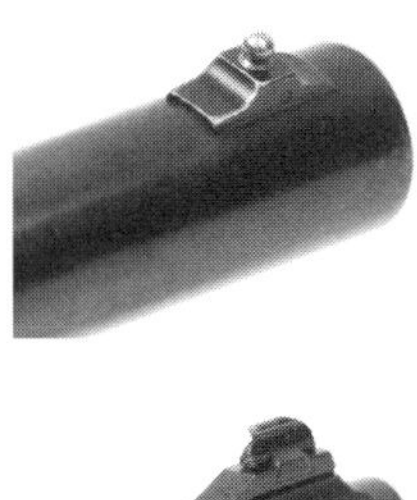

照星

床尾板【しょうびばん】
銃床後端部分にそなえられた板状の部品。鉄製やプラスチック製、衝撃吸収に優れたゴム製などがある。銃の全長には含まれない。バットプレート。

上毛【じょうもう・うわげ】
動物の毛の部分は、主に上毛と下毛で構成されている。上毛は、表面の毛のこと。さまざまな色彩や斑紋がその種の特徴を表し、体を守る役割も果たす。刺し毛やオーバーコートと呼ばれることもある。

照門【しょうもん】
銃身や機関部の後端に取り付けられた照準器の一部。照星と合わせて狙いをつける。リアサイト。

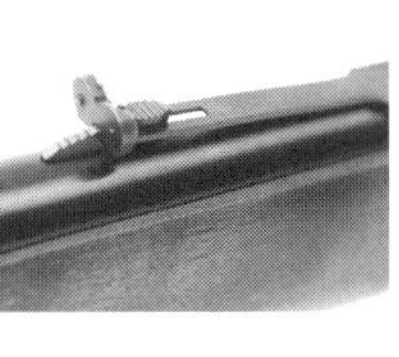

照門

植食動物【しょくしょくどうぶつ】
草食動物の生物学上の呼び方。植食性動物とも呼ぶ。たとえばシカは、草（草本類）だけではなく木の葉やドングリなども食べる。それらを「草食」と呼ぶのは語弊があるという考え方から「植食」と表すようになった。

食道【しょくどう】
動物の消化器の一部。喉から胃に連なり食物を嚥下する部分。別名ホース。

食肉処理施設【しょくにくしょりしせつ】
鳥獣の肉を解体して、販売するための施設。通称では、解体場や処理場と呼ばれることもある。自家消費ではなく、販売する肉を解体するには、食品衛生法が定める「食肉処理業」の許可の取得が必要。処理場の設備も、その基準を満たすものが求められる。処理場の許可の判断は自治体に任されているので、処理場を新設するなら地域の保健所に確認を取りながら準備を進めるのが望ましい。

蹠行性【しょこうせい・せきこうせい】
哺乳類が歩く形式のひとつ。人間と同じく、かかとまで足の裏全体を地面につけて歩く歩き方。クマ、アライグマ、ハクビシン、イタチ、テンなどがこの蹠行性に分類される。かかとが地面についているため、二本足での安定した直立もできる。

所持許可証番号【しょじきょかしょうばんごう】
猟銃・空気銃所持許可証の11桁の番号。銃を所持している間は変わらない。

猟銃・空気銃所持許可証

食痕【しょっこん】
鳥獣が食物を食べた痕跡。木の実や葉についた、嘴の跡や歯形など。

ショットカップ【shot cup】
発砲時に散弾が銃身内を進む際、まとまった状態を保つためのカップ状の部品。ワッズ。

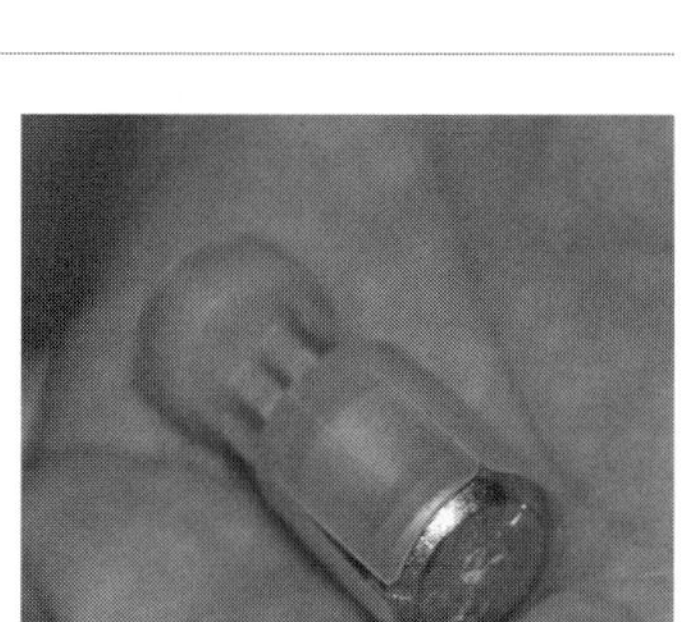
ショットカップ。サボットなどの単弾から小粒の散弾まで幅広く対応できる

ショットコロン
散弾が発射され飛行していく縦方向の広がり方を指す。これが短いとパターンは密になるが、獲物に命中させられる距離の範囲は狭まる。

ショットパターン【shot pattern】
散弾が発射され拡散した状態での範囲と密度。距離が遠くなるほど広がっていくため、獲物に効率良く命中させるにはどの距離で適切なパターンとなるかを把握しておく必要がある。射撃場の許可を得たうえで約36mの距離で紙標的に向けて散弾を撃ち、直径75㎝の円内にどれだけ命中したかを判断する方法をパターンテストという。

尻枯れ【しりがれ】
猪犬などの獣猟犬に用いられる用語で、よく発達して大きい頭部・胸部に対し、腰部や臀部がやや小さいさまをいう。下半身が細身であることの否定的な評価というより、大きい上半身と比較して下半身が小さく見えることを指す。

シリンダー【cylinder】
散弾銃の銃口部に絞りのない状態のこと。スラッグやスキート銃などに多い。平筒。

白なめし【しろなめし】
主に、兵庫県姫路市に伝わる「姫路白なめし革」の製法を指す。姫路は、江戸中期から残る皮なめしの2大産地のうちのひとつ。特徴としては、毛抜きを川の流水にさらして行うこと（川漬け）、薬品であるなめし剤を使わず、水と塩、菜種油などの植物油のみでなめしを行う点にある。そのため、皮を軟化させるには高度な揉みの技術が必要。なめし剤による着色が起こらないなどの理由から、銀面（表面）が白く仕上がる。

シロビレ
マタギが使う山言葉で鉄砲の意。

シングルカラム【single column】
単列式弾倉。箱型弾倉内で一列に実包が並んで装填されるため理論上は装弾不良の確率が低いとされる。銃によっては機関部よりも突出してしまうので、携帯時に引っかかりやすいというデメリットがある。

シンセティックオイル【synthetic oil】
シリコンオイルなど化学系の油。

シンセティック銃床【しんせてぃっくじゅうしょう】
プラスチックやグラスファイバー製の銃床。木製に比べ水に強く狂いが少ない。

芯線【しんせん】
くくりわななどで使用するワイヤロープの中心となる芯。材質には、鋼芯や繊維芯などがある。別名、芯綱。

心臓【しんぞう】
動物の臓器。別名、ハツ。英語のheartが転じたという説もある。血液を送り出すポンプとして筋肉が発達している。厚生労働省のカラーアトラスによれば、解体時、心筋に白色で粟粒から小豆ほどの大きさの結節（しこり）があった場合は、寄生虫に感染しているおそれがあるとされている。枝肉にも寄生することがあるため、すべての廃棄が推奨されている。

腎臓【じんぞう】
動物の臓器。別名、マメ。血液から老廃物を濾す役割をもつ。解体時、シカの腎臓には黒い膿疱や変形、イノシシに白い病巣などがあった場合はその個体はすべて廃棄しなければならないおそれがあるので、厚生労働省のカラートラスなどを参照したい。異常がなければ、流水で中身をきれいに洗う。

真鍮薬莢【しんちゅうやっきょう】
黒色火薬を使用する散弾薬莢かライフル薬莢のうち、真鍮製のもののこと。ライフル薬莢には鉄製のものもあり、それと区別するためそう呼ぶが、リロードをする場合は形状の復元性を持つ真鍮薬莢でなければ再利用できない。

水生／水棲【すいせい】
水かきを持つヌートリアのように、生活の大部分を水中で過ごす動物のこと。ニホンイタチは半水棲ともいえる。

水平撃ち【すいへいうち】
地面に対して銃を水平に構えた状態で撃つこと。狩猟では危険な行為とされている。

水平二連銃【すいへいにれんじゅう】
銃身が横に2本並び、それぞれ1発ずつ発射できる連発銃。上下二連より軽く狩猟に向いているが、耐久性では上下二連に劣る。

スイベル【swivel】
スリングを銃に連結させるための環状の部品。スリングの幅に合わせて20㎜、1インチ（2・54㎝）、30㎜などがある。負環（おいかん）。

スエージャーカッター【swagger cutter】
「かしめ機」の項参照。

据銃【すえじゅう】

銃を木などに固定した状態でその場を離れ、獲物が現れると自動的に発射できるよう細工した状態にしたもの。現在は、法律により危険猟法として禁止されている。アマッポとも呼ばれる。据銃（きょじゅう）と読む場合は、銃を構えることを意味する。

スカベンジャー【scavenger】
動物の死骸を食べる、腐肉食動物（屍肉食動物）のこと。死骸が有機物として分解され土壌に戻っていくうえで、生態系の重要な役割を担っている。狩猟鳥獣では、ハシブトガラスやハシボソガラスが該当。ちなみにハシボソガラスの英名「carrion crow」のcarrionは腐肉のことだが、腐乱が進んだ肉は食べない。スカベンジャーは強い免疫力のおかげで、多少雑菌がついていても消化不良などを起こさないと考えられている。

スカベンジャーとされるカラス（写真はハシブトガラス）

スキート射撃【すきーとしゃげき】
クレー射撃種目のひとつ。トラップより歴史が浅く競技人口も少ないが、追い矢や向かい矢などダイナミックで変化に富んだ射撃が楽しめる。センターポールを中心に19・2mの半円弧状に配置された射台を移動しながら撃つ射撃競技。高（プールまたはハイハウス）低（マークまたはローハウス）2種の高さに配置された放出器からクレーが放出される。クレーはセンターポール上を通るようになっている。国際ルールやジャパンルールなどがある。「ジャパンルール」の項参照。

スキナー【skinner】
皮剥ぎ専用の刃物で、刃先がカーブしているのが特徴。

スキニング【skinning】
皮剥ぎのこと。スキニングナイフについては「皮剥ぎナイフ」の項参照。

スコープ【scope】
レンズを通し獲物や標的を拡大して狙える照準器。主に単弾を発射する銃に使用する。テレスコープサイトともいう。

スズガモ【カモ目カモ科】
狩猟鳥。冬鳥（北海道の一部では夏にも見られる）。
［分布］全国。
［環境］内湾、港、海に近い池など。
［特徴］成鳥オスの黒っぽい頭に黄色の虹彩、青灰色の嘴などはキンクロハジロに似ているが、スズガモの頭には冠羽がない。成鳥のメスは、嘴の付け根に目立つ白斑がある。
［行動］日中は主に波の穏やかな内湾や、海岸に近い水辺で休んでいる。大群になっていることが多く、夕方になると一斉

に海上へ飛び立ち、潜水して貝や甲殻類、海藻類などを食べる。そして朝方、休息場に戻る。内陸の湖沼に入ることは少ないが、ほかのカモ類が集まるところにいることもある。

［鳴き声］あまり鳴くことはないが、オスはまれに小さく「キュッ」や「ガガァ」、メスは「クァッ」などと鳴く。

［捕獲］散弾銃（散弾）や空気銃、鳥猟犬を使った銃猟。はり網、投げ網など。

［キンクロハジロとの識別］雌雄ともに色合いが狩猟鳥のキンクロハジロに似ているが、キンクロハジロには冠羽がある。

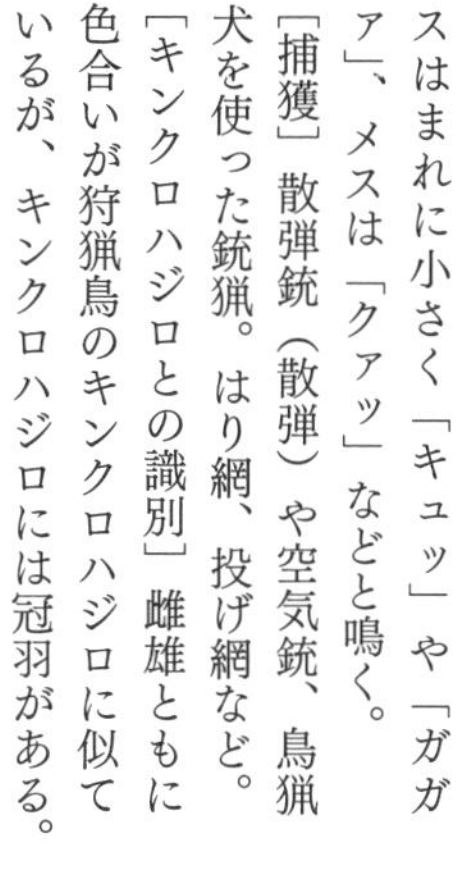

スズガモ

オスの繁殖羽の場合、背中が真っ黒になり脇だけ白く見えるのがキンクロハジロ。背中の灰色と脇の白色で、黒い体の前後が分断されて見えるのがスズガモ。また、メスはスズガモにあるような嘴の付け根の白斑がない。またキンクロハジロの背は、スズガモに比べて黒っぽい。

［他の非狩猟鳥（メス）との識別］黒褐色の地色という点では、非狩猟鳥のホオジロガモやアカハジロ、ビロードキンクロなどと似ているが、これらには本種のような嘴の付け根の白斑がない。シノリガモも白斑の位置が本種と異なる。

スズ散弾【すずさんだん】
スズでつくられた散弾。鉛散弾が禁止されている猟場で使用する。

鈴鳴り【すずなり】
ビーグルやハウンド系犬種などの追跡犬が複数頭で獲物を追っている状況で、追い鳴きの吠え声が猟場で幾重にも重なり合って聞こえている様子のことをいう。

スズメ【スズメ目スズメ科】

狩猟鳥。留鳥。

［分布］小笠原諸島以外の全国。

［環境］市街地や人家のある付近、農耕地、川原など。

［特徴］全長約14㎝。雌雄同サイズ、同色。成鳥は頭が小豆色で、嘴と喉が黒く、頬の黒斑が特徴的である。顎の周りは白い。

［行動］繁殖期以外は群生し、秋には百羽以上の群れになることがある。雑食性

スズメ

で、植物の種や昆虫類などを食べるが、稲などに害を与えることもある。多くが同じ地域の中で生活するが、なかには数百キロメートルを移動するものもある。ニュウナイスズメと同様、地上を歩くときは両足をそろえてピョンピョンと跳ぶ。
［鳴き声］地鳴きは「チュン」「チュッチュ」など。
［食肉として］スズメが多かった時代には、丸焼きにして骨ごと食べる串焼きとして食べられることが多かった。レバーのような脳の味もする。
［捕獲］空気銃や散弾銃（散弾）などの銃猟。むそう網、袋網などの網猟。
［ニュウナイスズメとの識別］ニュウナイスズメには、スズメ特有の頬の黒斑がない。またニュウナイスズメのオスは、頭頂部が明るめの栗色である。

上）スタークリンプ。
下）ロールクリンプ

スタークリンプ【star crimp】
散弾実包の薬莢の上をふさぐ方法のひとつ。折りたたまれた線が星状につくためこの名がついた。6枚折り、8枚折りがある。「ロールクリンプ」の項参照。

スタームルガー【Sturm Ruger】
アメリカの銃器メーカー。安価で質実剛健な銃をつくるメーカーとしてアメリカでは多くの販売数を誇る。ほとんどの製品がライフルで散弾銃のラインアップは少ない。

スチール散弾【すちーるさんだん】
鉄でつくられた散弾。鉛散弾が禁止されている猟場で使用するが、対応の銃身以外に使うと銃身を傷める原因になる。

ステンレス鋼【すてんれすこう】
刃物用の場合、クロームを15～18％以上含有した鉄のこと。錆に強く粘りがあるため欠けたり折れたりしにくい。炭素鋼に比べ新規開発が多く種類も多い。現代ハンティングナイフの主流的素材。

ストライカー方式【すとらいかーほうしき】
撃鉄が存在せず、撃針そのものが後退位置から解放され勢いよく前進することで雷管を撃発させる機構。作動時の振動が少なく、引き金を引いてから撃発するまでのロックタイムが短いのが特徴。

ストランド【strand】
鋼の細線（素線）をよって束ねたもの。

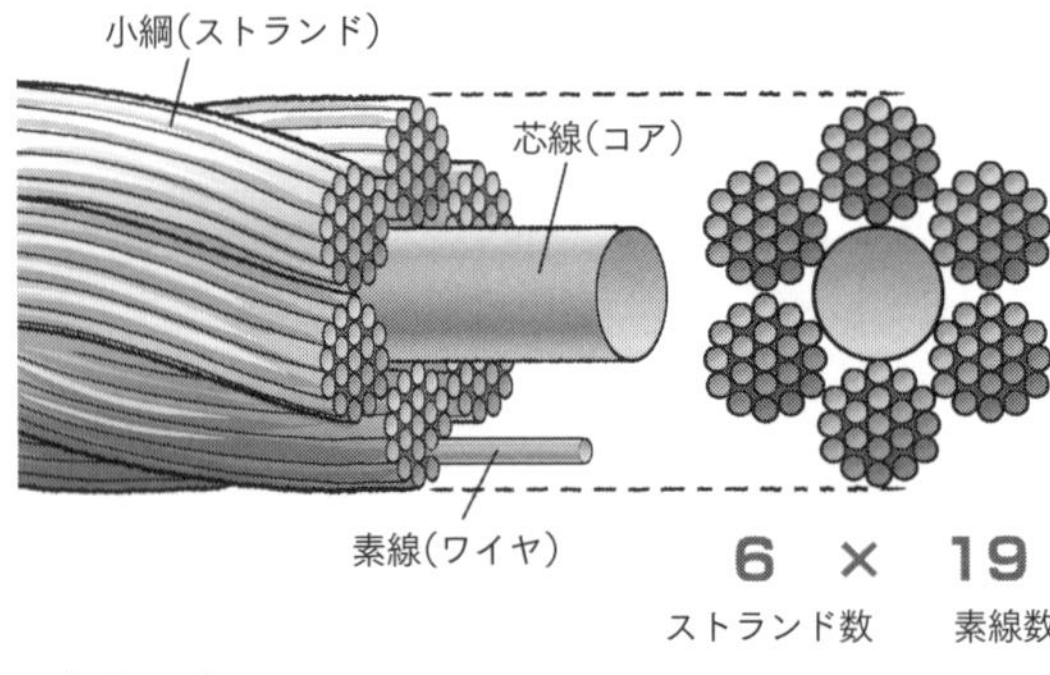

ストランド

上図は6×19。ほかには6×24、7×19、7×24などがある

複数のストランドを芯線に巻き付けることでワイヤロープがつくられる。わななど、狩猟に使われるストランド数は基本的に6か7のものが多い。硬度は芯線の材質により異なる。

ストレッサー【STRASSER】
ドイツの銃器メーカー。ストレートプルアクションライフルの中でも、簡単に銃身交換ができたり交換してもゼロインの狂いにくいマウントベースなど、数多くの特徴をそなえている。

脛【すね】
食肉部位としては、前肢は肩より下、後肢はモモより下の部分の肉を指す。全体重を支える部位のため、筋肉が一番発達している。焼くと硬いが、煮込みにするとおいしく食べられる。

スネア【snare】
くくりわなで獲物を捕らえるときの、輪となる部分。素材は金属ワイヤであることが多い。スネア部ともいう。鳥獣保護管理法により、輪の直径は12㎝未満とされているが、都道府県によっては緩和されている場合がある。

スネア

スパイダルコ（アメリカ）【Spyderco】
ナイフメーカー。サムホールと呼ばれるブレードに開いた穴により、片手で開閉できるデザインのフォールディングナイフが有名。H-1ステンレスという錆に強い鋼材を用いた製品が多く、製造は岐阜県の関市で行われている。

スパニエル【spaniel】
小型、長毛の主に鳥猟用の狩猟犬の一種類。イングリッシュ・コッカー・スパニエル、イングリッシュ・スプリンガー・スパニエル、ブリタニー・スパニエルなど、スパニエルの名がつく犬種は非常に多い。

スプリング式空気銃【すぷりんぐしきくうきじゅう】
ピストンをスプリングで前進させ、シリンダー内の空気を押し出しながら単弾を発射する空気銃。古い形式であり一定以上の威力はないが、充実感があるため今なお愛用者は多い。スプリンガーともいう。

スポーティングドッグ【sporting dog】
ポインター、セター、スパニエル、レトリーバーなど狩猟に使用される鳥猟犬種のことをいう。ガンドッグもほぼ同意としてよい。

スポットスコープ【spot scope】
精密射撃の際に、弾痕を確認するための高倍率のスコープ。

スミス&ウェッソン（アメリカ）【Smith and Wesson】
銃およびナイフメーカー。1970年代のS&Wナイフはステンレス鍛造という難しい製法でつくられていた。デザインはブラッキーコリンズが担当、1本ずつにシリアルナンバーが入るという、ファクトリーナイフの範疇を超えた高品質が売りだった。現在は安価で実用向けの製品が多くなってしまった。

スムースボア【smoth bore】
滑腔銃身のこと。主に散弾銃に用いられるが、散弾だけではなく単弾のスラッグや非致死性のゴム弾など、発射する弾の種類を選ばないのが特徴。

スムースボア（滑腔銃身）

スライドアクション式空気銃【すらいどあくしょんしきくうきじゅう】
先台を前後にスライドさせることで装填を行う空気銃。発射方式としてはほとんどがガス式で、現在は廃れている。

スライド式銃【すらいどしきじゅう】
先台を前後にスライドさせることで装填と排莢を行う銃。作動不良が少なく信頼性が高い。ライフルにも散弾銃にも存在する。

スラッグ弾【すらっぐだん】
散弾銃に使用する単弾。ハーフライフル銃には弾頭がプラスチック製の覆いに包まれたサボットスラッグを使用する。

スリーブ【sleeve】
わな猟などで使う円筒型の金属パーツ。ワイヤの接続部分などに小さなスリーブを通し、その上から潰すことで接続部分を固定する。圧縮にはかしめ機などを使う。

スリーブ

擂り木【すりき】
イノシシなどがヌタ浴びをした後などに体をこすりつける木のこと。

擂り木。竹にこすりつけたのがわかる。この高さで獲物の大きさも推定できる

スリング【sling】
銃を肩に担ぐためのベルト。腕に巻いて銃を安定させる使い方もできる。負革（おいかわ）とも呼ぶ。

スロート【throat】
銃身内の薬室から銃身基部にかけての移行部分のこと。特にライフルの場合はライフリングが始まる部分でもあるため、ここが焼損してしまうと命中精度に悪影響を及ぼすといわれている。

静的射撃【せいてきしゃげき】
固定した標的をライフルやスラッグ銃など単弾で撃つ射撃方法。ライフル射撃ともいう。（反）動的射撃。

セカンドフォーカルプレーン【second focal plane】
スコープの可変倍率にかかわらずレティクルのサイズが常に一定を保つ機構。アメリカ製のスコープに多く、使い方にあまり慣れを必要としないのが特徴。

関兼常（日本）【せきかねつね】
ナイフメーカー。「折れず曲がらずよく切れる」という美濃刃物の伝統を受け継ぎながら、炭素鋼の鍛造をベースとして現代風にアレンジした和式ナイフのブランド。岐阜県関市で製造され、剣鉈などに絶大な人気がある。

勢子【せこ】
グループ猟において、獲物が出てくるのを待つ射手に対して獲物を追い出す役割の狩猟者のこと。勢子は主に犬を使役することが想像されるが、豪雪時などは犬を使わず、人が声を出して獲物を追い出すこともあり、その場合は人勢子（ひとせこ）と呼ばれることがある。近年は人や犬に代わって、音響設備などを搭載したドローンを勢子として運用する取り組みが始まっている。

接眼ベル【せつがんべる】
ライフルスコープの接眼レンズを収納する一段太くなった部分。視度調整のため回転するようにつくられている。

接眼レンズ【せつがんれんず】
ライフルスコープの射手側に設置されたレンズ。外部に露出しているため、傷などをつけないよう注意が必要。

セッティング【setting】
ゲームの所在を指示する犬の姿態のひとつで、犬が地に伏せることをいう。鳥猟犬において、セターがセッティング・スパニエルを原種としているためかセッティングする犬がときどき見受けられ、犬種名の由来ともなっている。現在はセターといえどもセッティングする犬は少なく、ほとんどがポイント姿勢をとる。

セルフハンティング【self hunting】
狩猟者たるハンドラーとの連携がなく、犬がその猟本能のみに左右されて狩ることをいう。狩猟は人と犬との連携の下に行われるものである以上、大物猟か鳥猟かを問わず、いかに優れた猟能や猟欲を持っていたとしてもセルフ・ハンティングは狩猟犬としての資質に欠けるものとされる。

セレクター【selector】
上下二連銃でどちらの銃身から先に発射するかを切り替えるための装置。これがあれば距離と各銃身のチョークによって初矢と二の矢の使い分けができるため、特に狩猟用散弾銃では有効。

ゼロイン【zeroin】
ライフルやスラッグ銃などで、狙点と着弾点が一致するよう照準器を調整すること。

センターファイアー【center fire】
薬莢の中心に開いた孔に収まった雷管を叩くことで発火する実包の形式。現代の猟銃はほとんどがセンターファイアーで、雷管は薬莢の再利用が可能なボクサー型雷管が多く用いられている。

センターポール【center pole】
スキート射撃場の中心に立つ棒で、これを基準に飛翔するクレーを撃つタイミングを計る。放出されたクレーはセンターポールがある地点の4・57m上空を飛ぶようになっている。

線虫【せんちゅう】
線形動物門に属する動物の総称。体長は1～300㎜で、外形は細長い円筒状。動物に寄生する種もあり、ジビエ関連ではクマ肉による旋毛虫症（トリヒナ症）が報告されている。症状は、腹痛、下痢、発熱、眼瞼浮腫など。旋毛虫の幼虫が寄生した肉を、生や乾燥、不完全加熱の状態で摂取した場合に感染する。

全長（銃）【ぜんちょう】
銃口から床尾までの長さ。

全長（動物）【ぜんちょう】
動物の頭の先から尻尾の先までの長さ。鳥の場合は、嘴の先から尾羽の先までの長さ。

尖頭弾【せんとうだん】
主に空気銃弾で先端の尖ったものを指す。獲物への貫通力増大を目的として使用される。

セントハウンド【scent hound】
犬の分類。獲物の臭いに執着して追跡する狩猟犬の総称であって、セントハウンドという固定の犬種があるわけではない。臭いを取って追跡すること自体は多くの犬種に見られる行動であるが、臭いに反応して吠え始めるということがセントハウンドの特徴である。日本の猟野ではビーグルやプロットハウンドなどが代表的なセントハウンドである。

全猟【ぜんりょう】
一般社団法人全日本狩猟倶楽部の略称および、同法人が発行している機関誌『全猟』のこと。
法人としての全猟は、昭和9（1934）年9月8日に、狩猟家有志、猟犬愛好家たちによって誕生した民間狩猟者団体であり、狩猟家のモラル向上と猟犬の維持と改良・普及、狩猟鳥獣の保護繁殖を目的に創立された。創立以来、純血猟犬の血統書交付数は60万通を超し、純血猟犬の維持と改良・普及を図るために、昭和8年から猟犬による猟野競技会（フィールドトライアル）の全国大会を主催している。狩猟鳥の増殖と、捕獲の調整を図る目的で、富士の裾野に山梨県の本栖猟区と本栖放鳥獣猟区、静岡県の西富士猟区の管理運営を行っている。平成24年4月1日に一般社団法人へ移行。
機関紙『全猟』は昭和11（1936）年7月1日に創刊され、猟野競技会の結果や講評、猟犬の繁殖・譲渡情報、会員らによる狩猟に関する寄稿などが掲載されている。現在は隔月で発行。

捜索【そうさく】
狩猟犬が猟場で獲物を探すことをいう。捜索は狩猟の最初の行程であり、使役する犬の捜索能力にその日の猟行の成否がかかっているといっても過言ではない。

草食動物【そうしょくどうぶつ】
植物質を主食とする動物全般のこと。植物は消化がしづらいため、胃の構造は複雑で腸が長いものが多く、反芻を行う種もある。目が顔の側面についているため視野が極めて広く、捕食動物や狩猟者の存在にもいち早く気づく。

装弾【そうだん】
実包と同じく弾の意味。特に散弾実包を装弾と呼ぶ場合が多い。

装弾ロッカー【そうだんろっかー】
猟銃に使う火薬類などを自宅保管するためのロッカー。実包の保管数上限は800発までと決められている。

装薬銃【そうやくじゅう】
火薬が燃焼するときの爆発エネルギーで弾丸を発射する構造の銃器のこと。銃刀法では猟銃といわれる。

ソーベストレ型【そーべすとれがた】
弾頭後端に羽状の部品が装着され、それにより回転するスラッグ。フランスのソーベストレ社が製造しているためそう呼ばれる。

側対歩【そくたいほ】
四足獣の歩き方のひとつ。左前－左後ろ、右前－右後ろというように、同じ側にある前後の肢をペアにして、地面につけたり離したりする歩き方。キリンやラクダ、ゾウなどがこれに該当。前後の肢がぶつかることがないので、大きく肢を踏み出すことができる。

側蹄【そくてい】
「副蹄（ふくてい）」の項参照。

素線【そせん】
わな猟などで使うワイヤロープのストランドを構成している、一番細い鋼線。同じ径のストランドの場合、素線数が増えるほど素線径は細くなり、ストランドの柔軟性は高まるが、その分、切れる要素ともなる。

袖むそう【そでむそう】
網猟における無双網の一種。穂打ちを長くして細長くして、両脇に三角形の網を継ぎ足したもの（「穂打ち」の項参照）。

ソフトポイント弾【そふとぽいんとだん】
先端にコアの鉛が露出したライフル弾頭。獲物に命中した際、先端から潰れて変形するため殺傷能力が高く、半矢の可能性を抑えることができる。シビアな命中精度を追求するには向かないため、競技射撃には使われない。

ソフトマウス【soft mouth】
犬が何かを咬み潰さずに優しく咥えて運搬するときの口の使い方をいう。射ち落としたカモやキジなどを犬に回収させ、狩猟者の手元まで持って来させるときに重要な動作となる。レトリーバーなどはソフトマウスを使って物を運搬することが得意である。ソフトマウスが苦手な犬には、強く咬むと中から突起物が飛び出す仕掛けがあるダミーを使って回収訓練を行うなどして習得させる。

ソフトマウス

た行

ターハント【Tar-Hunt】
アメリカの銃器メーカー。高品質なカスタムライフルを製造するメーカーだが、国内ではハーフライフルスラッグ銃が有名。命中精度が高く他社製品とは一線を画した仕上げの良さが特徴。

ダイアナ【Diana】
ドイツの銃器メーカー。キングオブエアライフルと呼ばれるスプリング式空気銃が有名。ドイツらしい重厚で質実剛健な作り、鉄と木製銃床の組み合わせには今なおファンが多く、最近では名銃モーゼル98Kを模したデザインの空気銃を発売するなど、ドイツ製であることに誇りを持っているメーカー。

第一胃【だいいちい】
ウシやシカなど反芻動物の胃のひとつ。第一胃から第三胃までは、食道が変形したものとされている。ルーメン、ミノともいう。

第一種銃猟免許【だいいっしゅじゅうりょうめんきょ】
鳥獣保護管理法第39条に基づく狩猟免許の区分のひとつ。装薬銃を使用する猟法により狩猟鳥獣の捕獲等をしようとする者が受けなければならない免許。装薬銃のほか空気銃を使用する猟法による狩猟鳥獣の捕獲等をすることができる。

第一種特定鳥獣保護計画【だいいっしゅとくていちょうじゅうほごけいかく】
鳥獣保護管理法第7条に基づき、第一種特定鳥獣の保護を図るため特に必要があると認めるときに都道府県知事が定める、第一種特定鳥獣の保護に関する計画。第一種特定鳥獣とは、当該都道府県の区域内において、その生息数が著しく減少し又はその生息地の範囲が縮小している鳥獣（希少鳥獣を除く。）をいう。

第三胃【だいさんい】
ウシやシカなど反芻動物の胃のひとつ。内容物をすり潰せるような形状をしている。センマイ、葉状ともいう。

ダイス【dies】
ハンドロードの際に使う道具。発射の圧力で膨らんだ薬莢を元のサイズに圧縮するリサイジングダイス、薬莢に弾頭を挿入するシーティングダイスなどがある。

体長【たいちょう】
一般的には動物の全長（「全長」の項参照）を指すことが多いが、尾を除いた長さの場合もある。よって生物学では、その種の体長の定義が決まっている場合以外は、この語句の使用を避ける傾向にある。頭の先から尻尾の先までの長さであれば「全長」、尾を除いた長さであれば「頭胴長」と表現するほうが誤解がない。「頭胴長」の項参照。

台付け【だいづけ】
くくりわなのワイヤを樹などの支柱に巻き付けて固定すること。根付けとも呼ぶ。

第二胃【だいにい】
ウシやシカなど反芻動物の胃のひとつ。絨毛（じゅうもう）が蜂の巣のようなひだになっていることから、ハチノスとも呼ばれる。胃に残った内容物は発酵が早く不快な臭いを発する。

台付け（根付け）

第二種銃猟免許【だいにしゅじゅうりょうめんきょ】
鳥獣保護管理法第39条に基づく狩猟免許の区分のひとつ。空気銃を使用する猟法により狩猟鳥獣の捕獲等をしようとする者が受けなければならない免許。空気銃を使用する猟法による狩猟鳥獣の捕獲等をすることができる。

第二種特定鳥獣管理計画【だいにしゅとくていちょうじゅうかんりけいかく】
鳥獣保護管理法第7条の2に基づき、第二種特定鳥獣の管理を図るため特に必要があると認めるときに都道府県知事が定める、第二種特定鳥獣の管理に関する計画。第二種特定鳥獣とは、当該都道府県の区域内において、その生息数が著しく増加し、またはその生息地の範囲が拡大している鳥獣（希少鳥獣を除く。）をいう。

大日本猟友会【だいにほんりょうゆうかい】
「猟友会」の項参照。

大日本猟友会

対物レンズ【たいぶつれんず】
ライフルスコープの銃口側に設置されたレンズ。通常は直径が大きいほど明るいが、製品のクオリティによっては必ずしも比例しない。また、対物レンズの大きさはスコープの搭載方法を直接制限するため、銃との兼ね合いを考えて選ぶ必要がある。

第四胃【だいよんい】
ウシやシカなど反芻動物の胃のひとつ。第四胃のみが、消化酵素を含む胃液を分泌する。ギアラ、しわ胃ともいう。

タイワンリス【ネズミ目リス科】
狩猟獣（特定外来生物）。
［分布］東京都伊豆大島、神奈川県、静岡県、岐阜県、和歌山県、大阪府などに分布。
［環境］平野部から低地の森林や人家の庭、寺社など。シマリスと比べて茂った樹林に多い。
［特徴］南アジアに分布するクリハラリスの台湾産亜種で、観光用で導入された個体などが野生化した。全身が灰褐色で、腹部の色は淡い。耳が小さく丸みがあり、尾は太い。頭胴長19～24・7㎝。尾長16・5～20㎝、体重254～369g。標準和名クリハラリス。

［行動］昼行性で、樹上で生活。頻繁にガッガッガッというような声で鳴く。植物食で、樹木の実や葉、樹皮などを食べるが、アリやセミ、カタツムリなどの動物食も少々食べる。繁殖期は年に1～2回。直径40㎝ほどの巣を木の股につくり、樹洞も用いる。

［食肉として］リス類は、ブタやウシと比べると脂肪分が少なく健康的。イギリスでは人気のジビエ食材で、煮込みやパイにして食べる。ラム肉のような風味がある。

タイワンリス（クリハラリス）

［皮・毛皮］体毛が粗く密でないため、毛皮として利用されることは少ない

［獣害］分布域が広がることにより、在来のリス類との競合が懸念されている。また、農作物や林木（樹皮剝ぎ）などの農林業被害も報告されている。

［捕獲］はこわな、空気銃など。

［非狩猟獣との識別］体型は非狩猟獣のニホンリスに似ているが、ニホンリスは腹部が白く、耳が大きく尖っている。また声が甲高く、頻繁には鳴かない。非狩猟獣のニホンモモンガは目が大きく、尾が平たい。非狩猟獣のムササビは、体型はやや似ているが本種よりはるかに大きい。

高鼻【たかばな】

捜索中または着臭してからの犬の鼻の使い方を表す用語で、鼻を高く上げて浮遊するゲームの体臭を求めることをいう。地鼻と比べ、高鼻はより広範囲に臭いを取り得るものとされる。

タクティカルノブ【tactical knob】

ライフルスコープの調整ダイヤルで、キャップを外さずに調整できるタイプ。素早い操作が可能だが、猟行中、知らぬ間に動いて照準がずれてしまうことがあるため注意が必要。

高鼻

タシギ【チドリ目シギ科】

狩猟鳥。旅鳥、もしくは地域により冬鳥。本州中部以南で越冬する。猟期中は雪の多い関東以北では少なくなる。

［分布］全国。

［環境］平野部の湿地や水田、河原、ハス田などの泥地など。

［特徴］嘴が非常に長い。全長は約30㎝弱で、胴体はハトよりやや小さい。雌雄

同色、同サイズ。全体的に赤褐色ぎみで、淡褐色や黒褐色の斑点に覆われている。また、頭頂部と目の上下に黄白色の線がある。次列風切羽の先が白く、飛翔時は翼の後ろに白いラインがあるように見える。ヤマシギと同様、体の模様が背景に溶け込み、野外で見つけ出すのは熟練した観察眼が必要になる。

[行動] 小さな群れで行動し、長い嘴を泥に差し込んでミミズや貝類、昆虫の幼虫などを食べる。警戒心が強く、人が近づくとその場に身を伏せ、さらに近づくとジェッと鋭く鳴いて飛び立ち、雷光型にジグザグに飛翔し舞い上がる。近年は水田の減少などにより、生息数が減ってきている。

タシギ

[鳴き声] 飛び立つときなどに、しわがれた声で「ジェッ」と鳴く。

[食肉として] 独特のミネラル感のある味で、あっさりしていながらアンチョビのような風味がある。脂は少なめだが、力強い肉質が楽しめる。ローストにも向く。

[捕獲] 散弾銃（散弾）や空気銃、鳥猟犬を使った銃猟。つき網など。

[非狩猟鳥との識別] とてもよく似た近縁種に、非狩猟鳥のオオジシギやチュウジシギ、ハリオシギ、アオシギなどがいるが、明確な識別ポイントはない。強いていえば、タシギの目の先にある黒い線は太め。そして、飛翔時の次列風切の白いラインも太めで目立つ。いずれにしてもひとつの観点から決めつけてしまうのではなく、写真図鑑などと見比べながら総合的に判断したい。

立入検査（銃刀法）【たちいりけんさ】

銃刀法第10条の6第2項に基づき、猟銃や実包の保管状況の調査のため、警察職員が保管場所に立ち入り、保管設備や帳簿類を検査し、または関係者に質問すること。同条第3項により、警察職員は事前にその旨を関係者に通告しなければならないとされており、突然の来訪があった場合は、その来訪者について、猟銃等の奪取を目的とし警察職員に扮した別人である可能性があるため、所轄警察署へまずは確認するべきである。

立入検査（鳥獣保護管理法）【たちいりけんさ】

鳥獣保護管理法第75条第2項又は第3項に基づき、環境大臣又は都道府県知事が、同法の施行に必要な限度において、その職員に、同法第29条第1項により指定される特別保護地区のほか、鳥獣保護区、休猟区、猟区、店舗その他の必要な場所に立ち入らせ、必要な検査や関係者への質問等をさせること。なお、当該権限は行政上の必要性から認められたもので、犯罪捜査のために認められたものではない。

ダックコール【duck call】
水面にデコイを浮かべてカモをおびき寄せる場合に吹く笛。マガモはアヒルの祖先なので、鳴き声も「グワッグワッ」という感じでかなり近く、カルガモも同系統。

タッチアップ【touch up】
切れ味の落ちた刃を一時的に回復させるため限定的な研ぎを施すこと。専用タッチアップツールのほか、陶器の底や特定の石などを使っても可能。

タツマ
巻き狩りにおける射手役が待つ場所や、待ち役の射手そのものを指す。「マチ」「タツ」「タツバ」「ブッパ」など、地域や所属グループによってさまざまな呼び方がある。

タテ
マタギが使う山言葉で槍の意。

たて犬【たていぬ】
イノシシ猟において、寝屋にいるイノシシに対し、適度な距離をとって散発的に吠え込むことで、イノシシを寝屋から逃走させることなく、ハンドラーたる狩猟者に位置を知らせる猪犬のことをいう。たて犬という特殊な犬種があるわけではない。イノシシに対して犬の吠え込みが激しすぎたり、間合いが近すぎたりする場合、堪らずイノシシが寝屋から逃走することが多いが、たて犬の猟芸の妙は、逃走させない程度の吠え方や間合いの取り方にある。九州地方でよく使われる猟師言葉。

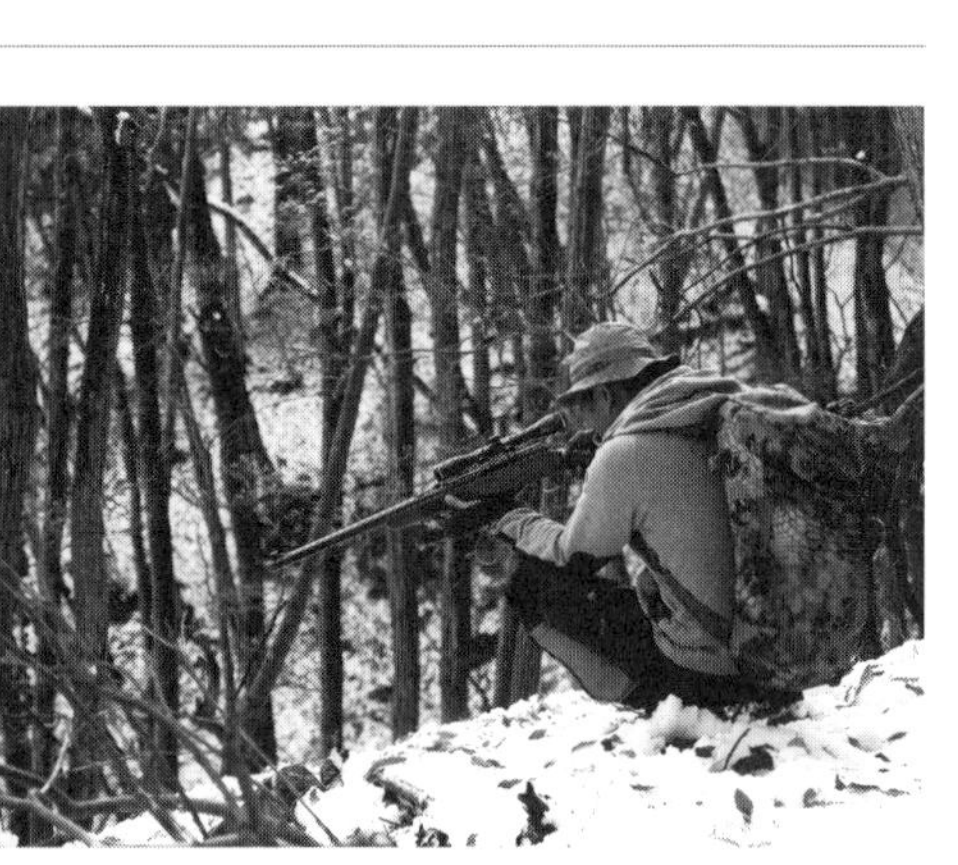
タツマ。獲物が来るまでジッと待ち続ける

タヌキ【ネコ目イヌ科】
狩猟獣。
[分布] 沖縄を除く全国（日本には2亜種が分布。本州以南～九州はホンドタヌキ、北海道にはエゾタヌキが生息）。
[環境] ホンドタヌキは山地の森林から雑木林、農地などの人里、市街地まで幅広い環境に適応。一方、エゾタヌキは市街地に進出していない。
[特徴] 目の周りと四肢、尾の先端が黒色なのが特徴。全身は茶褐色で、所々に白い毛も混じっている。エゾタヌキはホンドタヌキより少し大型。冬毛が密で長く伸びるためにさらに大きく見える。頭胴長50～68㎝、体重3～5㎏。
[行動] 主に夜行性。雑食性で木に登ることもある。果実やドングリ、昆虫などを食べたり、鳥やヘビ、カエルなども捕食する。巣穴は自分で掘らずに、アナグマの古巣、樹木の根本にある洞などを活用する。一定の場所に集めて糞をする「ため糞」をする。敵が近づくと足跡をくらますために、横へ飛んで逃げるときがある。
[食肉として] 肉質はイノシシに近く、脂身に甘さがある野趣に富んだ味。ただ

足跡

し、食べてきた物によって味に著しい個体差がある。捕獲前に糞を見て判断したり、調理前に肉片を焼いて試食してから料理法を決めるなどの工夫が必要。臭くて硬い場合は、酒やショウガなどと煮込んで匂いを消し、味噌汁で食べてもよい。

［皮・毛皮］長くて滑らかな上毛と、密生した深い下毛を持つ。上毛は、筆毛としても活用される。狩猟では腰に巻いて、尻当てに使われることもある。ラクーン毛皮（アライグマ）と混同されることがあるが別物。

［獣害］トウモロコシやスイカなど農作物への食害が発生している。

［な捕獲］はこわな、囲いわな、くくりわななどのわな猟。散弾銃（散弾）や空気銃などの銃猟。

［アライグマとの識別］生息環境や見た目が狩猟獣のアライグマに似ている。しかし、アライグマは顔のマスク模様（特に下側のコントラスト）ははっきりしており、ヒトでいう眉間の位置に黒い筋があるので左右の模様がつながって見える。本種は足の指がイヌに似て短いが、アライグマは蹠行性で人間のような5本指の跡がくっきり残る。

旅鳥【たびどり】

渡りの途中で日本に立ち寄るが、長期間は滞在せず、繁殖も越冬もしない鳥。

00バック弾【だぶるおーばっくだん】

直径約8㎜の散弾を6～9粒内包する散弾実包。大日本猟友会では禁止。

ダブルカラム【double column】

歩行

キツネは直線的な足跡をつける傾向があり、タヌキは左右に足跡がブレる傾向がある

複列式弾倉。箱型弾倉内で実包が互い違い2列に並ぶことで、長さを抑えつつ多弾数の収納が可能となる。国内ではライフルの弾倉内装弾数の上限が5発であるため、あまりメリットはない。

Wスリーブ【だぶるすりーぶ】
ワイヤを2本並べて締められるスリーブ（「スリーブ」の項参照）。

ダブルトラップ【double trap】
一度に2枚のクレーが放出されるトラップの種目。公式競技ではないが、猟友会単位などで開催されるフィールド射撃として行われる。

タペタム（タペータム）【tapetum】
多くの夜行性哺乳類の眼球にある細胞層で、日本語では「輝板」。網膜の裏側で光を反射させ、わずかな光に対する眼の感受性を増大させる。そのおかげで暗い場所でも物が鮮明に見えるようになる。夜にシカやネコが車のライトを反射させて眼が光るのはこのため。ちなみに人間にはタペタムがないため、眼球に入っても視細胞に当たらず通過してしまう光がある。そのため、光の感受性はタペタムを持つ動物より低い。

ため糞【ためふん】
タヌキなどが巣穴の周辺など一定の場所に糞をする習性や、その糞のこと。糞が積もって、小山のようになっていることもある。

ダルン【Darne】
フランスの銃器メーカー。銃身が機関部に固定された元折れ式ではない水平二連散弾銃を製造するメーカー。機関部が後方にスライドすることで薬室が開放されるという変わったデザインが特徴。

タン【たん】
一般的には、食肉部位としての舌のこと。シカなど反芻をする動物は舌がよく発達している。解体するときは、口から舌を引っ張って根元に刃物を入れるのではなく、下顎の左右の骨に沿って表面から喉の付け根まで刃を入れて、喉の付け根で切り開いたところで舌の根本を切断する。イノシシの場合は特に舌の表面が汚れているので、ナイフの刃を使ってこそぐように落とすとよい。タンの先のほうをタン先、喉に近いほうをタン元という。

タング【tang】
シースナイフのブレード後部、刃のついていない部分のこと。ここがハンドルと接続される方法によっていくつかの呼び方がある。

タングステンマトリックス散弾【たんぐすてんまとりっくすさんだん】
タングステンマトリックスでつくられた散弾。非鉛散弾の中ではもっとも価格が高い。

単犬単独猟【たんけんたんどくりょう】
一銃一狗と同じ意味で、1頭の狩猟犬とひとりの狩猟者の組み合わせで行う狩猟のことをいう。

弾速計【だんそくけい】
弾頭が銃口から発射された時点での初速を計測するための装置。銃口の前に置き、弾頭が2点のセンサーを通過するタイミングで算出される仕組みになっている。単位はft／sで表され、弾丸の初速を知ることで任意の距離における理論上の着弾点を知ることができる。

弾帯【だんたい】
散弾やライフル実包を装着した状態で腰に巻くベルト。

弾帯

弾道特性【だんどうとくせい】
銃口から発射された弾頭の軌跡がどのような曲線を描くかという特性。弓なりになるほど距離ごとの狙点調整が必要となる。

単独行動【たんどくこうどう】
動物が、群れやペアなどの複数単位ではなく1頭（羽）で行動すること。子育て期間以外のツキノワグマや、テンなどが該当する。非狩猟獣のカモシカも、ほとんどの期間を単独で過ごす。

単独猟【たんどくりょう】
ひとりで行う狩猟のことで、特に大物猟の場合にそう呼ばれる。

タンニンなめし
植物に含まれる「タンニン」を用いた、伝統的ななめしの手法。なめし剤には、ミモサやケブラチョなど植物の樹皮や実などから抽出した「植物タンニン」と、近代に開発された「合成タンニン」がある。クロムなめしと違い非常に手間と時間がかかるが、使い手の体の形に沿うように変形する可塑性（かそせい）が生まれるため、「革を育てる」醍醐味がある。タンニンとはいわゆる「渋」のことで、ワインや緑茶のポリフェノールや渋柿にも含まれている。近年ではそれらを用いたなめしの取り組みも行われており、天然のタンニンなめし剤で丁寧につくられた革は、安全性と高い品質で再評価を得ている。

胆嚢【たんのう】
肝臓でつくられる胆汁（消化液）をためておく臓器。クマの胆嚢を乾燥させたものは「熊の胆（くまのい）」や「熊胆（ゆうたん）」と呼ばれ、古くから万能薬として重宝されてきた。肝臓に癒着していることがあり、胆汁はとても苦い。解体の際は、可食部につかないように破らないこと。「熊胆」の項参照。

単発銃【たんぱつじゅう】
一度に1発の実包しか装填できない銃。構造上、軽いためわなの止めなどに使われることが多い。「連発銃」の項参照。

単引き【たんびき】
水平もしくは上下二連銃において、2本の銃身からの発射をひとつの引き金で制御する方式。多くの銃では振り子と呼ばれる内蔵部品によって初矢と二の矢を切り替える機構がそなわっており、引き金を2回引くことで2発を連続して素早く発射できる。特にクレー射撃専用銃ではすべてが単引きとなっている。

血【ち】

半矢の場合、獲物の血の跡を追う。「のり」「のろ」「あか」などともいわれる。

チークパッド【cheek pad】
銃床の頬付け部分に後付けする布や革製のパッド。照準線が高い場合、目線と一致させるために使用する。

チークピース【cheek piece】
銃床の頬付け部分が盛り上がっているものを指す。特にスコープを取り付けたことにより照準線が高くなった場合チークピースのない銃床では狙いにくいため、正確な照準には高さや角度を変えられる可変式のものもある。

チェスカ・ゾブロヨフカ【Ceská zbrojovka】
チェコ共和国の銃器メーカー。現在、国内ではヨーロピアンスタイルのボルト式ライフルや散弾銃が流通しており、手ごろな価格と高性能によりハンターからの評価は高い。古い型の中古銃は質実剛健なモーゼルアクションで鉄の質も良く、長く愛用できる。

チェッカリング【checkering】
銃を保持した手が滑らないよう、銃床や先台の握り部分やボルトハンドルなどに刻まれた格子状の加工。反射防止用として散弾銃のリブ上に施されたものもある。

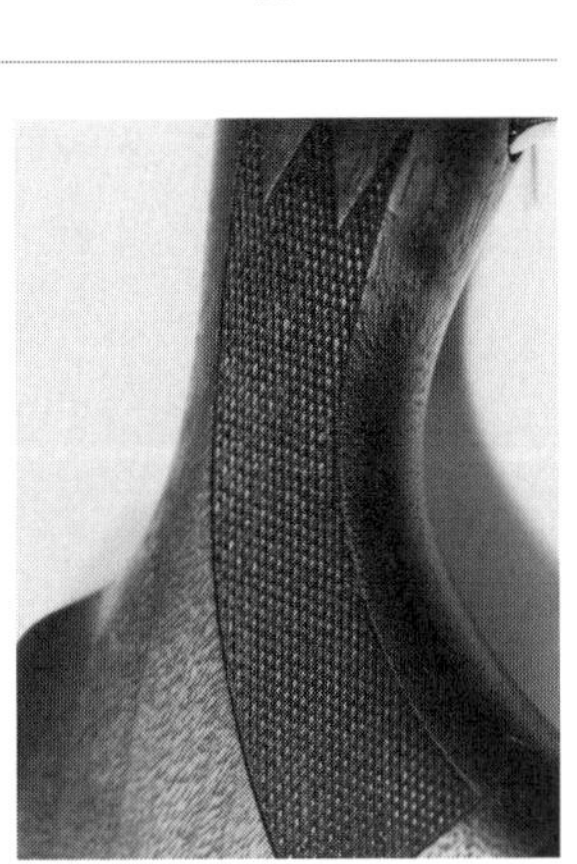
チェッカリング

蓄圧室【ちくあつしつ】
ポンプ式やプリチャージ式の空気銃で圧縮空気をためておく場所。エアシリンダー。

中央表示線【ちゅうおうひょうじせん】
トラップ射撃場のクレー放出口を示す線のこと。

昼行性【ちゅうこうせい】
夜行性の対義語。昼間の時間帯にのみ活動する動物のこと。

チューブ径【ちゅーぶけい】
ライフルスコープの細い部分の筒の直径で、1インチ（2・54㎝）、30㎜、34㎜などがある。ここが太いほど照準調整の範囲が広くなるが、銃に搭載するのに必要なマウントリングの内径もこれに合わせなければならない。胴径。

鳥獣【ちょうじゅう】
一般的に鳥や四足獣全般を指すほか、鳥獣保護管理法第2条第1項においては「鳥類又は哺乳類に属する野生動物」と定義づけられている。この場合の「野生」とは、当該個体がもともと飼育下にあったかどうかは問わず、飼い主の管理を離れ、常時山野等において、もっぱら野生生物を捕食し生息している状態を指すとされている。

鳥獣判別【ちょうじゅうはんべつ】
狩猟免許試験のうち技能試験に含まれる出題で、主たる狩猟鳥獣と、それらと誤認されやすい非狩猟鳥獣に対する判別の能力の有無を判定するもの。狩猟鳥獣9種以上を含む16種類の鳥獣の図画等を順にそれぞれ5秒程度見て、狩猟鳥獣か否か、狩猟鳥獣と答えたものについてはその種名を答える。わなによる鳥類の捕獲は禁止されているため、わな猟免許の鳥獣判別では獣類の判別のみ行われる。

鳥獣の保護及び管理並びに狩猟の適正化に関する法律【ちょうじゅうのほごおよびかんりならびにしゅりょうのてきせいかにかんするほうりつ】

鳥獣の保護および管理を図るための事業を実施するとともに、猟具の使用に係る危険を予防することにより、鳥獣の保護及び管理並びに狩猟の適正化を図り、もって生物の多様性の確保、生活環境の保全および農林水産業の健全な発展に寄与することを通じて、自然環境の恵沢を享受できる国民生活の確保および地域社会の健全な発展に資することを目的とする法律。現行法は平成26年に改正されたもので、一般的な略称は「鳥獣保護管理法」が使われる。

【法律の主な変遷】

●明治6年：鳥獣猟規則制定

●明治25年：狩猟規則制定

●明治28年：狩猟法制定（その後、昭和38年までに数回改正）

●昭和38年：一部改正および「鳥獣保護及狩猟ニ関スル法律」に改称

●平成14年：全部改正および「鳥獣の保護及び狩猟の適正化に関する法律」に改称

●平成26年：一部改正および「鳥獣の保護及び管理並びに狩猟の適正化に関する法律」に改称

鳥獣による農林水産業等に係る被害の防止のための特別措置に関する法律【ちょうじゅうによるのうりんすいさんぎょうとうにかかるひがいのぼうしのためのとくべつそちにかんするほうりつ】

鳥獣被害が、農林水産業に対する被害に加え、人身被害や交通事故の発生など、広域化・深刻化していることに対応するため、鳥獣被害防止のための施策を総合的かつ効果的に推進し、農林水産業の発展・農山漁村地域の振興に寄与することを目的として、平成19年に制定された法律。その内容は、農林水産大臣が被害防止対策の基本指針を策定し、この基本指針に則して、市町村が被害防止計画を作成するとともに、被害防止計画を作成した市町村に対して、国等が財政上の措置等、各種の支援措置を講ずる、というもの。略称は「鳥獣被害防止特措法」や、単に「特措法」などが使われる。

鳥獣被害対策実施隊【ちょうじゅうひがいたいさくじっしたい】

鳥獣被害防止特措法に基づいて市町村が設置することができる隊。同法に基づいて作成された被害防止計画に基づく捕獲や侵入防止柵の設置等の活動を担う。隊員には特段の資格要件はなく、市町村長が、市町村職員から指名する者、対策に積極的に取り組むと見込まれる者から任命する者、で構成することができる。市町村職員以外の隊員は、当該市町村の非常勤職員としての資格を有することになる。また、隊員には、猟銃所持許可の更新時等に必要な技能講習の免除、狩猟税の軽減、公務災害の適用、活動経費に対する特別交付税措置、ライフル銃所持許可要件の特例、などの優遇措置が講じられている。

鳥獣保護管理員【ちょうじゅうほごかんりいん】

鳥獣保護管理法第78条に基づき、鳥獣保護管理事業の実施に関する事務を補助させるために都道府県に置かれる非常勤職員のこと。山野等の現地における指導監督体制の組織的な整備は、鳥獣行政の実行性担保のために必要であるところ、都道府県の常勤の職員のみで行うことが困難であることから、昭和38年の関連法の改正により、鳥獣保護事業の実施に関する事務を補助させるための職員として都道府県に非常勤の鳥獣保護員が置かれることとなった。その後、平成26年の法改正により、鳥獣保護管理員に名称が改められた。

鳥獣保護区【ちょうじゅうほごく】
鳥獣保護管理法第28条に基づき、環境大臣又は都道府県知事が、鳥獣の種類その他鳥獣の生息の状況を勘案して当該鳥獣の保護を図るため特に必要があると認めるときに指定する区域。環境大臣にあっては、国際的または全国的な鳥獣の保護のため重要と認める区域、都道府県知事にあっては、当該都道府県の区域内の鳥獣の保護のため重要と認める区域であって、環境大臣が指定した区域以外の区域、をそれぞれ鳥獣保護区として指定することができる。鳥獣保護区は狩猟可能区域ではないため、原則的に捕獲等をすることができない。

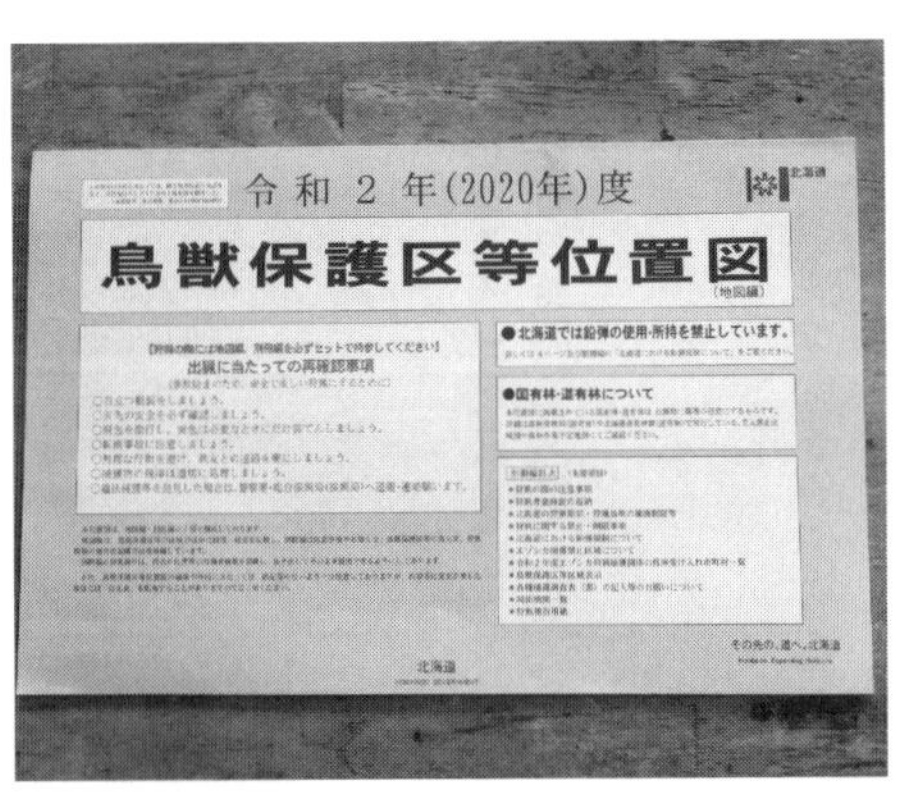

鳥獣保護区等位置図

鳥獣保護区

鳥獣保護区等位置図【ちょうじゅうほごくとういちず】
「ハンターマップ」の項参照。

チョウセンイタチ
狩猟獣（長崎県対馬市では非狩猟獣）。シベリアイタチの通称。基本的に狩猟獣だが、長崎県の対馬では雌雄ともに2023年9月14日まで非狩猟獣として捕獲が禁止されている。詳しくは「シベリアイタチ」の項参照。

チョウセンシマリス【ちょうせんしまりす】
シマリス（標準和名：シベリアシマリス）の亜種で、狩猟獣。外来種。詳細は「シマリス」の項参照。

跳弾【ちょうだん】
一度発射された散弾や弾頭が何かの物体に当たって発射方向とは別の方向へ飛んで行くこと。

腸抜き【ちょうぬき】
捕獲した鳥類の腸（わた）を抜くこと。鳥は腸の酸性度が高いため、死亡後すぐに腸を抜かないと肉ににおいがついてしまう。またサルモネラ菌などの食中毒菌が多い部位でもあるので、なるべく早く除去したほうがおいしく食べられて衛生的。腸抜きには主にガットフックを使う。「ガットフック」の項参照。

鳥猟犬【ちょうりょうけん】
カモやキジなど鳥類を獲物とする狩猟で使役される犬のことで、ガンドッグともいう。ポインター、セター、スパニエル、レトリーバーなどが代表的な鳥猟犬である。

チョーク【choke】
発射された散弾の展開距離をコントロールするため、わずかに狭く絞られた銃口部分のこと。

チョークチューブ【choke tube】
銃口先端からネジで取り外せるチョーク部分のみを指す。フルチョークの中には銃口から突出して長いものもある。

チョークチューブ

貯食【ちょしょく】
動物が食物を蓄える行為。リス類やカラス類などは食物を隠すが、モズの場合は隠さず、縄張り内の木の枝などに刺す「はやにえ」を行う。

ちんちろ
くくりわなの引きバネや、はこわなのトリガーとして使われることが多い金具。蹴糸を通す輪のついた複数の小さな針金が組み合わさってできており、てこの原理により、小さな力でちんちろが外れてバネが起動する。

ちんちろ

つき網【つきあみ】
法定猟具の網のひとつ。手で携行して鳥獣に接近し、これを突き出してかぶせることができるようにつくった網。

ツキノワグマ【ネコ目クマ科】
狩猟獣。ただし以下の県では２０２７年9月14日まで非狩猟獣。三重県、奈良県、和歌山県、島根県、広島県、山口県、徳島県、香川県、愛媛県、高知県。
［分布］本州。四国では絶滅寸前、九州では１９４０年代に地域絶滅。
［環境］主に広葉樹（ブナ、シイ、カシ）などの森林。
［特徴］真っ黒に近い褐色の体で、首元に和名の由来でもある白い月の輪模様がある（まれに模様がない個体も存在し「ミナグロ」と呼ばれる）。春から夏ではオスの成獣で60～１００kg、メスの成獣で40～60kg。冬眠にそなえて大量に採食をする秋の飽食期には、体重が30～40%増加する。通称「クマ」「クロ」「黒いの」「おやじ」のほか、マタギ言葉では「いたず」と呼ぶ。
［行動］基本的に薄明薄暮型の昼行性で、子育て期間以外は単独で行動。植物質に偏った雑食性。嗅覚については犬より優れているという報告もある。

9月頃から飽食期が始まり、ブナやミズナラの実などの堅果類などを食べながら、1か所で大量の脂質や炭水化物を摂取することに専念する。11～12月には冬眠に入り（自分で穴を掘らずに樹洞や岩穴などを利用）、繁殖個体のメスは1月下旬～2月上旬に穴の中で子を出産する。3～4月に冬眠が明ける。冬眠穴から出る順番としては、最初に単独のオス、次いで単独のメス、最後に子連れのメスという傾向がある。春先には若葉や花、山菜などを食べるが、冬に餓死したシカやカモシカの斃死体（へいしたい）があれば、それも食べる。6月前後に交尾期（前年からの子育てもこの時期に終わる）。冬眠明けから8月頃にかけては体重を減らし続ける。秋の飽食期に食べ物が少ないと人里に降りてきやすい。木登りが得意で、樹上で食物を食べる際に体重を支えるクマ棚をつくる。ある実験では、1日の平均的な積算での移動距離は雌雄ともに1～2㎞、まれに20㎞移動したという例がある。また人との遭遇時に、人の手前まで突進してきて地面を叩いて元の位置に戻ったり、直前で方向を変えたり、口をカプカプ鳴らす威嚇攻撃のブラフチ

ャージを行うこともある。

［食肉として］低い温度で溶ける脂はさらりとして甘みがあり美味。鍋などで食べると、体が芯から温まる。クマの手の煮込みは、中華の高級料理。胆のうは、万能薬の「熊胆」としても高値で取引される。

［皮・毛皮］革は柔らかく脂なじみがよい。オイルを塗らなくても使う人間の皮脂だけで艶が出る。毛皮は狩猟者の家などで敷皮に使われることもある。

［獣害］人が襲われるなどの人身事故や、果樹類、トウモロコシ、スイカ、水稲、ソバなど農作物への食害がある。人身事故に関しては、普段はおとなしい本種を刺激しないために、自治体などで本種の

ツキノワグマの冬眠穴

生態を啓発するなどの対策もとられている。
［捕獲］11月～3、4月まで冬眠に入ってしまうので、猟期は冬眠穴を探して散弾銃（スラッグ弾）やライフル銃などで撃つ「穴撃ち」が主な猟法になる。冬眠中とはいえ、近づいただけで穴から顔を出す個体もいるので注意したい。有害駆除などでそれ以外の期間に捕獲をする場合は、はこわなや筒形式のドラム缶わななど。
痕跡としては、クマ棚や針葉樹の樹皮剝ぎ、木を登り降りした際の爪痕などがある。ツキノワグマには縄張りがないので、俗にいわれる縄張りや存在を誇示しているのかはわかっていない。足跡は、土などの軟らかい場所では目立つが、草地や硬い地面では判断が難しいことが多い。雪上などで狩猟者をかわすために、自分の足跡を逆方向に引き返し、どこかで横に大きく飛んで姿を消す「戻り足」をすることがある。

ツグミ【スズメ目ヒタキ科】
非狩猟鳥。ムクドリやヒヨドリと誤認されやすい。冬鳥。

ツグミ

［分布］ほぼ全国。

［環境］農耕地や山林、市街地の公園など。

［特徴］雌雄ほぼ同じサイズで、全長約24㎝。個体差はあるが、上面が褐色で翼は茶褐色。胸から脇腹にかけて白地に黒斑、頭には白っぽい眉斑がある。

［行動］採餌場の食物の量によって、群れと単独行動のものに分かれる。地面を走り、立ち止まって胸を張るという行動を繰り返しながら、土中のミミズや昆虫の幼虫などを食べる。

［鳴き声］主に「キュキュキュ」や「カ

ッカッカッ」などと鳴く。
［狩猟鳥との識別］体型が狩猟鳥のムクドリやヒヨドリに似ているが、ムクドリは本種に比べて全体が黒褐色で嘴がオレンジ色である。また、ヒヨドリは全体がほぼ均一な灰色で尾が長い。

ツシマテン
非狩猟獣（国の天然記念物）で、対馬に分布するニホンテンの亜種。詳細は「テン」の項参照。

筒式イタチ捕獲器【つつしきいたちほかくき】
くくりわなの一種。イタチが円筒型のわなに入ると、バネの力でワイヤが締まり、体を締め付けて動けないようにする。小型の非狩猟鳥獣がかかっても死なないように、ストッパー（締め付け防止金具）などをつけて、首を締め切らない措置をすることが義務付けられている。

筒弾倉【つつだんそう】
実包が縦方向に並んで装塡される弾倉。ライフルの場合、弾頭の先端が前の実包の雷管に触れて危険なため、丸い形状のラウンドノーズ弾頭しか使えない。チューブラーマガジン。

綱犬【つないぬ】
大物猟における犬の使い方のひとつで、猪犬にリードや手綱を着けたままの状態で、山を引いて歩くことをいう。綱犬という特殊な犬種があるわけではない。むやみに長追いする犬を目当ての場所まで優先的に連れていくためであったり、猪犬がイノシシを見つける前にシカを追うことや、ドッグマーカーを着けていない犬が所在不明になることを防ぐためのひとつの手段である。

角【つの】
ニホンジカやカモシカのように、草食動物に特有の部位。肉食動物のような爪や牙を持たない草食動物のオスは、ライバルと闘うために角を持つようになったといわれる。メスに角がある場合でも、多くの場合オスのほうが大きい。しかしキリンのように、役割が明確でない角もある。

つり上げ式くくりわな【つりあげしきくくりわな】
かかった獲物をつり上げる構造のくくりわな。誤って人がかかってしまったときや錯誤捕獲などの場合に自力で外すのが困難。つり上げ式のくくりわなは、人の生命または身体に重大な危害をおよぼすおそれのあるわなに該当し、その使用は危険猟法として禁止されている。

低温調理器【ていおんちょうりき】
火を通しすぎると硬くなる部位には低温調理器を使う場合がある。細菌やウイルスを死滅させられる温度をキープし、既定の時間加熱を続ける。

蹄行性【ていこうせい】
シカやイノシシ、カモシカのように、蹄（ひづめ）を持つ哺乳類が歩く形式。かかとを浮かせて、指先の蹄だけを地面につけて歩く。趾行性（指行性）と同じく、つま先立ちで足の長さが稼げるので、速く走るのに向いている。蹄は硬いため、指のような細かい動きはできないと思われがちだが、イノシシなどはミカンの皮や栗のイガ（毬）などを器用に剝いて食べることができる。

デイステート【Daystate】
イギリスらしい優雅なデザインの空気銃を製造するメーカー。高価だがそれに見合う仕上げには定評がある。電子制御の初速計を内蔵した製品など、最新機構の導入にも余念がない。

ティッカ【Tikka】
フィンランドの銃器メーカー。サコーの別ブランドで、本家の機構はそのままにプラスチック部品を多用したりマウントベースを簡略化するなど各部のコストダウンを図り、低価格のライフルを製造している。

ディレードブローバック【delayed blowback】
ボルトがロッキングせず、発射時にボルトの自重と複座バネの圧力でのみ開放を遅らせる自動連発の機構。威力の強い銃には使えないためライフルや散弾銃にはほとんど見られないが、ウィンチェスターの古いライフルにディレードブローバック方式のものがあり、今でも国内の銃砲店に在庫されている場合がある。

テーパードタング【tapered tang】
フルタングのうち、後方へ向くにしたがって薄く加工されているもののこと。手に持った際のバランスが良く作業性は抜群だが、製作が難しいため高価なカスタムナイフによく見られるデザイン。

テオーベン【Theoben】
イギリスの銃器メーカー。アルミ製の別体タンクをそなえたプレチャージ式や、ガスラムと呼ばれるピストンにガスが封入された中折れ式空気銃などを製造するメーカー。現在、ガスラム銃は故障している個体が多く国内では修理も困難なことから、廃棄されてしまうものが多い。

デコイ【decoy】
カモなどの狩猟鳥をおびき寄せるため、その鳥によく似せてつくられた偽物。

デコッキング【decocking】
起こされた状態の撃鉄や撃針を、専用のボタンやレバー操作で撃発させずに元の状態へ戻すこと。

鉄系散弾【てっけいさんだん】
スチール弾、非鉛弾。

デコイ

徹甲弾【てっこうだん】
鉄板などを撃ち抜くため鋼鉄などでつくられた弾頭。狩猟に使われることはない。

鉄砲ぶち【てっぽうぶち】
銃を使う猟師のこと。「鉄砲撃ち」が訛ったもの。

手羽【てば】
食肉部位。鳥の翼の部分の肉。翼の付け根の部分から、手羽元、手羽中、手羽先と分かれる。ブロイラーとは違う歯ごたえが楽しめるが、解体の際は羽軸（羽毛の芯の部分）まで丁寧に抜く根気が必要。

テレスコープサイト【telescopic sight】
標的や獲物を拡大した状態で狙うことができる光学照準器。ライフルスコープ。

テン【ネコ目イタチ科】

狩猟獣。標準和名ニホンテン。

［分布］ほぼ全国（日本にいる亜種のうち、対馬に分布するツシマテンは国の天然記念物であり非狩猟獣）。

［環境］山地の森林に生息し、里山の人家周辺にも現れる。特に沢沿いに出没。

［特徴］冬毛は体が黄褐色や黄色で、顔が白色、足先が茶褐色。夏毛は体が茶褐色で顔と四肢が黒色をしている。雌雄はほぼ同色で、オスのほうが大きい。体毛の色には個体差があり、黄色の発色が強い個体をキテン、くすんだ個体をスステンと呼ぶことがあるが、いずれも種の名前ではなく通称。頭胴長41～49㎝。体重1.1～1.5㎏。

［行動］単独で生活。夜行性だが、昼に姿を見せることも多く、樹の上を利用して生活することも多い。食性は雑食。果実や昆虫、ネズミなどを食べる。

［食肉として］締まった歯ごたえと、雑食獣でありながら淡泊な味。塩・コショウで焼くと背ロースは柔らかく、モモ肉は適度な歯ごたえで嚙むほどに旨味が出る。

［皮・毛皮］密集した上毛と下毛の手触りが非常によい。保温性や耐久性が高く軽いので、高級素材としてコートなどに活用されている。

［獣害］決して多くはないが、カキやミカン、イチゴなどの農作物への食害がある。

［捕獲］はこわな、空気銃、散弾銃（散弾）など。

テンの歩行

図は通常歩行時。走行時は、前足と後ろ足がくっついたような足跡になる

雪が積もらない限り、足跡を見る機会は少ない

［非狩猟獣との識別］もっとも注意が必要なのは、北海道に生息する非狩猟獣クロテンとの識別。個体によっては体型や大きさ、体毛の色もよく似ている。尾の長さはテンが17～23㎝なのに対し、クロテンは11～19㎝で、やや短いといわれている。ニホンイタチやチョウセンイタチも体型や色が似ているが、テンに比べて小型である。ツシマテンは胸にオレンジ色の斑があり、耳介がはっきり見える。

電気止めさし器【でんきとめさしき】
電気ショックにより獲物を絶命または気絶させる器具。基本的な構造としては、長い竿の先にプラスとマイナスの電極端子がついていて、獲物の急所に刺して通電させる。竿は1本のタイプと、端子が2本の竿に分かれたタイプがある。はこわなやくくりわななどで使われることが多い。操作を行う人や周囲の人も感電する危険があるので、雨の日を避け、電気を通さないゴム手袋や靴を装着する。なお、使用するバッテリーの電圧は、自動車用（12V）では効果がないので、家庭用（100V）が推奨される。別名、電殺器。

到達距離【とうたつきょり】
発射された散弾や単弾が落下するまでの距離。最大到達距離。

銅弾【どうだん】
銅製のライフルやスラッグ弾頭。散弾と違い非鉛弾の素材としては銅以外の金属を使うことが難しい。

動的射撃【どうてきしゃげき】
機械仕掛けで横方向に移動する標的を単弾で撃つ射撃法。イノシシが描かれた標的紙を使用するルーツからランニングボア射撃、ランニングターゲット射撃とも呼ばれる。

動的射撃（ランニングターゲット）

頭胴長【とうどうちょう】
動物の全長から尾の長さを引いたもの。

冬眠【とうみん】
冬の間、余計なエネルギーを消費しないように、食物を摂らずに活動を停止すること。日本の狩猟鳥獣では、ヒグマやツキノワグマ、アナグマ、シマリスなどがこれを行う。ヒグマやツキノワグマはすべて冬眠するといわれているが、アナグマなどは地域によって冬眠しない場合もある。冬眠中に体温が下がる割合や覚醒時との違いは、種で異なる。一方、イノシシやシカ、ノウサギ、キツネ、テンなどは冬眠を行わず、冬も活動する。

トーションバネ【torsion spring】
別名、ねじりバネ。トーションとは、ねじれの意。

特定外来生物【とくていがいらいせいぶつ】

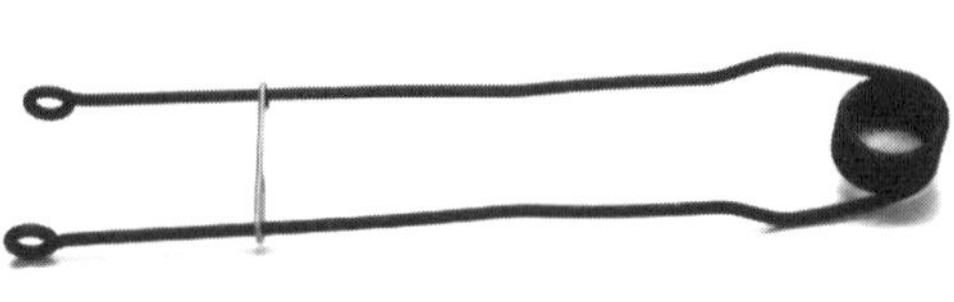

トーションバネ（ねじりバネ）

外来生物法第2条第1項で定義づけられる用語であり、外来生物であって、我が国にその本来の生息地又は生育地を有する生物とその性質が異なることにより生態系等に係る被害を及ぼし、又は及ぼすおそれがあるものとして政令で定めるものの個体（卵、種子その他政令で定めるものを含み、生きているものに限る。）及びその器官（飼養等に係る規制等のこの法律に基づく生態系等に係る被害を防止するための措置を講ずる必要があるものであって、政令で定めるもの（（生きているものに限る。）に限る。））をいう。狩猟鳥獣のヌートリアとアライグマは特定外来生物に指定されていることから、狩猟および有害鳥獣捕獲による捕獲等のほか、外来生物法に基づく防除の対象にもなっている。千葉県を中心にその野生化が問題となっているキョンは狩猟鳥獣ではないが、特定外来生物に指定されている。

特定外来生物のアライグマ（狩猟獣）

特定猟具使用禁止区域【とくていりょうぐしようきんしくいき】

鳥獣保護管理法第35条第1項に基づき、都道府県知事が、銃器または環境省令で定めるわな（以下「特定猟具」という。）を使用した鳥獣の捕獲等に伴う危険の予防または指定区域の静穏の保持のため、特定猟具を使用した鳥獣の捕獲等を禁止する必要があると認め、指定する区域。当該区域内においては、原則的に当該区域に係る特定猟具を使用した鳥獣の捕獲等をしてはならない。

特定猟具使用制限区域【とくていりょうぐしようせいげんくいき】

鳥獣保護管理法第35条に基づき、都道府県知事が、銃器または環境省令で定めるわな（以下「特定猟具」という。）を使用した鳥獣の捕獲等に伴う危険の予防または指定区域の静穏の保持のため、特定猟具を使用した鳥獣の捕獲等を制限する必要があると認め、指定する区域。当該区域内においては、原則的に都道府県知事の承認を受けないで、当該区域に係る特定猟具を使用した鳥獣の捕獲等をしてはならない。

ドットサイト（ダットサイト）【dot sight】
スクリーン上へ電気的に光点を浮かび上がらせ、標的と重ねることで発射弾を命中させる照準器。等倍のものが多く視界が広いため、主に近距離での狩猟に使われる。スコープに比べて小型軽量だが、シビアな命中精度を追求するような使い方には向かない。

ドットサイト

ドバト【ハト目ハト科】

非狩猟鳥。キジバトと誤認されやすい。留鳥。

［分布］小笠原諸島を除く全国。

［環境］都市部の公園や駅前、農耕地など。

［特徴］一般に「ハト」といえば本種を指すことが多い。インドから南ヨーロッパ、北アフリカに生息するカワラバトを改良した人工品種で、伝書鳩やレース鳩、式典での放鳥から野生化した。個体によって羽色は多様だが、全体が灰色で首元が角度によって緑や紫色に輝くものが多い。

［行動］植物食で種や木の芽を食べる。

［鳴き声］主に「クルックー」や「グルル、ポー」などと鳴く。

［キジバトとの識別］体型は狩猟鳥のキジバトに似ているが、首にキジバトのような模様はない。

土俵【どひょう】
くくりわなにかかった獲物が暴れて、支柱を中心に土が円形に掘られた状態。相撲の土俵に由来。クレーターとも呼ばれる。

飛ぶ【とぶ】
追っていた獲物が逃げること。イノシシやシカなど、鳥以外の獣にも使うことがある。

土俵

止め足【とめあし】
動物が、天敵や狩猟者などの追跡をかわすために行う歩き方。自分の足跡を逆方向にたどって引き返し、ある場所で横に大きく跳んで行方をくらますこと。クマ類やシカ類、ウサギ類などが行う。

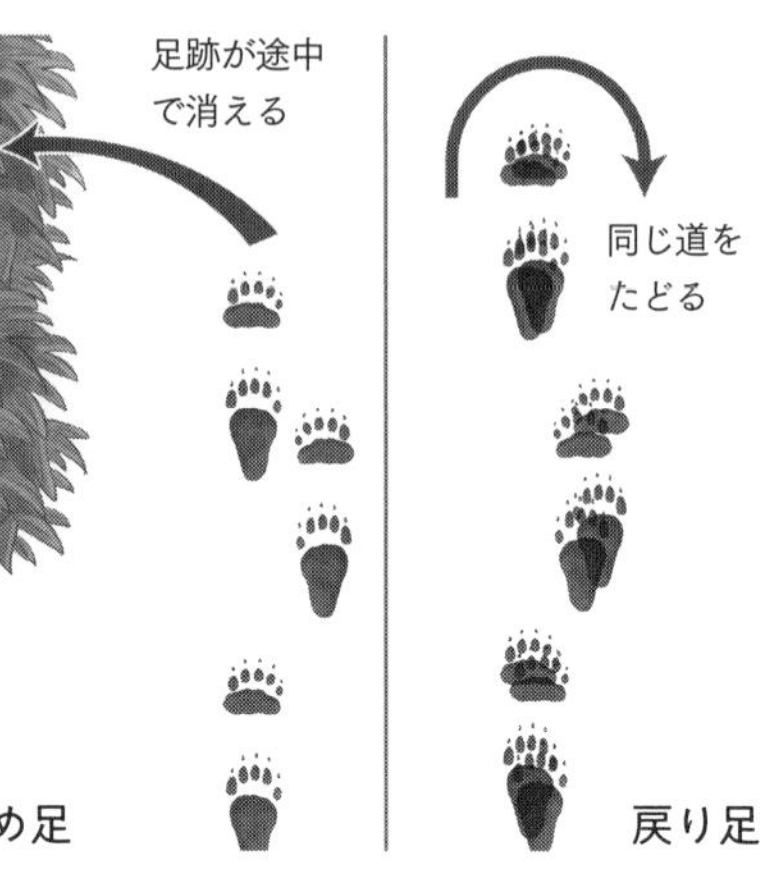

止め犬【とめいぬ】

イノシシを吠え立てるなどして追うだけでなく、積極的に止めようとする犬のことをいう。止め犬という特殊な犬種があるわけではない。ここでいう「止め」とは、獲物に対して止め（とどめ）を刺すことではなく、逃走しようとする動きを止める、あるいはその場にとどめるという意味である。広い猟場において射手まで獲物を追い出す巻き狩りとは対照的に、少人数で比較的狭い範囲でイノシシを狙う場合には有効な犬である。

止め芸【とめげい】

止め犬が持つ猟芸のことをいう。イノシシ猟における猟芸とは、顔前で吠え込む、後ろ脚を咬むなどのイノシシを止める特定の動作を、高い確率で発現したものである。止め芸には個々の犬の個性が現れるほか、一定の系統犬において共通している芸もあるとされ、古くから猪犬を使う猪猟師たちが優れた芸を追い求めてきた。

止めさし【とめさし】

わなに掛かった獲物などを絶命させること。方法は、こん棒による打撃、刃物などでの刺突のほか、銃器や電気止めさし器を使用するなどがある。刃物での止めさしには血抜きの意味合いも大きく、止めさしを的確に行うことが、獲物の肉をよりおいしく食べ、ジビエとしての活用を推進していくことにもつながる。また、動物福祉の観点から、捕獲した動物に可能な限り無用な苦痛や恐怖を与えないで止めさしを行うことが推奨される。

わなにかかった獲物を確実に捕殺するために行われる「銃器を使用した止めさし」については、過去、それが捕獲等の行為の範囲内にある適法な行為であるか否か議論があったが、現在は狩猟者等の危険防止等の観点から、獲物に対して事実上の支配力を獲得し、確実にこれを先占したとはいえない状況において次の4点を満たす場合は、適法な鳥獣の捕獲等の範囲内で行われたものと解されている。

①わなにかかった鳥獣の動きを確実に固定できない場合であること

②わなにかかった鳥獣が獰猛で捕獲等をする者の生命・身体に危害を及ぼすおそれがあるものであること

③わなを仕掛けた狩猟者等の同意に基づき行われるものであること

④銃器の使用に当たっての安全性が確保されているものであること

「銃器を使用した止めさし」について、①〜④のほか、銃器の使用に関する各種法令の適用を受けることは言うまでもない。なお、電気止めさし器や刃物等による止めさしは、基本的には獲物に対して事実上の支配力をすでに獲得し、これを先占した状況で実施されるものであることから、狩猟や許可捕獲等の範囲外で行われているものと解されている。

共犬【ともいぬ】
「友犬」とも書く。犬を2、3頭同時に使う場合に、主体的に獲物を捜索し、止めに行くなど強い猟欲を発揮する犬に対し、追従、随伴する形で行動を共にする犬のことをいう。共犬という特殊な犬種があるわけではなく、共犬であるか否かは個々の犬の性格や、組み合わせによる。主たる犬に対して二番手、三番手に位置するため、一見すると狩猟犬として低い評価が与えられることがあるが、主たる犬も実は共犬がいることで獲物の捕獲率が上がっている場合もあるため、特定の犬に対し共犬であることをもって否定的な評価をすることは尚早である。

トモエガモ【カモ目カモ科】
非狩猟鳥。コガモと誤認されやすい。冬鳥。
[分布] 本州から九州。
[環境] 湖沼や池、河川、湿地など。
[特徴] 成鳥のオスの顔は、巴模様を思わせるような黒、緑、クリーム色の3色に分かれている。また体の側面には、はっきりとした白線がある。メスは全身褐色で、嘴の付け根に小さな白斑がある。全長約40㎝。
[行動] オスは「クエッ、クエッ」、また雌雄ともに「グググ」などと鳴く。
[コガモとの識別] 本種のメスは、狩猟鳥のコガモなど、ほかの陸ガモ類のメスとよく似ている。本種は嘴の付け根に、コガモにはない白斑がある。

トモエガモ

鳥屋撃ち【とやうち】
水辺にデコイを浮かべカモなどをおびき寄せ、周辺に建てた鳥屋と呼ばれる小屋の中に隠れて鳥を撃つ猟法。

鳥屋

豊国（日本）【とよくに】
高知県南国市の和式刃物メーカー。炭素鋼と鍛造という昔ながらの製法で大型の剣鉈を中心とした製品をラインアップしている。ネット販売にも力を入れており、全国に多くの顧客を持つ。

トライスパイク【tri spike】
マタギなどが熊猟に使用した槍で、三角槍とも呼ばれる。刃先が三角形になっていて頑丈。獲物の体を突いたときに折れにくい。

トラップ射撃

クレー射撃の中でも競技者が多いのがトラップ射撃

トラップ射撃【とらっぷしゃげき】
クレー射撃の種目。ルーツはトラップと呼ばれる小箱に入れたハトを飛ばして撃っていたためその名がついた。横一列に並んだ1番射台から5番射台まであり、15m前方のクレーハウスから放出されたクレーを撃つ競技。

とらばさみ
主な仕組みとしては、わなの中央に獣の足が乗ると、左右に開いたアーチ型の刃が閉じて、獣の脚を強く挟み込む。獲物に長時間の苦痛を与えることと、人間やペットが誤って踏んだ際にも大けがにつながるため、平成19（２００７）年4月からとらばさみの使用は禁止猟法とされている。

とらばさみ

鳥居型くくりわな【とりいがたくくりわな】
鳥居のような形に組んだ支柱に、輪にしたワイヤや針金をいくつもぶら下げるわな。輪の中を獣が通ろうとしたときに、輪が閉まって獲物が捕獲される仕組み。ノウサギなどの捕獲に使われる。

トリガー【trigger】
引き金。引くことで逆鉤が動いて、逆鉤と撃鉄が外れて、撃鉄が撃針を叩く。

トリガープル【trigger pull】
引き金を引いて撃鉄もしくは撃針が落ちるまでにかかる重量のこと。軽いほど正

トリガープルは軽すぎると危険

確な射撃が可能だが狩猟の場合は誤射の原因ともなり危険なため、一般的には1.5kg以上が推奨されている。落ちるまで引きしろに遊びがあるものをセカンドステージ、遊びがなく突然落ちるものをファーストステージと呼ぶ。

トリプルトラップ【triple trap】
順番に飛び出す3枚のクレーを5ｍの距離から撃つクレー射撃の種目。自動銃など3連発の銃でなければ行うことができない。

とりもち
鳥を捕まえるために使われたゴム状の粘着物質のこと。たとえ非狩猟鳥でも、鳥が触れると羽を抜くまで剝がすことができないため、とりもちの使用は禁止猟法とされている。日本では古くから、モチノキ科モチノキ属の植物の樹皮に含まれる物質が粘着剤として用いられてきた。

鳥猟【とりりょう】
鳥を捕獲する狩猟法のうち、一般的には特に銃猟を指す。ライフルで鳥を撃つことは違法のため、散弾銃か空気銃を使う。「ちょうりょう」ともいう。

トレイルカメラ【trail camera】
赤外線センサーを搭載した無人撮影カメラ。わな周辺やけもの道での動物の観察に使う。野生動物などの熱を発生する物体がセンサーの感知エリア内を移動すると、自動的にスイッチが入って撮影が始まる。熱感知の場合は、動物が通らなくても反応してしまうものもある。記録方法は、ＳＤカードなどを本体に挿入して行うほか、携帯電話回線（４Ｇ）を使ってリアルタイムに撮影した情報を転送するものもある。

トレイルカメラ（無人撮影カメラ）

トロット【trot】
犬の歩態のひとつで、四肢を交互に出して歩くことをいう。鳥猟犬のトライアルにおいては、時と場所によってギャロップからトロットに移ることは許されるが、常にトロットであることは好まれない。

ドロップ【drop】
着弾点が狙点より下がることをいう。特に空気銃の場合、距離によってドロップ量を考慮する必要がある。

トロフィーハンティング【trophy hunting】
仕留めた鳥獣を戦利品として、毛皮や剝製などにして飾ることを目的とした狩猟。アフリカ諸国などの海外ではトロフィーハンティングが観光ビジネスとして成り立っている国や地域がある。それを行う人をトロフィーハンターと呼ぶ。

ドンコ
幼いイノシシのことで、地域によって1歳未満または2歳未満までのイノシシのことを指すという違いがある。

な行

内臓【ないぞう】
動物の体腔内にある器官の総称。食用としては、肝臓はレバー、心臓はハツなどと呼ばれ、狩猟鳥獣においても狩猟者が自家消費において食することは違法ではない。しかし、厚生労働省の「野生鳥獣肉の衛生管理に関する指針（いわゆるジビエガイドライン）」では、内臓について「肉眼的に異常が認められない場合も、微生物及び寄生虫の感染のおそれがあるため、可能な限り、内臓については廃棄することが望ましい」とされている。

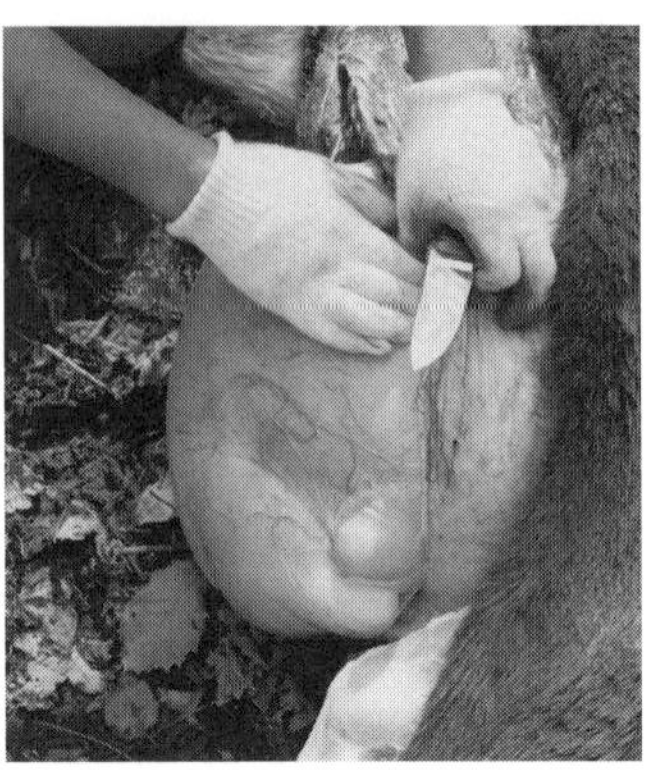
内臓袋

内臓袋【ないぞうぶくろ】
動物の胃や肝臓、腸など内臓全体を包んでいる、透明でつるつるした膜のこと。解剖学などでいう「臓側腹膜（ぞうそくふくまく）」のことであり、袋のようになっているので内臓袋と呼ばれることもある。イノシシなどの解体で内臓を摘出する際は、この袋ごと引っ張り出すと、腸などが傷つくこともなく衛生的である。

長追い【ながおい】
狩猟犬が獲物を長時間にわたって追跡すること。「遠走り」ともいう。

流し猟【ながしりょう】
クルマで猟場を見回りながら獲物を見つける狩猟法。鳥ならキジやヤマドリなど、大物であればシカに対して行う。

中抜き【なかぬき】
鳥獣の解体における腹出し、内臓処理のこと。

鳴き犬【なきいぬ】
イノシシ猟またはシカ猟において、鳴き（吠え）ながら獲物を追跡する犬のこと、あるいはそういった習性を見せる犬のことをいう。鳴き犬という特殊な犬種があるわけではない。ビーグルやプロットハウンドはそもそも鳴き（吠え）ながら追跡する習性のある犬種であり、わざわざそれらを鳴き犬と呼ぶことはまれであり、和犬系の狩猟犬を止め犬、鳴き犬などのタイプ別に分類する際に使われる呼び方である。

鳴き止め【なきどめ】
イノシシ猟において、猟犬が鳴く（吠える）ことで獲物をその場に止めることをいう。吠え止めともいう。イノシシの反撃が直接届かない距離を保ちつつ、周囲で鳴く（吠える）ことで注意を引き、狩猟者に射撃の機会を与える。

なげ網【なげあみ】
法定猟具の網のひとつ。見た目はラクロスのスティックのように、二股に分かれた柄の間に網を張った猟具を使う。これをカモなどの鳥が飛んでくるタイミングに合わせて投げ上げ、捕獲する。獲物が網にかかると、支柱にかかっていた網の一部が外れて袋状になり、獲物を包み込

なげ網で使用する網。カモの生態を熟知しているからこそできる猟

カモが頭上を通過するタイミングで網を空中へ投げてからめ捕るのがなげ網。生け捕りでき、万が一錯誤捕獲してもリリースできる

み落下する。現在、なげ網を実施している猟師は非常に少なく、貴重な猟法である。坂網（さかあみ）や坂取網（さかとりあみ）とも呼ぶ。石川県加賀市の「坂網猟法」は、県指定有形民俗文化財。宮崎県宮崎市の「巨田池（こたいけ）の鴨網猟」は、県の無形民俗文化財。

夏毛【なつげ】
哺乳類の夏の体毛。上毛が少し硬めで密度が低く、通気性がよい。夏毛のイノシシは毛が非常に短い。

夏毛のイノシシ

鉛落とし【なまりおとし】
散弾銃の銃身内に張り付いた鉛をこそぎ落とすためのブラシや薬剤（ソルベント）などのこと。

鉛中毒【なまりちゅうどく】
環境中に残留する鉛を飲み込んだ野生動物が引き起こす中毒症状。激しい下痢を起こし、内臓や筋肉の萎縮とともに痩せ衰え、死に至る。
わが国の猟野における鉛中毒問題としては、野生の猛禽類や水鳥に発生する事例があり、その対策として狩猟に関する主な規制（概要）は、北海道における鉛ライフル弾および鉛散弾の使用および所持の禁止、指定猟法禁止区域制度に基づく水辺域での鉛散弾の使用禁止、捕獲した鳥獣等を捕獲した場所に放置することの原則禁止があり、そのほか、指定管理鳥獣捕獲等事業における捕獲鳥獣の山野への放置が認められる条件のひとつに「銃猟にあっては非鉛弾を使用」することが盛り込まれている。

なめし
生き物の皮を、素材として使える革や毛

皮に加工すること。生き物から剝いだ原皮を時間がたっても腐らずに柔らかい状態を保てるように処理を施す。基本的な工程には、「防腐処理」と皮のコラーゲン繊維を分断する「軟化処理」がある。軟化処理にはなめし剤を使い、現在ではクロムなめしやタンニンなめしが主流となっている。事業としてなめしを行う場合には、各自治体の化製場設置の許可が必要。

なめし剤【なめしざい】
皮をなめす際の軟化処理に使う薬剤。皮に含まれるコラーゲン繊維は、乾燥すると癒着して硬くなってしまう。そこで、繊維や繊維の間になめし剤に含まれる分子を仲介者として充塡することで、繊維同士の癒着を防いで柔軟性を保つことができる。主ななめし剤には、クロムやアルミニウム、植物タンニンなどがあり、薬剤ではないが昔の個性的ななめし剤には、動物の脳しょうなどがあった。なめし剤によりコラーゲンとの結合が異なるため、耐熱性や風合いなども個性が出る。

ナロータング【narrow tang】
シースナイフのうち、ブレード後部が別体のハンドル内に埋没しているもののこと。後端が露出してネジで固定されているタイプならより頑丈。

名和【なわ】
日本の銃器メーカー。昭和初期頃、ロンドンガンに少しでも近づくべく日本の銃工が技術を磨きながら水平二連散弾銃を製造していたメーカー。現在でも老舗銃砲店の倉庫などで中古銃を見かける。メンテナンスが必要な個体も多く、現役での使用には注意が必要。

軟鉄散弾【なんてつさんだん】
ソフトスチールと呼ばれる鉄製の散弾。非鉛散弾としては比較的安価な部類だが、使用には対応する銃身をそなえた銃が必要。

肉球【にくきゅう】
「食肉目（ネコ目）」の足の裏にある弾力のある部分。イヌやネコ、クマ類、タヌキ、キツネ、アナグマ、イタチ、テンなどが持つ。肉球の皮膚のざらざらとした部分は、ブレーキや方向転換、物をつかむときの滑り止めとして役立っていると考えられている。ジビエの場合は、クマの肉球はゼラチン質が豊富で甘く、「手の煮込み」は美味といわれる。

肉食動物【にくしょくどうぶつ】
動物質を主食とする動物。動物性プランクトンや腐肉を主食とする種も含まれる。狭義では、鳥獣の肉を主食とする動物。獲物との距離感をつかむために、目が顔の前側についている傾向がある。そのため草食動物と比べて後方の死角が広い。また生態系の上位にいるため、汚染された環境では有害物質の生物濃縮が強く現れる傾向がある。

ニッケルマルエージング鋼【にっけるまるえーじんぐこう】
航空、宇宙分野の構造材として開発された特殊鋼。銃の世界ではキングクラフトがカスタムライフルの機関部に使用していることでも有名で、驚異的な耐久性を持つためあらゆる強力なマグナム装弾にも耐えられる。

ニッコー（日本）

かつて栃木県にあった散弾銃メーカー。ウィンチェスターのＯＥＭを行っていたこともあり技術力は高かった。今でもシャドーやグランディなどの中古銃が数多く流通している。

二の矢【にのや】
2発目の発砲のこと。弓矢の言葉を踏襲している。

にべ取り【にべとり】
皮の肉面（裏面）に残っている肉片や脂肪、組織を取り除く作業。伝統的な手作業の場合は、獣の体型に合わせてカーブをつけたかまぼこ板（木の台）や刃の両端に柄のついた銑刀（せんとう）などでにべ取りを行った。別名、フレッシング、裏すき。

にべ取り

ニホンイタチ【ネコ目イタチ科】

オス（狩猟獣）。メス（非狩猟獣）。単にイタチと呼ばれることもある。

［分布］沖縄以外の全国（固有種。北海道にいるものは外来種）。

［環境］平地から山地の川、田んぼなどの水辺周辺。

［特徴］全身は茶褐色から赤褐色。口元が白色で、その上部から目の周りまでが黒っぽい色をしている。雌雄同色だが体長の差が大きく、オスがメスの2倍程度になることも。頭胴長19～37㎝。尾長7～16㎝。体重１４５～５００g。

［行動］ネズミやカエル、小鳥類を捕食し、水に入るとドジョウやザリガニも食

ニホンイタチの歩行

蹠行性（しょこうせい）。前足の第1指がはっきり跡にならないことも多い

ニホンイタチ

べる。敵に追い詰められたり、驚いたりすると、肛門付近にある臭腺から臭い液体を出す。

［食肉として］イタチ科の肉は比較的おいしいといわれているが、可食部は少なく、個体によっては脂肪分や旨味も少なく筋張っている場合もある。

［皮・毛皮］毛皮は、ウィーゼル（日本産はジャパニーズウィーゼル）と呼ばれる。短い上毛は、ミンクに比べて滑らかさや光沢は劣るが、染色などの加工をされて利用されることが多い。

［獣害］在来生物や家畜のニワトリなどの捕食。

［捕獲］はこわな、くくりわな、筒式イタチ捕獲器など。

［非狩猟獣との識別］本種のメスは非狩猟獣だが、オスと酷似している。オスとの体の大きさの比較や、同じ季節ならメスのほうが体毛が濃い傾向にあることなどから判断する。また、シベリアイタチ（対馬においては雌雄ともに非狩猟獣）との識別は、尾の長さが、体の長さ（頭胴長）の半分以上あればシベリアイタチ。それより短ければニホンイタチといわれている。

日本犬【にほんけん】

昭和初期に国の天然記念物指定を受けた6犬種（北海道犬、秋田犬、柴犬、甲斐犬、紀州犬、四国犬）のことをいう。当初は「越の犬」も含めた7犬種が天然記念物として指定されていたが、越の犬はその後に絶滅したとされ、現在まで6犬種となっている。

日本犬保存会【にほんけんほぞんかい】

公益社団法人日本犬保存会。江戸時代に続いた鎖国政策の終了後、海外から多数もたらされた洋犬種と日本の在来犬種との交雑が全国的に進んだことにより在来犬種の純血が失われ、絶滅も危ぶまれたことを危惧した有志により、日本の在来犬の保護と保存を目的として昭和3年に設立。日本犬6犬種（当初は7犬種）の天然記念物指定に尽力し、現在に至るまで犬籍簿を整備し、血統書を発行している。

ニホンザル【サル目オナガザル科】

非狩猟獣。地域により有害鳥獣捕獲の対象。

［分布］本州、四国、九州、屋久島に分布（屋久島に分布する個体群は、亜種ヤクシマザル）。

［環境］森林。山地以外に、海岸部でも森があれば生息する。

［特徴］体毛は褐色で雌雄同色だが、成熟するとオスの体はより大きくなる。頭胴長47～65㎝。体重5～18㎏。尾は6～12㎝と短く目立たない。ヤクシマザルはオリーブ色がかった粗く長めの体毛で、より小柄。

［行動］基本的に群れ生活を営み、数頭のオスと十数頭から百数十頭のメスと子で生活をする。一方で、まれに単独で生活をする個体もいる。雑食で、さまざまな植物の葉や芽、果実、種子、昆虫、サワガニなども食べる。

［誤認しやすい狩猟獣］草薮の中で体の

ニホンザル

一部を見た場合、体色の似ているタヌキやイノシシと誤認するおそれがある。しかし、特徴的な姿形なので全身を見れば他の狩猟獣と見間違う危険性は少ない。

［獣害（狩猟以外の捕獲）］非狩猟獣ではあるが、本種による農作物被害も少なくない。そのため地域によっては、有害鳥獣捕獲や特定計画に基づく数の調整による捕獲（個体数調整）の対象となっている。捕獲方法には、はこわなや銃器での捕獲などがある。

ニホンジカ【鯨偶蹄目シカ科】

狩猟獣。亜種の一部は狩猟禁止。

［分布］ほぼ全国的に分布しているが、沖縄県では慶良間諸島でのみ生息。日本にいる7亜種のうち、慶良間諸島のケラマジカは天然記念物に指定（狩猟禁止）、長崎県対馬のツシマジカは、ライフルでの捕獲が禁止されている。

［環境］平野部から山地にかけての森林や農耕地など。

［特徴］胴頭長90～180cm。北に分布するものほど大きく、北海道に生息する日本最大の亜種エゾシカは体重130kgもある。一方で、鹿児島県屋久島に生息する日本最小の亜種ヤクシカはオスでも50kg程度。夏毛には特徴的な白斑があるが、冬毛は一様に灰褐色で斑点はない。オスのみが角を持つ。角は毎年春に落ち、その後新しく伸びてくる。一般的に角の枝分かれと年齢が一致するといわれるが、一致しない個体もいる。

［行動］10月をピークにした発情期を除き、オスとメスは別の群れで行動する。1日の中で採食と反芻、休憩を繰り返し、1～2時間採食をするとすわって反芻を行う。休憩時は眠ることもあるが、小さな刺激でも覚醒する。休憩は木陰や藪の中で、個体ごとによく使う場所が決まっている。発情期のオスは、他のオスへの威嚇や繁殖行為に消耗し、体重を10％以上減らす。また、泥を全身に塗り付けるヌタ浴びをする。泥を浴びる前スプレー状に尿をして、その匂いをふりまく作用があるといわれている（「ヌタ場」の項参照）。メスの妊娠期間は約220日で、出産開始は5月中旬頃から。出産が近いメスは単独行動になり、1頭の子を産む（まれに2頭）。

植物食なので、土地の植生により食べ物も異なる。落葉樹林に棲む亜種ホンシュウジカ（主に中国地方を除く本州に分布）やエゾシカは、イネ科の植物やササ、樹皮など低質のものを大量に食べる。照葉樹林に棲む亜種キュウシュウジカ（主に九州や四国地方に分布）は、木の葉や種子、果実など良質のものを選んで食べる傾向がある。

［食肉として］高温で加熱するとすぐ硬くなるが、赤身のローストやソテーはしっとり柔らかく、あっさりして美味。ただし、食中毒防止のため中心部の温度が75℃で1分間以上、または同程度の加熱調理をすること。挑戦しやすいのは煮込みやカレー。エゾシカは脂に甘みがある。

［皮・毛皮］さまざまな動物の皮に比べてコラーゲン繊維がもっとも細く、それがやや粗めに絡み合っているため、軽くて柔らかいことが特徴。油分も豊富でしっとりと肌に吸いつき、伸縮性もあるため衣料品などに好まれる。小型のシカなどに油なめしを施した「セーム革」は、宝石やカメラレンズなどの細かいホコリや油汚れもきれいに取り除くことで有名。日本でも伝統的な革として約1300年前から利用されていたとされ、東大寺の正倉院に収められている革の所蔵品は、

8割がシカ革だといわれている。「印伝革」は、シカ革の表面に漆で柄をつけた伝統的な装飾革。現代では、剣道の防具にも利用されている。

［獣害］本種による農作物被害は、哺乳類の中で全国トップ。また全国の森林被害のうち、本種による枝葉の食害や剝皮被害は全体の約7割を占めている。山の斜面の植物を食べ尽くすことによる土壌の流出や、在来種など生態系への影響も懸念されている。

［捕獲］散弾銃（散弾）やライフル銃な

夏毛（オス）

冬毛（オス）

シカの糞は俵状の黒っぽい塊。排泄された直後は、ツヤツヤと光沢がある

歩行

通常、副蹄の跡は残らない。外側の主蹄のカーブが強い。蹄行性（ていこうせい）

足跡

左前

ディアライン

食痕

シカの生息数が多い場合、食べられる範囲の草木が食い尽くされるために、ディアラインという現象が起きる。シカは下歯で葉などをちぎるようにして食べるので、スパッと切れたような食痕になる

どを使った銃猟。流し猟や、猟犬を使った巻き狩り。くくりわな、はこわな、囲いわななどで捕獲する。エゾシカは、ライフル銃と囲いわなが主流。痕跡は、足跡、糞、樹皮を剝いだ跡、ヌタ場など。

ニホンリス【ネズミ目リス科】

非狩猟獣。タイワンリスと誤認されやすい。

［分布］本州、四国、九州（九州では絶滅が懸念され、中国地方でもほぼ見られなくなった）。

［環境］低山帯を中心に、平地から亜高山帯にかけての森林。

［特徴］冬は背面が褐色か暗い灰褐色、夏は体毛の赤みが強い。夏冬ともに腹は白色。冬は、耳の毛が長くなる。頭胴長22・6～25・3㎝。尾長13～16・8㎝。体重209～280g。北海道では、通称木ネズミとも呼ばれる。

［行動］昼行性で主に樹上で活動。種子や果実、キノコ、昆虫、小鳥の卵などを食べる。冬の食料として、ドングリなどを地面に埋める習性がある。

［タイワンリスとの識別］狩猟獣のタイワンリスと体型が似ているが、タイワンリスはよりずんぐりした体型で、腹も白くない。尾も太く見える。

ニホンリス

ニュウナイスズメ【スズメ目スズメ科】

狩猟鳥。日本では主に冬鳥だが、北日本で繁殖するものもいる。

［分布］全国に分布するが、分布域はかなり局所的。

［環境］平地や山地の林（特に広葉樹林帯）、農耕地、草原など。まれに市街地。

［特徴］全長が約14㎝とスズメと同じくらいだが、違いは頰に黒い斑がないこと。成鳥のオスは、頭から体の上部が明るい栗色。メスには、眉毛のようなくすんだ白色の斑があり、体の上部は灰褐色。雌雄同サイズ。

［行動］冬を含む非繁殖期は群れで行動し、明るい開けた場所にいることが多い。地上や樹上で、種子類や昆虫類をよく食べる。繁殖期は主に樹上生活。スズメと同様、地上を歩くときは両足をそろえてピョンピョンと跳ぶ。

［鳴き声］地鳴きは「チュン」「ジュジュ」などとスズメに似ているが、オスはたまに「チーヨ」と大きな声を出すこともある。

ニュウナイスズメ

［食肉として］近縁のスズメについては「スズメ」の項参照。

［捕獲］空気銃や散弾銃（散弾）の銃猟。むそう網や袋網などの網猟。

［スズメとの識別］前述のとおり、頭部にある黒い斑の有無や、オスの場合は頭頂部の色などで見分ける。メスは頭部の白斑や体色が、スズメとはまったく異なる。

認定鳥獣捕獲等事業者制度【にんていちょうじゅうほかくじぎょうしゃ】
鳥獣保護管理法第18条の2から同法第18条の10に基づくもので、鳥獣の捕獲等に係る安全管理体制や、従事者が適正かつ効率的に鳥獣の捕獲等をするために必要な技能及び知識を有する鳥獣捕獲等事業を実施する法人について、都道府県知事が認定をする制度をいう。平成26年の鳥獣保護管理法改正によって創設されたもの。
認定を受けた法人のメリットとしては次の事項が挙げられる。
●「認定鳥獣捕獲等事業者」の名称を使用
●国や都道府県が実施する指定管理鳥獣捕獲等事業への参入や、法人として捕獲許可を受けられる見込み
●事業従事者のうち一定の手続きを経た者は、狩猟免許更新時の適性試験の免除
●捕獲従事者のうち一定の手続きを経た者は、狩猟者登録の申請前1年以内に実際に捕獲に従事した都道府県において狩猟税が非課税

ヌートリア【ネズミ目ヌートリア科】

狩猟獣（特定外来生物）。

［分布］近畿、中国地方を中心とした、多数の県に分布。

［環境］河川敷や用水路などの水辺。

［特徴］毛皮獣として輸入、養殖された個体が野生化したもの。全体的に暗褐色で、大型のネズミのようなずんぐりした体型。尾が長く、目と耳が小さい。後ろ足に水かきがある。雌雄同色でオスのほうがやや大きい。頭胴長40～48㎝。尾長35～36㎝。体重4～11㎏。

［行動］基本的に夜行性。日中は土中の巣穴や、排水溝の中や橋梁の陰などに隠れていることが多い。遊泳をし、水生植物やドブガイなどを食べる。特定の繁殖期はなく、年に1～2回、1産につき1～2子である。

［食肉として］水のきれいな場所で育った個体は、クセがほとんどなく粘りのある若鶏のような味。唐揚げやグリルに合う。

［皮・毛皮］保温性が高く実用的。下毛は褐色で非常に柔らかいが、薄茶色で艶のある上毛は固い。そのため商品として流通している毛皮は、上毛を抜いたり、上毛と下毛を一定の長さに刈り整えるなどの加工を施して使うのが主流。かつて

ヌートリア

は軍用素材として需要があった。［獣害］稲を含む水辺の植物や貝類などを食べるため、特定外来生物として駆除対象。また、穴を掘ることから畔や堤防の破壊も懸念されている。一度定着すると根絶が難しいため、早期の対策が必要。［捕獲］はこわな、くくりわななどのわな猟。散弾銃（散弾）、空気銃など。

ヌタ場【ぬたば】

泥のある大きな水たまりや浅い沼地などで、野生動物が泥を浴びる場所。ヌタ場は他の個体とも共有し、ここで糞や排尿もする。イノシシは体温調節のため、シカは浴びる泥にスプレー状の尿をして体臭を濃くするためともいわれている。この泥水を浴びる行為を「ヌタうち」や「ヌタ浴び」ともいう。見切りの際は、泥水の濁り具合で獲物が泥を浴びたおよその時間を推測することもある。

ねじりバネ

金属がねじられたときに元に戻ろうとする力を使ったバネで、くくりわなの動力として利用される。洗濯ばさみのバネのように、中央がコイル状に巻かれている。押しバネの一直線の動きとは異なり、扇形に動く構造で、締め上げのスピードが速いのが特徴。「トーションバネ」の項参照。

ネックショット【neck shot】

獲物の首を狙って撃つこと。頭部よりは命中率が上がり、なおかつ致死性の高い撃ち方。

眠り銃【ねむりじゅう】

標的射撃や狩猟などの目的に使用しないまま所持している銃のこと。特別な理由もなく3年以上続けば許可の返納を迫られる場合もある。

寝屋【ねや】

獲物が寝ている場所や棲み処のことをいう。シカやイノシシなどの大型獣の場合、牙などで草を刈り取り、窪地に敷き詰めてその上で休む。寒い時期は、丈の高い草木などを利用してドーム状のものをつくることもある。寝場ともいう。

寝屋撃ち【ねやうち】

イノシシを銃で仕留める猟法のひとつで、イノシシが寝床（寝屋）にいる状態で撃ち獲ることをいう。射獲の時点でイノシシが寝ているか起きているかは問わない。犬がイノシシを捜索し、寝屋から飛ばさないまま射撃の機会を得る場合のほか、犬を使わず人力のみで寝屋を探し出す場合がある。

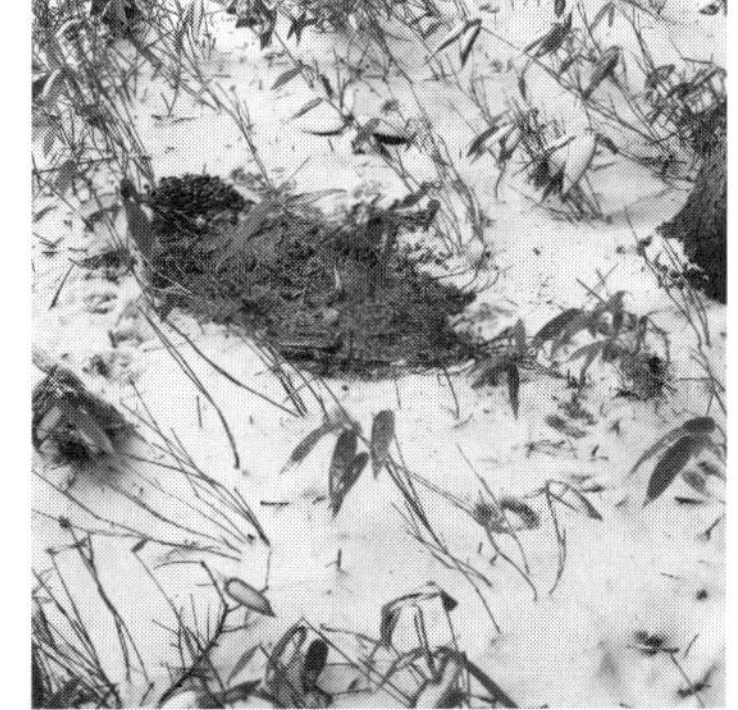

寝屋。シカの足跡や糞が見える

寝屋鳴き・寝屋吠え【ねやなき・ねやぼえ】

イノシシを追い詰めたときに猪犬が出す鳴き声（吠え声）のことをいう。イノシシの周囲を回りながら一定の距離を保って太く、力強く、散発的に鳴いている場合が多い。イノシシが寝屋から出ていない状態以外に、寝屋から出た後でもいずれかで追い詰められた状態のことも含む。

ノイヌ【ネコ目イヌ科】

狩猟獣。

［分布］全国。

［環境］海岸部から平地や山地、森林や集落など、幅広い環境に生息。

［特徴］狩猟獣である「ノイヌ」とは、生物学的な分類で飼われているイヌと変わらないが、飼い主の元を離れ常時山野等においてもっぱら野生生物を捕食し、生息している個体をいう。よって、一時的に人の手から離れた「ノライヌ」（野良犬／非狩猟獣）とは異なる。しかし、外見上は飼育下の犬と同様のため、識別はほぼ不可能。ノライヌと区別するには生息環境や群れの構成数、首輪の有無などから推察するしかない。

［行動］数頭の小さな群れで生活していることが多い。もとはペットなどのイヌが野生化したもの。雑食性。シカなどの野生動物を捕食することもある。

［獣害］家畜や人に危害を加えたり、くくりわなにかかった獣を集団で襲うこともある。

［捕獲］はこわな、くくりわな、散弾銃（散弾）など。捕獲する場合には、事前に地域の人にその旨の告知をして、逃げ出した飼い犬などがいないか情報を充分に集めるなど、入念な準備が必要。

ノウサギ【ウサギ目ウサギ科】

狩猟獣（日本固有種）。

［分布］北海道と沖縄を除くほぼ全国（北海道に生息するウサギについては、別種「ユキウサギ」の項参照）。

［環境］低地から亜高山帯までの草原や森林など、さまざまな環境に生息。

［特徴］全身が茶褐色で、耳の先端が黒く、尾が短い。寒冷地では体毛が白くなるが、温暖な地方では冬でも毛色は変わらない。頭胴長43～54㎝。尾長2～5㎝。体重1.3～2.5㎏。標準和名ニホンノウサギ。単に「ウサギ」ともいう。

［行動］日中は、木の根元などでじっと休んでいる。イネ科などの植物や、木の葉や若枝を食べる。1日に体重の10～20%近くの量を食べ、大きな食物粒子は、早くて数時間後には糞として排出される。

［食肉として］脂肪は乗りにくいわりに、硬くはない。歯ごたえのある赤身肉のような食感。数日間熟成させるとより美味。肉が貴重だった時代、うどんを入れた「うさぎ汁」は北信州の猟師が食していた。

［皮・毛皮］家畜化されたウサギの場合、毛皮は下毛が厚く密生しているため保温性がある。上毛も非常に柔らかく、滑らかな風合いである。軽量で染色が容易。

［獣害］若齢のスギ、ヒノキ、アカマツなど樹木への食害。

［捕獲］はこわな、くくりわな。ウサギ

ノウサギ

雪が降る地域の冬毛は白くなるが、降らない地域では白くならない

前足は小さく、後ろ足が大きいのがウサギの足跡の特徴。降雪時は判別しやすい

網やはり網。空気銃や散弾銃（散弾）など。

脳しょうなめし【のうしょうなめし】

脳しょうとは、脳などを満たしている体液のこと。熟成した動物の脳しょうを皮に塗ったり、漬け込んだりしてなめす方法を脳しょうなめしと呼び、かつてはアメリカの先住民が行っていた。日本の伝統的なシカ革である「印伝革」にも、1970年ごろまでこの手法が取り入れられており、なめした後は煙で燻して耐久性を持たせていた。臓器を使ったなめし剤は、常に腐敗のリスクが伴うため、衛生管理には細心の注意が必要である。

ノネコ【ネコ目ネコ科】

狩猟獣。

［分布］全国（ただし寒冷地には少ない）。

［環境］平地や山地、森林や集落など、幅広い環境に生息。

［特徴］狩猟獣である「ノネコ」とは、生物学的な分類で飼われているネコと変わらないが、飼い主の元を離れ常時山野等においてもっぱら野生生物を捕食し、生息している個体をいう。よって、一時的に人の手から離れたノラネコ（野良猫／非狩猟獣）とは異なる。しかし、外見上は飼育下の猫と同様のため、識別はほぼ不可能。ノラネコと区別するには生息環境や首輪の有無などから推察するしかない。

［行動］ほぼ肉食性で、小型哺乳類や鳥類などの野生動物を捕食することも多い。沖縄本島のヤンバルクイナや小笠原諸島のアカガシラカラスバトの羽根が、ノネコの糞から見つかっていて、近年特に問題視されている。

［捕獲］はこわな、くくりわな、空気銃、散弾銃（散弾）など。捕獲する場合には、事前に地域の人にその旨の告知をして、逃げ出した飼い猫などがいないか情報を充分に集めるなど、入念な準備が必要。

［天然記念物との誤認に注意］対馬のツシマヤマネコ（非狩猟獣・天然記念物）、西表島のイリオモテヤマネコ（非狩猟獣・特別天然記念物）は、いずれも額に濃淡のついた縦縞があるが、外見が似たノネコやノラネコもいるため見分けは不可能に近い。識別に迷ったら捕獲を見送ること。

ノブ【knob】

照門やスコープなどで調整をする際、外部から操作するためのつまみ状の部品。

ノリンコ【North Industries Corporation：Norinco】

中国北方工業公司

中国の銃器メーカー。西側諸国の名銃をコピー製造しており、価格は安いが品質は高くない。

は行

バークリバー（アメリカ）【Bark River】
ブッシュクラフト向けのナイフを得意としているメーカー。バトニングがやりやすいようブレードが厚く重い製品が多く狩猟での使用は限定的になるものの、頑丈さでは他の追随を許さない。

バーチウッド【birch wood】
カバ木材。ウォールナットに次いで銃床に向いているが、木目が単調なため高級感に欠け、安価な銃に使われることが多い。

バードショット【bird shot】
散弾の号数のうち、特に5号以上の大きさのものをいう。クレー射撃には使わない。

バードナイフ【bird knife】
鉤爪状のガットフックをそなえた小型フォールディングナイフのこと。細いシースナイフをそう呼ぶ場合もある。

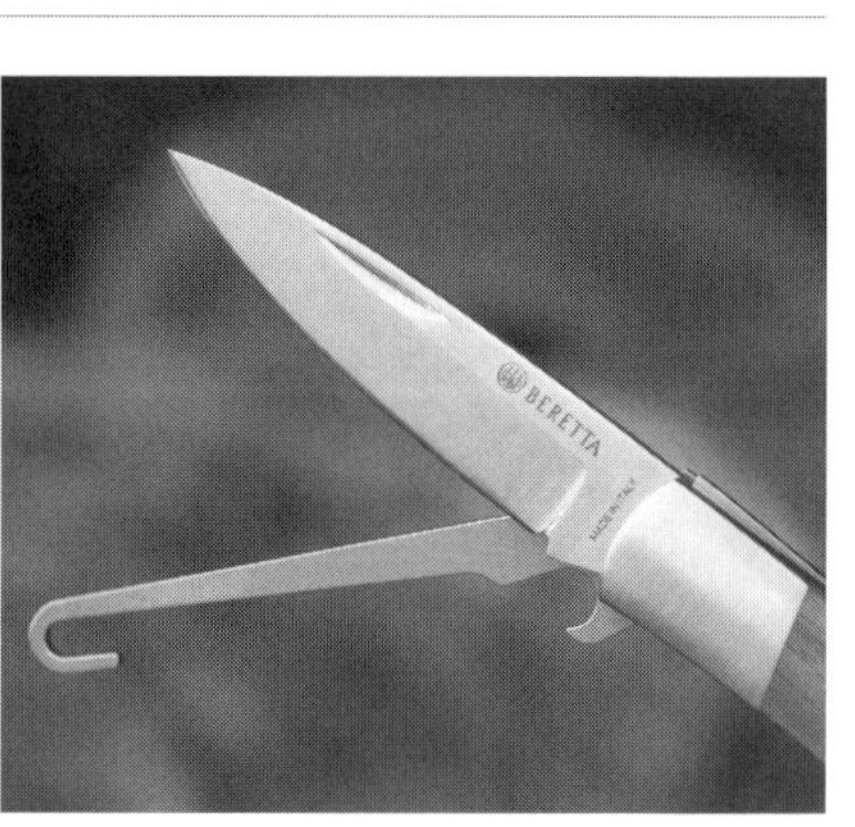

バードナイフにはガットフックがそなわっている

鳥猟にはフォールディングナイフがよく選ばれる

バードボム【bird bombs】
鳥を追い払うための爆竹を詰めた弾。

バード・ワーク【bird work】
猟野競技会において、嗅覚能（体臭及び足臭に対するもの）、ポイント（その素早さ）、スタンチネス（主命があるまでのポイントの堅持性）、バッキング、ブリンキング、フラッシュ、チェイス（ゲームの後追い）、ホールス・ポイント（残臭、小鳥、獣、は虫類の4種に対して）などに対して完成された猟技内容を分析評価すること。

ハーフライフル銃【はーふらいふるじゅう】
銃身長の半分以下にライフリングが刻まれた銃。サボットスラッグを使用することで長い有効射程距離と高い命中精度が期待できる。

ハーリントン&リチャードソン【HARRINGTON & RICHARDSON】
アメリカの銃器メーカー。第二次大戦中は多くの小火器を軍に納入していた老舗メーカー。現在は猟銃をメインに製造しており、単身元折式散弾銃には定評がある。シンプルで軽いため、特にわなの止めに使うハンターに重宝されている。

バーンズ弾頭【ばーんずだんとう】
米国バーンズ社製の弾頭。同社のほぼすべての製品が銅製のため、銅弾頭の代名詞として使われることが多い。

肺【はい】
動物の臓器。別名フワ。ガス交換を行う肺胞が無数にあり、スポンジ状の構造で水に浮くほど軽くて柔らかい。カラーアトラスでは、解体時に肺腫瘍や白い結節（しこり）などが見つかった場合は、廃棄が推奨されている。

ハイスタンダード【High Standard】
アメリカの銃器メーカー。かつてスライドアクション散弾銃の分野でレミントンと人気を二分したメーカー。なかでもフライトキングは名銃で、鉄の削り出しでつくられた機関部は重いが頑丈。アルミ製が一般的となった現代銃にはない質実剛健さが魅力。

バイタル【vital】
獲物の心臓や肺など急所のこと。獲物を半矢にさせないため、可能な限り狙う必要がある。

ハイリブ【high rib】
トラップ用上下二連散弾銃のリブで高さが約20㎜以上あるものをいう。目線が高くなるため視野が広がる。

ハウンド【hound】
狩猟において獲物を長く追跡する習性を持つ猟犬種全般のことをいう。大きくは目で追う視覚（サイト）ハウンドと、臭いを嗅ぎ分けて追う臭覚（セント）ハウンドに分けられる。日本の猟場でよく見られるビーグルやプロットハウンドなどは臭覚（セント）ハウンドに分類される。

剥皮【はくひ】
獣の皮を剥ぐこと。作業には基本的に皮剥ぎナイフ（スキナー）を使う。シカは脂肪が薄く比較的スムーズに皮が剥けるが、脂肪の厚いイノシシは時間がかかる。タヌキやテンなど小型の動物になると皮が薄いので、破かないように慎重なナイフ使いが求められる。

剥皮器【はくひき】
2枚に重なった円盤型の刃が高速運動をすることで、獣の皮を短時間できれいに剥ぐことができる機械。エアナイフとも呼ばれる。動力はエアコンプレッサー。

ハクビシン【ネコ目ジャコウネコ科】
狩猟獣。外来種。
［分布］本州から九州に多いが、ほぼ全国的ともいわれている。
［環境］平地から山地の森林、人家周辺の雑木林や果樹園にも出没。
［特徴］全体的には淡褐色や灰褐色で、顔と四肢、尾の先端が黒色。頭頂から鼻にかけての白線が和名の由来。肢が短く尾が長い。雌雄同色、ほぼ同サイズ。頭胴長47～54㎝。尾長37～43㎝。体重3.5～4.2㎏。
［行動］夜行性で木登りが得意。雑食性で、鳥類や卵、昆虫、果実などなんでも食べる。ねぐらは樹洞や岩穴などで、そこで繁殖もする。
［食肉として］肉質は締まっていて弾力があり、クセは少ないが風味がある。鍋やメンチカツなど。
［皮・毛皮］戦時中には毛皮用として飼

育されていたが、毛皮の質が悪いために野外に放され、戦後に個体数が増えたといわれている。
［獣害］畑のトウモロコシやミカンなどに加害する。
［捕獲］はこわな、くくりわな、空気銃や散弾銃（散弾）など。

ハクビシン

歩行

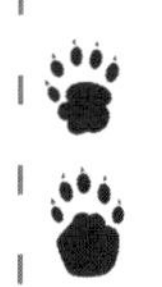

前足と後ろ足ともに5本指。蹠行性だが、ハクビシンは後ろ足のかかとをつけずに歩く

はご【はご】
もち（粘着性物質）を塗った竹や木の枝で狩猟鳥をからめ捕るもの。とりもちを使用する猟法の一種であり、その使用は禁止猟法とされている。

はこおとし【はこおとし】
はこの中に獣が入り込んだりすることで、重りを載せた天井などが落下し、獣を圧迫または圧殺して捕獲するわなのこと。このままでは「おし」の一種となるため、使用が禁止されている。しかし、天井が床まで落ちきらないように手前に「さん」を打つなどして獣を圧殺しない構造にすれば、おしには該当せず法定猟具として使用が認められる。

はこおとし

はこわな
法定猟具のわなのひとつ。木材、金属板、金属メッシュなどで箱形につくったわな。扉の位置によって「片開き扉」「両開き扉」がある。箱の中に餌などで誘引し、餌を引かせる、踏み板を踏ませる、蹴り糸を蹴らせるなどで仕掛けを作動させることで入り口を落下させて、鳥獣を捕獲する仕組み。
イノシシやシカなど大型獣の捕獲に使われることが多いが、ほかにもアナグマやイタチ、ヌートリアなど小動物に使われることもある。くくりわなに比べて、止めさしが比較的安全でひとつのわなで一度に複数の獲物を捕獲できるというメリットがある。デメリットは、広くて平らな場所でないと設置が難しく、目立つために獣の警戒心が強い場合は捕らえられない。餌付けなどで根気よくわなの中に誘因する必要がある。

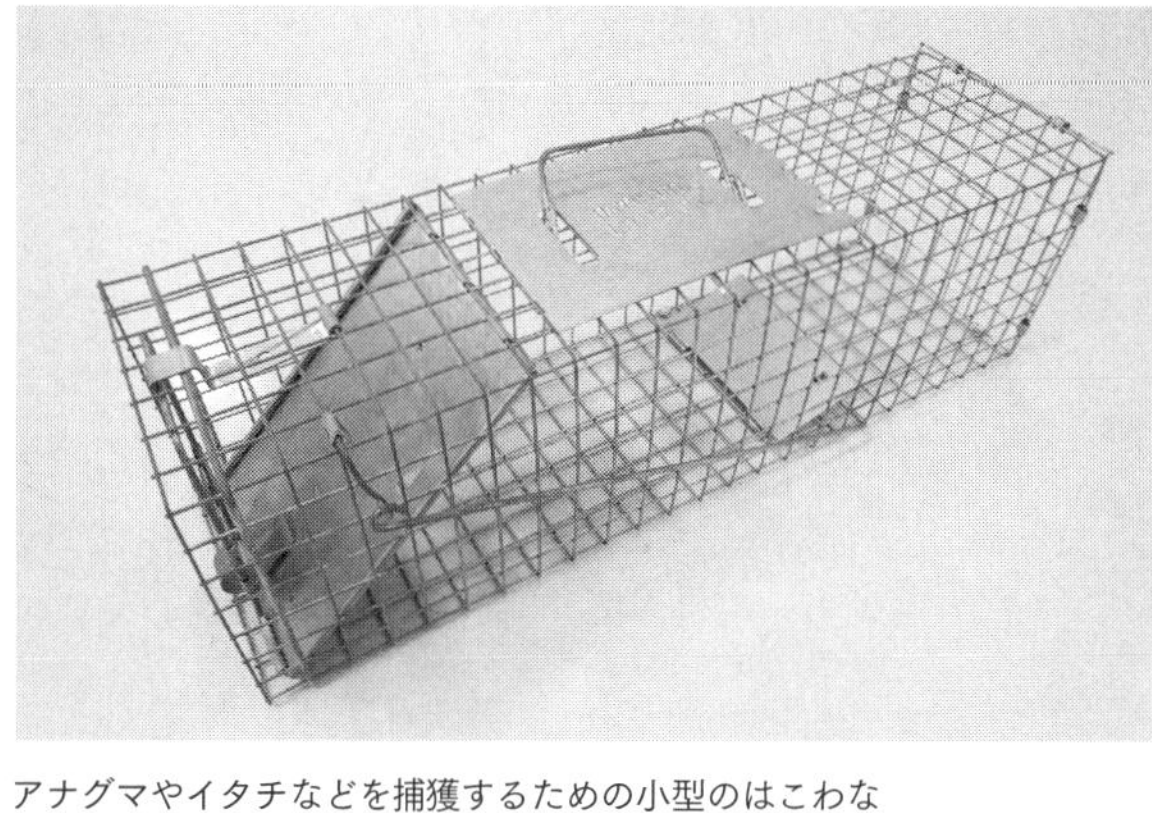
アナグマやイタチなどを捕獲するための小型のはこわな

HACCP【はさっぷ】

国際基準を満たした衛生管理手法で、Hazard（危害）、Analysis（分析）、Critical（重要）、Control（管理）、Point（点）の頭文字をとった名称。2021年6月1日から原則として、ジビエの食肉処理施設を含む食品の製造・加工、調理、販売などを行うすべての食品等事業者に、HACCPに沿った衛生管理が義務付けられた。基準には、食品衛生上の危害を発生させ得る要因（危害要因）の分析やそれを防ぐための管理方法の設定、記録などがある。ただし一定条件を満たす小規模な事業者には、簡略化された衛生管理が設定されている。

ハシビロガモ【カモ目カモ科】

狩猟鳥。冬鳥（北海道では少数が繁殖）。

［分布］全国。

［環境］湖沼や河川、湿地、内湾、干潟など。

［特徴］雌雄ともに、全長約50㎝。しゃもじのような平たく大きな嘴が特徴。オスの嘴は黒色、メスはくすんだ橙色をしている。オスの頭部はマガモに似た緑色だが、虹彩は黄色。体の白い側面に脇腹の赤茶色が目立つ。メスは他のカモ類と同様褐色をしている。

［行動］渡来直後は沿岸にいる個体も多いが、その後は渡行するころまで海水域には入らない。主食は、珪藻やミジンコ、プランクトンなど。泳ぎながら水ごと吸い込み、嘴にあるブラシ状の構造で濾して食べる。群れで円を描くように泳ぎ、渦を起こして、プランクトンを集めることもある。その様子はかつて「車鴨（くるまがも）」とも呼ばれた。

［鳴き声］あまり鳴かないが、オスは「クエッ、クエッ」、メスは「ガーガー」

ハシビロガモ

などと鳴く。

［食肉として］水分を多く含み、筋繊維がしなやかで柔らかな肉質なので、スープ仕立てにしてもよい。逆にローストには不向き。プランクトンや昆虫を摂取している独特な複雑味があるので、濃厚なソースにも合う。

［捕獲］空気銃や散弾銃（散弾）、鳥猟犬を使った銃猟など。

［非狩猟鳥のカモ（メス）との識別］本種のように、大型で嘴が橙色のカモ類の非狩猟鳥には、オカヨシガモがいる。ハシビロガモのメスはオカヨシガモと違い、嘴がしゃもじ型である。

ハシブトガラス【スズメ目カラス科】

狩猟鳥。

［分布］小笠原諸島以外の全国。

［環境］市街地、森林や農耕地、海岸など。

［特徴］全身が黒色のいわゆる「カラス」といえば、本種か近縁のハシボソガラスが一般的。ハシボソガラスに比べて太く湾曲した嘴を持ち、ヒトの額にあたる部分の羽毛が膨らんで見える。翼や首元を中心に、青紫色の光沢を持っている。雌雄同色、ほぼ同サイズ。全長50～57㎝。全国的によく見られる鳥のため、狩猟鳥の大きさを比較する際の基準にもなる。

［行動］日の出とともに活動を始め、日没間近になると森林などのねぐらに帰る。春～夏の繁殖期の個体は、巣の付近で休むことが多い。果実や昆虫、鳥の卵までなんでも食べる雑食性だが、特に脂肪や糖分の多い食物を好む。動物の死骸などを食べることで物質循環をしているため、森の掃除屋（スカベンジャー）とも呼ばれる。山でカラスの群れが騒いでいると、その下に弱った動物やその死骸がある場合がある。

ハシブトガラス

［鳴き声］主に澄んだ声で「カァカァ」と鳴くが、音声は多彩。

［食肉として］ジビエでは植物食の強いハシボソガラスが好まれることが多いが、本種も肉の質は似ている。詳細は「ハシボソガラス」の項参照。

［獣害］スイカやトマトなど農作物への被害が、鳥類では最多。覆いやネットをかけても効果が薄く、音や仕掛けで脅してもすぐ慣れてしまう。市街地でもゴミ箱などを荒らすことから、各自治体で駆除の対策がとられている。しかし、その生態を知れば、殺処分をせずとも被害は軽減できるとされ、近年さまざまな研究が行われている。

［捕獲］散弾銃（散弾）や空気銃などの銃猟。狩猟ではなく駆除の場合は、はこわななど。

［狩猟鳥のカラス3種の識別］ハシブトガラスは嘴が太く、尾羽を下げて鳴く。地上での移動は、足をそろえて飛び跳ねることが多い。ハシボソガラスは嘴が細く、頭を大きく振り上げるように鳴く。歩くときは、両足を交互に出して尻を振

るように歩く。冬鳥のミヤマガラス（「ミヤマガラス」の項参照）は、前述の2種よりさらに小柄。成鳥は鼻羽が抜けて石灰質が沈着し、嘴の付け根が艶消しの灰色に見える。鳴くときは尾羽を開き、頭を前に突き出すようにする。ただし、ミヤマガラスの幼鳥には嘴に成鳥ような特徴がなく、ハシボソガラスとの識別が難しい。

ハシボソガラス【スズメ目カラス科】

狩猟鳥。留鳥。

［分布］小笠原を除く全国。ただし沖縄では冬鳥。

［環境］森林や農耕地、海岸、市街地など。ただし、森林の連続する山地にはいない。

［特徴］主な特徴はハシブトガラスに似ているが、全長約50㎝と一回り小さい。また、嘴が細く直線的。

［行動］ハシブトガラスは都市部や森を好むが、本種はどちらかというと、郊外や農耕地、河川敷などの開けた場所にいることが多い。雑食性だがハシブトガラスより肉食は少なく、地面を歩きながら草木の実や種、昆虫などを食べる。ハシブトガラスより器用でおとなしい。

［鳴き声］主に濁った声で「ガァガァ」と鳴く。

［食肉として］筋肉質で硬くレバーのような味だが、ミンチ状にすると食べやすい。かつて信州の上田地域では、ミンチ肉を棒状にして焼いた「ろうそく焼き（カラス田楽）」が食された。

［獣害］「ハシブトガラス」の項参照。

［捕獲］散弾銃（散弾）や空気銃などの銃猟。狩猟ではなく駆除の場合は、はこわななど。

ハシボソガラス

［狩猟鳥のカラス3種の識別］「ハシブトガラス」の項参照。

バッキング【backing】

単にバックともいう。鳥猟犬が他犬のポイントを視認したときに、ポイントと同様な姿態をとる猟技のこと。ポイントとバッキングの根本的な相違は、ポイントはゲーム臭に対したときに表れ、バッキングはゲームとは無関係なことである。バッキングが重要な猟技として考えられ

バッキング

高く評価されている理由は、それが良き作法の具象化であると考えられているためである。すなわち他犬が先にポイントしているゲームに近づき後からポイントしたりフラッシュさせたりする行為は悪しきマナーとされているためである。

バック（アメリカ）【BUCK】
釘にブレードを当て、上からハンマーで叩き切るというセンセーショナルなトレードマークで一世を風靡したメーカー。1960年代に発売されたバック110はフォールディングナイフでありながらシースナイフと同等に扱える頑丈さが認められ大ヒット、現在もほぼ変わらぬ形で生産が続けられている。

パック【pack】
複数同時に放される猟犬の組み合わせのことをいう。おおむね2頭の組み合わせのことをいう。

バックショット【buckshot】
大物猟用の大粒散弾のこと。直径約8㎜のものをダブルオーバック、9㎜のものはトリプルオーバックと呼ばれる。バックとは英語でシカの意。

バックストップ【back stop】
猟場や射撃場で弾の到達をさえぎる場所。獲物を撃つ場合、この有無をよく確認する必要がある。安土ともいう。

バックストップ

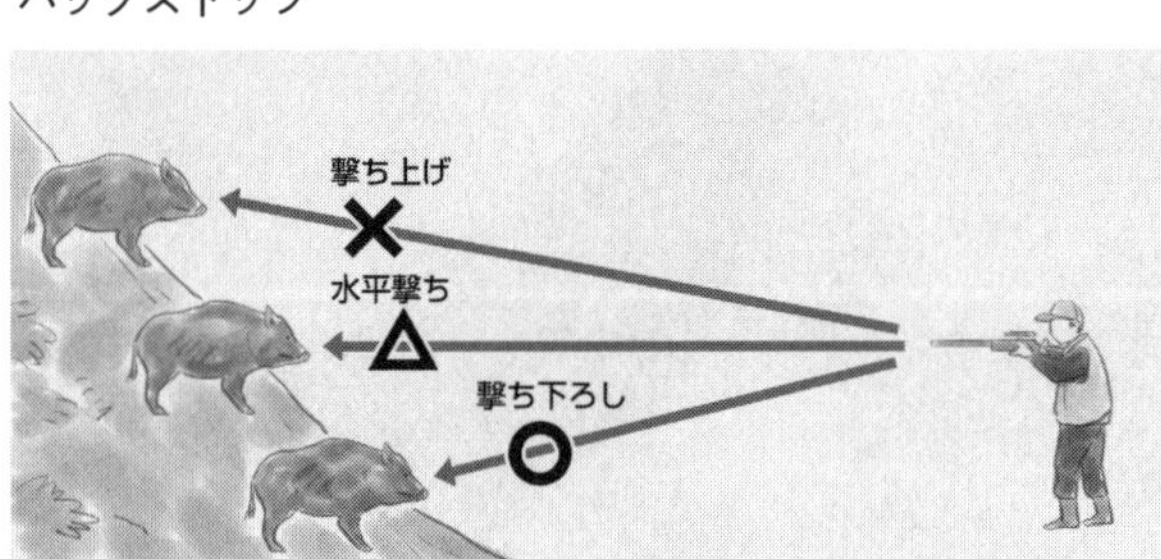

射撃の際はバックストップがあることを必ず確認。基本は撃ち下ろしで、地面が軟らかく跳弾のおそれがない場所を選ぶ。撃ち上げは、ハンターの管理外に弾が飛ぶおそれがあるので撃たないほうがよい。水平撃ちは、バックストップがある場合でもなるべく控える

ハッサン【HATSAN】
トルコ新進気鋭のメーカー。斬新なデザインや機構の製品が多く、散弾銃だけではなく大口径スプリング式空気銃やプレチャージ式空気銃なども製造している。価格も低く抑えられ、ビギナーからベテランまで使う者を選ばないラインアップが今も増加中。

ハッシュマーク【hash mark】
ライフルスコープで狙点の調整を容易にするため、レティクル上に付加された短い線。ミルドットと同じ目的を持つが、ミルドットが規格であるのに対しハッシュマークは個々の製品ごとに距離計測の方法が異なる。

発情【はつじょう】
性的に成熟した動物が、交尾しようとする状態になること。

鼻喰い【はなくい】
イノシシ猟における咬み止め犬のうち、イノシシの鼻先から眉間までの鼻筋を狙って咬みつく犬のことをいう。またはそういった咬み芸そのものをいう。

鼻取り【はなとり】

わなにかかっているイノシシの鼻をワイヤやロープでくくり、引っ張ったり木に縛りつけたりしてその動きを止め、止めさしをしやすくすること。または、その道具。「鼻くくり」とも呼ばれる。

弁当箱型のくくりわなを改良した鼻取り器

はねあげ型くくりわな【はねあげがたくくりわな】

くくりわなの一種。獲物が輪の中に体を入れたときにストッパーが外れ、輪を取りつけた支柱の先が上に跳ね上がることで、獲物を吊り上げて捕獲する。

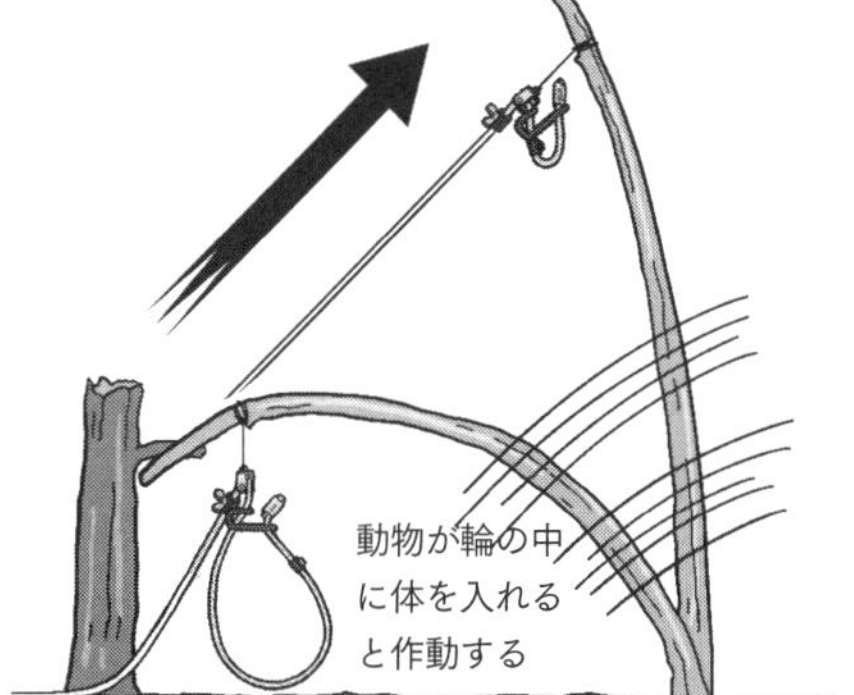

はねあげ型くくりわな

食み【はみ】

野生動物が餌を食べる様子を「食む」といい、食んだ痕のことを単に「食み」や「食み痕」という。草葉をかじった痕のほか、イノシシが餌を求めて地面を掘り

シカの食み跡

イノシシの掘り返し

返した痕のことをいう。

食みヌタ【はみぬた】
ヌタ場で体を冷やしつつ餌を食べながら移動すること。猟師言葉のひとつ。

バラ
食肉部位。主に腹側の肉で、第2、第3肋骨の間から腰椎が終わるまでの部位についた肉を指す。イノシシの最大の特徴ともいえる、脂身の旨味と甘みを味わえる。シチューのように煮込めばまろやかな甘みが出る。ベーコンなどに加工しても美味。

ハラミ
動物の横隔膜のこと。肉としては薄くて小さいが、噛みごたえと旨味がある。たとえばイノシシの場合、80kgほどの個体からでも100g程度しか取れない希少部位。

パララックス【parallax】
ライフルスコープで照準する際、頬付けのやり方によって狙った場所と命中箇所がずれる現象。視差。

はり網【はりあみ】
法定猟具の網のひとつ。地上または空間に張る網で、鳥獣が網に気づかないでかかるようになっているか、または鳥が飛来した際に滑車などを利用して急に網を2本の柱の間に張るような仕掛けになっている網。そのうち棚糸を有するものは「かすみ網」として、使用が禁止されている。網の形状などにより、うさぎ網、谷切網、袋網の3つに分かれている。鳥獣保護管理法では、常に人が操作していなければならず、はり網を張ったまま放置することは禁止されている。ただし、ノウサギやユキウサギを捕獲するはり網については、その限りではないとされている。

はり網（谷切網）の方法

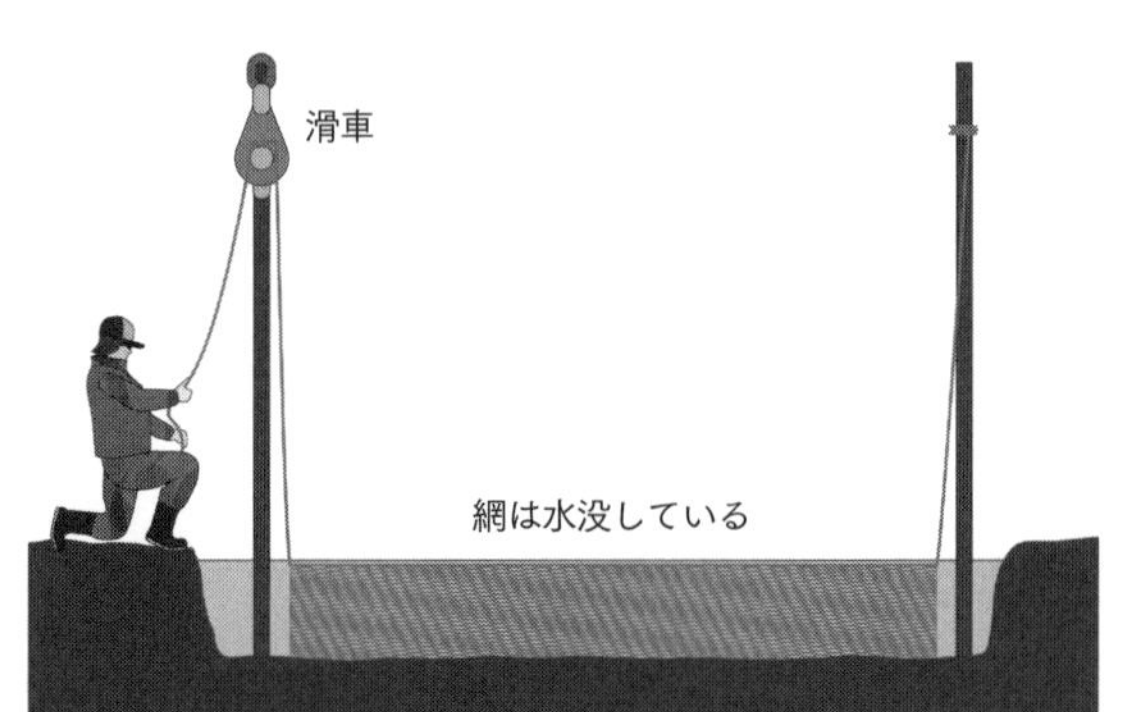

網は水没している

張りっぱなしは禁止。必ず猟師が操作する

鳥が飛来する
ロープを引く
網が持ち上がる
鳥が網にかかる

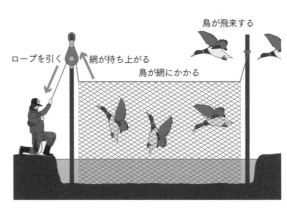

カモが射程範囲に入ったらロープを引いて、からめ捕る

バリスティックチップ弾【ばりすてぃっくちっぷだん】

尖った別部品が先端に挿入されたライフル弾頭。獲物に命中すると潰れて威力が増し、弾道性能は高いのが特徴。

ハル【hal】

散弾薬莢のこと。実包はショットシェルともいわれるが、特に空薬莢をハルと呼ぶ。

ハル。散弾の薬莢

ハレム

主に哺乳類に見られる、一雄多雌の一形態。繁殖期に1頭のオスが複数のメスを抱え込み、一緒に行動する。シカのオスもハレムをつくるが、群れの規模は環境によって異なる。開放的な草原では大きく、森林などでは小さい傾向があるといわれる。

バン【ツル目クイナ科】

非狩猟鳥（2022年度以降、狩猟鳥の指定解除）。本州の北部より北では夏鳥、それより南では留鳥もしくは冬鳥。

［分布］全国。

［環境］平地から山地の水辺（湖沼、池、河川、水田、湿地など）。

［特徴］全長は約30㎝で、胴体はハトよりやや大きい。雄雌ともに、同程度の大きさと体色。全体的に黒っぽいが、背中は茶褐色ぎみ。脇腹と下尾筒（尾羽の付け根の下側）に目立つ白い羽毛がある。嘴は全体に赤く先端が黄色、額も赤い。

［行動］水際を歩きながら昆虫を食べたり、泳ぎながらも動物質や植物質のものなどなんでも食べる。水面では首を前後に振って進む。警戒心が強く、危険を感じると下尾筒の白色を見せるように尾羽を立てて上下に振る。

［鳴き声］普段はあまり鳴かないが、繁殖期には「キュルル」「クルルル」などと甲高い声で鳴く。

［オオバンやヒクイナとの識別］本種と同じく非狩猟のオオバンは、バンよりやや大きく額から嘴が白い。それ以外の体色も全身真っ黒である。非狩猟のヒクイナは、バンより小型で赤みが強い。そして遊泳はまれである。

バン

半球弾【はんきゅうだん】
前側が半球で中央が円筒状、後部が平坦な形状の弾頭。19世紀に考案され、前装銃に使用された。

番径【ばんけい】
散弾銃の口径を表す単位。12番の場合は内径約18・5㎜で、これは重さ12分の1ポンドの鉛を球形にした際の直径。20番は、内径約15・6㎜。410番（よんひゃくとおばん）は例外で、0・410インチで内径約10・8㎜。

番径（原寸大）

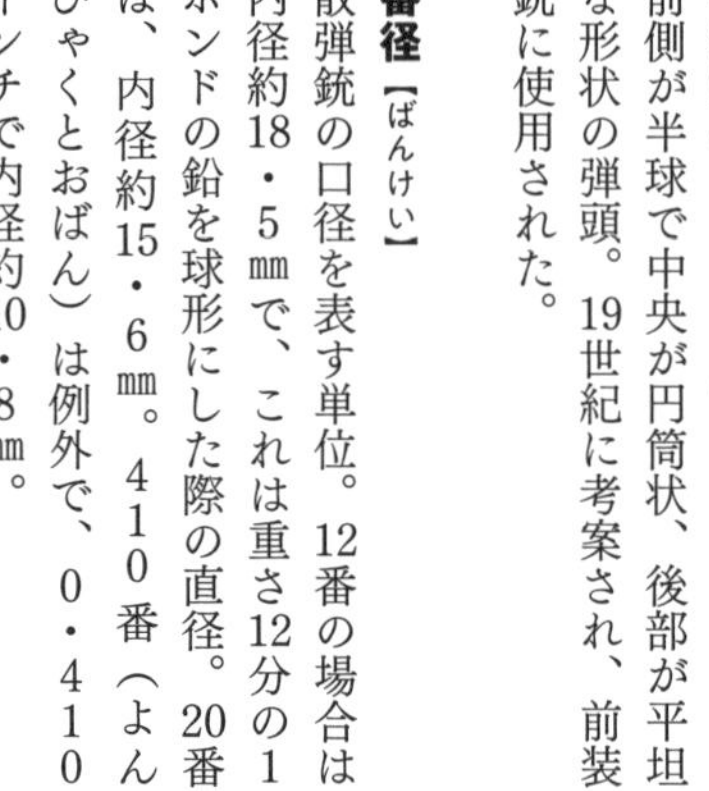

番径。国内で使える主な散弾銃の番径は上記3つ

繁殖期【はんしょくき】
動物が、発情・交尾・産卵・子育てなどの繁殖行動をする時期。季節と関連して、一年の中で周期的に現れることが多い。

反芻【はんすう】
シカやウシなど、複数の胃を持つ草食動物に見られる特徴的な消化方法。セルロースを含む硬い部分がひとつ目の胃から口に戻され、再び咀嚼されて胃へ送られることを指す。ひとつ目の胃のことを、第一胃や反芻胃とも呼ぶ。大量の餌を、時間をかけて消化するため、休息中や時に眠りながらも口を動かして反芻していることがある。セルロースは咀嚼されたあと、胃に共生する微生物の作用で分解される。

ハンター保険【はんたーほけん】
大日本猟友会が運営している狩猟事故共済保険とは別に、民間の保険会社が取り扱っている保険商品のことをいう。猟友会に所属していない狩猟者が加入しているほか、猟友会所属員であっても狩猟事故共済保険に加えて加入している場合が多い。団体保険なので一個人のみでの加入はできず、そのため猟友会やその他狩猟団体を単位として加入することになる。ハンター保険の加入者は基本的に銃猟者であり、わな猟者が加入するものとしては施設賠償保険などがある。

ハンターマップ
鳥獣保護区等位置図のこと。鳥獣保護区、特定猟具使用禁止区域および指定猟法禁止区域等のおおよその位置や区域を地図上に示したもので、各都道府県が狩猟登録者向けに毎年製作している。狩猟者登録をした者に紙面で配布されるほか、各都道府県ホームページ上でも閲覧できる。

ハンティング【hunting】
狩猟（狩り）をすること。

ハンティングスクール【hunting school】
狩猟のノウハウなどを学ぶための講座など。日本では銃を扱うことができないため玩具銃を使用したり、見切りの方法や獲物の解体法などが中心となることが多い。

ハンティングナイフ【hunting knife】

狩猟における獲物の解体や野外活動全般に使うナイフの総称。古くはドイツゾーリンゲン製のものが一流品とされていた。

反動【はんどう】
猟銃を発砲する際、火薬の推進力が後方へ働くことで射手に与える衝撃のこと。威力が大きい銃ほど反動も強く、一部の空気銃にもわずかながら反動がある。

ハンドラー【handler】
狩猟犬、作業犬などの使役犬を扱う（ハンドルする）者のことをいう。飼育している飼い主がハンドラーとなる場合が多いが、ハンドラーは単に犬を飼育している者のことではなく、何らかの使役の目的をもって指示（コマンド）を与えるなどして犬をコントロールする者である。

ハンドライフル銃【はんどらいふるじゅう】
競技用空気拳銃の所持許可人数枠が少ないため、空気拳銃に銃床を装着して全長を延長し、エアライフルとして練習できるようにした銃。狩猟に使われることはほとんどない。

ハンドリング【handling】
狩猟犬、作業犬などの使役犬に対し、指示（コマンド）を与えるなどして操ることをいう。

ハンドル材【はんどるざい】
ナイフの柄の素材。手で直接握る部分のため、刃が優れていてもここが良くなければナイフとしての価値は半減してしまう。

ハンドロード【hand load】
散弾実包やライフル実包を自作する行為のこと。特にスラッグやライフルの場合、弾頭重量や火薬の種類と重量を任意で調整することにより、自分の銃に最適な実包をつくることができる。また1発あたりのコストも下がるため経済的。手詰めともいう。再利用した薬莢を使うことをリロードというが、銃に再装填することもリロードといわれる。

ハンドローダー。写真は散弾をつくるときに使われるもの

販売禁止鳥獣【はんばいきんしちょうじゅう】
鳥獣保護管理法第23条において販売禁止鳥獣等として定義づけられており、販売されることによりその保護に重大な支障を及ぼすおそれのある鳥獣（その加工品であって環境省令で定めるもの及び繁殖したものを含む。）又は鳥類の卵であって環境省令で定めるものをいう。具体的には同法施行規則第22条により、販売が禁止される鳥獣または鳥類の卵は、ヤマドリおよびオオタカ並びにそれらの卵とされ、販売が禁止される鳥獣の加工品は、ヤマドリを加工した食料品とされている。「加工した食料品」とは、脚、嘴や内臓等を除去した生肉や、燻製、塩漬け等調理したものをいう。

半矢【はんや】
獲物を1発で即倒させることができないこと。獲物に不要な苦痛を与えてしまい、逃げてしまった場合は追跡しなければならないため、可能な限り半矢は避けたい。

BSA【ビーエスエー】
イギリスの銃器メーカー。スプリング式の空気銃が有名だが、ごく少数、ボルトアクションライフルも国内に中古銃として流通している。バーミンガムスモールアームズの略で、クラシックオートバイのメーカーとしても知られている。

ビーグル【beagle】
ハウンドの中でも最も小さい犬で、極めて古い歴史を持つ。イギリスのエリザベス一世の時代（16世紀）には大小2種のハウンドがいたとされ、小さいほうのハウンドをフランス語で「小さい」という意味のビーグルと呼び、ノウサギ狩りに使用されていた。ノウサギはゆっくり追われると半径数百メートルほどの範囲を円を描くように逃げる習性があるため、小柄で足の遅いビーグルが追跡に適したのだろう。ハウンドらしく、獲物の臭跡を長時間にわたって追跡する豊富なスタミナと猟欲がある。

ピカティニーレール【picatinny rail】
マウントベースのうち、マウントリングと連結する部分の溝が5・35㎜規格のもの。溝は等間隔で並んでおり、スコープなどの光学照準器を取り付ける際の位置に余裕を持たせられるのが特徴。

B.B.弾【びーびーだん】
主に欧米で空気銃に使われる4.5㎜の球形弾。国内では6㎜の玩具銃用プラスチック弾のことを指す場合もある。

ピープサイト【peep sihgt】
円形の穴が開いた照準器。狩猟銃の場合は照門のみだが、競技銃では照星もピープサイトで、標的と同心円状に合わせて狙う。

ビームライフル射撃【びーむらいふるしゃげき】
銃を所持しない者にも気軽にライフル射撃の練習ができるよう考案された銃形状の機器。弾は発射されず光線によって命中を判断する。国体の競技種目にもなっている。

非鉛弾【ひえんだん】
鉛以外の金属で成形された単弾や散弾。ライフルやスラッグは銅、散弾には鉄やビスマスなどが使われる。

引き金【ひきがね】
引鉄とも書く。「トリガー」の項参照。

ひきずり型くくりわな【ひきずりがたくくりわな】
立ち木などに、針金やワイヤロープなどでつくった輪をぶら下げておく、くくりわなの一種。獣がその下を通ったときに、輪に首や胴など体の一部が入り、動くと輪が締まって動けなくなる。タヌキやノウサギの小動物を対象にすることが多い。

引きバネ【ひきばね】
引っ張られて伸びたバネが、元に戻る（縮む）力を利用して、スネアを締める。くくりわなの動力として利用される。

ヒクイナ【ツル目クイナ科】
非狩猟鳥。東北地方以北では夏鳥。それより南では留鳥。
［分布］ほぼ全国。
［環境］平地から山地の湖沼、池、湿地、河川、水田など。
［特徴］雌雄ともにムクドリほどの大き

ヒグマ

さで全長約23㎝、雌雄同色。顔から胸が赤く、足も鮮やかな赤色。

［行動］普段は草むらの中で生活しているが、ときどき浅瀬などに出て、昆虫や甲殻類などを歩きながら食べる。警戒心が強く、ちょっとした音や物影にも反応し姿を隠してしまう。

［鳴き声］主に「キョッ、キョッ、キョッ」とゆっくり繰り返したり（主に夜間）、「プルル」などと鳴く。

［狩猟鳥との識別］体型や生息環境がバンに似ているが、バンは前頭部に額板がある。またバンは嘴から額板にかけてが黄色から鮮やかな赤色であること、全体的に黒褐色であること、そして大型であることなどから区別できる。

ヒグマ【ネコ目クマ科】

狩猟獣。

［分布］北海道および北方領土。

［環境］海岸や高山まで広く分布するが、主に奥山の森林。

［特徴］日本最大の陸上哺乳類で、体はこげ茶色。季節差や地域差はあるものの一般的なサイズは、頭胴長１７０〜２３０㎝、体重80〜１００㎏。最大級のオスは４６５㎏という記録もある。標準和名以外の別名は「エゾヒグマ」「おやじ」など。

［行動］基本的に薄明薄暮型の昼行性で、子育て期間以外は単独で行動。ツキノワグマ同様、植物質に偏った雑食性だが、遡上するサケマス類や座礁したクジラ類

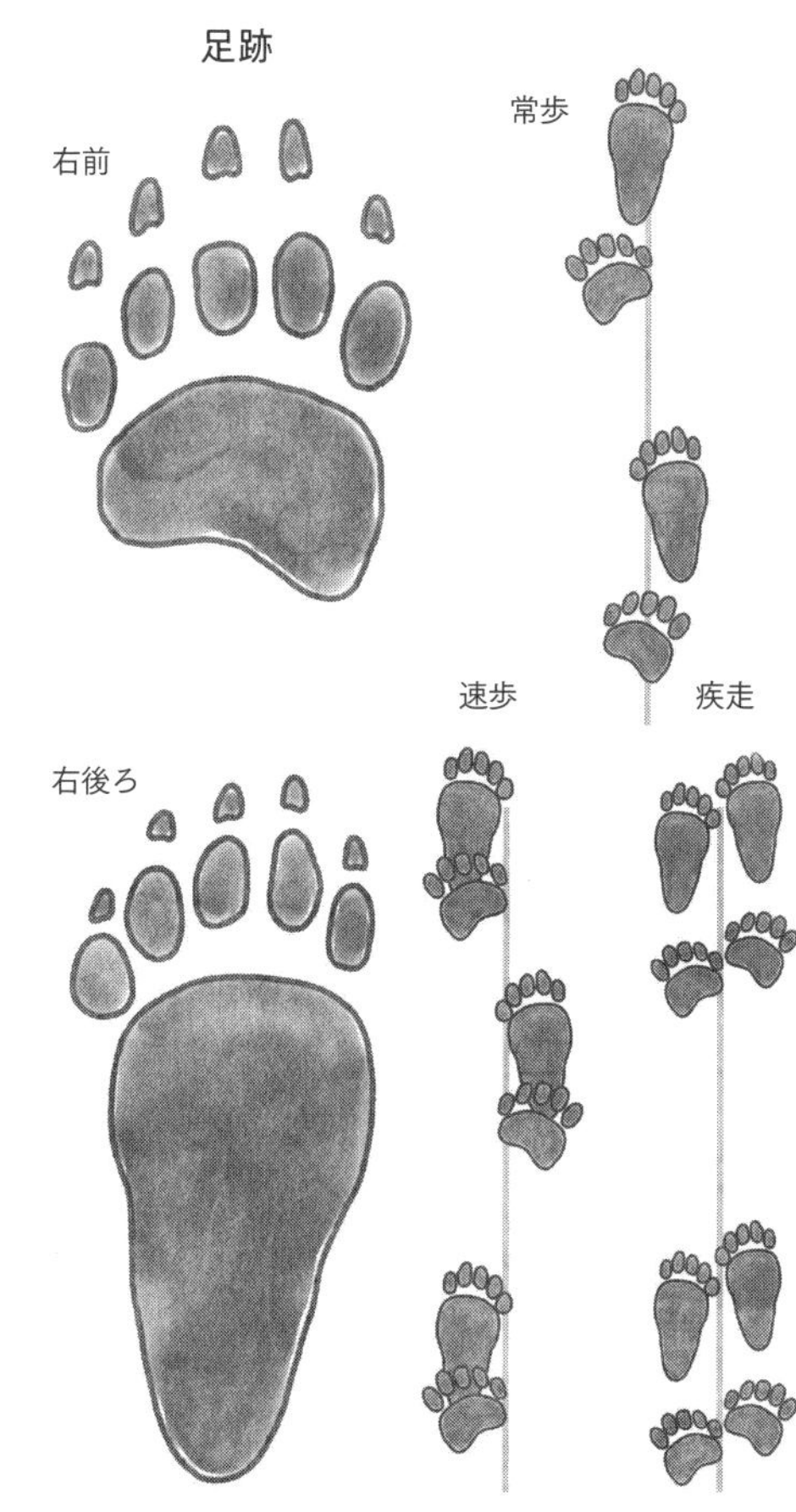

の斃死体（へいしたい）も利用。近年ではシカを捕食する例もいくつかの地域で増えてきている。

年間の行動パターンは、ツキノワグマとほぼ同様。異なる点としては、本種は冬眠穴を樹木の根の下などに自ら掘ること。一度に出産する子の数が、1～3頭とツキノワグマよりやや多いことが挙げられる。また、成獣になって大きくなってから木登りをする個体は少ない。必要に応じて高い移動力を発揮し、道東地区では1日当たりの平均移動距離が直線で7km程度、最大で15km移動した例が報告されている。威嚇行動については、ツキノワグマと同様。

［食肉として］主な特色はツキノワグマに似ているが、本種のほうが肉食性が強いのでより野趣あふれる風味。背ロースとモモ肉が扱いやすく、炭火焼きにすると、赤身と脂身の特色が引き立って美味。

［皮・毛皮］毛皮は敷皮、下毛は釣り用の毛鉤（フライ）のウイング材にも使われる。

［獣害］トウモロコシやビート、スイカ、果樹、養蜂などへの農作物被害や、人間が襲われる人身被害などが問題となっている。特に巨大な本種に攻撃されると命に関わる。大正4（1915）年に起きた「三毛別羆（さんけべつひぐま）事件」は多くの人命を落とし、日本最大の被害といわれている。ツキノワグマ同様、本種の生態を理解し、人間との軋轢を減らしていくことが求められている。

［捕獲］主な猟法についてはツキノワグマと同様だが、体が大きいため主にライフル銃を使用。もっとも目立つ痕跡は、大きな俵形の糞。直径7～8cm、全体のサイズが約30cmにもなる。北海道にはこれと混同するような他の動物の糞はない。また樹皮に背中を擦りつける「背擦り」、食べきれなかった食べ物（シカの死体など）に土や草をかけて隠す「キャッシング」や「土饅頭（どまんじゅう）」という行動もする。その多くの場合は、持ち主のクマがその近くで休息しているので、決して近づかないこと。餌に執着した本種が攻撃を仕掛けてくる可能性がある。「戻り足」については、ツキノワグマと同様。

尾脂腺【びしせん】

鳥類の尾羽の付け根にある、脂を分泌する器官。鳥はここから出る脂を嘴で取り、羽を整えることで、羽に撥水性を与える。油壺やオイルキャップとも呼ばれる。

ピジョンクレー【pigeon clay】

クレー射撃に用いられる直径約11cmの円盤標的。ルーツが生きたハトだったためピジョンと呼ばれる。

脾臓【ひぞう】

別名、チレ。老化した赤血球を破壊して、取り除くための臓器。

ビスマス散弾【びずますさんだん】

非鉛散弾の一種。鉛とほぼ同等の比重を持つ。

尾長【びちょう】

尾の全長。鳥獣の腹を下にして寝かせ、尾を垂直に持ち上げて、その基部から先端までを測った長さ。

非鉄系散弾【ひてつけいさんだん】

非鉛散弾のうち、鉄以外の素材を使ったものをいう。タングステン、ビスマス、スズなどがある。

瞳径【ひとみけい】
スコープのレンズから少し離れると見える光の直径。これが一定以下だと暗く、大きければ明るく見える。一般的には最低でも3㎜以上なければ正確な照準は難しく、対物レンズ径や倍率だけでは推し量れない大切な要素。

ヒドリガモ【カモ目カモ科】

狩猟鳥。冬鳥（北海道では春秋に多く、厳冬期は少ない）。

［分布］全国。

［環境］淡水や海水まで、幅広い環境に生息。湖沼、池、河川、内湾など。

［特徴］成鳥のオスは、額のクリーム色がトレードマークで頭がレンガ色。灰色の体とのコントラストもよく目立つ。また翼には局所的に白い羽（雨覆）が見える。メスは他のカモより、体全体が赤味がかっている。雌雄ともに、嘴は青灰色で先端と下側が黒い。全長約49㎝の中型のカモ。

［行動］日中は池の中央や陸などで休んでいることが多く、夕方に採食場である水辺に飛び立っていく。水面を流れてくる植物の種子も食べるが、陸の草も好む。海岸の近くに生息するものは、夜に海のノリなどを食べるため、ときに食害になることもある。

［鳴き声］オスは「ピュー、ピュー」と一音ずつ区切ったように鳴く。メスは、しわがれた声で「ガッガー」などと鳴く。

［食肉として］しっとり柔らかで、魚介のような旨味がある。皮が薄いので、皮ごと食べる冷製の料理にも向いている。

［捕獲］散弾銃（散弾）や空気銃、鳥猟犬を使った銃猟など。

［非狩猟鳥のカモとの識別］メスの野外での識別は難しいが、他のカモ類に比べて全身の褐色が赤みがかっている。嘴が小さめで青灰色であることもヒントにはなる。また、本種とアメリカヒドリ（非狩猟鳥）との雑種も存在する。オスは目の周りが緑色なので識別できるが、見た目がわかりづらい個体もいる。判断できない場合は捕獲を見送ること。

メス
オス
ヒドリガモ

標準交差点【ひょうじゅんこうさてん】
スキート射撃のセンターポール上にクレーが通過する点のこと。

標的紙【ひょうてきし】
ライフルやスラッグで標的射撃をする際に使う標的。エアライフル射撃用10㎝四方のものから、ランニングボア用60㎝×90㎝のものまでさまざまな種類がある。

ヒヨドリ【スズメ目ヒヨドリ科】
狩猟鳥（東京都小笠原村、鹿児島県奄美市および大島郡ならびに沖縄県では、2027年9月14日まで非狩猟鳥）。留鳥、北海道の一部では夏鳥。
［分布］全国。
［環境］平地から低山の林、市街地、農

耕地など、幅広い環境に生息。
［特徴］全長は約28㎝で尾が長め。雌雄同サイズ、同色。全身が褐色がかった灰色。青灰色の頭部に、目の後ろの赤茶色が特徴。腹には白い斑がある。
［行動］単独でも行動するが、冬は群れでいるものも多い。果実や昆虫をよく食べる雑食性で、花の蜜も好んで吸う。飛翔時は、羽ばたきをしたり止めたりを繰り返して波状に飛ぶ。
［鳴き声］甲高い声で「ヒーーョ、ヒーーョ」などと鳴く。
［獣害］ミカンなどの果実や、ブロッコリー、コマツナなどの葉菜類への食害。
［食肉として］クセのないあっさりとした赤身だが、正月以降など真冬に向かうにつれ脂が乗るといわれる。ミカンを食べて太った本種は、肉にも甘酸っぱい風味がつく。甘みを生かすならシンプルなソテーで。
［捕獲］空気銃や散弾銃（散弾）などの銃猟、網猟など。

ヒヨドリ

ピラミッド型くくりわな【ぴらみっどがたくくりわな】
積雪地帯で使われる、くくりわなの一種。ピラミッド状に組んだ柱の中に、緑餌（野菜や雑草などの青物の餌）などを置いて誘因する。飢えたノウサギやユキウサギが餌を食べようとしたときに、柱にぶら下げた輪に首が入り、体がくくられる。

ヒルト【hilt】
ナイフの鍔（つば）の部分のこと。作業時に手を刃から守る重要な部位だが、フォールディングナイフにはそなえられていないものが多い。

ヒレ
食肉部位。背骨の内側で骨盤寄りの位置についている、小さく細長い肉のこと。脂身がなくヘルシーで、繊維が細かく柔らかい。フィレや内ロースともいう。

拾い食み【ひろいはみ】
イノシシなどが、土表面の餌を食べていくこと。猟師言葉のひとつ。

ファーストフォーカルプレーン【first focal plane】
スコープの可変倍率を上げるとそれに比例してレティクルのサイズも大きくなる機構のこと。ミルドットなどのレティクルを使用して標的までの距離を計測する場合、この機構がないと倍率の選択肢が狭まってしまう。ヨーロッパ製のスコープに多く、また内部機構が複雑化するため一般的に安価なスコープには採用されない。

ファルクニーベン（スウェーデン）【Fällkniven】

ナイフメーカー。シンプルなデザインのシースナイフが多く、その切れ味と頑丈さからスウェーデン空軍に採用された実績を持つ。実用的なハードラバーハンドルだけではなく、美しいウッドやクラシカルなレザーワッシャーハンドルまで豊富なラインアップ。

ファルコ【FALCO】
イタリアの銃器メーカー。安価で実用的な散弾銃を製造しているメーカー。特に単身元折れ式が有名で、機関部を開放すると逆V字型に深く折れ曲がるためバックパックに入れて持ち運べる。

フィールドサイン【field sign】
山野など屋外で見られる野生動物の生息の痕跡のことで、具体的には足跡や食痕、糞などがそれにあたる。

フィールドトライアル【field trial】
野外で行うドッグスポーツの一種で、猟野競技会や、単にトライアルともいう。猟場を想定した河川敷や自然の山林などのフィールド（猟野）を舞台とし、ハンドラーと組んだ鳥猟犬（ポインティングドッグ）2頭を同時にスタートさせ、定められた競技時間内でゲームを発見する猟技を競うもの。トライアルフィールドというときは、コースの設定される猟野の全域を指す。また、トライアルに出走する犬、トライアルに出走すべく作出され、訓練されている犬を競技会犬といい、実猟に使う犬と区別していう場合がある。しかし、競技会犬またはトライアル犬という特殊な犬種があるわけではなく、トライアル規則や審査基準に合致するような猟能や猟技を持つ犬を作出し、選択したものを漠然と表現しているにすぎない。また、このような犬が作出されやすい系統を競技会系という。

フィールドトライアル

フィクスドサイト【fixed sight】
照準調整のできない照準器。散弾銃のリブ上にある照星などもこれにあたる。

フィクスドサイト

プーマ（ドイツ）【Puma】
1760年代にドイツゾーリンゲンで創業されたメーカー。クラシカルなデザインの製品が多く、ナイフ後端に分銅重りのついたスケールナイフが有名。

プーラー【puller】
クレー射撃場でクレー放出機を操作する担当者。ルーツは生きたハトが入った箱のフタについたヒモを引っ張って開けていたため、その名がついた。

プーラーハウス【puller house】
プーラーが機械を操作するための小屋。射台の後方中心にある。

プール（ハイハウス）【pull（high house）】
スキート射撃でプーラーハウスから見て左側のクレー放出台。右側の放出台より高いためハイハウスとも呼ばれる。

フォールディングナイフ【folding knife】
ブレードをハンドル内に収納することができるナイフ。使わないときは全長が短くなり安全に持ち運べるがシースナイフに比べ構造が複雑。折りたたみナイフ。

フォスター型【ふぉすたーがた】
いわゆる釣り鐘型をしたスラッグ弾頭。空気抵抗が少ないため高い初速が実現できる。

フォスター型弾頭（右）

不完全閉鎖【ふかんぜんへいさ】
主に自動銃などで発射後に遊底が後退位置から戻りきらず、次弾が撃てない状態。回転不良の一種。

複合銃【ふくごうじゅう】
ライフルの銃身と散弾銃の銃身をあわせ持ち、どちらも発射できる銃。ライフルとして所持許可が下りる。コンビネーション銃。

伏射【ふくしゃ】
腹ばいの状態で撃つ姿勢。もっとも安定するといわれている。プローン。

副蹄【ふくてい】
動物の蹄のうち、大きく発達した主蹄とは別に、かかと側にある小さい爪のような蹄のこと。イノシシやシカなどの偶蹄類は、人間でいう人さし指（第2指）と小指（第5指）が副蹄にあたる。イノシシの副蹄は低い位置にあるので、地面に跡が残りやすい。逆に、シカの副蹄は高い位置にあるので跡が残りにくい。ちなみに、同じ偶蹄目でもラクダのように副蹄がないものもいる。

袋網【ふくろあみ】
網猟における、はり網の一種。竹藪などに群れをつくっている鳥で、主にスズメが対象。10人程度の勢子が大きな袋状の網に鳥を追い込んで捕獲する。大量捕獲が可能なので、地獄網とも呼ばれる。

腐食動物【ふしょくどうぶつ】
「スカベンジャー」の項参照。

豚熱【ぶたねつ】
Classical Swine Feverの頭文字をとってＣＳＦ（シーエスエフ）と呼ばれる。豚熱ウイルスにより起こる豚、イノシシの熱性伝染病で、強い伝染力と高い致死率が特徴。感染豚（イノシシ）は唾液、涙、糞尿中にウイルスを排泄し、感染豚（イノシシ）や汚染物品等との接触等により感染が拡大する。治療法は無く、発生した場合の家畜業界への影響が甚大であることから、家畜伝染病予防法の中で家畜伝染病に指定されている。

平成30（2018）年9月に我が国では26年ぶりに豚熱が発生し、野生イノシシにも感染が拡大した。捕獲された野生イノシシから豚熱陽性が確認された地点から半径10㎞圏内の区域は感染確認区域とされ捕獲が強化されるとともに、豚熱は人に感染しないもののイノシシ肉は自家消費のみとし、市場流通や他人への譲渡を行わないよう要請されることとなった。令和3（2021）年4月1日には農林水産省から「豚熱感染区域におけるジビエ利用の手引き」が発出され、一定の条件のもと野生イノシシのジビエ利用が再開されることとなった。

双むそう【ふたむそう】

網猟における、無双網の一種。漢字で「双無双」と書くが「そうむそう」と読まない。対になった2枚の網を設置し、その間に鳥が入ったら、遠隔で網を倒して捕獲する。網の操作には手綱を使用する。稲刈り後の枯れた田んぼで、スズメなどを捕獲するのによく使われた。おとりでうまく群れを呼び込めれば、猟期のスタート時には大量に捕獲することも可能。

フットポンド【ft/lbs】

主に空気銃の威力を表す際に使われる単位。ft／lbsと表記され、カモなどの大型鳥類に対する致死値は7ft／lbs以上といわれている。

舟撃ち

舟撃ち【ふなうち】

大きな川や湖などで、船から上空を飛ぶカモを散弾銃で撃つ猟法。遠距離が多いため、40インチ銃身をそなえた舟撃ち専用銃というものも存在する。

踏み板【ふみいた】

踏み込み式のくくりわなやはこわなに使われるトリガー。「踏み込み式」の項参照。

踏み込み式【ふみこみしき】

わなのトリガー形式のひとつ。獲物が板の上に乗ると、連動してわなが作動する。くくりわなでは、地面に埋められた板を踏むと、スネアのストッパーが外れてワイヤが締まる。はこわなでは、わなの床に置かれた板に乗ると、ワイヤが引っ張られて仕掛けが外れ、扉が落ちる。

踏み出し猟【ふみだしりょう】

犬を使って獲物を捜索したり、寝屋から出すのではなく、狩猟者たる人が自ら歩いて藪から獲物を追い出すなどして行う猟法のこと。大物猟のほか、キジ猟などでも狩猟犬がいない場合の猟法のひとつとして行われる。

冬毛【ふゆげ】
哺乳類の冬の体毛。毛足が長い上毛の下に、ふわふわと細くて柔らかい下毛が密生することで保温性が高まる。ユキウサギ、オコジョなど雪の降る地域に生息する動物は、保護色として白色に変わるものもある。ニホンジカは夏毛にあった白い斑点がなくなる。

ブラインドタング【blind tang】
ナロータングのうち、ハンドル外部に固定用のピンなどが露出していないデザインのもの。ヒドゥンタングともいう。

フラッシュ【flash】
鳥猟において、ゲームを飛び立たせることをいう。フラッシュさせる主体が人か犬かは問わない。鳥猟犬には通常、藪に隠れるキジに対しポイントした後に、ハンドラーの合図で藪に飛び込むなどしてフラッシュさせることが求められる。これにより狩猟者たるハンドラーは射撃の準備と機会を得ることができるためである。

フラッシュクレー【flash cray】
パウダークレー。弾が当たると色が着いた煙が出るクレーのこと。

フラワーシード弾【ふらわーしーどだん】
花の種が詰められた散弾のこと。

フランキ【FRANCHI】
イタリアの老舗の散弾銃メーカーで、初期は銃身後退式の自動銃が有名だった。現行品はすべてガス式となっている。

ブラフチャージ【bluff charge】
クマ類が行う、見せかけの威嚇攻撃のこと。ブラフ（bluff＝はったり）チャージ（charge＝突進）から「威嚇突進行動」とも呼ぶ。人間との遭遇時には、クマが人の手前まで突進してきて地面を叩いて戻る、あるいは突進してきて直前で方向を変えて逃げていくという行動が典型的。口をカプカプ鳴らしたり、泡を吹いたりすることもある。ただし、とっさの状況で本気の攻撃と威嚇攻撃を見分けるのは難しい。背中を見せて逃げ出すようなことは避け、落ち着いて目を見たまま後ずさるか、クマスプレーをいつでも噴射できるように準備しておくこと。

ブラフチャージ

突進と後退を繰り返し、突進してきたと
思ったら違う方向へ転じて去っていく
地面を叩いて威嚇す
ることもある
バンバン

フリーフローティング【free floating】
ライフルの銃身を銃床と接触させず、浮いた状態にすること。これにより不確定な振動が抑えられ命中精度が上がるといわれているが、逆に銃床と密着させることで命中精度を上げるプレッシャーベディングと呼ばれる手法もある。

ブリタニースパニエル【Brittany spaniel】
犬種名。フランス原産の小型のガンドッグ。単に「ブリタニー」とだけ呼称することもある。白地にオレンジ、ブラウン、ブラックの斑柄があり、ウェーブがかった毛質。生まれつきボブテール（ごく短い尾）の個体もある。極めてアクティブかつ運動欲求が強く、ポインターやセターと同様、ゲームを捜索、ポイントし、レトリービング（回収）もこなす。

ブリタニースパニエル

ブリネッキ型【ぶりねっきがた】
後部がフェルトなど軽量な素材で延長されたスラッグ弾頭。金属だけで成形されたものよりガス圧効率が高く、初速が増すといわれている。

プルーフリサーチ【PROOF Research】
アメリカの銃器メーカー。カーボン素材使用のライフルとしては比較的安価なラインアップで話題となった。

フルコ
1歳以上2歳未満の幼いイノシシのことをいう。地域によって呼び方は異なる。

フルタング【full tang】
シースナイフのブレード後部がそのままハンドルになるデザインのもの。剛性が高く頑丈だが、丸い形状がつくりにくく重いという欠点がある。

フルメタルジャケット弾頭【ふるめたるじゃけっとだんとう】
鉛のコアを銅で完全に覆い成形されたライフル弾頭。銅弾に比べて銃身内部に鉛が直接付着せず、かつコストが安い。

プルレングス【pull length】
引き金から銃床先端までの長さ（銃床長）。人さし指を引き金にかけて、腕を曲げた状態で銃床の端を肘窩（前腕と上腕の間）に当ててみる。射手によって最適なプルレングスがあるため、銃床の長さを詰めたり床尾板の厚さなどで調整する。銃床の長さを詰める場合は、許可証の書き換えを受けなければならない。

ブレード鋼材【ぶれーどこうざい】
ナイフの刃の部分を構成する鋼材のこと。

ブレーザー【Blaser】
ドイツの銃器メーカー。ストレートプルアクションと呼ばれる直動ボルト式ライフルを製造するメーカー。ドイツでは狩猟に自動銃を使うことが禁止されており、素早く連続発射できる銃が求められた結果生まれたデザインが魅力。

プレチャージ式空気銃【ぷれちゃーじしきくうきじゅう】
弾の発射に必要な圧力の空気をあらかじめ本体内に蓄気しておく形式の空気銃。CO^2ガス式やポンプ式も広義ではこれにあたる。

フレッシングナイフ【fleshing knife】
裏打ち（皮の脂を削ぐ）ナイフ、剪刀（せんとう）。にべ取りの際に使用する、カーブのある刃の両端に柄のついたナイフ。似た道具に銑刀（せんとう）がある。

ブレットモールド【bullet mold】
散弾やスラッグ弾頭などをつくるための鋳型。鉛などをメルティングポットなどで溶かして、モールドに流し込む。

ブローニング（銃）【Browning】
アメリカの銃器メーカー。銃の作動機構に関するほとんどすべてを発明したといわれるジョン・M・ブローニング。ブランドのみブローニングで他社が製造したものも含めるとその製造数は天文学的。上下二連散弾銃では最高級品とされていた時期もある。また世界初の自動散弾銃であるオート5は銃身後退式のため、現代では時代遅れの感があるものの、今も「ブロ」の通称で世界中のハンターに愛されている。

ブレットモールド

ブローニング（刃物）【Browning】
銃器メーカー。初期のブローニングナイフはゾーリンゲンで製造されていたが、後に日本の関市でつくられるようになった。なかでも関市の製品はクオリティが高く、今なお愛用するハンターも多い。現在の製造は中国に移され、実用向けのラインアップが中心となっている。

ブロコック【Brocock】
イギリスの空気銃メーカー。モダンなデザインのプレチャージ式が多く、若いハンターに人気がある。

プロットハウンド【plott hound】
犬種名。１７５０年代にドイツからアメリカに移民したプロット一家が連れてきたハウンド犬が祖となる大型の獣猟犬。強い猟欲にスピード、スタミナ、臭いへの執着力を兼ね備え、低くよく通る吠え声を持つ。カラーはブリンドル（虎毛様）が特徴的で、ほかにブラック、バックスキン（イエロー系クリーム）がある。アメリカではアライグマ、クマ、コヨーテ、イノシシ狩りなどに使われる。日本でも広い猟場で行われるイノシシやシカの巻き狩りなどのグループ猟で使役されることが多い。

プロットハウンド

フロントサイト【front sight】
「照星」の項参照。

フロントフォーカス【front focus】
対象物にフォーカスを合わせるための調整ダイヤルが接眼ベルにあるものをいい、アジャスタブルオブジェクトとも呼ばれる。

フロントレスト【front rest】
静的射撃の際に銃を依託するための装置のうち、前部に使うもののこと。後部に使うものをリアレストという。

噴気孔【ふんきこう】
銃の反動による跳ね上がりを緩和させるため銃身先端部に開けられた穴。ガスポート。

閉鎖【へいさ】
元折銃では機関部を、単身銃では遊底を発射位置にすること。安全のため撃たない場合は閉鎖しないよう気をつけなければならない。

閉鎖機構【へいさきこう】
発射時に薬室後端を密閉固定しておくための機構。ロータリーロッキングやロングリコイルなどいくつかの形式がある。

閉鎖不良【へいさふりょう】
元折銃の機関部や単身銃の遊底が発射位置に戻らない状態。頻繁に起こる場合は、発射できないため修理が必要。

ヘッケラー&コッホ【Heckler & Koch】
ドイツの銃器メーカー。猟銃では作動方式にローラーロッキングを採用したＨＫ７７０やＨＫ９４０が有名だが、発射時にガスの吹き戻しが多く、薬莢切れ防止のため薬室内に施された溝のため空薬莢の再利用ができないなど、ハンターには不評な点も少なくなかった。しかし、複雑なメカニズムを精巧につくり上げる加工技術はドイツならではで、名銃と呼ぶにふさわしい。

ヘッドショット【head shot】
獲物の頭を狙い撃ちすること。肉を傷めず、かつ半矢にならないため理想的な方法だが、高い射撃テクニックが求められる。

ベネリ【Benelli】
イタリアの銃器メーカー。発射時の反動とスプリングの反発力を利用したイナーシャシステムという作動方式の散弾銃を中心に製造している。ガス圧式に比べて機関部の汚れが少ないという特徴があり、洗練されたデザインから若いハンターに人気が高い。

ベビーマグナム【baby magnum】
散弾（12番）では一般的には30～33ｇが

使われるが、35〜43gのものをベビーマグナム。53gを3インチマグナムという。

へら【へら】
皮のなめしにおいて、皮をしごいて柔らかくするときに使う昔ながらの道具。

へら掛け【へらがけ】
皮のなめし工程のひとつ。癒着して固まったコラーゲン繊維を解きほぐすため、皮を引き伸ばす作業。これによって乾燥しても皮が柔らかく保たれる。伝統的には、へらと呼ばれる特殊な金属板が用いられた。

ペラッツィ【PERAZZI】
イタリアの高級上下二連散弾銃メーカー。狩猟銃とは別にクレー射撃専用として所持しているハンターも多い。

ベルガラ【Bergara Rifles】
スペインの銃器メーカー。ライフル銃身製造メーカーからコンプリート銃を製造するまでに発展した。そのため命中精度には定評があり、かつ安価なことからビギナーに向いている。

ベルクマンの法則【べるくまんのほうそく】
同じ種の動物の場合、寒い地域に生息する個体のほうが、暖かい地域に生息する個体よりも体重が大きくなる傾向があるという法則のこと。また近しい種の動物においても、寒い地域ほど大型の種類が多い。体が大きいほど、体積に対しての体表面積（体の表面の総面積）の割合が小さくなり、体表から放出される熱の量が少なくなるからだといわれている。

ベルクマンの法則

体温の損失(放射)は体が大きいほど少なく、小さいほど大きい

ホッキョクグマ

ヒグマ

ツキノワグマ

マレーグマ

ベルダン型雷管【べるだんがたらいかん】
発火金を内蔵していない形式の雷管。薬莢のプライマーポケット中心に発火させるための突起があり、それを避ける形でふたつのフラッシュホールが開いている。30−39の実包などには今でもこの形式が見られ、リロードができないことから鉄製の薬莢が使われているものもある。

ベルナルデリ【Bernardelli】
イタリアの散弾銃メーカーで、水平二連散弾銃に定評がある。今は水平二連を使うハンターが減ってしまったため、中古銃であれば実際の価値を下回る低価格で入手可能。

ヘレ（ノルウェー）【Helle】
ナイフメーカー。北欧伝統のプッコナイフを現代風にアレンジしたシースナイフで、軽量なため狩猟用としても万能。

ベレッタ（銃）【Beretta】
ヨーロッパ最大級のイタリアの老舗散弾銃メーカーで、上下二連式や水平二連式は高級品として有名。Aシリーズという狩猟用の自動式散弾銃が世界中のハンタ

ーに愛用されており、どのモデルも機関部にアルミが採用されるなど軽量化にこだわって設計されている。最新のA400ではリブがカーボンとなり、さらなる進化を遂げている。

ベレッタ（刃物）【Beretta】
ベレッタナイフのうち、一部の製品は日本のモキが製造していたため、品質の高さはカスタムナイフに匹敵する。実用向きのラインアップも充実しておりハンターからの評価は高い。

ペレット（空気銃弾丸）

ペレット【pellet】
空気銃弾丸のこと。国内では口径4.5㎜、5.0㎜、5.5㎜、6・35㎜、7・62㎜の5種類が流通している。

ヘンケルス（ドイツ）【HENCKELS】
ドイツで1730年代に創業した老舗刃物メーカー。ゾーリンゲンに本拠を持ち、1960年代頃までは狩猟用ナイフとして最高級品のひとつとされていた。現在も包丁メーカーとして世界中に愛用者がいる。

ベンジャミン【Benjamin】
アメリカでは年少者向きの空気銃を製造しているメーカー。マルチポンプ式や最近ではプレチャージ式の製品も輸入されている。

ベンチレーテッド・リブ【ventilated rib】
銃身上のリブのうち、等間隔に空間が設けられたものを指す。銃身の冷却効果があるとされている。

ベンチレスト【bench rest】
机上に銃を依託して射撃をすること。またはその台。不特定要素が最大限排除されるため、高い命中率が期待できる。

弁当箱式【べんとうばこしき】
踏み込み式くくりわなの一種。踏み板を踏むと、ワイヤの輪をかけていた外枠のアームが跳ね上がり、解放された輪が締まる仕組み。踏み板と外枠がアルミ製のことが多く、四角い見た目が弁当箱に似ているのでそのような愛称がついた。外

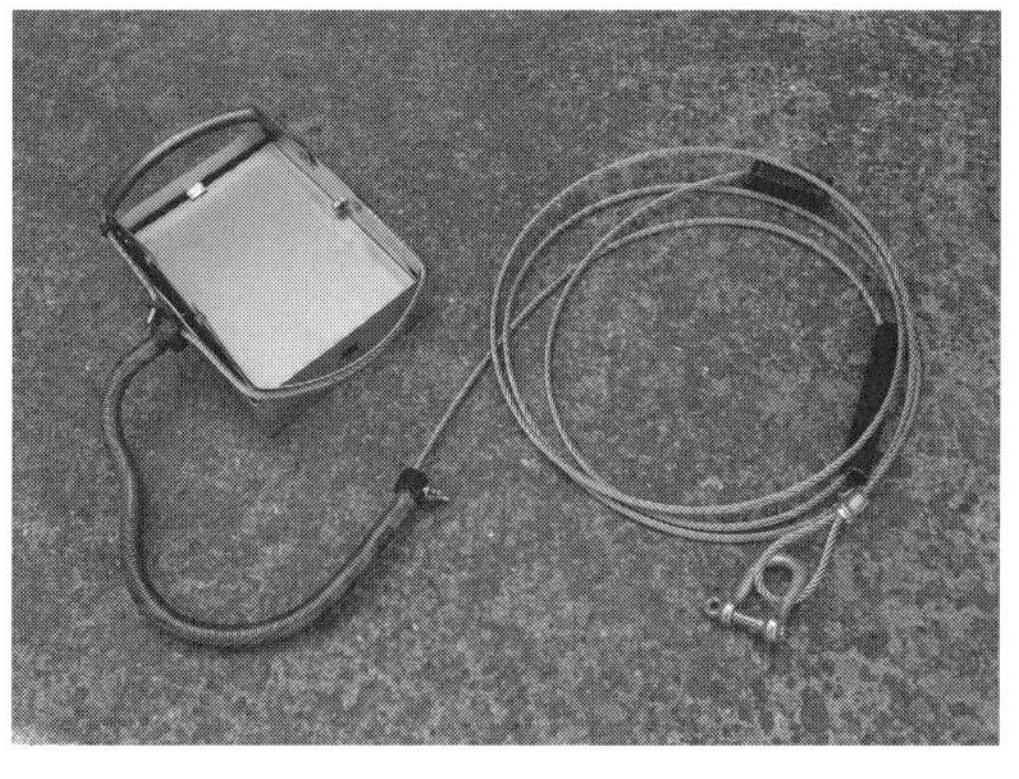

弁当箱式と呼ばれるくくりわな

ポインティング

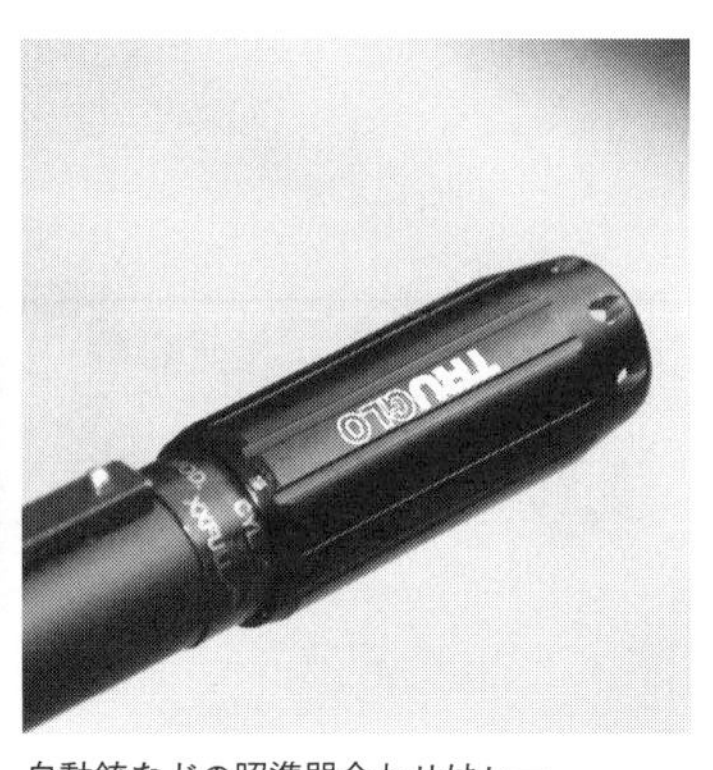

自動銃などの照準器合わせはレーザーボアサイターが便利

枠の高さがないため、わな設置の際に穴を深く掘らずにすむという利点がある。

ボアサイティング【boresighting】
スコープと銃身内を後方から交互にのぞき、両方の延長線上に標的を合わせることで大まかな照準調整を行うこと。新たにスコープを搭載したときなどに有効だが、自動銃など実施不可能な銃種もある。

ポインティング【pointing】
ゲームの体臭を取ったり、姿を視認した後に、立った姿勢でその位置を指示する状態のことをいう。単にポイントともいう。ポインティングはおおむね、鼻をゲームに向け、立った姿勢で停止しているものだが、その概念はかなり広範な意味で用いられる。鳥猟犬のトライアルにおいては、犬が完全に停止していること、ゲームに直結していること、のふたつの条件を満たすものが理想的なポイントとされている。ポイントは英ポインターなどのポインティングドッグの最たる存在理由であるが、和犬種にもポインティングと同様の猟芸を見せるものがある。

ポインティングドッグ【pointing dog】
ポインティングをする鳥猟犬を全般的にいうもので、ポインティングドッグという特別な犬種があるわけではない。

防牙ベスト【ぼうがべすと】
イノシシ猟において猟犬をイノシシの牙による負傷から守ったり、負傷の程度を軽減させるために着せるベスト様の着衣のこと。雄のイノシシは下顎の牙が大きく鋭く発達しており、攻撃してくる犬などに対して牙を下から振り上げるなどの反撃で、相手を負傷させる。防牙ベストの使用は動物愛護法など関連法令上の義務ではないが、近年は犬を愛育するとい

防牙ベスト

う意識の向上もあり、進んで使用する狩猟者が増えている。

放血【ほうけつ】
捕獲した獲物の肉の腐敗を防ぎ、味をよくするために、体内から血液を抜くこと。ナイフで心臓を刺す方法や、心臓が動いているうちに気管の脇の動脈を切断する方法、第一肋骨付近にある太い血管を切断する方法、心臓から脳に向かう動脈（腕頭動脈）を切断する方法などがある。直接心臓を刺してしまうと、心臓のポンプ機能が失われるため血液が抜けにくいというデメリットがある。しかし初心者には血管の位置がわかりにくく、誤って食道を傷つけて肉が汚染されるリスクもあるので、的の大きい心臓を狙うのもひとつの手ではある。

放犬【ほうけん】
猟場において猟犬をリードから解き放つことをいう。

膀胱【ぼうこう】
動物の尿を一時的に蓄えておく器官。破けるとかなり強い臭いが周囲に付着してしまい、肉も汚染されてしまう。解体時は破かないように細心の注意を払う。汚染を防ぐために紐や結束バンドなどで管を結紮することもある。

穂打ち【ほうち】
網猟における、無双網の一種。たたんだ網の片側をペグなどで地面に留めておき、網につけた手綱を引くことで、網がアコーディオンのように伸びて地上や水上の鳥を覆って捕獲する。鳥の警戒心を解くために、手綱は長くすることが多く、狩猟者が隠れて待つための鳥屋を設置することもある。

放鳥獣猟区【ほうちょうじゅうりょうく】
鳥獣保護管理法第68条第2項第4号において定義づけられている用語で、もっぱら放鳥獣をされた狩猟鳥獣の捕獲等を目的とする猟区のことをいう。放鳥獣猟区においては、狩猟をするため猟区設定者の承認を得ることが必要となるほか、当該放鳥獣猟区に放鳥獣された狩猟鳥獣以外についての狩猟は禁止されている（同法第74条第1項および第2項）。

法定猟具【ほうていりょうぐ】
狩猟で用いる猟具のことで、銃器（装薬銃及び空気銃）、網またはわなであって環境省令で定めるものをいう。具体的には鳥獣保護管理法施行規則第2条に定める次のものを指す。
●銃器：装薬銃及び空気銃（空気銃にあっては、圧縮ガスを使用するものを含み、コルクを発射するものを除く。）
●網：むそう網、はり網、つき網及びなげ網
●わな：くくりわな、はこわな、はこおとし及び囲いわな（囲いわなにあっては、農業者又は林業者が事業に対する被害を防止する目的で設置するものを除く。）

法定猟法【ほうていりょうほう】
鳥獣保護管理法第2条第6項において定義づけられており、銃器（装薬銃及び空気銃）、網又はわなであって環境省令で定めるものを使用する猟法その他環境省令で定める猟法をいう。

暴発【ぼうはつ】
引き金を引かずに弾が発射されてしまうこと。自己の意思に反して引き金を引く

のはこれにあたらない。

豊和工業【ほうわこうぎょう】
愛知県に本拠地を置くメーカーで、自衛隊の小銃を製造している。猟銃としてはホーワＭ３００が有名で、小型軽量、反動も少ないことから、地方によっては今でもイノシシ猟の勢子などに多く使われている。

吠え止め

吠え止め【ほえどめ】
大物猟において、猟犬が吠える（鳴き込む）ことで獲物をその場に止めることをいう。鳴き止めの類語。

ボーカー（ドイツ）【BOKER】
17世紀頃からすでに製造を始めていたといわれるゾーリンゲンの老舗刃物メーカー。大量生産を得意としており、現在は高い品質を保ちながらコストパフォーマンスに優れた狩猟ナイフを多数ラインアップしている。

ホオジロ【スズメ目ホオジロ科】

非狩猟鳥。スズメやニュウナイスズメと誤認されやすい。留鳥、北海道では夏鳥。

［分布］屋久島以北。

［環境］林の周辺から農耕地、河川敷などの開けた場所。

［特徴］スズメと似た大きさで、全長約17㎝。雌雄同色で同じサイズ。全身が褐色で、翼や背に黒斑がある。成鳥のオスは、顔が黒っぽく目の上と顔の下部、嘴の下に白い帯がある。成鳥のメスはオスよりも淡色で、顔の黒色部分も薄い。

［行動］繁殖期以外は小群で行動する。非繁殖期には主に草の種子を食べる。

［鳴き声］主に「チチ」や「チチチ」など連続して鳴く。

［狩猟鳥との識別］体型や色調が狩猟鳥のスズメやニュウナイスズメに似ているが、それらは腹部が白い。頭部の模様も異なる。

ホオジロガモ【カモ目カモ科】

非狩猟鳥。スズガモなどと誤認されやすい。冬鳥。

［分布］九州以北。

［環境］静かな内湾や河口、湖沼など。

［特徴］成鳥オスの、頬の丸い白斑が和名の由来。雌雄同サイズで全長約45㎝。頭が大きなおにぎり型で、オスの頭は緑、メスは茶褐色である。オスは白い胴と黒い翼のコントラストが目立つ。

［行動］群れで行動することが多い。頻繁に潜水して、貝や甲殻類などの水生生物を食べる。

［鳴き声］鳴くことは少ないが、主に「クゥ、クゥ」などと鳴く。

［狩猟鳥との識別］ メスは、スズガモやキンクロハジロのメスと似ているが、本種は頭部の形が独特であり、頭部と体の色調が異なること、首輪模様があることなどから識別する。

頬付け【ほおづけ】
銃床と利き手側の頬を接触させること。銃を正確に照準するには手よりも頬付けの感覚のほうが重要とされている。

ボーラー鋼【ぼーらーこう】
ボーラー社が開発したクロームモリブデン鋼の一種で、不純物が少ないことから一時は最高の鉄素材といわれていた。現代では製鋼技術の向上によりあらゆる鋼のレベルが上がっているためボーラー鋼にこだわるメーカーは少ないが、今でもブランドのイメージは高い。

ホーランド&ホーランド【Holland and Holland】
イギリスの銃器メーカーで、ロンドンガンとして由緒正しいメーカーのひとつ。散弾銃だけではなく、いわゆるダブルライフルと呼ばれる水平二連ライフルも多く製造している。これはサファリハンティングにおいてボルト式などより早く連射できることから好んで使用される銃。

捕獲従事者証【ほかくじゅうじしゃしょう】
有害鳥獣捕獲の許可を受けた者に配布される証明書。従事中は常に携帯しなければならない

ボクサー型雷管【ぼくさーがたらいかん】
発火金を内蔵した雷管で、それに組み合わせる薬莢にはフラッシュホールがひとつだけ開いている。薬莢が再利用できるためリロードが可能。現代のセンターファイアー方式はほとんどがボクサー型。

母系集団【ぼけいしゅうだん】
メス（母方）の血筋によって継承される集団。ニホンザルなどに見られる形態。この集団で生まれたメスは成獣になっても残留し、オスはある程度成長するとその集団を離れて、別の集団に移籍する。

保護【ほご】
本書では鳥獣保護管理法でいう「保護」について解説する。同法第2条第2項において定義づけられている用語であり、生物の多様性の確保、生活環境の保全又は農林水産業の健全な発展を図る観点から、その生息数を適正な水準に増加させ、若しくはその生息地を適正な範囲に拡大させること又はその生息数の水準及びその生息地の範囲を維持することをいう。

ホシハジロ【カモ目カモ科】
狩猟鳥。冬鳥（北海道では少数が繁殖）。
［分布］全国。
［環境］内湾、港、河口、湖沼、池など。
［特徴］成鳥のオスは、頭は赤褐色、胸

ホシハジロ

は黒色、胴体は明るい灰色、尾羽のほうは黒色と、はっきり3色に分かれて見えるのが特徴。虹彩は赤。メスは頭と胸が茶色で、そのほかは淡い褐色。目の周りに淡いアイリング（目を取り囲む輪のような線）がある。雌雄ともに全長約45㎝で、頭におにぎりのような丸みがある。

［行動］日中は湖沼などの中央に集まったり、危険の少ない岸で休んでいたりすることが多い。夕方になると採食場に飛んでいき、貝や小魚、甲殻類、水生植物やイネ科の植物の種などを食べる。潜水が得意。公園で餌付けされているところにもよくいるので、識別の訓練で観察するのもよいだろう。

［鳴き声］まれに「キュッ」と小さな声で鳴く。

［食肉として］アンチョビに似た魚介の風味が感じられる。しっとり滑らかな肉の水分が抜けないよう、火入れはゆっくり行う。

［捕獲］散弾銃（散弾）や空気銃、鳥猟犬を使った銃猟など。

［非狩猟鳥のカモ（メス）との識別］メスの他のカモ類との区別は難しいが、胸から頭がオスに似た配色であることと、頭部のおにぎり型の形で識別する。

捕食者【ほしょくしゃ】
エゾシカを食べるヒグマ、ミミズを食べるスズメのように、他の動物を捕らえて食べる動物のこと。

歩態【ほたい】
犬が歩いたり、走ったりする際の四肢の使い方のことであり、ギャロップまたはトロットに分かれる。

牡丹【ぼたん】
イノシシの肉の異名。牡丹と呼ばれた理由は、紫紅色の肉が牡丹の花に似ているからという説や、脂身が縮れて牡丹の花のように見えるという説、近世に流行した「獅子に牡丹」という図柄の取り合わせが由来という説などがある。なお、江戸時代はぼたんよりも「山鯨（やまくじら）」という隠語が一般的であったとされる。

北海道犬【ほっかいどうけん】
犬種名。国の天然記念物指定を受けた日本犬6犬種のうちの一種。天然記念物指定は昭和12年。古くはアイヌ犬と呼ばれた北海道の地犬がルーツである。地域ごとに特徴のある系統が存在し、毛色が赤または白の千歳系、虎毛の厚真系、体の大きい岩見沢系、胡麻が多く体が小さい阿寒系がある。被毛が厚く、寒さに非常に強い。四肢はやや短く、胸回りが逞しいため、頑健な印象を与える。エゾシカやヒグマの猟に使役されてきたが、現在の繁殖犬のほとんどは一般家庭向けの白色千歳系であり、狩猟用の系統犬はごくわずかとなっている。

北海道犬

保定【ほてい】
わなにかかった獲物を保定具を使って拘束すること。止めさし時に獲物から反撃されたり、逃がしたりしてしまうことを防ぐ目的がある。一般的な保定方法としては、くくりわなでは、野犬捕獲用のアニマルコントロールポールやワイヤで鼻や脚を固定する。はこわなでは、ワイヤで鼻や脚をくくったり、わなに挿し木をしたりして獲物が動けるスペースを狭めていく方法などがある。

くくりわなにかかったイノシシを保定する

ポリゴナル型ライフリング【ぽりごなるがたらいふりんぐ】
施条ではなく銃腔内が多角形状に成形されていることで弾頭に回転を与えるタイプ。命中精度が高いとされる説もあり、1980年代頃まで一部のライフルに使用されていたが、現在はほとんど廃れている。

掘り食み【ほりはみ】
イノシシなどが、鼻で深く穴を掘って食べること。猟師言葉のひとつ。

ボルト式銃【ぼるとしきじゅう】
連発銃の形式のうち、棒状の遊底を手動で前後させることで装塡と排莢を行うもの。命中精度が高いとされている。

ホローポイント弾【ほろーぽいんとだん】
先端にくぼみが設けられ、獲物への命中時にそこから変形することで致死率を上げるための弾頭。軍用には禁止されており狩猟専用。

ホロサイト【holo sight】
スクリーン上にホログラムを投影し、標的と重ねることで発射弾を命中させる照準器。等倍のものが多く視界が広いのはドットサイトと同じだが、頬付けの甘い状態で見出しがずれていても命中するのが特徴。

ぼんじり
鳥の尾羽の付け根にある食肉部位。主に鶏肉の部位として呼ばれるが、その中で最も脂が乗っているといわれる。よく動かす筋肉なので、身が締まっていて噛むほどに旨味を感じる。下処理の際は、脂の詰まった尾脂腺を取り除くこと。「尾脂腺」の項参照。

ポンプ式空気銃【ぽんぷしきくうきじゅう】
銃にそなえられた蓄気室内の空気を手動で圧縮した後、引き金に連動したバルブで開放し弾を発射する空気銃。威力に限界があるが命中精度は高い。

ま行

マーカー【marker】
狩猟犬の位置を知るため犬に取り付ける発信機のこと。当初は単純に4級アマチュア無線帯域で電波を発信することで、その受信感度や指向性から犬の位置を大まかに把握するためだけのものだったが、その後、犬の動向を詳しく知るための集音マイク付きのものが登場。近年ではGPSで測位した位置を液晶画面に表示するものが主流になっている。国内での使用は電波法令の規制を受けるため、技術適合認証品を法令に定められた用法に従って使用することが求められる。

マーク（ローハウス）【mark (low house)】
スキート射撃でプーラーハウスから見て右側のクレー放出台。左側の放出台より低いためローハウスとも呼ばれる。

マーブルス（アメリカ）【Marble's】
ケース社と並び称されるオールドアメリカンナイフの有名ブランド。シースナイフのラインアップが多く、デザインもナロータングで持ちやすいハンドル形状が特徴。

マイクロサイト【micro sight】
標的射撃競技専用ライフルに使用するオープンサイトの一種。エアライフル用の場合1クリックの移動量が0.4㎜ととても精密。

マウントベース【mount base】
マウントリングと銃をつなぐ板状の部品または部位。10㎜幅と20㎜幅があり、銃によっては機関部と一体になっているものも。

マウントリング【mount ring】
ライフルスコープを銃に搭載するため必要な環状の部品。スコープのチューブ径とマウントベースの幅に合わせる必要があるが、銃によっては直接取り付けられる場合もある。

前鳴き【まえなき】
大物猟において、犬が獲物の姿を発見する以前に、残臭や気配のみを察知して鳴くことをいう。ハウンド系の犬に見られる（すべてのハウンド系が前鳴きをするわけではない）。

前寝【まえね】
寝場の近くで餌を食べて寝ること。猟師言葉のひとつ。

マガジンキャップ【magazine cap】
チューブ弾倉の先端を留めるネジ式のキャップ。銃身を機関部に固定する役割を持つものが多い。

マガモ【カモ目カモ科】
狩猟鳥。冬鳥（本州の高地や北海道では、留鳥として繁殖する）。
［分布］全国。
［環境］河川、湖沼、池など。
［特徴］日本で越冬するカモ類の中で一番個体数が多い。全長約59㎝。成鳥のオスの頭は光沢のある緑色（角度によっては青）で、狩猟者の間では「アオクビ」と呼ばれることもある。嘴は鮮やかな黄色で先が黒く、首には白い輪がある。成鳥のメスは全体的に褐色。嘴は橙色だが上側には黒色が多く、頭部には黒くて細い過眼線（嘴の付け根から目を横切って

走る線）がある。雌雄ともに、飛翔時には青紫色の翼鏡（風切羽の一部）と、それを挟み込むような白いラインが目立つ。足は橙色。飛翔時には、翼面下部の白い羽毛が目立つ。

［行動］日中は水の上などで休憩していることが多い。夕方になると、水田やため池、水辺の浅瀬などに飛んでいき、植物の種や水草などを食べる。

［鳴き声］わりと大きな声で「グワーグワー」や「グエッ、グエッ」と鳴くが、他のカモ類ともよく似ている。

マガモ

［食肉として］カモ類の中でも、鉄分を感じる独特の香りが最も強い。また餌による個体差があり、米を多く食べてきた個体は脂肪が乗り、肉に甘みがある。木の実を多く食べていると、ナッツのような風味になる。直前に食べたものは、砂肝付近にある素嚢（そのう）を開けるとわかることが多い。メスのほうが比較的柔らかく、風味が穏やか。

［捕獲］散弾銃（散弾）や空気銃、鳥猟犬を使った銃猟。むそう網や谷切網、なげ網など。

［非狩猟鳥のカモ（メス）との識別］マガモのメスと同じく、大型のカモで嘴が橙色の非狩猟鳥には、オカヨシガモがいる。野外での識別は容易ではないが、オカヨシガモの翼鏡は白く、足は黄色。翼鏡とは、カモ類の風切羽の一部で、羽色に金属光沢のある部分を指す。マガモの嘴の黒色部は中央寄りなのに対し、オカヨシガモの黒色部は付け根から先端まである。

［アヒルやアイガモとの識別］マガモを家禽化した非狩猟鳥のアヒルの中にも、マガモに酷似した個体がいる。これらはマガモに比べて体が大きい。マガモとアヒルを交配したものをアイガモと呼ぶ。全国で繁殖している可能性があり、三列風切（翼の後方で胴寄りの部分）に黒褐色の模様があるものは交雑個体の可能性もあるが、識別が難しい。

マガン【カモ目カモ科】

非狩猟鳥（天然記念物）。マガモなどと誤認されやすい。冬鳥。北海道では旅鳥。

［分布］主に東北地方や本州の日本海側など。

［環境］湖沼、池、湿地、水田など。

［特徴］雌雄同色、全長約72㎝。下腹部を除く全身が褐色。嘴が桃色がかった黄色で、付け根が白い。腹部に不規則な黒斑がある。水面に浮いているときは、体の大部分が水面に出ている。

［行動］昼は水田で草の葉や根、落ち籾（もみ）を食べ、夜は集団で浅い沼などで眠る。

［鳴き声］「キュユユ」という高い声や「グァアァア」という低い声。

［狩猟鳥との識別］マガモなど陸ガモ類のメスと似ているが、本種はそれらよりはるかに大きい。嘴が桃色で付け根が白いものもほかにいない。

まき餌

まき餌【まきえ】

網猟でカモなどの鳥を獲るときに、あらかじめ網の近くにまいておく餌。主に米や穀物など。誘因餌ともいう。

巻き尾【まきお】

根元から先端まで渦を描くように巻いている形状の尾のこと。一般家庭向けの日本犬の多くは巻き尾であり、狩猟系の日本犬、特に紀州犬では差尾が好まれる傾向がある。これは、犬がイノシシなどと対峙したときに興奮して差尾を直立させて振り回す様子に雄々しさを感じるなどが理由と考えられる。また、差尾のほうが腿部に力が入るため狩猟犬に適しているなどの説もあるが、巻き尾と差尾で猟能の優劣があるのかは定かではない。

巻き尾

巻き狩り【まきがり】

イノシシやシカなどが生息する場所を複数の射手で取り囲み、人や狩猟犬で追い出して撃ち獲る猟法。巻き猟ともいう。

マグナム【magnum】

基準となる実包に比べ火薬量や散弾量が多いものを呼ぶが、商品名であることが多いため特に決まりはない。普通より大きな業務用の酒瓶マグナムボトルが語源。

捲り・捲る【まくり・まくる】

イノシシが頭部を下から上に向かって振り上げ威嚇してくる動作のこと。特にオスのイノシシは下顎の牙が大きく発達し、突進または捲ることで相手を攻撃する習性がある。メスのイノシシは牙が小さいため、攻撃時には捲ることもあるが咬みついてくることが多い。

マスターアイ【master eye】

より高い比率で見ているほうの目。利き目。対象物を利き手の人さし指で指し交互に目をつむった際、指と一致しているほうの目がマスターアイ。利き手が左であっても、マスターアイが右の場合は、右用の猟銃を選ぶのが基本的な考え方。

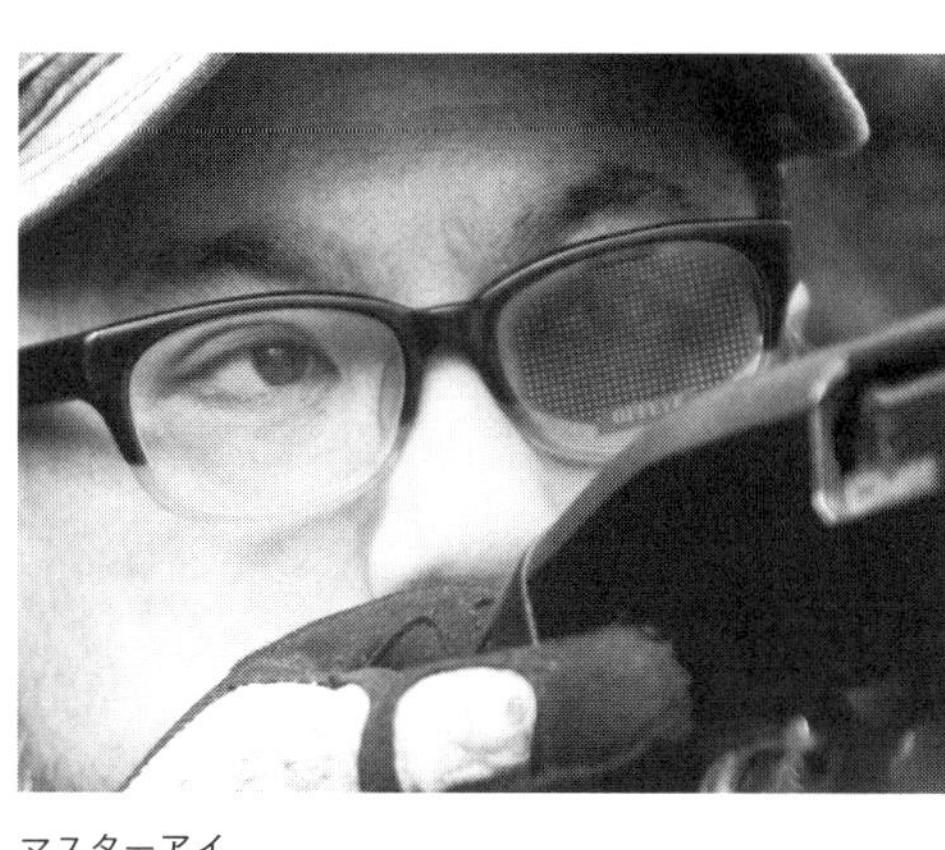
マスターアイ

マズルクラウン【muzzle crown】
銃口の断面を保護するための加工。何かにぶつかってもライフリングに傷がつかないようテーパー状や二段状にカットされており、その形状によってイレブンディグリーやステップドクラウンなどの呼び方がある。

マズルブレーキ【muzzle brake】
銃口からの発射ガスを上下左右に分散させ銃口の跳ね上がりを緩和させるための装置。半面、発射音が大きくなる傾向もあり、特性を理解した運用が必要。銃身に直接穴が開いているものや、銃身の延長に別部品として取り付けられたものがある。噴気孔。

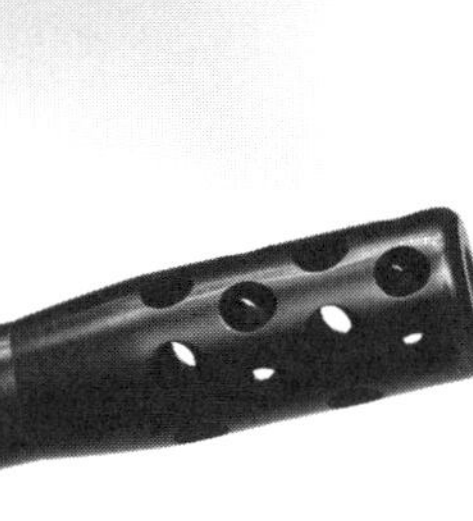
マズルブレーキ

マセリン（イタリア）【Maserin】
イタリアの老舗ナイフメーカーで、クラシックからモダンなものまで数多くのラインアップがある。ほとんどが狩猟に使えるデザインで、ブレードには最新のステンレス鋼が使用されている。

マタギ【またぎ】
かつて東北地方の山間を中心として活動していた狩猟採集などを生業とする集団のこと。主なマタギ集落は、阿仁や仙北ほか（秋田県）、三面や小国（山形県）、赤石や西目屋（青森県）などがある。

マタギ勘定【またぎかんじょう】
巻き狩りなど集団猟で得た狩猟肉を参加者など全員に均等分配すること。熊胆などは、撃ち獲った者が得ることが多い。

マダニ【まだに】
マダニ科のダニの総称。シカ、イノシシなどの野生動物や、イヌや人などに付着する吸血性ダニのグループ。体長は2～8㎜。血を吸う際に、日本紅斑熱、ライム病、重症熱性血小板減少症候群SFTS（フレボウイルス）など、人にも感染し得る病原体を媒介するおそれがある。捕獲した獣の体表によく付着しているので（特に陰部周辺や脚周り）、解体前に熱湯などを軽くかけて死滅させる。獣から人間にマダニが移ることもあるので、捕獲後はゴム手袋や長靴などを身に着け、素肌が獣に触れないようにすること。森林や草原、獣道などにも生息しているので、出猟時もズボンを長靴や地下足袋の中に入れるなどして肌の露出を避ける。作業着を家の中に持ち込まないなどの配慮も大切だ。万が一、咬まれてしまった場合は、自分で無理に引きはがすと口の部分だけが皮膚に残ったり、病原菌が逆流してしまうこともあるので、医療機関を受診すること。マダニは自分の体重の100倍の血液を吸うともいわれている。

マッテドリブ【matted rib】
銃身上のリブのうち、空間のない無垢のものを指す。空間が設けられたベンチレーテッドリブより剛性が高い。

マルティーニ（フィンランド）【Marttiini】
北欧の伝統刃物であるプッコナイフのスタイルを今に伝えるメーカー。インテグラル構造を採用するなどデザインだけではなく実用性を兼ねそなえたシースナイフで、狩猟用として万能に使える。

ミオグロビン【myoglobin】
筋肉中に含まれる色素タンパク質で、多く含まれると肉が赤く見える。ジビエは一般的に家畜よりもミオグロビンが多く、肉の色が濃い。

見切り【みきり】
猟場においてイノシシ猟やシカ猟を行う前に、食み跡、足跡の新旧や形状、草木に付着した泥の状態などから獲物の有無、雌雄や大きさ、数、寝屋の位置を特定する作業のことをいう。山裾など周囲だけでなく、山の中にも入り、想定される寝屋の周囲の状況から詳細な情報を得て、そこで狩猟をするべきか否か確実な判断を行うための作業で、類似する跡見の後に行われるさらに精緻な作業。近年のようにイノシシ、シカの生息数が増大したり、狩猟向けの電子機器が発達する以前は、猟を始める前の必須の作業であり、早朝から半日以上をかけて見切りを行うことも通常だった。
跡見と同義で使われることも見られるが、厳密には、跡見は見切りの前に行われるものであって、跡見により大まかに獲物の存在や出現を確認した後に、見切りによってさらにその詳細を確定する、という時系列の関係がある。

ミックス犬【みっくすけん】
雑化、混血した犬のことをいう。血統書付きの純血犬に対する呼称で、意図的に交配したものか否かを問わない。

密度効果【みつどこうか】
同じ種の生物が、一定の範囲の場所に複数生息していた場合、その個体の密度が繁殖率や生存率に与える影響のこと。密度が増えすぎると、病気が蔓延したり餌が不足したりして個体数の増加にブレーキがかかるような状態になる。
逆に、生息域の分断や狩猟圧によって密度が下がりすぎた場合にも繁殖率や生存率の低下が見られる。理由としては、交配相手が見つからない、敵に襲われる機会が増えることなどが挙げられる。個体数が減れば、さらに分断のスパイラルが加速し、最終的にはその地域の種が絶滅してしまうこともあり得る。
密度の低下により個体数を減少させる方法は、有害鳥獣や外来種の駆除にも応用できるが、使い方を誤ると希少な狩猟鳥獣の減少および絶滅にもつながることになる。

見鳴き【みなき】
大物猟において、狩猟犬がシカやイノシシの獲物の姿を目視しているときに鳴くこと。もしくはそのときの吠え声や鳴き声のことをいう。和犬系の犬の反応によく見られるもので、追跡中、獲物が見えている間は鳴きながら追うが、振り切られると鳴きが止まることが多い。逆にハウンド系犬種は姿が見えなくとも臭いに反応することで鳴き続けるという違いがある。

MOA【minute of angle】

ミニッツオブアングルの略。1MOAは距離100ヤードで1インチ（2・54㎝）の移動を意味し、スコープの着弾調整やグルーピングの数値化をする際に単位として使われる。

峰吠え【みねぼえ】

イノシシを追跡中、追われたイノシシが峰を越えて逃げようとすることを射手に知らせる吠え声のことをいう。

ミヤマガラス【スズメ目カラス科】

狩猟鳥。

［分布］全国。

［環境］収穫後の水田、林、市街地など。

［特徴］狩猟鳥のカラス類のうち、唯一の渡り鳥。ハシボソガラスより、やや小さく感じる全長約47㎝。額が高く、嘴がやや短く直線的で尖っている。成鳥は嘴の付け根が石灰化により白い。

［行動］大集団をつくる傾向があり、ときに千羽近い大群になることも。早朝に水田などに飛来し、歩きながらタニシなどの小動物や落ち籾（もみ）などをついばむ。昼間もその頭上の電柱などで休んだり、水田で採餌をしたりしている。

ミヤマガラス

［鳴き声］しわがれた声で「グアーグアー」と鳴く。

［食肉として］近縁のカラスについては「ハシボソガラス」の項参照。

［獣害］農作物被害のほか、越冬にやってきた本種の大群が市街地をねぐらにすることによって、糞の被害も発生している。「ハシブトガラス」の項も参照。

［捕獲］散弾銃（散弾）や空気銃などの銃猟。狩猟ではなく駆除の場合は、はこわななど。

［狩猟鳥のカラス3種の識別］「ハシブトガラス」の項参照。

ミョウバンなめし

古くから行われてきたなめし方法のひとつ。原皮にミョウバンをすり込んだり、ミョウバンを溶かした液に漬け込んで皮を軟化させる。手軽なためにこの手法を愛用する狩猟者は多い。しかし、水溶性であるミョウバンは、皮を水洗いすると軟化のための成分が溶け出してしまい、乾燥すると生皮のように硬くなってしまうので注意が必要。広義ではアルミニウムなめしに含まれる。

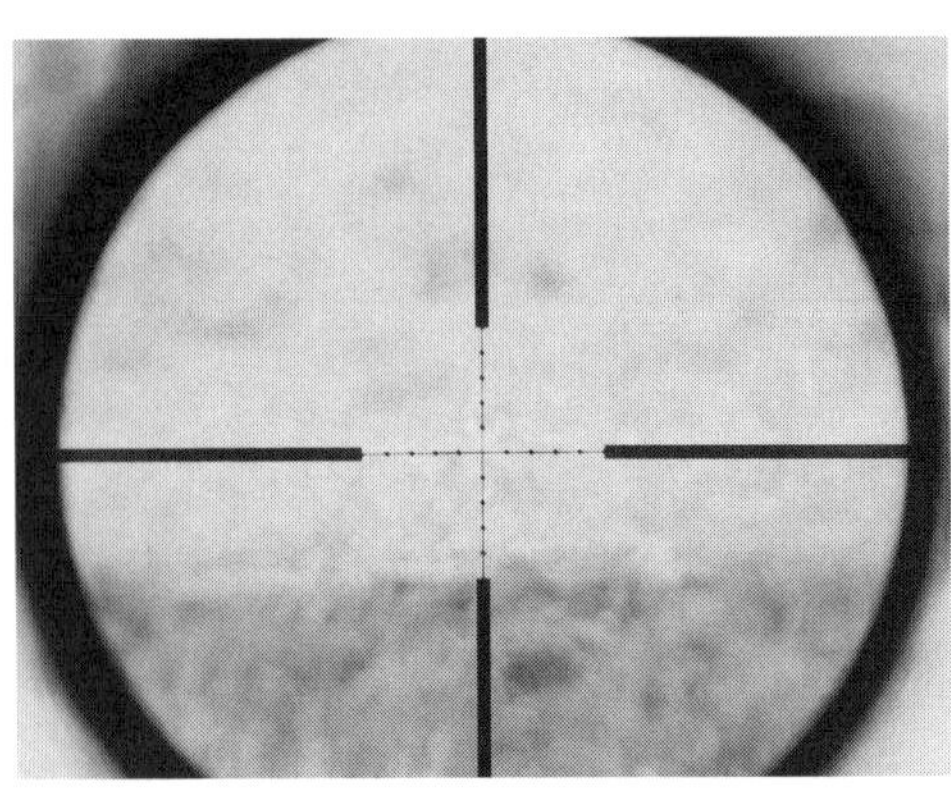

ミルドット

ミョウバンなめし。ミョウバンを原皮にまぶす

ミルドット【mil dot】

スコープのレティクル上に等間隔で並ぶ点のこと。距離１０００ｍの対象物を見た場合、ドットとドットの間隔が１ｍとなるよう設定されており、距離による着弾点の違いを狙点で補正する際に使用する。

ミロク（日本）

高知県のメーカー。捕鯨銃の製造をルーツとし、猟銃ではブローニングのＯＥＭ製造を行っている。「ゼロ嵌合」と呼ばれる高い工作精度で世界からの評価も高い。

ミンク【ネコ目イタチ科】

狩猟獣（特定外来生物）。

［分布］北海道の広範囲。また宮城県、福島県、群馬県、長野県など各県の一部地域でも定着が確認されている。

［環境］海岸部や河川、湖沼沿い。

［特徴］日本では、毛皮用に北米から輸入されたものが野生化した。野生化個体は全身が褐色の個体が多いが、灰褐色や黒褐色の個体もいる。体重７００～１０００ｇ。頭胴長36～45㎝。アメリカミンクと呼ばれることもある。

［行動］泳ぎが得意で、潜水して魚やカエル、野ネズミやノウサギなどを捕食する。水辺に執着し、水際から離れても１００ｍ程度の範囲で暮らす。

［食肉として］毛皮に活用されてきたため、肉が食べられることは少ない。

［皮・毛皮］上毛は、強くしなやかで光沢に富む。下毛も密度が高く滑らかなため、衣料用として最高の素材といわれている。耐久性に非常に優れ、保温力もよ

ミンク

い。染色も容易。コートなどの高級毛皮に使われる。脂肪分は革を手入れする際のミンクオイルなどに活用される。

[捕獲] はこわな、くくりわな、空気銃など。

[非狩猟獣との識別] 非狩猟獣ではイタチ（メス）やオコジョ、イイズナなどに体型が似ているが、これらは本種に比べてはるかに小さい。また、同じく非狩猟獣のクロテンは一部の個体が本種に似ているが、頭が白っぽく、四肢と尾が黒っぽい点が判断材料になる。

ムエラ（スペイン）【Muela】

1950年代創業というヨーロッパでは比較的新しいナイフメーカー。中型から大型のしっかりとしたシースナイフが多く、狩猟用としては解体だけでなくわなの止めさしに使えるものもある。

無煙火薬【むえんかやく】

ニトロセルロースやニトログリセリンを主材とする発射薬で、黒色火薬に比べて煙が少ないためそう呼ばれるがまったく煙が出ないわけではない。基材の種類によってシングルベース、ダブルベース、トリプルベースなどがあり、性能が細かく分類されている。黒色火薬よりはるかに強力なため、特にリロードでの使用には種類の選択や計量などに細心の注意を払う必要がある。

無煙火薬

向かい矢【むかいや】

ハンターに向かってくる獲物を撃つこと。スキート射撃の1番マークなどもこれにあたる。1番プールは追い矢。

迎え芸【むかえげい】

大物猟における狩猟犬の猟芸の一種。犬が獲物を発見した際に、鳴いたり吠えたりして獲物に対して闘争心を表し、その場で格闘したり、追い立てたりするのではなく、ハンドラーたる狩猟者の元に戻り、獲物のいるほうへ導く芸のことをいう。

無起縁型【むきえんがた】

薬莢の直径と同じリムを持つ薬莢。リムレスケース。近代的なライフルの薬莢に多い。（反）リムドケース。

ムクドリ【スズメ目ムクドリ科】

狩猟鳥。留鳥（北海道では冬に減り、南西諸島では冬鳥）。

[分布] 全国。

[環境] 平地から山地の開けた所や市街地。芝など草丈の低い所を好む。

[特徴] 全長は約24㎝。雌雄同サイズ、ほぼ同色だが羽色はオスのほうが濃い。成鳥は頭部が黒く、顔が白い斑模様に見える。明るいオレンジ色の嘴と足が特徴。飛翔時は腰の白色部が目立つ。

[行動] 通年群れで行動することが多い。

ムクドリ

地面を歩きながら昆虫や木の実なども食べる。暗い林の中などにはほとんど入らない。採食中は少数で行動するが、夕方になるにつれ大きな群れを形成する。ねぐらは、竹藪や樹林、市街地の並木など。

［鳴き声］「ジュル」や「ジャージャー」「チッ」。警戒声として「ピチュピチュ」などがある

［食肉として］脂の少ない赤身肉。

［捕獲］散弾銃（散弾）や空気銃などの銃猟。むそう網など。

ムササビ【ネズミ目リス科】

非狩猟獣。タイワンリスと誤認されやすい。

［分布］北海道と沖縄を除く全国。

［環境］平地から山地の森林。

［特徴］日本固有種。目の周りが黒褐色、尾はリスのように長くふさふさとしていて、首元（目と耳の間）に淡色の毛がある。頭胴長30～46・5㎝。尾長29～40㎝と、モモンガ類よりかなり大きい。

［行動］夜行性で、樹上で単独生活をする。前後肢の間の飛膜を広げて、木々の間を滑空する。木の葉や種子、果実などを食べる。

［狩猟獣との識別］体型は狩猟獣のタイワンリスに似ているが、タイワンリスのほうがはるかに小さく、下面や首元も白くない。

無人撮影カメラ【むじんさつえいかめら】

「トレイルカメラ」の項参照。

むそう網【むそうあみ】

法定猟具の網のひとつ。地上に餌をまき、またはおとりの鳥獣を配置し、そのすぐ後方に網を広げて地面に伏せておき、鳥獣がそこに下りたときに綱（ロープ）を引いて、網をかぶせるような構造になっている網。網の形などの違いにより、穂打ち、片むそう、双むそう、袖むそうなどに分かれる。

無毒性散弾【むどくせいさんだん】

鉛以外の素材でつくられた散弾の総称。鉛の毒性が獲物に対してどれほどかというのも実証はされていない。

村田銃【むらたじゅう】

1800年代後半に軍人の村田経芳が開発した軍用小銃。後に民間に払い下げられたりコピーされたものが猟銃として大量に出回り、昭和30年代頃まで日本中のハンターに愛用されていた。

群れ【むれ】

個体が複数集まって構成された集団。その個体は同種であることが多いが、複数の種が混じった混群の場合もある。規模は、血縁集団から何十万もの大きなものまでさまざま。

群れになるメリットとしては、草食動物の場合、捕食者から身を守るために見張りの役割を分担できるという点がある。植物などの餌が豊富にあれば、同じ場所にたくさんの個体が集まっても、餌で競争になることはない。一方、肉食動物などの捕食者の立場では、草食動物などの「餌」が少ない場合に、餌をめぐって激しい競争になる場合がある。それを避けるために、単体や少数の群れで行動したほうが有利となる。そこには、餌となる動物や天敵にも気づかれにくいというメリットもある。

蒸れ肉【むれにく】
止めさし前に獲物が暴れるなどして体温が上がり、肉に臭みが出ること。わな猟などで獲物を長時間放置したり、止めさしに時間がかかったりするとそのリスクが上がる。「肉が焼ける」ともいう。

迷鳥【めいちょう】
本来の分布域以外の地域に現れた鳥。渡りの途中で、台風などの悪天候などで迷い込んでしまうなど、さまざまな理由がある。

メイプル【maple】
カエデ木材。色味が白く、バーズアイと呼ばれる点状の木目が美しいのが特徴。高級銃に使われ、特にヨーロッパで多く好まれている。

メトフォード型ライフリング【めとふぉーどがたらいふりんぐ】
ライフリングのうち施条がでこぼこ状に成形されているタイプ。現在はほとんど見られない。

メルケル（ドイツ）【Merkel】
ドイツのズール地方に数多ある銃メーカーの中でも高級品をつくるメーカー。特に東ドイツ時代の製品は共産国特有のコストを度外視した製造過程により、西側のメーカーにはまねのできない精巧さが特徴。国内には狩猟用の水平二連散弾銃が中古銃として数多く流通しており、いまだに現役で使用されている。

メルティングポット【melting pot】
弾頭を鋳造する際に鉛を溶かすための電気器具。

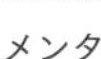
メンタ

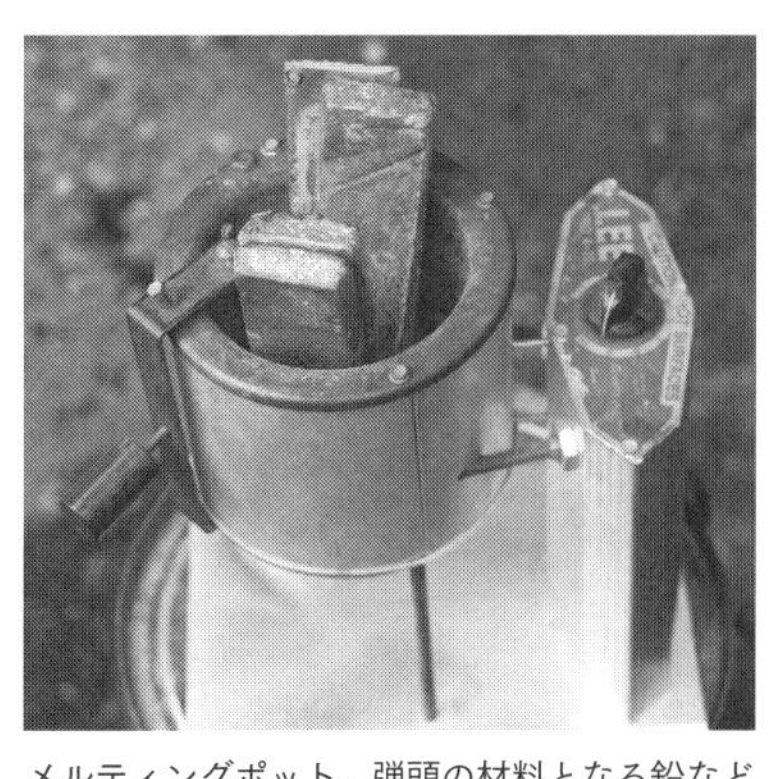
メルティングポット。弾頭の材料となる鉛などを溶かす専用の道具

メンタ
メスの獲物のこと。メンともいう。

モーゼル（ドイツ）【Mauser】
ドイツの銃器メーカー。ボルトアクションライフルの元祖で、現在もほとんど変わらない機構のまま多くのメーカーが同型のライフルを製造している。それらはモーゼルアクションと呼ばれ、頑丈で確実な作動性能を持つことから信頼性が高い。

モーラ（スウェーデン）【Mora】
創業130年を誇るナイフメーカー。生活に根ざしたシンプルなデザインは今なお変わらず、安価で実用的なナイフの代名詞的存在となっている。ハンドルやシースまでプラスチックでできた定番ナイフは狩猟にも最適。

モキ（日本）【MOKI】
岐阜県関市のナイフメーカーの中でも特に細部の仕上げにこだわっており、ハンドル材にマザーオブパールを使用したものなど、小型フォールディングナイフを中心に美しい製品が多い。

モズ【スズメ目モズ科】

非狩猟鳥。スズメやニュウナイスズメと誤認されやすい。留鳥（北方や山地の個体は冬に暖地に移動）。

［分布］ほぼ全国。

［環境］農耕地や河川敷などの開けた場所。

［特徴］雌雄同サイズで、全長約20㎝。尾羽が長い。成鳥のオスは薄い褐色で、黒い過眼線（嘴の付け根から目を横切って走る線）がある。灰色と黒の翼に目立つ白斑がある。メスは全身がほぼ茶褐色で、過眼線も褐色。

［行動］繁殖期はつがい、非繁殖期は1羽で行動し明確な縄張りを持つ。求愛は2月頃から。昆虫やトカゲなどを捕食し、獲物を枝やトゲに刺す「はやにえ」という習性がある。

［鳴き声］ゆっくりしたテンポで「キュウキュウ」や「キチキチ」など、さまざまな声を出す。

［スズメやニュウナイスズメとの識別］狩猟鳥のスズメやニュウナイスズメと大きさが似ているが、顔の模様や尾羽の長さなどで識別する。

モズ

モスバーグ（アメリカ）【MOSSBERG】
アメリカの銃器メーカー。安価で実用的な散弾銃とライフルを製造するメーカー。スラッグ替え銃身にスコープまでセットされたコンボが人気で、国内でもビギナーから注目を集めている。

もちなわ
網に粘着性物質である「もち」を塗り、狩猟鳥をからめ捕るもの。とりもちを使用する猟法の一種とされ、禁止されている。

モツ
「内臓」の項参照。

元折式単発銃【もとおれしきたんぱつじゅう】
一度に1発しか装塡できない元折式の銃。ライフル、散弾銃の両方がありシンプルで故障が少なく軽いため、わなの止めに使うハンターが多い。

戻り足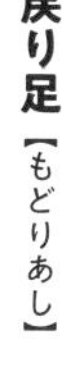【もどりあし】
自分の足跡を逆方向にたどって引き返すこと。動物が、天敵や狩猟者などの追跡をかわすために行う歩き方。クマ類などが行う。「止め足」の項参照。

ウサギの戻り足

モバイルカリング
シカを林道付近へ餌で誘因し、停止した車上から銃で狙撃する管理捕獲法。林道を通行制限し公開性をなくすことで公道の要件を満たさない状態となるため、道路上からの発砲が可能となる。道路交通法に関する特別な許可が必要だが、効率的な捕獲のために有効な手段となる可能性を秘めている。

紅葉【もみじ】
シカ肉の異名。紅葉の由来には、百人一首の歌「奥山に 紅葉踏み分け 鳴く鹿の声聞く時ぞ 秋は悲しき」（猿丸大夫）にちなんでいるという説や、花札のデザインにちなんでいるという説などがある。鶏足のことも「もみじ」という。

モモ
食肉部位として、人間の太腿や尻にあたる部分。イノシシやシカでは、腰椎が終わるあたりから膝関節の上までについた肉を指す。歯ごたえのある外モモや、比較的柔らかい内モモ、その間にあって柔らかいシンタマなどに分かれる。

モモンガ【ネズミ目リス科】
非狩猟獣。タイワンリスと誤認されやすい。
［分布］本州、四国、九州。
［環境］山地から亜高山帯の森林。
［特徴］日本固有種。目の周りが黒褐色、尾はふさふさして平たい。頭胴長14・5〜17・2㎝。尾長11・6〜12・8㎝。標準和名ニホンモモンガ。通称木ウサギとも呼ばれる。
［行動］夜行性で、樹上で単独生活をする。前後肢の間の飛膜を広げて、木々の間を滑空する。木の枝を集めて巣をつくったり、樹洞を使ったりすることもある。
［狩猟獣との識別］体型は狩猟獣のタイワンリスに似ているが、タイワンリスは下面が白くなく、目も小さく見える。

ももんじ屋【ももんじや】
漢字で書くと「百獣屋」。江戸時代にはシカ、イノシシ、タヌキ、ウサギ、カモなど鳥獣の肉を客に販売したり食べさせたりした店のこと。肉食は禁忌とされていたが薬と称して食べていたといわれている。

や行

夜間銃猟【やかんじゅうりょう】 鳥獣保護管理法第14条の2第2項第5号において定義づけられており、日出前若しくは日没後においてする銃器を使用した鳥獣の捕獲等のことをいう。通常、狩猟において夜間銃猟は禁じられている（同法第38条第1項）ところ、指定管理鳥獣捕獲等事業において限定的に認められており、一定の基準を満たした認定鳥獣捕獲等事業者に委託することで実施することができる（同法第14条の2第8項第2号）。

薬室【やくしつ】 銃身後部にあり、実包が装填される部分。チャンバー。

夜行性【やこうせい】 動物が夜間に活動する性質のこと。体の構造もそれに適応するように、大きな眼や鋭い嗅覚などを持つものが多い。狩猟鳥獣では、アライグマ、タヌキ、アナグマ、ハクビシン、ヤマシギ、ユキウサギなどがこれにあたる。

薬莢【やっきょう】 散弾もしくは単弾頭、火薬、雷管をひとまとめに内包する筒。ライフルではケース（case）、散弾ではハル（hal）とも呼ばれる。

上）散弾薬莢。下）ライフル薬莢

谷切網【やつきりあみ】 網猟における網のひとつ。カモなどが、谷合や山の峰、峠を飛び越すときに低く飛ぶ習性を利用した網。樹と樹の間に滑車付きのロープがついた網を張り、たるませておく。鳥が飛んできたらロープを引いて網を張り、からめ捕る。峰越網（おごしあみ）とも呼ばれる。

山鯨【やまくじら】 イノシシ肉の隠語。獣の肉食が禁じられていた江戸時代後期には「山くじら」という看板を出して、イノシシの肉を食べさせていた店があった。

ヤマシギ【チドリ目シギ科】 狩猟鳥。留鳥。北海道では夏鳥、西日本では冬鳥。

［分布］全国。

［環境］平地から山地の森林、草地、水田、河川などのうち、比較的湿気の多い場所。

［特徴］全長は約35㎝弱で、胴体はハトぐらいの大きさ。雌雄同色だが、オスのほうがやや大きい。首の短いずんぐりした体型で、頭はおにぎりのように大きく、眼が上方後頭部寄りについている。ややユーモラスな顔つきだが、これによりほぼ360度の視界を確保しているといわれる。全体的に暗めの褐色。頭頂から後頭にかけて、太くて黒い4つの縞模様のような黒斑が並ぶ。迷彩服を着ているように背景に溶け込み、見つけるのは困

難。

［行動］冬は単独でいることが多いが、渡ってきた当初などは複数が連れ立っていることもある。夜行性で、日中は暗い林などにいることが多い。採食が活発なのは、夕方から夜にかけて。ミミズや昆虫の幼虫、貝類も食べる。飛び立つときは、急上昇する。

［鳴き声］春の繁殖期以外は、ほぼ鳴くことがない。

［食肉として］鉄分が強く、噛むほどに味わいが出る「ジビエの女王」。腸や内臓の風味が好まれることが多く、腸を抜かずに熟成してそのままローストする調理法が基本。

［捕獲］鳥猟犬を使った散弾銃（散弾）や空気銃などの銃猟。

［アマミヤマシギとの識別］南西諸島では、ヤマシギと酷似した非狩猟鳥「アマミヤマシギ」が生息しているので要注意。ヤマシギよりやや大きめで後頭部の色や、頭頂部の形、腹の色など若干の違いはあるものの、野外で出合ったときの識別は難しい。錯誤捕獲を防ぐため、奄美大島ではヤマシギ捕獲が禁止されているほどである。

ヤマシギ

山出し犬【やまだしいぬ】
山深い集落など限られた地域の中で繁殖されてきた犬をルーツとする狩猟犬のことで、山出し犬という特殊な犬種があるわけではない。他地域の犬や他犬種との雑化が少ない、あるいは雑化が見られない地犬とされる。

ヤマドリ【キジ目キジ科】

狩猟鳥（メスは２０２７年9月14日まで非狩猟鳥）。※亜種のコシジロヤマドリは雌雄ともに非狩猟鳥。留鳥。

［分布］北海道と沖縄を除く全国。

［環境］山地の林、草地、沢など。

［特徴］全長はオスが約１２０㎝、メスが約50㎝。オスは長い尾を持つ。成鳥のオスは、全体的に赤褐色。頭から顎は赤みが強く、金色の光沢がある。他の部分の各羽に白い羽縁があり、褐色の斑が混じる。尾羽は長く10本前後の黒い横斑がある。成鳥のメスは、全体的に淡い褐色で、白っぽい羽縁が各羽にある。

［行動］山林に生息しているが、早朝な

秋田県、群馬県の県鳥。宮崎県ではコシジロヤマドリが県鳥

どは林から出て沢や山間の開けた所でも餌を食べている。主に植物の種や葉を食べ、昆虫類も食べる。積雪の多い場所では、樹上や雪のない崖などで採食していく。驚くと下方の谷筋に向かって、降下する習性がある。冬は雌雄別々の群れで過ごすことが多いが、繁殖期になるとつがいか一夫多妻の生活となる。

［鳴き声］あまり鳴かないが、時鳴きとして「クックック」と小さく声を出すこともある。繁殖期には、求愛や縄張りの宣言のために激しく羽ばたき「ドドドドド」という低い音を出す。これは母衣打ち（ほろうち）と呼ばれるドラミングの一種である。

［食肉として］鶏より筋肉質で、キジより味がふくよかで香り高い、狩猟者に人気の肉。しかし、野生のヤマドリの肉や卵を食用として販売することは禁じられているため、ジビエとして飲食店などで食べることはできない（人工繁殖されたものを除く）。自家消費の場合は、鍋やしゃぶしゃぶにも向き、よい出汁もとれる。「販売禁止鳥獣」の項も参照。

［捕獲］散弾銃（散弾）や空気銃、鳥犬を使った銃猟など。

［キジのメスとの識別］キジ（亜種のコウライキジを含む）と異なり、耳羽（目の後ろにあり、耳のあたりを覆う羽毛）が立っていない。またヤマドリのオスは目の周りが赤いが、キジのメスにはそれがない。ヤマドリのメスは、キジのメスより地色が濃く、尾羽が短く、赤みも強い。

［コシジロヤマドリとの識別］オスの体色などから、ヤマドリ、ウスアカヤマドリ、シコクヤマドリ、アカヤマドリ、コシジロヤマドリという5つの亜種に分かれているが、コシジロヤマドリは非狩猟鳥なので識別に注意すること。詳しくは、「コシジロヤマドリ」の項参照。

ヤマドリのドラミング（母衣打ち）

山引き【やまひき】

狩猟犬を実際に山に連れていき、実猟を想定してハンドラーたる狩猟者とともに山を歩かせる（引く）ことをいう。訓練か実猟かを問わない。獣猟犬にしろ、鳥猟犬にしろ、いかに優れた犬種、血統の犬であってもそれだけで優れた狩猟犬にはならない。実際の猟場となる山で引くことで、獲物の臭いを知り、獲物と遭遇し、対峙し、追跡するという実体験を通じ、優れた血統が実猟の結果に結びつくこととなる。

有害鳥獣捕獲【ゆうがいちょうじゅうほかく】

鳥獣保護管理法第9条に基づき、生態系や農林水産業に対して鳥獣による被害等が生じている場合に、都道府県知事の許可を受けて実施する許可捕獲のことをいう。実際には多くの都道府県において、農林被害対策特別措置法第6条に基づき、捕獲許可権限の一部が市町村長に移譲されている。「有害駆除」「有害捕獲」などとも呼ばれる。

有効射程距離【ゆうこうしゃていきょり】
獲物に命中させ、捕獲することが可能な距離。命中箇所や状況などによっても変わるため一概にはいえないが、これを理解することで捕獲率の向上や無駄な半矢を防ぐことにもつながる。

有鶏頭式銃

有鶏頭式銃【ゆうけいとうしきじゅう】
撃鉄が外部に露出した構造の銃。19世紀の銃に多く、撃鉄が鶏の頭に似ているためそう呼ばれる。

遊底【ゆうてい】
「ボルト（bolt）」の項参照。

油革もみ【ゆかわもみ】
皮をなめす工程のひとつ。菜種油などの油を皮に揉み込み、柔らかさやしなやかさを出すこと。

ユキウサギ【ウサギ目ウサギ科】

狩猟獣（日本固有種）。

［分布］北海道（ユキウサギの亜種エゾユキウサギが生息）。

［環境］低地から亜高山帯までの森林や草原、農耕地周辺など、さまざまな環境に生息。

［特徴］「ノウサギ」と呼ばれることがあるが、本州などに生息するニホンノウサギとは別種。全身が茶褐色で、耳の先端が黒く、尾が短い。冬は体毛が白くなる。頭胴長50～58㎝。尾長7～8㎝。体重2.4～3.2㎏。

［行動］夜行性。主な食べ物は植物の葉や茎、芽など。雪が降る時期は、草の根や木の樹皮なども食べる。

［食肉として］肉は筋肉質の赤身で締まっており、鶏肉に近い印象。近縁種については「ノウサギ」の項参照。

［皮・毛皮］家畜のウサギについては、「ノウサギ」の項参照。

［獣害］カラマツ、トドマツ、エゾマツなど樹木への食害。

［捕獲］散弾銃（散弾）や空気銃などの銃猟。はこわな、くくりわな、うさぎ網など。

ユキウサギ（冬毛）

湯剥き【ゆむき】
熱い湯を解体前のイノシシにかけて、体毛を抜く作業。毛は通常、剝皮の段階で皮ごと剝いでしまうが、イノシシの肉を皮ごと食べる場合は湯剝きで毛だけを取り除く。熱湯を使用したり長時間かけたりすると、熱で肉が傷んでしまうので、70～80℃前後を目安になるべく短い時間で作業を行う。湯剝きの直後にホースの水などで冷やしていくとよい。湯でダニなどを殺すこともできる。

洋犬【ようけん】
日本犬や日本の在来犬ではない海外で作出された犬、海外由来の犬のことをいう。

用心鉄【ようじんがね】
引き金に物が当たらないようにするために周囲を囲む金属部品。

予察捕獲【よさつほかく】
鳥獣保護管理法第9条に基づく、鳥獣による生活環境、農林水産業または生態系に係る被害の防止を目的とした許可捕獲で、「鳥獣の保護及び管理を図るための事業を実施するための基本的な指針」に定められる、予察による被害防止の目的での捕獲のことをいう。「予察」とは、現に当該被害が生じているのではなく、被害が生じるおそれがある場合をいう。その対象となる鳥獣は、過去5年間程度の期間に、常時強い害性が認められる種であり、指定管理鳥獣および外来鳥獣についてはこの限りではない。実施に当たっては予察される被害の規模や状況等を勘案し、あらかじめ被害発生予察表を作成し、科学的かつ計画的な実施に努めることとされている。

ヨシガモ【カモ目カモ科】

狩猟鳥。冬鳥（北海道では夏鳥で少数が越冬）。

［分布］全国。

［環境］淡水や海水まで、幅広い環境に生息。湖沼、池、河川、内湾など。

［特徴］成鳥のオスは後頭部の羽が長く、頭が「ナポレオンの帽子のような」などと形容される。尾羽を覆うほど長い三列風切羽も特徴的。メスは他のカモ同様褐色だが、頭部の羽毛がやや灰色がかっている。全長約48㎝の中型のカモ。

［行動］日中は池の中央やアシ原、人が入れない岸などで休んでいる。夕方になると水田や湖沼などに飛んでいき、採食する。植物食で、種子や水草、海藻などを食べる。

［鳴き声］オスは「ホイッ ブルルルル」などと鳴く。ブルルルは、人間の唇を震わせているような音。

［食肉として］草食のため、あっさりとした肉の味。脂はあまり乗らない。筋繊維が細く、ねっとりとしたマグロのような食感といわれる。

［捕獲］散弾銃（散弾）や空気銃、鳥猟犬を使った銃猟など。

メス
オス
ヨシガモ

［非狩猟鳥のカモ（メス）との識別］他のカモ類（メス）との識別は難しいが、強いていえば、灰色がかった頭部と短い冠羽が特徴。非狩猟鳥のオカヨシガモにも似ているが、オカヨシガモの嘴は橙色っぽく、ヨシガモは黒い。

ヨシゴイ【ペリカン目サギ科】

非狩猟鳥。ゴイサギと誤認されやすい。夏鳥（暖地では一部留鳥）。

［分布］九州以北。

［環境］アシ原、水田、湿地、湖沼、池、河川など。

［特徴］日本のサギでは最小で、全長約37㎝。全体的に赤褐色で、成鳥のオスは頭頂が青灰色。メスは首から腹にかけて5本の縦斑がある。

［行動］昼夜関係なく活動し、魚類や甲殻類、カエルや昆虫類も捕る。両足をヨシなどの茎と茎の間に突っ張って、独特の体勢で止まる。

［鳴き声］初夏には「ホウ」「フォウ」などと繰り返すように求愛声を発する。

［非狩猟鳥との識別］「ゴイサギ」の項参照。

呼び戻し【よびもどし】
放犬した犬を笛や口笛などで呼んでハンドラーの元に戻らせることをいう。猟場において呼び戻しの効かない犬はセルフ・ハンティングに陥っていることが考えられ、実猟では使いづらいという評価を受けることになる。

よりもどし
くくりわなで使用するワイヤが、ねじれて切れないようにするための安全装置。左右に分かれたふたつの金具にそれぞれワイヤを通すための穴があり、それらがワイヤの動きに合わせて別々に回転することで、ねじれを防ぐことができる。イノシシおよびニホンジカの捕獲等をするためのくくりわなには、よりもどしの装着が必要。

よりもどし

鎧【よろい】
イノシシの成獣のオスで、肩から背中にかけての皮膚が硬くなっている状態をこのように呼ぶことがある（地域によっては「カチ」や「ガチ」という）。この部位には剥皮の際にナイフが入らず、解体に苦戦することになる。硬いクリーム状なので一見脂のように見えるが、鎧の部分は破棄することを視野に入れたほうが解体がスムーズになることが多い。

鎧（がち）
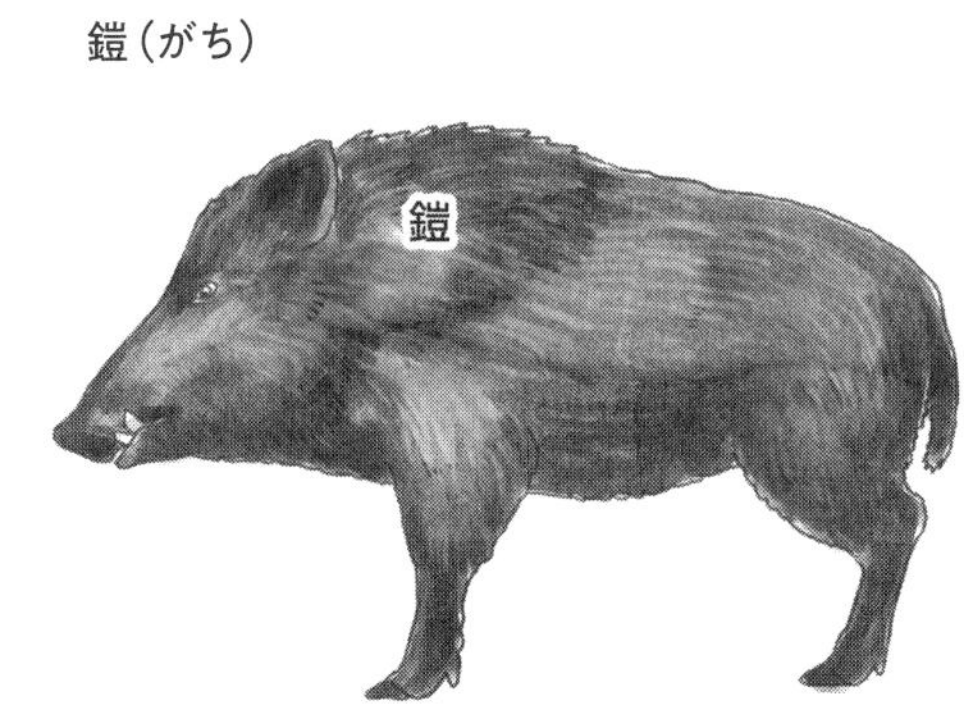

ら行

雷管【らいかん】
撃針によって発火し火薬に引火させるための火工品。ボクサー型とベルダン型があり、現在はボクサー型が主流。小さな筒状の金属製で、薬莢の底部に挿入されている。

雷管

ライナーロック方式【らいなーろっくほうしき】
フォールディングナイフのうち、ハンドル自体でブレードを固定するタイプのもの。部品点数が少ないためコストが抑えられる。

ライフリング【rifling】
銃身内部に刻まれたらせん状の溝。弾頭がこれに沿って回転することで直進性が高まる。施条（しじょう）。

ライフリング（施条）

ライフル銃【らいふるじゅう】
銃身にライフリングのある銃。日本の銃刀法では銃身長の半分以上にこれが施された銃をライフル銃と定義している。

ライフルドスラッグ【rifled slug】
覆いのない弾頭を撃ち出すスラッグ弾。滑空銃身の散弾銃に使用し弾頭そのものに施条があるためライフルドスラッグと呼ばれるが、これによって回転するわけではない。

ラセッテーなめし【らせってーなめし】
国内外のエコレザー基準に準拠するラセッテー製法によって処理された革。ミモザアカシアの樹皮をなめし剤の主成分として使用し、金属系のなめし剤を一切使っていないのが特徴。

ラッチボタン【latch button】
銃の場合、下がった状態で止まっている遊底を前進させるために押すボタン状の部品を指す。

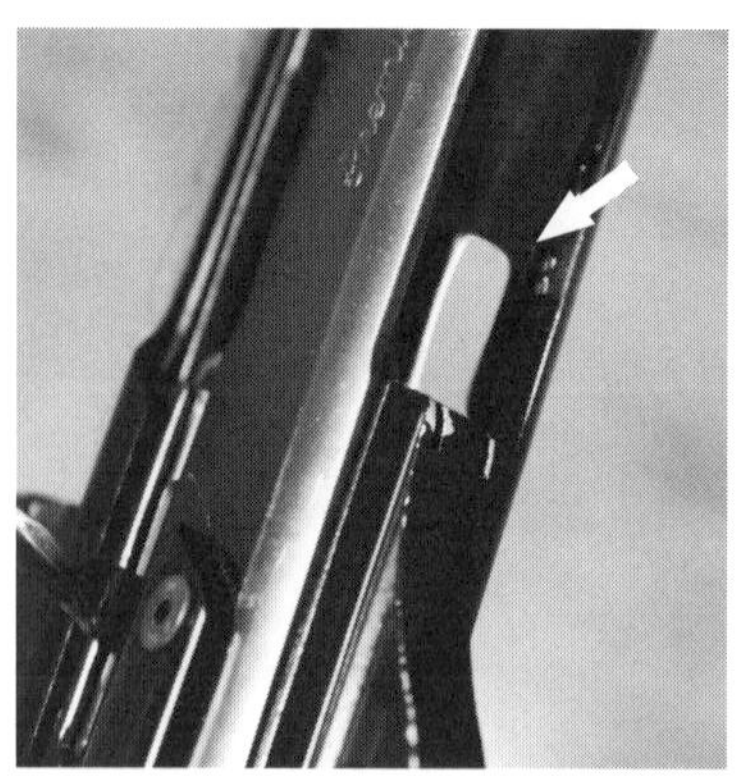

ラッチボタン

ラッティングコール【rutting call】
繁殖期に、シカのオスが縄張りの主張と求愛のために発する鳴き声。鳴き声には個体差もあるが、たとえば本州のニホンジカの場合は、甲高く「フィーヨー」というような鳴き方。エゾシカの場合は「キューーー、ググゥ……」のように、最初は甲高くやがてくぐもったような声になる。コール猟は、縄張りをもつこの時期のオスジカの習性を利用したもの。

ラブラドールレトリーバー【Labrador retriever】
犬種名。カナダのニューファンドランド州の沿岸部で漁師たちにより、逃げた魚を回収させるのに使われていた犬たちがもとになり、その中から19世紀にイギリスに持ち込まれたものが基礎となって確立された犬種とされる。ゴールデンレトリーバーと同様、狩猟において撃ち落とされた鳥を回収、すなわちレトリーブさせることを目的に作出された。作業欲が強く、ゴールデンレトリーバーと並んで家庭犬や作業犬としても世界的に人気がある。毛色は単色のブラック、イエローなど。耐水性のある毛が密生しているが、短毛かつ硬い感触。

ラブラドールレトリーバー

ラミネートウッド【laminate wood】
薄く削った何枚もの木板を合成樹脂で固めた素材。木目はあるが本物の木材ではないため水に強く狂いも少ない。シンセティック銃床では味気ないという向きに好まれるが、シンセティックに比べ重い。

ラミネートストック【laminated stock】
薄い木の板を何枚も合成樹脂で固めた合板から削り出された銃床。木の風合いを保ちながら水に強く狂いが少ないのが特徴。

ランドール（アメリカ）【Randall】
炭素鋼の鍛造にこだわり、今なお正統派オールドアメリカンナイフをつくり続けるメーカー。製品はシースナイフのみで、その頑丈さには世界中の軍人やハンターが絶大な信頼を寄せている。すべて手づくりのため現在も大量のバックオーダーを抱えており、注文から納品までは5年以上を要する。

ランドタッチ【land touch】
ライフル実包が薬室に装填された際、弾頭のテーパーが始まる部分がライフリングに接触している状態のこと。弾頭が発射されライフリングに食い込むまでの時間差がないため命中精度が上がるといわれているが、銅弾頭では圧力が上がりすぎて危険なため、ハンドロードの際はランドタッチより数ミリほど弾頭を後退させておく必要がある。

乱場【らんば】
不特定多数の狩猟者が狩猟を行なっている同一の猟場。

リアサイト【rear sight】
「照門」の項参照。

リアレスト【rear rest】
静的射撃の際に銃を依託するための装置のうち、後部に使うもののこと。バッグや砂袋などで代用することもある。「フロントレスト」の項参照。

陸ガモ【りくがも】
陸域を中心に生息するカモ。狩猟鳥の中では、多くのカモがこれにあたる。水に浮かんでいるときは尾羽が水面から高い位置にあり、水面から飛び立つときは一気に高角度で飛翔するが、水面を滑走しながら飛び立つこともある。水中の食べ物を採るときは、頭を水に突っ込むようにして採る。逆立ちして体の前半を水中に差し込むときもある。食肉としては、魚介のような独特の風味がある。

リス【squirrel】
「ニホンリス」の項参照。

リコイルパッド【recoil pads】
銃尾板のうち、ゴムなど反動を吸収する素材でつくられたもののこと。

立射【りっしゃ】
立った状態で銃を撃つ姿勢。安定しないためもっとも難しい射撃法。

リブ【rib】
機関部や銃身の上部に据え付けられた細

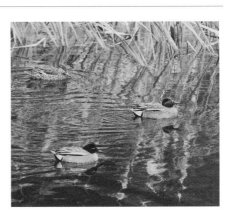

陸ガモにカテゴライズされるコガモ

座射なら、より射撃の精度を高められる

立射。銃身のブレを安定させるために、木に依託する

長い板状の部分。照準装置としての役割を持つが、別の照準器を装着する土台としても使う。

リムファイアー【rim fire】
薬莢底部のどこを叩いても発火する実包の形式。実際には縁の部分を叩くためへり打ち式とも呼ばれる。22口径の実包に多く用いられるため、国内で狩猟に使用可能な銃には使われていない。

留鳥【りゅうちょう】
年間を通じてほぼ同じ地域に生息し、長距離の季節移動をしない鳥。カルガモやスズメなど。

留鳥。上)スズメ、下)カルガモ

猟区【りょうく】
鳥獣保護管理法第68条に基づき、狩猟鳥獣の生息数を確保しつつ安全な狩猟の実施を図るため、放鳥獣、狩猟者数の制限その他狩猟の管理をしようとする者が、規程（猟区管理規程）を定め、環境省令で定めるところにより、当該区域における狩猟の管理について都道府県知事の認可を受けた一定の区域のこと。猟区管理規程には、猟区の名称、区域、存続期間、放鳥獣猟区にあってはその旨及び放鳥獣をする狩猟鳥獣の種類、その他政令で定める事項が記載され、入猟者はそれらに従わなければならない。また、猟区においては、猟区設定者の承認を得なければ、狩猟又は同法第9条第1項の規定による鳥獣の捕獲等をしてはならない（同法第74条第1項）。

猟芸【りょうげい】
狩猟をする中で獲物に対して狩猟犬が持つ、ある特定の行動のことをいう。ポインターのポインティングや、プロットハウンドの長い追跡など、犬種として一定の固定化を見るもののほか、「咬み止めの紀州犬」といっても犬の個体ごとにイノシシに対して鼻や後ろ脚など咬む場所が異なるように、犬の個体差で生まれるものもある。

猟銃安全指導委員【りょうじゅうあんぜんしどういいん】
猟銃所持者の親族や関係者などから相談を受けたりそれに対する助言など行いながら、危害防止に努める者。都道府県公安委員会から委嘱される。

猟銃等講習会【りょうじゅうとうこうしゅうかい】
銃の所持や更新の許可申請に際し受講が必要な講習会。最初に受けるものを初心者講習会、更新ごとに受けるものを経験者講習会と呼び、初心者講習会にのみ考査がある。

猟隊【りょうたい】
狩猟をするグループ、集団などを表す通称。自治体などで実際に捕獲の部隊を結成しているところもある。

猟場【りょうば】
狩猟をする場所のことをいう。法令用語ではなく狩猟者が使う通称である。

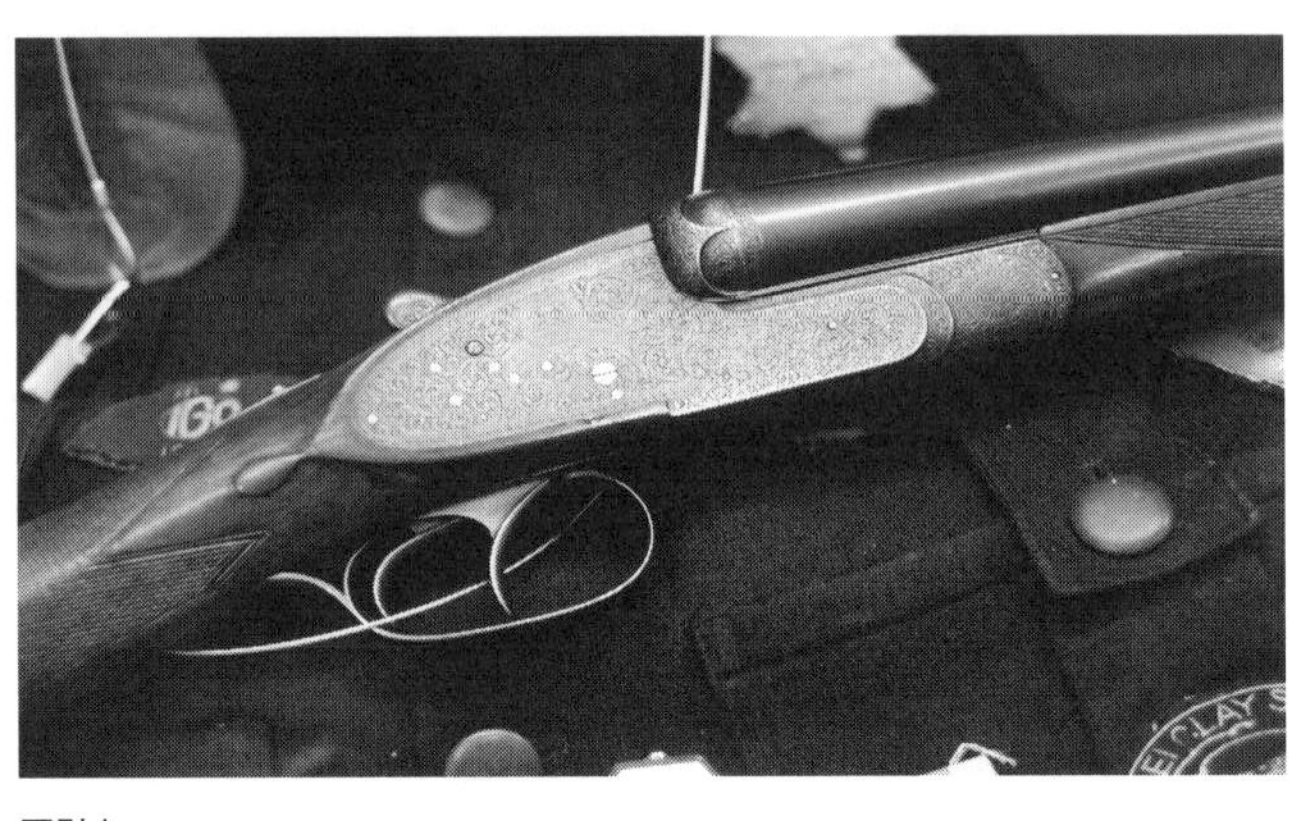
両引き

両引き【りょうびき】
水平もしくは上下二連銃において、2本の銃身からの発射をそれぞれ別々の引き金で制御する方式。連続して撃つには慣れが必要だが、確実に2発を発射できるため、特に古い形式の狩猟専用銃に多い。

両開き扉【りょうびらきとびら】
はこわなで、獲物の出入り口となる扉が両側2カ所にあるもの。両側の扉を開けた場合、獣の視点で見れば、突き当りに壁がなく逃走経路が確保されているように感じるため、警戒心が薄れ、わなに入りやすいとされている。しかし捕獲の際は、両側の扉を同時に落とさないと獲物に逃げられやすいというデメリットもある。片側の扉を常に閉めておけば、片開き扉としても使用できる。

猟野競技会【りょうやきょうぎかい】
単に競技会ともいう。フィールドトライアルのこと。

猟友会【りょうゆうかい】
狩猟者を構成員とする団体。全国の狩猟者を束ねる組織として（一社）大日本猟友会があり、47の都道府県猟友会がその会員となっている。各都道府県猟友会は市町村等を単位とする地区・支部猟友会で構成され、個々の狩猟者は原則居住地の地区・支部猟友会の会員となる。狩猟をするうえで加入の義務はないが、大日本猟友会へ納入する会費が、同会が運営する狩猟事故共済保険の保険料を含んでいることから、多くの狩猟者が猟友会の会員となっている。会員には、保険への加入に加え、多くのメリットがある。たとえば、安全・確実な狩猟のノウハウや地域特有のルールの伝授、狩猟者登録などの書類手続きの代行、会発行書類による猟銃用弾薬購入の簡素化、地域の有害鳥獣駆除隊への参加などが挙げられる。猟友会に類似する狩猟者団体も全国に多数存在するが、「猟友会」という用語は大日本猟友会が文字商標登録し、使用が制限されているため、ある狩猟者団体が猟友会関連団体であるか否かは明確に見分けることができる。

猟友会セット【りょうゆうかいせっと】
クレー射撃におけるクレーの速度。公式セットより遅く、トラップの飛距離は56m。

猟欲【りょうよく】
狩猟をしたいという意欲や、獲物を狩りたいという本能のことをいう。狩猟犬が狩猟に向いた個体か否か判断する際の「猟欲がある」「ない」という評価を下す場合に用いられ、獲物を自ら捜索、追跡したり、対峙した獲物に吠え込むといった動作が猟欲の発現とされる。猟欲は当該犬の本質的、本能的なものであり、ハンドラーたる狩猟者による訓練や、実猟経験を積ませることなどでより先鋭化、具現化を見ることができ、単純な食欲や運動欲求、対象を選ばない攻撃性などとは区別される。人間である狩猟者が持つ狩猟に関する興味や意気込みについても比喩的に用いられることがある。

レーザーサイト【laser sight】
レーザー可視光線を標的に照射し、弾道と一致させることで命中させる装置。レーザーが届く範囲でなければ使えないため、至近距離でのわなの止めなどに使われることが多い。銃にスコープを搭載する際、撃たずに大まかなゼロインをする場合にも重宝する。

レティクル【reticle】
スコープの視界上で狙いを定めるための線状の部分。一般的には十文字形だが、距離による狙点変更がしやすいよう点や短い線が並んだものもある。

主なレティクル

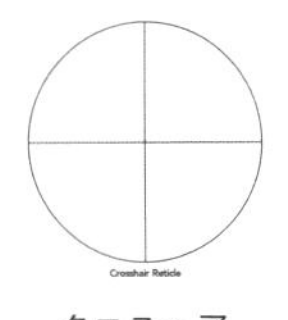
クロスヘア

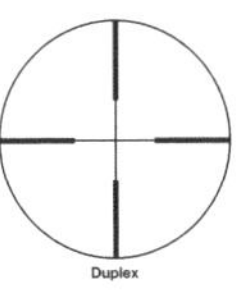

デュプレックス

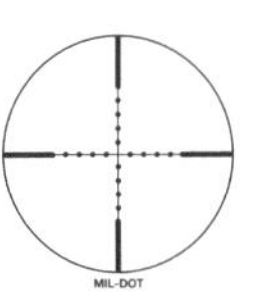

ミルードット

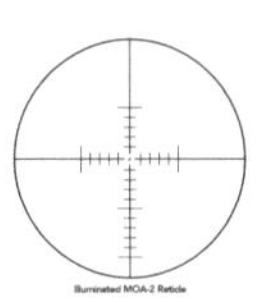
MOA-2

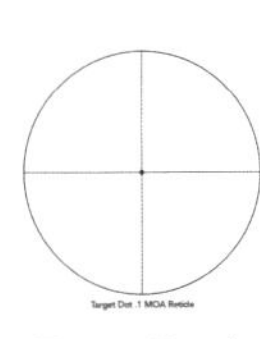
Target Dot.1

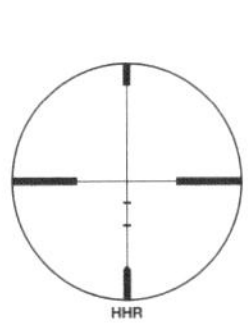

HHR

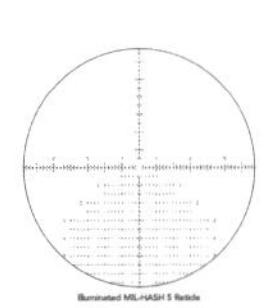
ミルーハッシュ

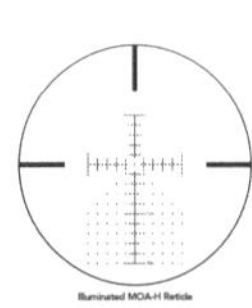
MOA-H

レトリーブ【retrieve】
鳥猟において、撃ち落としたり、半矢となったりしたゲームを狩猟犬が捜索し、回収、運搬することをいう。

レトリーブ

レバーアクション式銃【ればーあくしょんしきじゅう】
レバー（フィンガーレバー）によって、装填・排莢できる銃のこと。

レピーター【repeater】
本来は連発式という意味だが、国内ではスライドアクション式のことを指す場合が多い。ライフルにも散弾銃にも存在する。

レミントン（銃）【Remington】
アメリカの銃器メーカー。ウィンチェスターに比べシンプルなデザインを得意とし、安価で頑丈な銃を大量生産することで大きく成長したメーカー。散弾銃はスライドアクションのＭ８７０や自動銃のＭ１１００、ライフルはＭ７００が定番で、世界中のハンターに愛されている。

レミントン（刃物）【Remington】
銃メーカーとしてだけではなく、ナイフの製造にも力を入れている。特にハンドルに弾丸型の金属製インレイが入ったブレットナイフは有名で、オリジナルの製造終了後も復刻版がつくられた。

レンジ【range】
狩猟犬がゲームを捜索する際の、ハンドラーを中心とした範囲の広さのことをいう。大物猟の場合は、射手の人数や猟場の広さ、単独猟かグループ猟か、など複数の要因が理由となり、レンジが狭いか広いかで一概に良否を決めることはできない。鳥猟の場合は、レンジが広すぎると犬がゲームを見つけたとしても射手が射撃の機会を得られないため、レンジは適度に狭いほうが好まれる。

連続自動撃発式銃【れんぞくじどうげきはつしきじゅう】
引き金を引いている間、自動で発射され続ける機構を持った銃。フルオート。日本だけではなく世界中のほとんどの国で民間の所持が禁止されている。

レンチ【wrench】
散弾銃の交換チョークを緩めたり締めたりするためのレンチ。チョークレンチ。

連絡【れんらく】
放犬された狩猟犬が獲物を捜索している際に、定期または不定期に、かつ自発的にハンドラーたる狩猟者の元へ戻ってくることをいう。連絡があることは犬がハンドラーを意識し、協調性のある状態で狩猟に臨んでいることの表れである。逆に連絡がまったくない犬は、追跡犬であるハウンドなどが長追いしている間は別としても、セルフハンティングに陥っている可能性がある。セルフハンティングの項参照。

ロース【roce】
食肉部位で、背骨の両脇にある背中の筋肉のこと。旬の時期には脂が乗りやすく、赤身と脂身のバランスがよい。イノシシ肉のスライスは、脂身と赤身が美しく、比較的均一な大きさが取れるので、花の形に並べる牡丹鍋によく合う。シカの場合は、赤身を覆う筋膜が強いので、脂身ごと筋膜を剥がして赤身として使うことが多い。弱火でじっくり焼くと、しっとりと柔らかく仕上がる。

ロータリーロッキング【rotary rocking】
ボルト先端が回転して銃身とのロッキングと開放を行う自動連発の機構。ガスオペレーションと組み合わせることにより確実な作動性能を実現している。広義ではボルトアクションもロータリーロッキングの一部といえるが、一般的には自動式のみがそう呼ばれている。

ローラーロッキング【roller rocking】
ドイツのヘッケラー&コッホ社が開発したディレードブローバックの一種で、ボルト側面から突出したローラーにより発射時の開放を遅らせる方式。通常のディレードブローバックよりも強力な実包に対応できるため、308や30－06を使用するライフルが日本にも多数輸入されている。ガスオペレーションよりも命中精度が高いとされているが、構造上、機関部内へのガスの吹き戻しが多いことや薬莢の再利用ができないなどデメリットも多く、現在ではほぼ廃れている。

ネック
ロース
外モモ
内モモ
カタ
バラ
シンタマ
前スネ
スネ

イノシシのカットチャート

ロールクリンプ【roll crimp】
散弾実包の薬莢の端をロール状に折り込み、別途フタでふさぐ方法のこと。ロールクリンパーという専用の道具を使う。

六粒弾【ろくりゅうだん】
大粒散弾の一種。直径約8㎜の球弾が6粒内包されている。ダブルオーバック（00B）。

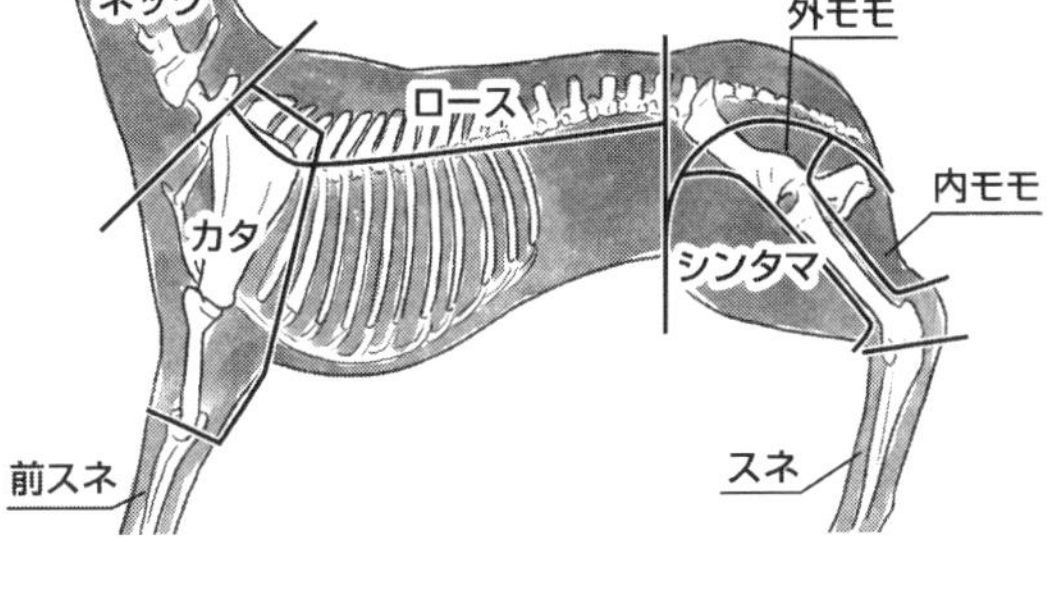

シカのカットチャート

ロック【lock】
大物猟において、犬が獲物に強く咬み込み、その動きを押さえている咬み止めの状態のことをいう。通常、2頭以上の複数の犬が同時に咬み込むことで起きる状態であり、獲物の逃走を妨げるとともに反撃を防ぐことができるので犬の受傷の確率が下がるとされている。

ロック装置【ろっくそうち】
はこわなにおいて、獲物がわなに入る前に扉が落ちないように固定したり、獲物が捕獲されてから扉が持ち上がらないように固定するための装置。主に、扉の開閉部に鉄棒を差し込む仕組みのものが多い。

ロックバック方式【ろっくばっくほうしき】
フォールディングナイフのうち、ハンドル背面にそなえられた板状の部品でブレードを固定するタイプのもの。確実性は高いが重く、製造には一定以上の技術が必要となる。

R.W.ラブレス（アメリカ）【R.W. LOVELESS】
ナイフメーカー。1953年、当時船員だったロバート・ウォルドーフ・ラブレス氏がランドールナイフを購入しようとした際、店員に横柄な態度をとられたため注文せず自分でつくることを思い立ち、スクラップになったトラックの板バネからブレードを削り出しハンドルをこしらえて製作したものがルーツとされている。現在、ハンティングナイフの主流となったドロップポイントのデザインはラブレスが外科手術用のメスにヒントを得て考案したといわれている。全工程を一貫して行うカスタムナイフのパイオニアであり、鍛造ではなく鋼材板を切り抜いてハンドル部分まで一体成形でつくるストック&リムーバル法もラブレスが元祖。2010年に81歳で逝去したが、持てる技術を惜しみなく後世に残していたため、彼のスタイルを受け継ぐナイフメーカーが今なお世界中で活躍している。

わ行

ワイドリブ【wide rib】
上下二連散弾銃の銃身リブのうち、特に幅が広いもののこと。1980年代頃に流行したが現在は主流ではない。

ワイヤメッシュ
はこわなの側面などに使う、鉄筋を縦横に組んで溶接した金網のこと。フレームの格子は、10㎝×10㎝が一般的。これは猫やタヌキなどの小動物が閉じ込められてしまった際に、逃げられるようにするためでもある。

ワイヤロープ
素線（細い針金）を何本もより合わせてストランド（糸状の束）をつくり、さらに芯線により合わせた金属製の綱。柔軟性と強度を兼ね備え、くくりわなに使われる。ストランド数と素線数には、6×19や7×24など、いくつかの組み合わせがある。ワイヤロープは細くなるほど柔軟性が増して獲物を捕縛しやすくなるが、鳥獣保護管理法では、イノシシとシカの場合は直径4㎜以上のワイヤの使用が義務付けられている。スネア部には、主に限界の4㎜が使われ、体のサイズが大きいエゾシカや大物を狙う場合は5㎜が使われていることが多い。

和犬【わけん】
洋犬に対し、日本の在来犬全般に対して使う通称。日本犬が、基本的に国の天然記念物指定を受けている6犬種をいうことに対し、和犬はそのほかの各地の地犬、在来犬も含めたより幅広い概念である。

渡り【わたり】
生物が、一定の繁殖地と越冬地間の長距離を定期的に行き来すること。哺乳類やチョウなどの昆虫でも行われるが、特に鳥の移動を指す。

渡り。写真はハクチョウ（非狩猟鳥）

ワッズ【wads】
散弾実包の内部で火薬と散弾が混ざらないように分ける隔壁。散弾を押し出す役目もあり、銃口から発射された後は近距離で落下する。

ワッドカッター弾【わっどかったーだん】
標的紙にきれいな穴を開けるため競技専用銃に使う平坦な先端部を持った弾頭。国内では4.5㎜エアライフル用ペレットが流通している。

わなシェアリング
複数の狩猟者がわなを共有し、見回りや捕獲、資材の購入を共同で行うこと。手間や金銭的負担をメンバー内で分担することで、わな猟のハードルを下げる仕組み。獲物の肉も、メンバーに分配される。狩猟免許や銃の所持許可が不要な作業については、それらの免許や許可を持っていない人でも参加することができる。現状では、会員制の組織が主体となり、参加者（会員）の募集やわなの購入などの運営を行っている。

わな猟【わなりょう】
法定猟法のひとつで、わなを使用する猟法のこと。猟具としてのわなとは、鳥獣捕獲の目的をもって、自動的、他動的に鳥獣の脚、頸部等を挟み、もしくはくくり、または鳥獣を圧殺もしくは閉じ込めるように作成された器具をいう。法定猟具としてのわなは、くくりわな、はこわな、はこおとし、囲いわなの4種類が定められている（鳥獣保護管理法施行規則第2条第3号）。

わな猟免許【わなりょうめんきょ】
鳥獣保護管理法第39条に基づく狩猟免許の区分のひとつで、わなを使用する猟法により狩猟鳥獣の捕獲等をしようとする者が受けなければならない免許。

ワルサー【Walther】
ドイツを代表する銃メーカー。現在は競技専用銃が有名だが、狩猟用としてはプレチャージ式の空気銃が存在し、国内にも流通していた時期があった。

第　　号

わな猟狩猟免状

住所

氏名

鳥獣の保護及び管理並びに狩猟の適正化に関する法律（平成１４年法律第８８号）により狩猟免許を与える。
よってこの証を交付する。

令和４年９月１５日

神奈川県知事

有効期間　　令和７年９月１４日まで

備考　更新　原交付：　　眼鏡等使用

わな猟狩猟免状。狩猟免状の有効期間は3年間

Column 1

楽しいハンターライフに必要な法令の知識

銃刀法と鳥獣保護管理法だけじゃ全然足りない

狩猟をするためには狩猟免許が必要で、さらに銃猟をするためには猟銃所持許可もいります。すでに狩猟者となった方々は、これらの資格を取る際に「鳥獣の保護及び管理並びに狩猟の適正化に関する法律」（以下「鳥獣保護管理法」）や「銃砲刀剣類所持等取締法」（以下「銃刀法」）のルールに沿ったテキストを読み込んで勉強し、必要な法律の基本的な知識は身につけたことでしょう。でも、狩猟や銃猟を行ううえで関連するほかの法令のことも知っておかなければ、楽しいハンターライフも早々に終わりを迎えるかもしれないので注意しましょう。

刃物類をクルマに載せっ放しはアウト

軽犯罪法

軽犯罪法とは、刑法に定めるほどでもない比較的軽微な犯罪類型について、違反者を拘留又は科料に処すという法律です。同法第1条各号に該当する者が違反となり、その類型は34号にわたって定めがあります。少し多い気がしますが、ハンターになったら銃やナイフを担いで出猟する前にぜひご一読することをおすすめします。

たとえば同条第2号には「正当な理由がなくて刃物、鉄棒その他人の生命を害し、又は人の身体に重大な害を加えるのに使用されるような器具を隠して携帯していた者」とあります。ハンターの多くは止めさしや解体用に刃物を所持や携帯（クルマへの積載を含む）しています。「正当な理由がなく」（※出猟に関連しないときなどが該当）これらを行った場合は軽犯罪法違反に該当する可能性がありますし、刃物の大きさや形状によっては銃刀法違反となるかもしれません。刃物は、出猟時以外は必ずクルマから降ろすことを忘れないようにしましょう。また「刃物」だけではなく、「他人の生命を害し、又は人の身体に重大な害を加えるのに使用されるような器具」とありますので、わなにかかった獲物の止めさしに使うような刺突用の器具や鉄パイプなどの鈍器として使えるものも該当する可能性があるでしょう。「隠して携帯」せずに堂々と携帯していればいいのではないかという疑問もあるかもしれませんが、刃物の場合はやはり銃刀法違反、その他の器具については迷惑防止条例違反などに該当する可能性があります。

そのほかにも、たとえば同条第10号「相当の注意をしないで、銃砲（中略）を使用し、又はもてあそんだ者」、同条第27号「公共の利益に反してみだりにごみ、鳥獣の死体（中略）を棄てた者」、などの規定があります。捕獲個体や残渣の廃棄については産業廃棄物処理法が絡む場合もあり、狩猟に関して違反行為があった際には、まずは銃刀法や鳥獣保護管理法で判断されることが多いと思います。しかし、軽犯罪法にはこのほかにも「こんなことも対象なんだ」と思うものが多数ありますので、ぜひご一読することをおすすめします。

公衆に不安を与えてはいけない
迷惑防止条例

各都道府県はいわゆる迷惑防止条例を定めていて、だいたい中身も似通っています。つきまとい行為や、暴力的行為などに対処するものであり、たとえば兵庫県迷惑防止条例（「公衆に著しく迷惑をかける暴力的不良行為等の防止に関する条例」）第3条第2項には次のように規定されています。

「何人も、公共の場所又は公共の乗物において、正当な理由がないのに、刃物、鉄棒その他人の身体に危害を加えるのに使用されるような物を、公衆に対して不安を覚えさせるような仕方で携帯してはならない」

前述の軽犯罪法では「隠して携帯」していた場合が該当しますが、ここでは隠しているか否かは問われず、公衆に「不安を覚えさせるような仕方」での携帯が問題となります。「させるような仕方」という表現ですので、現に「不安を覚えた」という結果がなくとも該当することになります。この規定を知っていれば、先ほどの軽犯罪法違反を逃れるため隠さずに堂々と携帯していればいい、という結論に思い至ることはないでしょう。

実際にはよほどひどい場合でない限り、この規定に基づいていきなり特定のハンターが取り締まられるという可能性は低いと思いますが、指導や職務質問などの理由になったり、地域住民から通報されることは考えられ、その際には痛くもない腹を警察官に探られることにもなります。軽犯罪法と並んで、ご自身の住居地と出猟先だけでも迷惑防止条例を確認し、ご自身の移動時の様子や猟装などをあらかじめチェックすることをおすすめします。

そこに駐車して大丈夫？

道路交通法

実際に出猟すると、銃を触るよりクルマを運転している時間のほうがよほど多く、取り締まる側の警察官にとっても取り締まり対象として扱いやすいので、道路交通法は銃刀法や鳥獣保護管理法と並んで注意すべき法律といえるでしょう。

狩猟中に意外とスルーされているのが、基本的な駐停車方法です。駐停車禁止場所を正確に覚えていらっしゃるでしょうか？　道路標識が立っているところは当然ですが、標識がなくても違反となる場所があります。猟場でありそうな所といえば、交差点（およびその側端から5m以内の部分）、坂の頂上付近、勾配の急な坂などがこれに当たります。駐停車が禁止されていない場所であっても、左側端に沿わない駐車や、無余地駐車などは駐車の状況によって違反になります。法令遵守は大前提ですが、どこから誰が見ているかわかりませんので、「こんな田舎にわざわざ取り締まりは来ない」と思って軽い気持ちで駐車違反を行うことは禁物です。道路交通法の適用がない場所まで入ってしまえば安心ですが、道路付近に止めざるを得ない場合は、駐車場所は慎重に選びましょう。当たり前ですが、クルマを離れるときに、使わない装弾をクルマに残すことはご法度です。

また、運転中に携帯電話を手に持った状態で誰かとおしゃべりすることは、ハンターに限らず道路交通法違反となるので注意しましょう。一方で、ハンターなどが車載無線機やハンディ無線機を使って応答することはすぐに同法違反にはなりません。同法上、違反の対象となるものは「その全部又は一部を手で保持しなければ送信及び受信のいずれをも行うことができないもの」（道路交通法第71条第5号の5）です。無線機は運転者がマイクなどを保持せずとも受信できますので、これに該当しないものとされています。とはいえ、運転中に誰かと応答を続けることは注意散漫になり大変危険ですし、事故を起こせば違反はなくとも過失責任は大きく問われることになるかもしれません。無線機を使っている場合でも通話が長くなるのであればいったん停車することが最善です。

武器等製造法

自分で修理はOK。改造は？

武器等製造法（以下「武等法」）は、銃砲店が猟銃の販売や製造（改造および修理を含む）を事業として行う場合に必要な許可に関わる法律です。この法律を知らなくても、猟銃および空気銃の販売を事業として行う場合には、さすがに何か許認可が必要だろう、ということは想像しやすいと思います。では、一度所持した銃を自分で修理や改造する場合はどうなるのでしょうか。

猟銃等の製造を事業として行う場合には販売と同じく許可が必要であり、ここでいう「製造」には「改造」および「修理」が含まれます（武等法第17条）。逆に、猟銃等の製造は許可を受けた事業者しかしてはいけないという規定もあります（武等法第18条）が、ここでいう「製造」には「改造」は含まれていますが「修理」は除かれています。すなわち、自分の所持銃の場合、武等法の事業許可なく自分でやっていいのは修理までで、改造には製造の事業許可を自分で取得するか、許可を持っている事業者に依頼しなければならない、ということになります。

　では「修理」と「改造」の線引きはどこにあるのでしょうか。武等法でいう「修理」とは「主要部品の交換等により機能又は構造を現状に復する作業」のことです。一方で「改造」は、「猟銃等に一定の加工を施すことにより武器の構造又は機能に変化を与える作業」のことを指します。たとえば、傷んだ銃床を交換しようと考えた場合に、まったく同じものの新品に付け替える行為は「修理」にあたり、事業許可のない所持者自身でも行うことができます。新しく付け替える銃床の寸法が違ったり、材質等に変化が生じる場合は「改造」にあたると考えられ、事業許可が必要な作業になる、というわけです。

　過去の違反事例などが広く公開されているわけでもないので、所持者側でやっていいこと・悪いことを詳しく調べるにも限界があります。また、銃刀法と武等法はあくまで別の法律です。所持許可証の記載事項に変更がなければ銃刀法上は問題ないのでなんでもやっていいのかというと、決してそうはなりません。銃身やストックを切って短くしたいときや、銃のパーツを手に入れてその取り付けや交換を行おうとするとき、まずは所轄警察署や猟銃等製造事業の許可を受けている銃砲店に相談するべきでしょう。

食品衛生法

ジビエを流通させるには

　もうかなり周知されてきていると思いますが、捕獲した狩猟鳥獣の肉をジビエとして流通させるためには、食品衛生法上の食肉処理業と食肉販売業のふたつの許可が必要です。ハンターが獲ってきた野生肉を家族や知人、個人的な間柄で振る舞う分には同法の適用はありません。

　ひと昔前、まだジビエと呼ばれる以前のころは地元の猟師が獲ってきたイノシシ肉、シカ肉、カモ肉などが直接、地元の飲食店や旅館などに持ち込まれ、気軽に食べられたこともあったかと思います。現在では国を挙げてジビエ消費のキャンペーンを行った結果、生産施設は増加し、流通経路や販売網も拡大、ジビエは全国的に認知され一般消費者が都市部でも日常的に食べることができるものとなりました。そのなかでハンターは安心安全な食肉＝ジビエの供給者、生産者という位置づけになり、食品衛生法への意識を高く持つべき時代となっています。

　ハンターになり獲物を持って帰るようになると、「肉が欲しい」と声をかけてくれる人は年々増えてくると思います。その際、それが個人消費の範疇なのか、一般流通にあたる（飲食店で提供されるなど）のかを考え、自身の行動を判断するように心がけましょう。

動物愛護管理法など

猟犬は放していいの？

猟犬はなぜ山に放してもよいのでしょうか？「猟師が犬を放すのは当たり前だろう」と思われるかもしれませんが、そもそも日本では「動物の愛護及び管理に関する法律」（以下「動物愛護管理法」という）において動物の所有者又は占有者の責務等として次のような定めがあります。

●第7条1項

「（略）動物が人の生命、身体若しくは財産に害を加え、生活環境の保全上の支障を生じさせ、又は人に迷惑を及ぼすことのないように努めなければならない。」

●第7条3項

「動物の所有者または占有者は、その所有し、又は占有する動物の逸走を防止するために必要な措置を講ずるよう努めなければならない。」

ここでいう動物には犬が当然含まれており、さらに同法第9条に基づいて各都道府県が条例に定めることで必要な措置を講じています。

例えば「茨城県動物の愛護及び管理に関する条例」第5条は飼い犬の所有者の遵守事項を定めていて、同条（1）には「飼い犬をけい留しておくこと。ただし、次のいずれかに該当する場合は、この限りでない」とあり、同条（1）アに次のような定めがあります。

「警察犬、狩猟犬、身体障害者補助犬その他の使役犬をその目的のために使用し、又は人畜に危害を加えるおそれのない場所若しくは方法で訓練するとき」

これにより狩猟犬については、「その目的のために使用」する場合や、「人畜に危害を加えるおそれのない場所」や「方法」で「訓練する」場合に、飼い主たるハンターは係留義務を免れることになっています。書きぶりは多少異なりますが、おおむね同じ規定が各都道府県の条例や規則に定めがありますので、犬持ち猟師の方は訓練や出猟を予定されている場所の条例を一度確認しておくことをおすすめします。

ここで注目しておきたいことは、狩猟犬を放すうえで具体的にどのような訓練が必要かの規定がなく、警察犬や補助犬などの使役犬として専門的な訓練を受けた犬たちと同列に扱われていることです。

そもそも係留義務は周囲の安全を担保するためにあるものですが、使役犬については目的のために放されても安全に行動できることが期待されています。事実、警察犬や補助犬はその活動目的のため、適性を見る個体選別に始まり、体系的な訓練が施されています。転じて狩猟犬についてはいかがでしょうか？　警察犬や補助犬レベルとはいかないまでも、狩猟中に事故を起こさないための躾(しつ)けや訓練を行っていると胸を張っていえるでしょうか？　たびたび狩猟中（たいていは大物猟中）に猟犬による痛ましい咬傷事故が報道されますが、実際には日の目を見ないだけで小さな事例もかなり耳にします。法令上、猟犬をその目的のために放すことは許されていますが、それは周囲に対する安全が確保されていることを前提としています。われわれハンターはその期待を認識し、愛犬の訓練や使役に臨みたいものです。

ハンターは法令への意識が不可欠

狩猟に関連する法令をいくつか紹介しましたが、これですべてではなくほかにも場面によって該当するものはあることでしょう。多くのハンターにとって狩猟は非日常的な趣味のひとつであり、ビギナーにとっては刺激あふれる新しい世界であろうと思います。しかしながら、知らない間に法律違反を犯してしまった場合、狩猟をやめるだけで済まず、本業や普段の生活にも支障が出ることもあり得ます。道路交通法にはいわゆる交通反則金制度（いわゆるキップ制度）がありますが、その他の法令に反則金制度はなく、検挙されると前科となる罰金がいきなり科される可能性もあります。「そんな法律知らなかった」「ベテラン猟師に大丈夫だと聞いた」などという言い分はもちろん通用せず、責任を負うのは自分自身になります。狩猟にまつわる活動をするとき、銃刀法、鳥獣保護管理法以外の法令にもしっかり気を配りつつ、長くハンターライフを楽しんでください。

Part 2

狩猟にまつわる知識集

最初の1丁に選ぶべき狩猟用散弾銃とは？

これから銃猟を始めようとする初心者ハンターにとって、1丁目の散弾銃をどう選ぶか、というのはとても重要だろう。いうまでもなく狩猟の世界は奥が深いものだから、いろいろなスタイルの狩猟に挑戦してみたい、という気持ちは誰にでもあるはずだ。

その一方で、猟銃の所持許可申請にはとても手間がかかるし、それに伴うコストや猟銃の維持費、といった問題も決して無視できない。そうなると、できることなら1丁の銃だけで、なるべく多くの狩猟をやってみたいと思うのは当然のことだろう。

しかし、次の項で述べるが、散弾銃というものはある意味で万能であるため、たいていの銃はどんな狩猟にも使えてしまう。したがって、その銃が各自の狩猟スタイルに本当に合っているかどうか、わからないまま狩猟を続けているハンタ

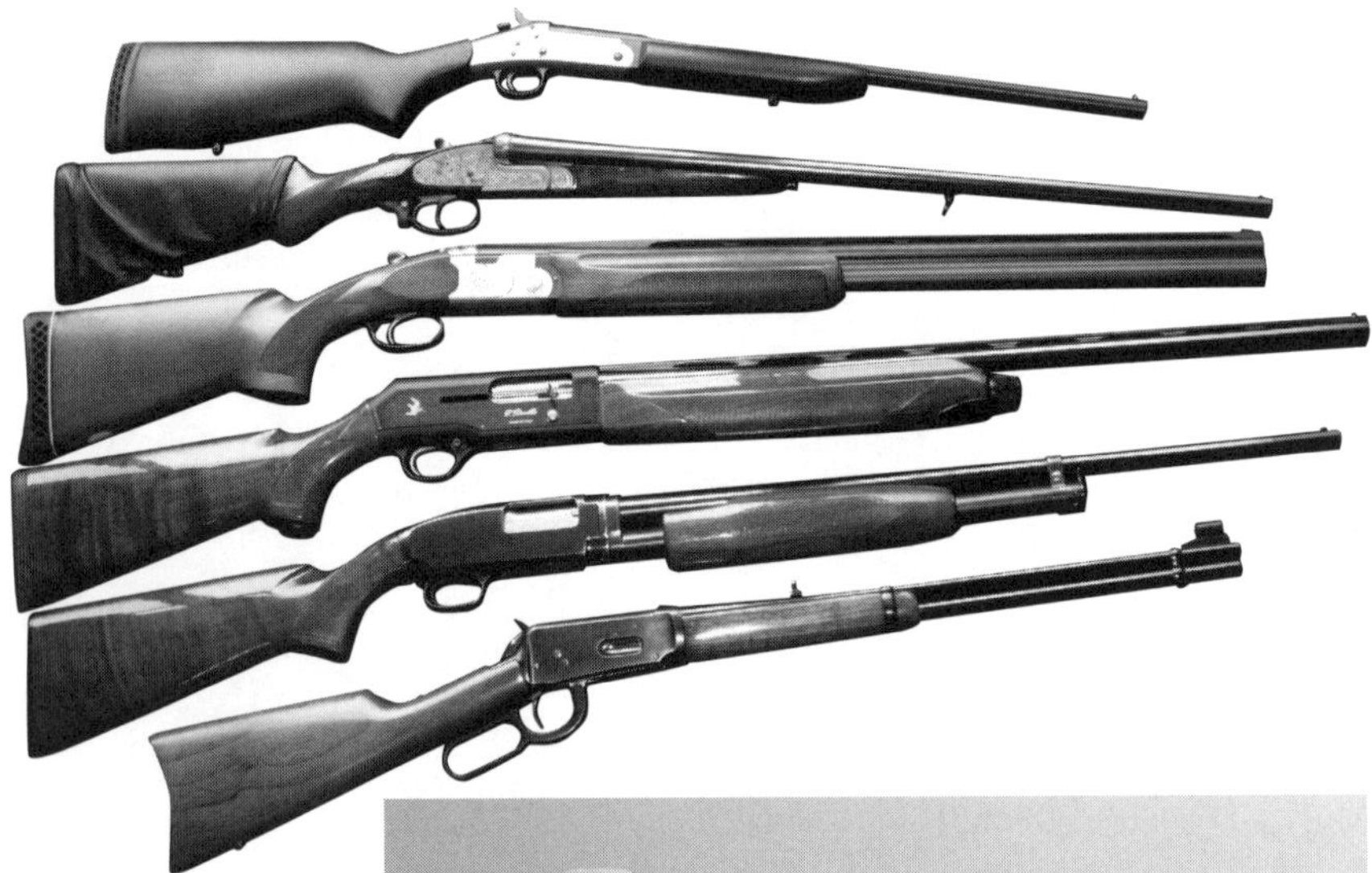

射撃教習を終えた後に所持できるのは散弾銃とエアライフルだ

散弾銃は、1丁の銃で単弾から小粒散弾までいろいろなサイズの弾丸を撃つことができる。つまり、さまざまな獲物を1丁の銃で狙えるというわけだ

❶右が9号散弾で左は9粒弾。9号は、12番なら約650粒（33g）入っている
❷右から、12番、20番、410番のスラッグ。ミゾはフルチョークで撃った際に潰れて、安全を担保するためのもの
❸右から、12番、20番、410番の装弾。20番の薬莢はほかの口径と混同しないよう黄色いものが多い

ーも少なくないのだ。帯に短し襷（たすき）に長し、という言葉があるが、そんな状態のまま狩猟を続けていると、なかなか猟果が上がらない可能性もある。だからこそ、いくつかの種類に分かれる猟銃の特徴を知っておきたいものだ。

本稿では、初心者ハンターが散弾銃を選ぶ際のヒントを、銃の形式ごとに解説していく。せっかく苦労して取得した狩猟免許と銃の所持許可なのだから、獲りたい獲物や猟場の状況に応じて、最適な散弾銃を選んでいただきたい。

散弾銃とは何か

散弾銃とは、文字どおり弾道上で散らばりながら飛んでいく「散弾」を発射できる猟銃のことで、火薬の爆発力が推進力となっている。ごくまれに圧縮空気で発射する空気散弾銃というものも存在するが、日本では所持が禁止されているため、国内ではすべての散弾銃が火薬を使うということになる。

最初に「発射できる」と書いたのは、散弾のほかにスラッグという単弾（1発弾のこと）も撃つことができるからで、そこがライフル銃や空気銃とは違う大きな特徴だ。

これを可能にするのが散弾銃特有の滑腔銃身で、銃腔内が平滑であるため、発射する弾を選ばない。後述するハーフライフル銃身以外であれば、散弾を使って飛翔する鳥を撃つのはもちろん、スラッグ弾を使えばシカやイノシシなどの大物を仕留めることもできる。散弾と単弾の両方が撃てるということはある意味で万能といっても過言ではなく、初心者ハンターが最初に使う銃として、まずは理にかなっているといえるわけだ。

しかし、散弾銃にはさまざまな形式と口径があるため、狩猟スタイルに合った銃を選ぶ必要がある。クルマにたとえるなら、大きな荷物を運ぶためにはワンボックスやバンが便利だが、通勤や近所の買い物に使うだけなら軽自動車が向いている、というのに近いかもしれない。

散弾銃の口径

現在、国内で一般的に流通している散弾銃の口径は、小さいほうから順番に「410番」「20番」「12番」の3種類だ。12番は英語で12ゲージ（12 gauge）といい、重さ12分の1ポンドの鉛を球形にしたときの直径で約18・5㎜だ。20番は20分の1ポンドの鉛を球形にしたときの直径で約15・6㎜。一番小さな410番だけは例外的に0・410インチ（約10・8㎜）であることを意味する。正式には410キャリバー（410 caliber。caliberはcal.と略される）といい、日本では「ヨンヒャクトウバン」や「ヨントー」などと呼ばれている。

欧米では16番や10番といった口径も使われるが、10番は日本の銃刀法上、散弾銃の最大口径を超えてしまうため使うことができず、16番は近い口径の20番で代用できるため、日本ではあまり定着していない。

散弾銃の弾は「実包」もしくは「装弾」と呼ばれ、ケースである薬莢内に点火薬である「雷管」、弾の推進力となる「火薬」、火薬と散弾を分離するための「ワッズ」、獲物に向けて飛ばす「散弾」もしくは「スラッグ弾頭」が内包されている。現在、散弾には無煙火薬を使い薬莢はプラスチック製のものが大半を占めているが、黒色火薬の時代には真鍮や厚紙でできたものが一般的だった。

口径は大きいほど大量の散弾粒を飛ばすことが可能で、12番なら一般的な狩猟用装弾で33g、20番なら28g、410番なら14gと、口径によってかなり差がある。これはそのまま獲物に対する威力の違いとなり、射撃技術やそのほかの条件が同じであれば、当然だがより多くの散弾を撃ち出したほうが捕獲率も高まるわけだ。

通常、装弾の長さは70㎜だが、3インチ（76㎜）薬莢もあり、12番なら最大56gもの散弾を詰めることができる。ならば76㎜薬莢の12番があればほかの口径はいらないのでは？と思うかもしれないが

散弾（鉛弾）の種類

通称	JISの呼び方（mm）	用途	射程範囲（m）	最大到達距離（m）
スラッグ（12番）	–	クマ、シカ、イノシシ	100	700
BB	4.5	中型獣、カモ	50	340
1号	4.0		50	315
2号	3.75	カモ、ノウサギ	50	300
3号	3.5		50	290
4号	3.25		50	275
5号	3.0	キジ、ヤマドリ、カラス テン、ノウサギ、カモ	45	265
6号	2.75		45	250
7号	2.5	コジュケイ、キジバト ヤマシギ、イタチ（オス）	40	240
7.5	2.41		40	235
8号	2.25		40	225
9号	2.0	タシギ	40	210
10号	1.75	スズメ	40	195

『狩猟読本』（大日本猟友会）を参考に作成

さにあらず。撃ち出される散弾の重量が多ければ、その分、発射時の反動も強くなるわけで、もし初矢が外れた場合、二の矢をかけるまでのタイムラグがより長くなってしまう。同じ56gの散弾なら、20番で28gを2発撃ったほうが効率のいい場合もあり、散弾銃の口径に関しては、必ずしも大は小を兼ねるというわけにはいかないのだ。

散弾粒の大きさ

通常、散弾は金属でできており、弾粒の直径によって10種類以上に分けられる。最も大きいものが単弾のスラッグで、12番なら約17㎜だ。次が00B（ダブルオーバック）で、1粒の直径が約8.6㎜。12番ならこれがひとつの装弾に6~9個入っており、六粒（ろくりゅう）や九粒（きゅうりゅう）弾と呼ばれている。

一般的な散弾は1~12号に分類され、数字が大きくなるほど弾粒は小さくなっていく。1号は直径約4.5㎜、12番なら80~100粒が入っている。一番小さな12号は直径約1・75㎜、同じく12番なら2600~2800粒も入っており、同じ散弾でもまったく違うものであることがわかるだろう。

散弾というのは、獲物や射撃距離によって使い分けるものである。1号や2号はカモ、カワウなど遠距離での大型鳥類やウサギなどの中型獣類。3号から5号はキジ、ヤマドリ、カラスなど。7号から8号はキジバトやコジュケイなど。9号や10号はスズメなどに使う。

ちなみに、クレー射撃競技では、トラップ射撃が7.5号、スキート射撃が9号とルールで決まっている。また、北海道の場合、鉛を含む材質でつくられた7㎜以上の散弾、つまり00Bやスラッグ弾を狩猟目的で所持することは禁止されている。北海道でエゾシカ猟などを行う際は、必ず非鉛弾を使わなければならないので注意が必要だ。いろいろなスタイルの狩猟や射撃競技に挑戦してみたい人は、あらかじめルールなどを調べておこう。

チョーク

銃口から発射された散弾は、飛んでいくにしたがってバラバラに広がっていく。獲物を点ではなく「面」で捉えるのが散弾銃の特徴であり、これを「パターン」と呼ぶ。

問題は、どの程度の距離でもっとも効果的に広がるのか、ということで、あまり近いうちに広がってしまっては、遠くの獲物に届いた時点でパターンの密度が粗くなり、命中率は下がってしまう。

そのため、散弾銃の銃身は銃口が少しだけ絞られて細くなっていて、その部分を「チョーク」という。

チョークのない平筒がシリンダーで、12番なら約18・5㎜だが、ここから0・25㎜ずつ、インプルーブドチョーク（約18・25㎜）、モデファイドチョーク（約18㎜）、インプルーブドモデファイドチョーク（約17・75㎜）、フルチョーク（約17・5㎜）と、4段階に絞られていく。

たとえば、フルチョークは、遠くまでパターンを密な状態に維持したまま飛ばせるため、カモの遠射などに向いている。

逆に、シリンダーやインプルーブドなら、足元から飛び立ったキジを近距離内で撃墜するのに最適だ。また、どんな距離でもバランスよく撃ちたい場合は、モデファイドチョークやインプルーブドモデファイドにすればいいわけだ。

古い銃の場合、銃身そのものが絞られているものがほとんどだが、新型の銃であれば、チョーク部分が取り外せる交換チョークタイプも多い。チョークが交換できれば、1本の銃身ですべての絞りを設定できる。

元折式単発銃

散弾銃の形式で、もっとも原始的といえるのが元折式単発銃だ。文字どおり一度に1発しか撃てず、二の矢をかけるには再装塡しなければならない。現行品として製造されている銃は少なく、昭和40年代から50年代頃に製造された中古銃が銃砲店の倉庫に眠っている、という場合がほとんどだ。

だが、そんな古い銃でも運用次第では有効に使うことが可能で、特に猟犬を使った単独での大物猟や、わな猟の止め用としてスラッグ弾を撃つには最適だ。とても軽いため持ち運びが楽で、至近距離から1発だけ撃てばいい、というような状況で威力を発揮する。

しかし、専門性の高い形式のため、逆にいえば万能とはいい難く、カモ猟などのように遠距離を連射する必要があるような場面では使いにくい。また、構造上あまり頑丈ではなく、特に古い銃の場合、酷使するような使い方は避けなければならない。

口径は12番でも問題ないが、銃が軽いため反動が強くなりがちなので、単独大物猟であれば20番、わなの止め用なら410番がベストだろう。

ちなみに、単発銃にはボルト式もあり、いわゆる村田銃と呼ばれるものだが、たいていは16番や28番といった現在ではほとんど使われていない口径が多い。加えて、大正時代から昭和30年代頃にかけてつくられた銃が多く、あまりにも古いため実用には不向きだといわざるを得ない。

クレー射撃は、狩猟向きの銃でも楽しめなくはないが、専用銃のほうが当然狙いやすい

水平二連式

水平二連式（以下、水平二連）の歴史は古く、単発銃から発展した最初の連発銃だといえる。進化の過程において、2発撃つために銃身をもう1本足す、という発想に至るのは自然なことだ。銃身が増えた分、単発銃よりは重くなるが、散弾銃の中では軽い部類に入る。

水平二連のルーツはイギリス貴族の狩猟にあり、ロンドンガンと呼ばれる超高級品をオーダーするとなると納期は数年以上、お値段も数百万円から一千万円を超えるものもザラだ。だが、心配する必要はない。老舗銃砲店の倉庫には国産の中古銃がまだまだたくさん眠っており、よほどの高級品でない限り10万円程度から購入が可能だ。もちろん、そういった安い中古銃でも、鳥猟から大物猟まで幅広く活用できる。

口径はまれに410番もあるが、わな猟の止め専用でもない限り12番か20番を選ぶべきだ。反動のことを考えると、若干だが、20番のほうが使いやすいかもしれない。

また、元折式単発銃と同じく酷使は禁物で、メインの銃として使うのであれば、故障には十分注意する必要がある。古い水平二連の修理に対応できる銃砲店というのは実はそう多くなく、たとえ安く買えたとしても、修理には時間と高額な料金がかかる可能性がある、ということを忘れないようにしたい。

上下二連式

銃身が2本あるのは水平二連式と同じだが、文字どおり上下に並んでいるのが上下二連式（以下、上下二連）だ。形式としては水平二連より新しく、銃身基部を機関部が覆い隠すデザインのため、水平二連とは比較にならないほど耐久性が高い。その分、重くなるのは否めないが、種類も多く、国内の銃砲店にもっとも多く流通している散弾銃だ。単発銃や水平二連と同じく元折式のため、装填と排莢の操作がシンプルで、薬室内を確認するのも一目瞭然、銃の安全管理がもっともやりやすい形式だといえる。

上下二連にはクレー射撃競技仕様のものが多く存在するが、なかでもトラップ専用銃は猟用には避けたほうが無難だ。銃床の形状（ベンド）やチョークが遠距離射撃専用に設定されているからで、幅広い距離の獲物に対応する狩猟には少々不向きだからだ。狩猟用には銃身長26～

元折式単発銃

機関部をレバーで開放して、散弾を1発だけ装填できるタイプの銃

水平二連銃

文字どおり、銃身が水平に並んだタイプの散弾銃

上下二連銃

銃身が上下に並んだタイプの散弾銃。各種クレー射撃競技で選ばれている

28インチ、交換チョーク仕様のフィールド銃やスポーティング銃などと呼ばれるタイプを選びたい。これなら、鳥猟から大物猟まで幅広く使えるはずだ。

また、上下二連にはスラッグ専用銃というものもあり、2発までであれば自動銃を上回るスピードで連射が可能で、当然だが絶対に回転不良を起こさない。命中精度も高く、大物猟用に限定するのであれば、ある意味で究極の形式だといえるかもしれない。

自動式

自動式には大きく分けて、「銃身交代式」「ガス圧利用式」「慣性利用式」という3種類の形式があるが、すべてに共通するのは、自動で装塡と排莢を行うという点だ。つまり、引き金を引くだけで散弾銃の上限装弾数である3発を連射できるということで、ここがもっとも大きな特徴であり魅力だといえる。

その反面、元折式に比べて操作方法が少々複雑になるため、初心者が使う場合は自然に扱えるよう反復練習が必須だ。猟場で慌てて安全管理がおろそかにならないよう、自分の銃の構造や操作方法を熟知しておかなければならない。

自動式の銃身は1本なので、さまざまな距離で獲物を狙うのであれば交換チョーク式がベストだ。形式としては銃身交代式がもっとも古く、したがって交換チョーク式の銃も少ない。初心者ハンターが選ぶ場合、ガス圧利用式か慣性利用式の2択になるだろう。

ガス圧利用式は作動が確実である半面、機構が少々複雑で手入れを怠ると作動不良を起こすことがあるため、日頃のメンテナンスはしっかりとやりたい。一方、慣性利用式は構造がシンプルで使いやすいが、散弾の重量に対して少々敏感で、24gの軽い装弾ではうまく作動しない場合もあるので注意が必要だ。

ほとんどの自動式は銃身交換が簡単なので、鳥猟用と大物猟用に替え銃身を使い分けているハンターも多い。たとえば、リブ付きの滑腔銃身に散弾を使って鳥猟に、後述するハーフライフル銃身を持っていればサボットスラッグ弾を使って大物猟にも対応できる。

スライド式

前述した自動式を「手動」で作動させるのがスライド式だ。銃の歴史の順番としてはスライド式のほうが古いのだが、理解しやすいよう、あえて自動式の後に解説をもってきた。

散弾銃の上限装弾数である3発まで装塡できるのと、銃身が1本で、交換が容易（一部の古い銃を除く）なのは自動式と同じだ。したがって、複数の替え銃身を用意することでさまざまな獲物に対応させることが可能だが、大きく違うのは、薬室への装塡と発射後の排莢を手動で行う点だ。先台を手で前後動させるため、アメリカではポンプアクションとも呼ばれており、国内のハンターからはシャクりなどの愛称がつけられている。

慣れれば自動式に肉薄するスピードで連射が可能で、散弾の重量に左右されず、どんな装弾でも確実に作動するというのが特徴だ。

同じく手動の連発式としてはほかにレバー式もあるが、機種や口径がかなり限定されることと、銃身交換ができないタイプの銃が多いため、こちらはあまり初心者向きではないかもしれない。

ハーフライフルサボット銃

大物猟にはスラッグという単弾を使うというのは前述したとおりだが、50m以上の距離になると、状況によっては獲物に命中させるのが難しくなる。これはやはり、滑腔銃身ではスラッグ弾を回転させられないためだ。

そこで注目したいのが、「ハーフライフル（サボットスラッグ）銃」だ。銃身長の半分以下にスラッグを回転させるためのライフリング（施条）が施されており、サボットと呼ばれるプラスチック製の覆いに包まれた「サボットスラッグ弾」を使えば、150m程度まで有効射程距離が伸びる。日本の銃刀法では、銃身長の半分以上にわたってライフリングがほどこされた銃をライフル銃と定義しているため、許可行政上では「その他の猟銃」と分類される散弾銃だ。いずれにせよ、狩猟目的でのライフル銃所持許可要件である、「猟銃（空気銃以外）の10年間継続所持」というしばりを待たずとも所持できる、というメリットは大きい。

口径は12番と20番があり、ボルト式が一般的だが、スライド式や自動式などでもハーフライフルの替え銃身と交換することで、ハーフライフル銃にすることが可能だ。また、滑腔銃身を使用したボルト式の散弾銃というものも存在し、通常のスラッグ弾でかなり高い命中精度を出せるが、50mを超えると命中精度が落ちる。こちらはハーフライフルではないので混同しないように気をつけてほしい。

自動銃

交換チョークや替え銃身などを選ぶことによって、いろいろなターゲットに対応できる

スライド式

手動で装填と排莢を行う方式の銃。替え銃身があるタイプもある

ボルト式のハーフライフル銃

ボルト式の特長は、射撃精度の高さにあるが、連射は不向きだ

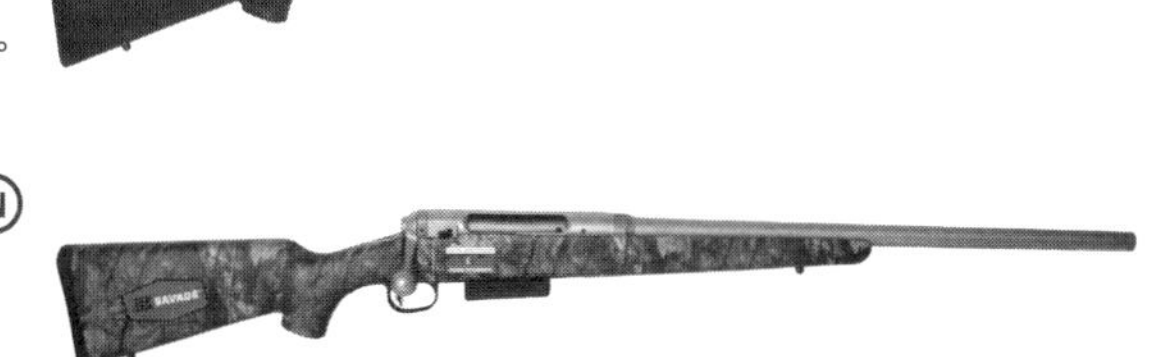

猟銃の部位解説

猟銃の各部名称はおおよそ下に示したのが基本となる。実猟や射撃の際には、これらの用語を使うことはほとんどないが、覚えておいたほうがいいだろう。

洋服などと同じように、購入した猟銃が自分の体形に合っているとは限らない。銃砲店で確認できる銃身長、全長、重量のほかにプルレングスなどがある。プルレングスは引き金のかかり具合を知る目安となる数値で、短い場合は床尾板を厚いものに替えて調整できる。逆に、長い場合は床尾板を薄いものに交換するか、銃床を切って短くする。銃床を切って短くする場合は、「猟銃・空気銃所持許可証」を書き換えする必要があり、その作業は猟銃等製造事業の許可を持つ銃砲店で行い、改造証明書と猟銃を警察へ持ち込んで確認しなければならない。面倒に感じるかもしれないが、自分の体形に合った銃が使いやすいのは間違いない。

散弾銃の各部名称

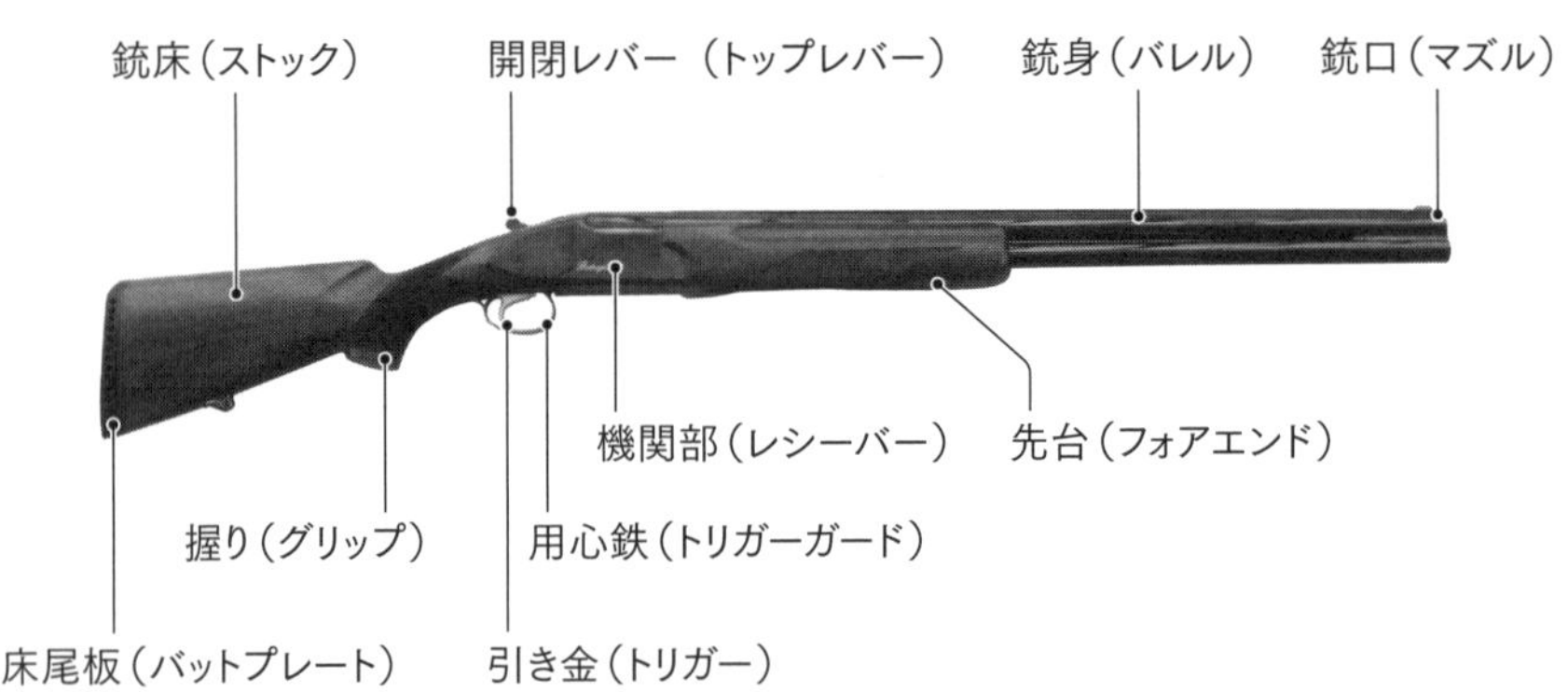

ボルト式の各部名称

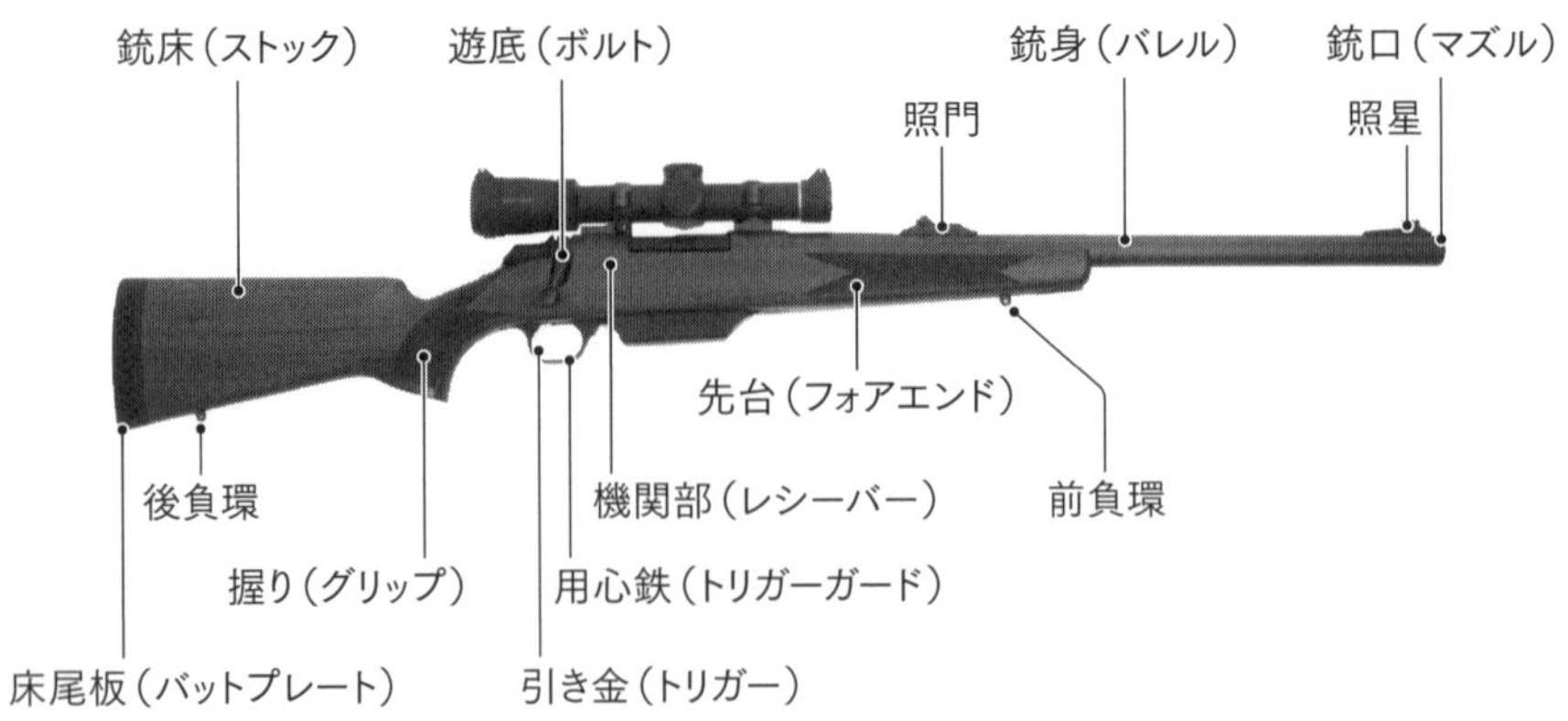

大物猟で使う実包の基礎知識

実包とは

そもそも、実包とは何だろうか。

意味は「実弾」と同じだが、言葉としては、弾頭のない「空包」への対義語として使われている。薬莢の中に、雷管、火薬、弾頭もしくは散弾粒がパックされたものを指し、英語ではライフル実包を「ライフルカートリッジ」、散弾実包を「ショットシェル」という。

ライフルの弾頭は先端が尖っているため空気抵抗が少なく、中心部が鉛、外側は銅で覆われている。狩猟用のものは先端にのみ鉛が露出していて、命中時、ここから潰れることで獲物へのダメージが増す仕組みになっている。

散弾実包には、1・75㎜～8.6㎜までの各種鉛粒が入ったものと、大きな弾頭が1発だけ入ったスラッグ実包の2種類がある。スラッグ弾頭の直径（口径）は、410番が約10・8㎜、20番が約16㎜、12番が約18・5㎜で、当然、口径が大きいほど威力も増す。大物猟に使うのは20番か12番が一般的で、威力の弱い410番はもっぱらわなの止めに使われることが多い。

また、北海道では、直径7㎜以上の鉛散弾実包と、すべての鉛ライフル実包について、狩猟目的での所持が禁止されている。北海道での狩猟には、銅やソフトスチールなど、非鉛弾の実包を使用しなければならないので注意が必要だ。ちなみに、昔のマタギが使っていた、いわゆる村田銃には一丸（いちがん）と呼ばれるボール状の鉛スラッグ弾頭が使われていた。口径は28番くらいが一般的だったので、弾頭重量は約16g程度。これを威力の弱い黒色火薬で飛ばしていたわけだ。実際のデータを取っていないので断言はできないが、感覚的に、大物に対する必殺有効射程距離は30m以内、といったところではないだろうか。

シカならともかく、仮にこれが冬眠前のクマなら、もっと近づかなければならなかっただろう。硬い毛皮と厚い脂肪の層を突き破り、緊張して固まった筋肉を貫通し内臓まで弾を届かせるには、場合によっては15mほどまで近づく必要があったはずだ。しかも、村田銃は単発式であり、初弾で斃せなかった場合を想像するとゾッとする。やはり、現代のハンターが安心して大物猟を楽しめるのは、威力の強い無煙火薬実包の開発と、それを安全に発射できる頑丈な銃があればこそ、なのである。

スラッグ実包

日本の銃刀法では、猟銃（装薬銃）を継続して10年以上所持した者に対してのみ、狩猟目的でのライフル所持許可申請資格が与えられる。したがって、猟銃所持の経験が10年未満のハンターが大物猟をする場合、必然的に散弾銃とスラッグの組み合わせになるわけだ。また、ライフルを所持しているハンターであっても、猟場の周りに民家が点在しているような状況では、ライフルに比べて射程距離の短いスラッグを使う場合もある。

スラッグにはライフルドスラッグとサボットスラッグの2種があり、一般的には、前者を「スラッグ」、後者を「サボット」と呼ぶことが多い。ライフルドスラッグは銃腔内が平滑な通常の銃身から撃つのに向いており、サボットスラッグは銃身長の半分にライフリングが刻まれた、ハーフライフル銃身から撃つのに適している。サボットは「木靴」という意味だが、弾頭がプラスチックのケースによって文字どおり木靴のように包まれており、これがライフリングに食い込んで回転するため、命中精度が高い。ちなみに、ハーフライフル銃を散弾銃ではなく「その他の猟銃」と呼ぶこともあるが、各種スラッグが散弾実包の一種であることに変わりはない。

スラッグの銃口初速は通常の12番で約1400ft/sほど。これは、一般的な30口径のライフルに比べて約半分しかない。では、獲物に対する威力効果も半分かといえばそうではなく、やはり、大口径によるストッピングパワーは大きい。たとえるなら、点で突き刺すライフルに対し、スラッグは重いパンチで打撃を与えるようなものだ。特に、中近距離内であればその威力はかなりのもので、100m以内なら十分に有効射程距離だといえるだろう。

スラッグを使う場合、気をつけなければならないのが弾道の上下落差だ。12番で25~30g程度と弾頭重量があるため、距離が遠くなるほどに弾道は「落ちて」いく。50mで標的の中心付近に当たるよう照準調整をした場合、100mでは30cmから場合によっては50cm近くも落下してしまう。50cmといえば、ほとんどシカの胴体1個分であり、背中のラインを狙っても腹の下をかすめて外れる、ということになる。つまり、スラッグで遠距離の獲物を狙う場合、弾道を読んだうえでの「狙い越し」が必要になるわけで、ここが射獲率を上げるカギとなるだろう。

ただし、20番の場合はこの限りではなく、遠距離であっても落差は最小限ですむ。口径が小さい分、弾頭重量も軽く、100m程度ならあまり狙い越しをしなくてもシカの胴体に当てることが可能だ。ただし、12番に比べると威力は劣るため、自分の狩猟スタイルに合った口径を選ぶことが重要である。

大物猟用散弾実包

スラッグ以外で、大物猟に使える散弾実包が大粒散弾だ。

直径7~8.6㎜の丸弾が6粒もしくは9粒入っており、「6粒(ろくりゅう)実包」や「9粒(きゅうりゅう)実包」と呼ばれる。英語で「バックショット」という名のとおり、主にシカ猟用だが、イノシシ猟に使われることも多い。

有効射程距離は30mほどで、走る獲物を撃つのに有効だが、実際問題、この弾だけで即倒させることは難しい。撃ち出された散弾のうち、仮に2~3粒が当た

散弾銃の弾道

スラッグ実包の使い分け。100m以上の獲物を狙う場合は、ハーフライフル銃身にサボットスラッグ弾の組み合わせがベスト。また、銃にスコープを載せる必要もある

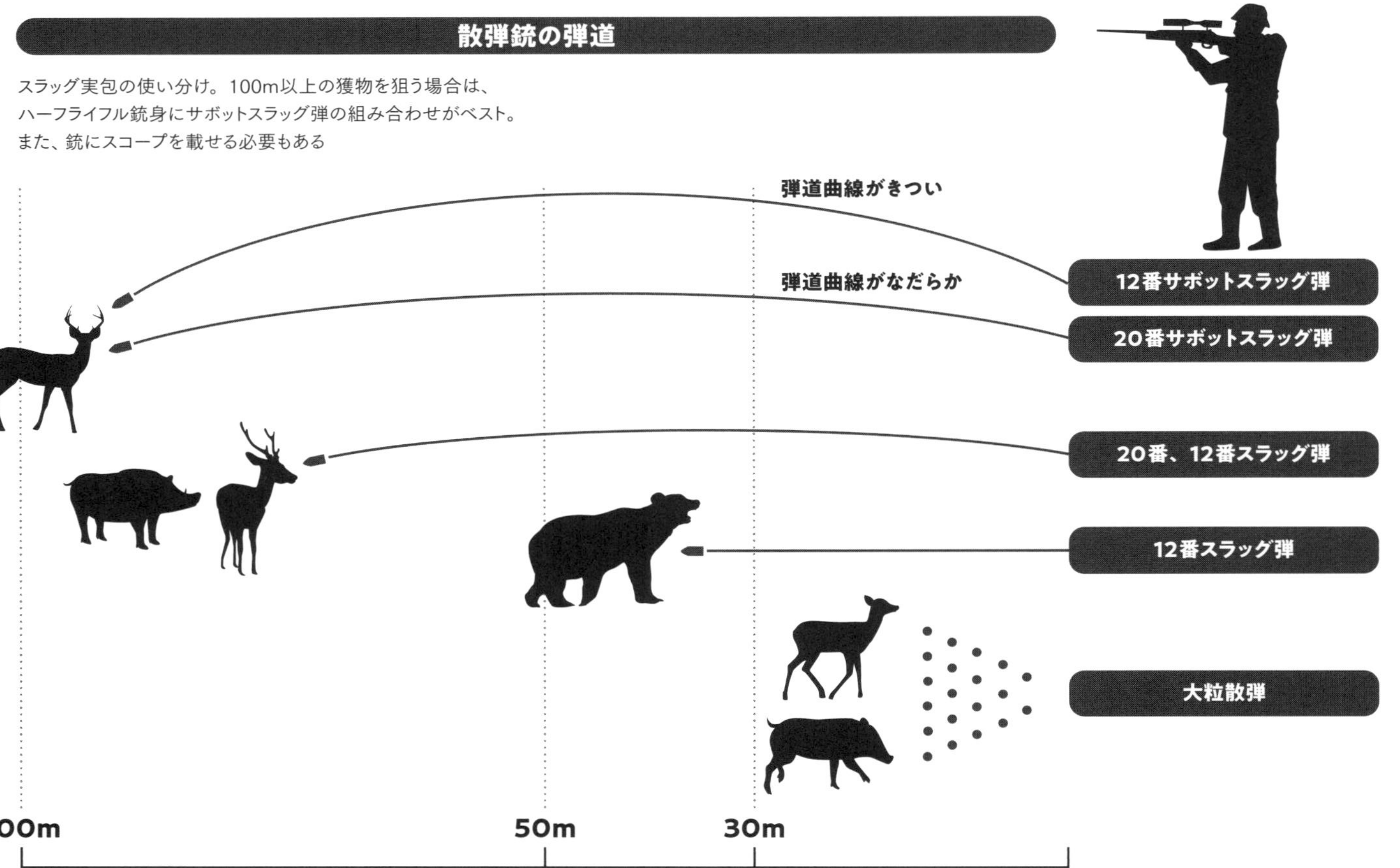

ったとしても、致命傷となる確率が低いからだ。また、外れた散弾が想像以上に広がることもあり、事故防止の観点から、大日本猟友会では大粒散弾の使用を推奨していない。もちろん、矢先の安全が確保可能で、獲物と至近距離での遭遇が予想されるような状況であれば、効果的な実包であることは確かだ。初心者にはおすすめできないが、ベテランハンターが限定的に使う場合は有効だろう。

ライフル実包

　１００ｍを超える遠距離狙撃なら、これはもうライフルの独壇場だ。ライフルの銃身には長さいっぱいにライフリングが刻まれており、弾頭が回転しながら飛んでいく。火薬も散弾銃用とは異なり、圧力の高いライフル専用のものを使う。高倍率のスコープと組み合わせれば３００ｍでも楽に射程距離内であり、腕に覚えのある射手なら、５００ｍでシカを斃すことも決して不可能ではない。

　左ページの表のように実包ごとの弾頭重量はおおよそ決まっているが、ライフル弾頭の種類というのはかなり多く、重さや形状など、さまざまなものが存在する。重量（グレイン）だけを見ても、国内の銃砲店で一般的に流通している３０８ウィンチェスター既製実包の場合、最低でも１５０、１６５、１６８、１８０の4種類はあるはずだ。距離や獲物の種類によって使い分けるためで、たとえば、１５０グレインと１８０グレインでは、有効射程距離がだいぶ変わってくる。

　１５０グレインなら３００ｍ先のシカを狙うことも可能だが、１８０グレインでは弾道の落下が激しいため、遠距離狙撃が不可能とはいわないが、ある程度のテクニックが必要だ。しかし、遠くを狙わず撃つ条件を中距離のみに絞れば、重い１８０グレイン弾頭の強烈なパンチ力を生かすことができる。そういった使い分けをすれば、結果的に半矢が減るため、射獲率もグッと上がるはずだ。また、中距離から遠距離まで全体的にバランスよく撃つなら、１６５や１６８グレインが向いているだろう。ライフル実包というものは、猟場の状況やハンターの考え方によって、いろいろと使い分けるべきものなのである。

　ライフル実包の口径表記にはミリとインチの2種類があり、一般的にはインチのほうが多い。

　30口径というのは０・30インチのことで、ライフリングの山径を表している。谷径は３０８なので、ライフリングの溝の深さは０・００８インチということになる。

　30も３０８も同じく30口径に分類され、ミリ換算では７・62㎜だ。

　口径の後ろにつく数字や名称にもそれぞれ意味はあるのだが、表記法に共通性がなく、メーカーによってさまざまな呼び方をしているのが現状だ。したがって、特に初心者の場合、ライフル実包の名前についてあまり深く考える必要はないだろう。それよりも、口径や威力など、実包の特性そのものについて理解することが重要である。

左表のライフル実包（ダミー）を右から順に並べてみた。左へいくほど口径が大きくなり、同じ口径なら薬莢が太く長くなって火薬がたくさん入る分、威力が増していく

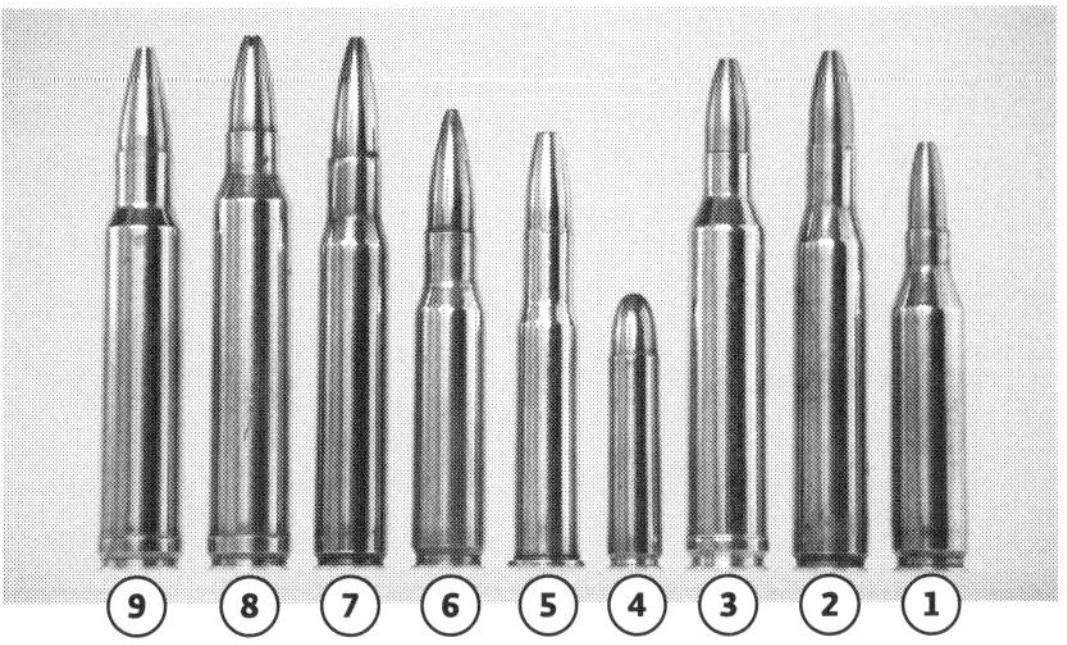

現在、国内で一般的に使われているライフル実包9種のデータ比較

	名称	口径	弾頭重量	初速
1	**.243ウィンチェスター**	6㎜	105グレイン	2,900ft/s
	国内で狩猟に使用できる最小の口径。貫通力が高く肉を傷めにくい			
2	**.270ウィンチェスター**	6.8㎜	130グレイン	3,000ft/s
	.243の次に弾頭が軽く、反動が少ない。女性ハンターにも人気			
3	**7㎜レミントンマグナム**	7㎜	140グレイン	3,200ft/s
	マグナム実包の中では弾道の低伸性が極めて高いのが特徴			
4	**30カービン**	7.62㎜	110グレイン	1,900ft/s
	国産自動ライフル豊和M300専用で、イノシシ猟師に愛用者が多い			
5	**30-30ウィンチェスター**	7.62㎜	150グレイン	2,300ft/s
	ウインチェスターM94専用。アメリカではシカ猟用として人気が高い			
6	**.308ウィンチェスター**	7.62㎜	150グレイン	2,800ft/s
	威力と命中精度のバランスがよく、大物用として過不足がない			
7	**.30-06スプリングフィールド**	7.62㎜	180グレイン	2,700ft/s
	.308ウィンチェスターよりワンランク上の威力を求めるハンターに向いている			
8	**300ウィンチェスターマグナム**	7.62㎜	180グレイン	3,000ft/s
	マグナム実包としては一般的で、北海道での遠距離狙撃に多く使われる			
9	**.338ウィンチェスターマグナム**	8.6㎜	200グレイン	2,800ft/s
	ヒグマ猟などに使われる最強クラスの威力を誇る			

1グレインは約0.065g、1フィートは約0.3m

まず、国内で狩猟に使用できるライフルの口径は、原則的に6㎜から10・5㎜までだ。口径は小さくなるほど弾頭重量も軽くなり、初速が上がるため、弾道曲線は緩く、より低伸となる。つまり、最小口径の２４３を使えば、遠距離の獲物に対しても正確な射撃がやりやすい、ということだ。また、必要以上に肉を傷めないという利点もあり、効果的に肉を確保したいミートハンターに向いている。

しかし、軽い弾頭は獲物に対してあまりダメージを与えられず、場合によっては半矢（１発で仕留められないこと）にもなりがちだ。さらに風の影響も受けやすく、予期せぬ突風が吹いた場合など、射獲率はグンと下がってしまう。

一方で、３００や３３８ウインチェスターマグナムなどの場合、弾頭重量は２４３の倍以上だ。それでいて初速は３０００ft／s前後も出るわけだから、いかに威力が大きいか想像できるだろう。だが、弾頭が重い分、弾道落差も大きく、特に３３８の場合、遠距離狙撃にはあまり向かない。北海道の久保俊治さんがこの実包を愛用しているのも、ヒグマに対する中近距離でのストッピングパワーを重視しているためだと思われるが、まさしく理にかなった選択だ。

では、一般的なハンターが、どんな状況でもストレスなく、大物猟を楽しめるライフル実包とは何だろうか。それはズバリ３０８ウィンチェスターもしくは30－06スプリングフィールドのどちらかである。この2種類なら、たいていの猟場や獲物に対応できるはずで、全国的にもこれらを使うハンターは多い。流通量が多いため、銃種も豊富で、ボルト式だけではなく自動銃も選べる。また、上級者なら、ハンドロードでさまざまな種類の火薬や弾頭を組み合わせることによって、自分のスタイルに合った実包をつくることも比較的たやすい。特に30－06の場合、やり方次第では、ひとクラス上の３００ウィンチェスターマグナムに近い威力を出すことも可能なのだ。

ちなみに、３０８ウィンチェスターは「さんれいはち」か「さんまるはち」、30－06スプリングフィールドは「さんまるれいろく」や、単に「れいろく」などと呼ぶのが一般的だ。ライフルを所持する場合、大は小を兼ねるという発想は好ましくない。特に事情がなければ、この2種類から選べばまず間違いはないだろう。

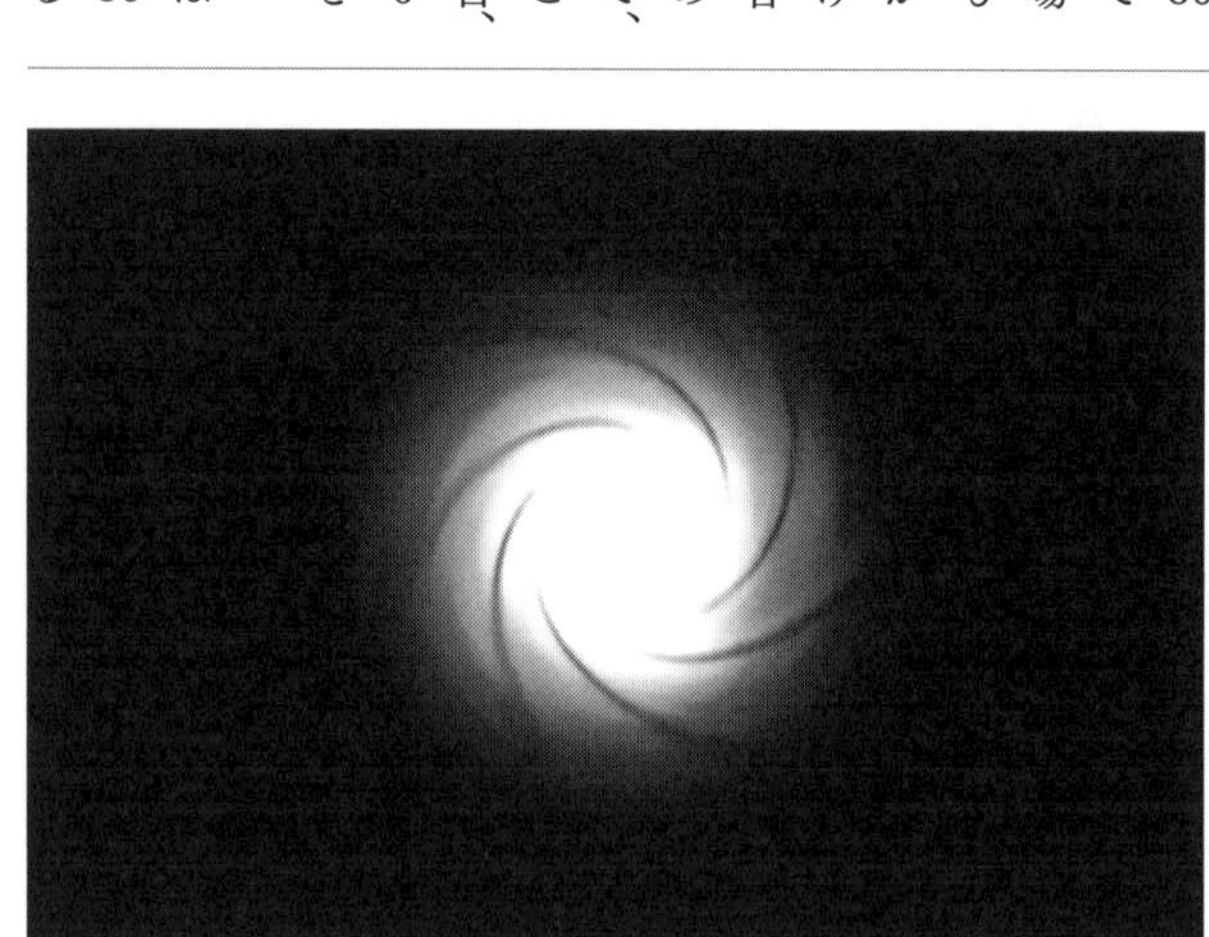

.300ウィンチェスターマグナムのライフル銃身内部

ライフル銃の弾道

図ではライフル実包のあくまでも基本的な考え方を示しているが、
実際には.30カービンで100mを狙うことも可能であるし、
.270ウィンチェスターで300mの獲物を獲るハンターもいる

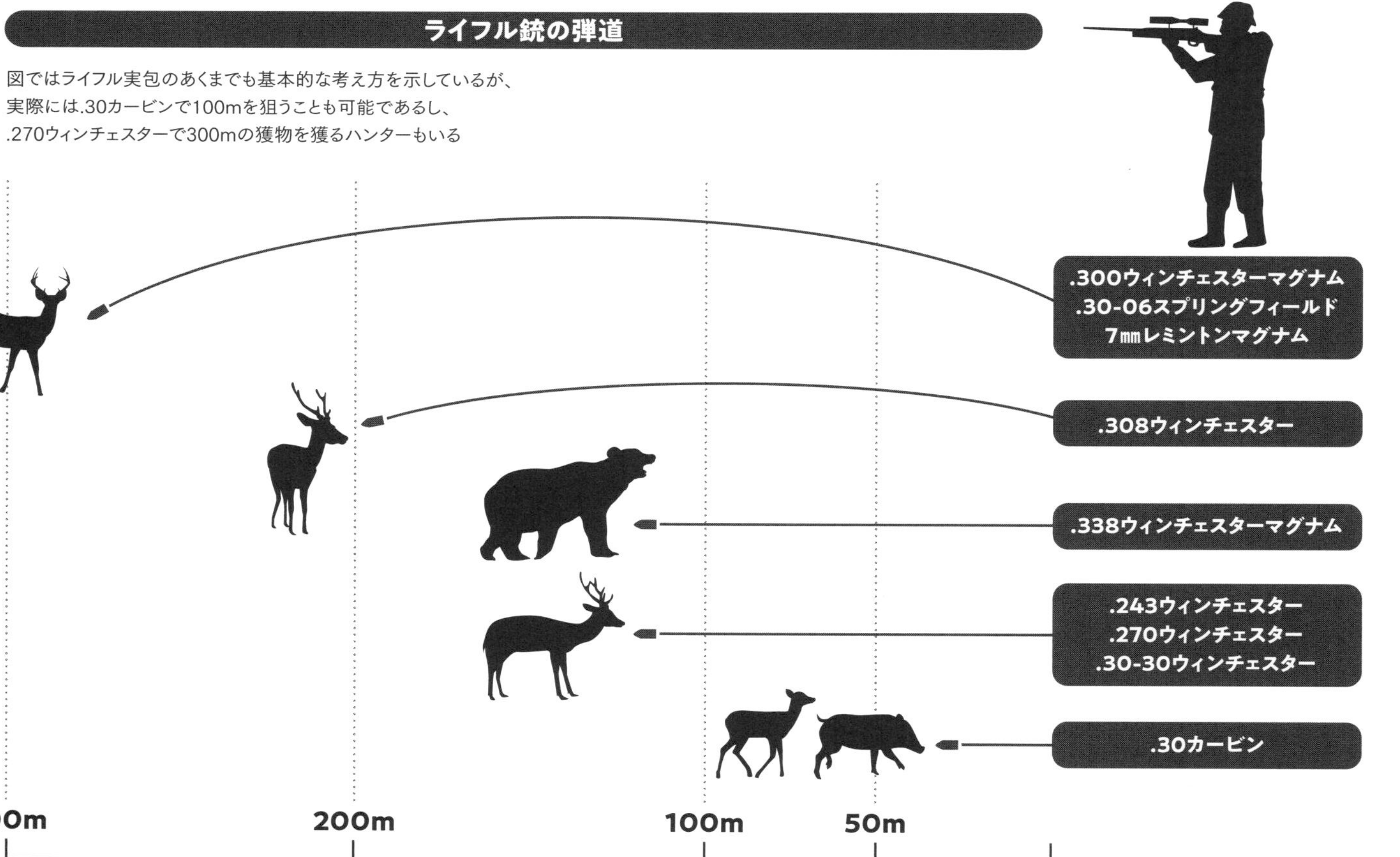

猟銃の点検

まずは外観チェック

点検の基本は、銃の外部に異常がないか、外観をよく見ることから始まる。多少の色落ちや傷などがあっても問題ないが、各部にヒビ割れや欠けなどがあると、作動に悪影響を及ぼすおそれがある。まずは、愛銃をじっくりと観察してみよう。

比較的、簡単に外傷を見つけられる部分で、問題の起きる可能性が高いのは、主に木製の銃床や先台、オープンサイトの照門、照星、銃口といったところ。

木製銃床と先台は、ヒビ割れに注意したい。大きく欠けているようなら気づくだろうが、木部のヒビ割れは、素材の伸縮力によって閉じていることが多い。しかも、木目に沿って割れるため、木目の線なのかヒビ割れの線なのか区別がつきにくい。

これを見分けるには、普段からストックオイルを薄く塗る習慣をつけておくとよい。ヒビ割れがあれば、そこだけオイルの染み込みが早いので見つけやすいのだ。

ウレタン塗装仕上げの銃床なら、木製品用のワックスを薄く塗る。ふき取る前に銃床を蛍光灯などにかざし、角度を変えながらよく見てみると、ヒビ割れがあれば発見できるはず。

ヒビ割れを見つけたら、どの部分にどれくらいあるのか、メモするか写真に撮っておく。今すぐ対処しなくてもいいような小さいヒビ割れでも、撃っている間にどんどん広がっていく可能性もある。そうなってしまったら危険でもあるため、銃砲店に相談しなければならない。

照門や照星は、突起物のためぶつけやすい。繊細な部品でもあるので、変形していると、命中精度に支障をきたす。最近、急に当たらなくなった、などと感じている場合、照門や照星に異常がないか、一度チェックしてみるといいだろう。

同様に、スコープが故障しても当たらないが、スコープの場合、外観から異常を見つけるのは難しい。もちろん、調整ダイヤルやフォーカスダイヤルを動かしてみて、操作感に明らかな異変を感じるようなら要注意だが、通常はそこまでわかりやすい症状は出ないかもしれない。

一般的に、スコープの故障で考えられるのは、内部にあるエレクターチューブの制御不良だろう。エレクターチューブはスプリングによって保持されているが、衝撃や錆など、何らかの理由によってこの部分の保持力が不安定になってしまうことがある。そうなると、場合によっては撃つたびに狙点がズレる、という現象が起きる。

傷がつくことで、命中精度にもっとも悪影響が出るのは銃口だ。ライフルの場合、クラウンといって銃口部を一段低くしてあり、傷から守るデザインになっている。

散弾銃でも、銃口がめくれるような傷はよくない。そこにワッズやスラッグが当たれば、弾道への影響は必至だ。

プレチャージ式空気銃なら、銃身はパ

イプ状のシュラウドに守られているため、銃口は露出していない。しかし、シュラウド自体が曲がっていたりすると、内部の銃身とセンターが合わず、最悪の場合、弾がシュラウド先端にこすれながら発射されることになる。シュラウドの曲がりには気をつけて見るようにしたい。

動かしてみる

次に、銃を空作動させ、可動部の動きに異常がないかチェックする。いうまでもないが、確実な脱包確認をして、銃を完全に安全な状態にしてから行う。

元折式ならトップレバーの動きや、機関部の開放作動に引っかかりがないか、何度か開閉を繰り返す。また、閉鎖状態で銃を軽くひねり、ガタがないかもよく見る。

先台を持たない状態で、トップレバーをひねっただけでストン、と開放されるような銃は、長年の使用でロッキングが緩んでいる可能性がある。そのまま使用していると危険でもあるため、銃砲店での調整が必要だ。

反対に、固くてなかなか開放できない、というものもあるが、それが新銃ならあまり気にする必要はない。しかし、使い込まれた古い銃であるにもかかわらず、開閉が妙に固いと感じた場合は、異常を疑うべきだ。

自動式やスライドアクション式の銃は、模擬弾を使って装塡と排莢のテストをしてみよう。スムースに弾倉から送り込まれるかどうかもチェックする。

どんな形式の銃でも、安全装置の点検を忘れないようにしたい。撃鉄や撃針がコッキングされた状態で安全装置をかけ、引き金を引いてみる。いうまでもなく、ここで引き金が落ちたらまずい。そのままの状態で猟場へ持ち出すのは絶対にやめるべきだ。

アメリカの大手銃メーカーや銃砲店などでも数多く使用されているWD-40

反対に、発射可能状態で引き金を引いても落ちない、というのも危険だ。落ちない分には安全、と思うかもしれないが大きな間違いで、故障のために落ちる寸前で止まっているような場合、何かの拍子に落ちる可能性がある。

いずれにせよ、自分の意志どおりに引き金が作動しない銃は危険。引き金は、ハンターと銃をつなぐ接点でもあるため、ほかの部分以上に細心の注意をはらうべきだ。

通常分解

保管時や運搬時など、日常的に行う分解を通常分解という。元折式なら機関部から銃身を外し、先台を取り外す。

自動銃なら銃身と先台を外し、運搬時にはあまりやらないが、可能であれば引

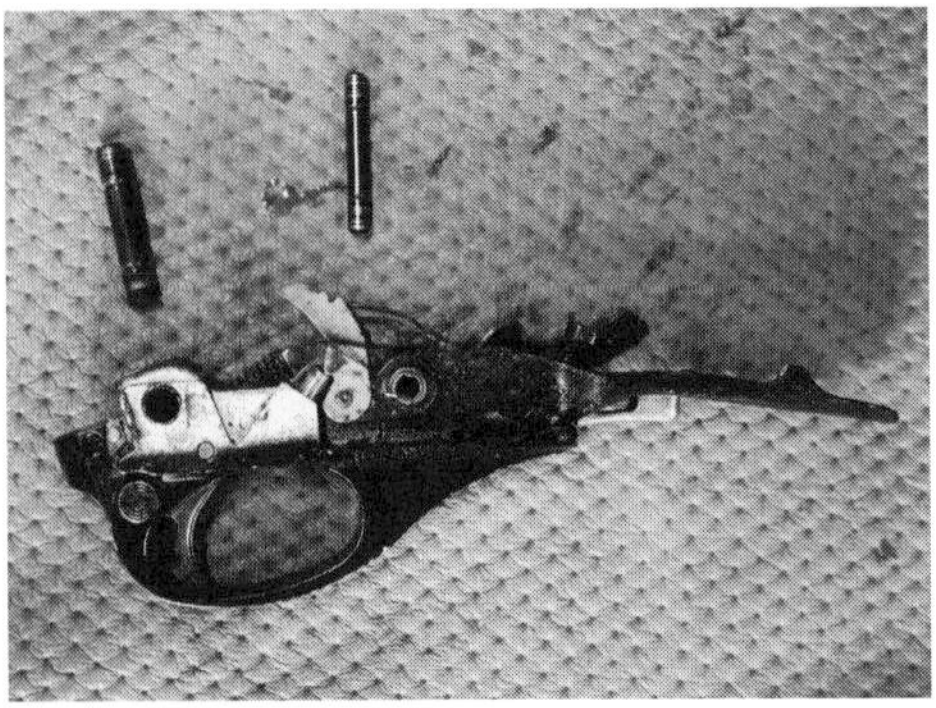

き金ユニットを取り外す。自動銃には隙間が多いため、内部に思わぬ異物が入り込んでいることもある。

これは銃砲店でよく聞く話だが、故障だといって客が持ち込んだ自動銃を分解してみたら、内部から小石や木の枝などが大量に出てきたりするそうだ。

銃を猟場で手荒く扱ってしまうのは仕方ないことだが、異物混入で銃が動かなくなる前に、取り外せるところは点検しておきたい。

引き金ユニットが取り外せる銃は、定期的に外して異物混入がないかを確認し、汚れを落とし注油もしておきたい

次に、銃身をのぞいてみる。銃身が取り外せない場合は、排莢口などからライトで光を当てて内部をよく見る。ライフルでも散弾銃でも、もし銃腔内に異物を見つけたら、絶対に取り除かなければならない。異物に気づかず発砲すれば、大事故につながるのはいうまでもないだろう。

銃身の掃除をしていないと、内部に小さな火薬カスが付着していることがある。もちろん、火薬カスであればそのまま撃ってもかまわないが、問題なのは、砂粒などの異物と区別がつきにくいという点だ。やはり、銃身は常にクリーンな状態にしておくべき。銃腔内がきれいであれば、たとえどんな小さな異物が付着していてもすぐに気づく。

異常が見つかったら

猟銃を点検し、もしも機械的な異常が見つかった場合、原則的には自分で対処するべきではない。

通常分解できることは、あくまでも異物の排除や汚れ落としなどであり、機能的な調整や修理は、専門である銃砲店に依頼しよう。その際に、行きつけの銃砲店をもっておくというのは重要で、何かあったときに頼りになるお店があるのは非常に心強い。

個人譲渡で銃を買った場合なども、その銃がどこの銃砲店で売られたものなのかを確認しておこう。問題は、もうお店がなくなっていたり、ネット購入で販売店が遠い場合だ。もちろん、遠くても銃を郵送すれば誠実に対応してくれる銃砲店も多いが、輸送コストや時間的な問題で、修理を依頼することが難しい場合もあるだろう。

そんなときは猟銃のメンテナンスに対応してくれるお店を探してみよう。実際に出向いて、お店のスタッフと話せば、いろいろな情報を得られるものだ。ぜひ、各地の銃砲店に足を運んで、行きつけの銃砲店を見つけてほしい。

空気銃のチェック

プレチャージ式空気銃の場合、まずは空気漏れがないかどうかを確認する。残圧メーターを見て極端に気圧が下がっているようなら、まず間違いなくシリンダー内の空気が漏れている。銃砲店でオーバーホールをすることになるが、解禁直前はどこの銃砲店も空気銃の修理で忙しいことが多く、猟期が始まる前に早めに点検しておいたほうがいい。

作業そのものは数時間で終わる場合がほとんどである。だが、そこから1週間ほど「寝かせて」おき、空気漏れがないかを確認しなければならないため、空気銃のオーバーホールは時間がかかるのだ。

高圧機器でもあるプレチャージ式空気銃は、内部機構にゴム製のOリング類が多用されている。金属部品と違い、Oリング類は消耗品のため、いつか必ず劣化して空気漏れを起こす。これは銃本体だけではなくハンドポンプについても同じで、バルブを緩めて圧がかかっていない状態にもかかわらず、シリンダーが押し戻されるような場合は要注意だ。

空気銃、ハンドポンプともに、一般的な使用で3年ごとのオーバーホールが必要だといわれているが、短い狩猟期間中に空気漏れを起こしてしまったら、せっかくの猟期に出られなくなってしまう。

料金は、空気銃本体で3万円ほど、ハンドポンプは1万5000円ほどでオーバーホールができる（料金は銃砲店に要確認）ので、解禁前の時期に銃砲店へ依頼しておくことをおすすめしたい。

シャープエースハンターなど、ポンプ式空気銃を使っているハンターもまだ多いが、やはり定期的なメンテナンスが必要だ。エアシリンダー内のピストンカップが摩耗してくると、いくらポンピングしても威力が上がらず、結果的に射獲率の低下にもつながってしまう。現在は製造メーカーが倒産してしまったこともあり、銃砲店によっては、修理などができないといわれてしまう場合があるようだ。

空気銃にとって、銃本体と同じくらい重要なのがスコープだ。銃の目ともいえるスコープの状態が万全でなければ、正確な命中は望めない。スコープをのぞいてみて、レティクル（十字線）が水平でない場合、まずはマウントリングのネジが緩んでいないか確認する。クルマで河原や林道などの悪路をガタガタと流していると、振動によってネジが緩んでしまう可能性があるのだ。マウントリングのネジが緩んでいると、いうまでもなくスコープの固定が甘くなる。スコープというものは、たった1㎜ズレただけでも、50m先では数センチも着弾点が変わってしまうものだ。昨猟期、撃つたびに毎回違う方向に外れた、という経験をお持ちのハンターは、いま一度、マウントリングのネジを確認してみよう。ただし、ネジが緩んでいても、力いっぱい締め付けてはいけない。設定トルク以上に締め付けないトルクレンチがあれば間違いないが、普通の棒レンチの場合、レンチがギュッとなる直前でやめるのがコツ。特にアルミ製のマウントリングは、締め付けすぎるとネジがバカになってしまう。

ライフルスコープとは

照準器には大きく分けてふたつの種類がある。

物理式の照準器を「アイアンサイト」、光学式の照準器を「オプティカルサイト」というが、なかでも望遠機能がついたものを「テレスコピックサイト」もしくは「スコープ」と呼ぶ。

現在ではスコープという言い方が一般的だが、通常の望遠鏡と違うのは、レンズ越しに銃の狙点が見えるという点だ。「レティクル」と呼ばれる、映画などでもおなじみの十字線に向けて弾が飛んでいくように設計されているので、それを標的に合わせて撃てば、弾が命中するようになっている。

スコープを使う最大のメリットは、遠くの標的が大きく見える、という点につきる。標的が大きく見えればそれだけ当てやすくなるのは当然だが、銃自体の性能が上がるわけではなく、ましてや射手の腕がよくなるわけでもないので、そこは注意が必要だ。また、倍率が上がるほど視野は狭くなる。そのため、近距離の獲物を狙うといった、対象物をスコープ内に大きく捉えてしまう状況では、かえって撃ちにくくなってしまう場合もある。それでも、スコープを使えば獲物の射獲率は上がるので、少しでも遠くの標的に命中させたいという向きには、まさにうってつけの照準器なのだ。

ちなみに、ライフルスコープという名前ではあるが、ライフル以外にも取り付けは可能だ。スラッグ銃や空気銃（空気銃は広い意味でライフルだが）など、散弾ではない1発弾を撃ち出す銃であれば、どんな銃に取り付けても問題ない。

スコープのスペック

スコープの基本スペックは、「倍率」「対物レンズ径」「チューブ径」で表される。倍率というのは、そのスコープをのぞいたときに、実際の大きさよりどの程度大きく見えるか、ということで、4倍のものなら4×、3倍から9倍までの可変倍率のものなら3-9×というふうに表記される。

対物レンズ径は銃口側のレンズの直径で、33、40、50など、さまざまな種類があるが、すべて単位はミリ（㎜）で表記される。一般的に、対物レンズ径が大きいほど明るいが、安価な製品の中には必ずしも対物レンズ径と明るさが比例しないものもある。

また逆に、高級品の場合には対物レンズ径が小さくても明るく使いやすいスコープも多いので、ここは単なる目安として考えればいいだろう。

チューブというのは、スコープの、一番細い部分のことで、直径1インチ（25㎜）と30㎜の2種類がある。アメリカの製品に1インチが多く、ヨーロッパの製品には30㎜が多いが、ここにマウントリングという環状の部品をつけて銃に装着するので、どちらのサイズなのかを把握しておく必要がある。チューブ系の違い

スコープの部位解説

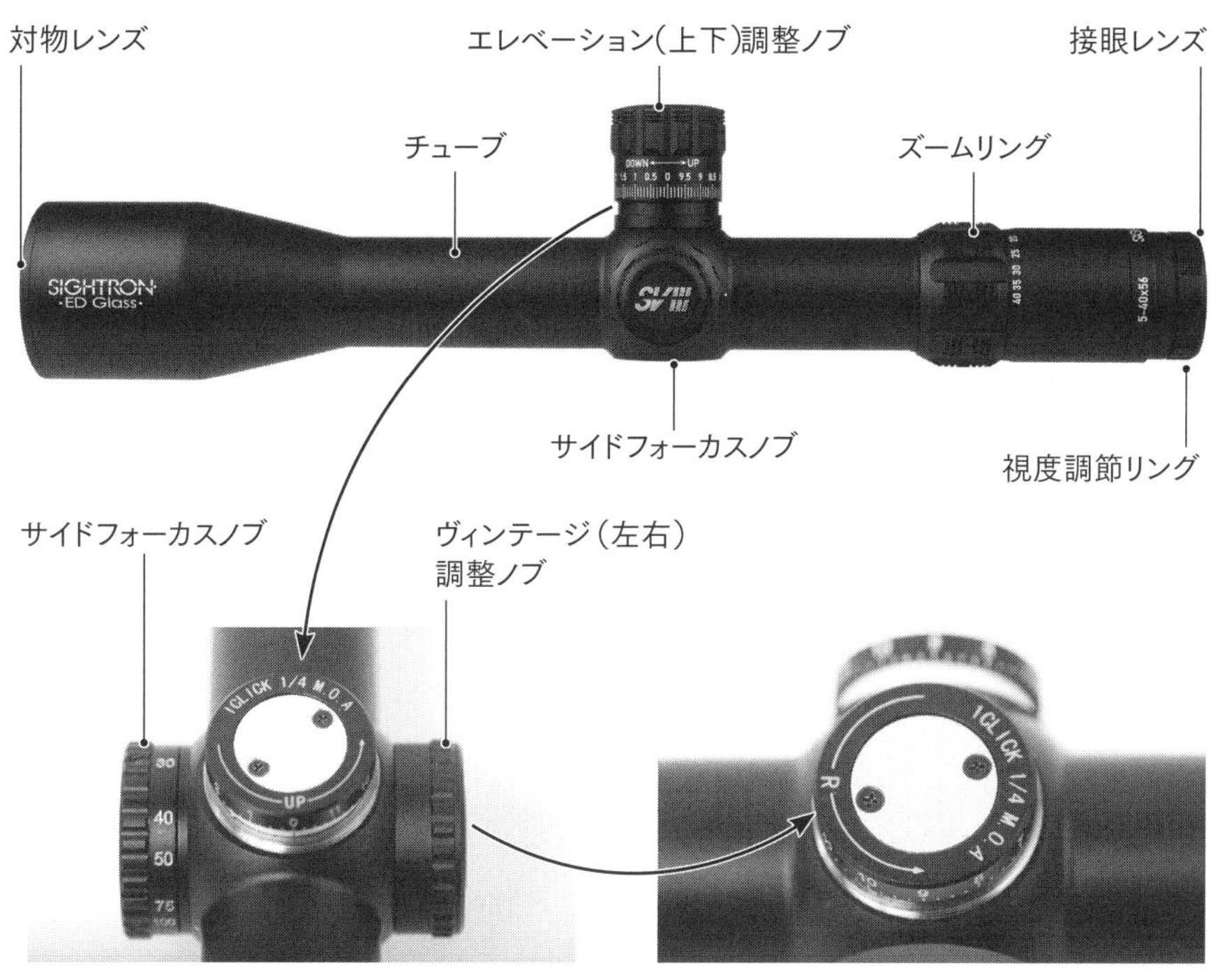

エレベーション（上下）調整ノブ

UPの矢印方向へ1クリック回すごとに、狙点が100ヤード（90m）で1/4インチ（約6.3㎜）上へ移動する

ヴィンテージ（左右）調整ノブ

1クリックが約6.3㎜なので、Rの矢印方向へ5クリック回せば狙点は右へ約25㎜動く計算だ

は、製品にもよるが、1インチよりも30㎜のほうに着弾点の調整範囲を広く設定できるものが多い。これは、後述するエレクターチューブという内蔵パーツの可動範囲が多く取れるからで、端的にいえば、30㎜のほうがより遠くの標的にまで対応しやすい、ということになる。例外的に、チューブ径34㎜などというスコープもあるが、これは1000ヤード（900m）以上も先の標的を狙うためのものなので、一般的なハンターにはまず関係ないだろう。

スコープのスペックを見ると、「4×40 1インチ」「4-16×50 30㎜」など書いてあるので、その意味がわかれば、それがどういうスコープなのか、だいたいの手がかりになるはずだ。

スコープの構造

スコープの内部にはたくさんのレンズが使われており、複雑な光学製品である、ということは容易に想像できるはずだ。しかし、銃身軸と平行に取り付けられているのに、どうして狙点と着弾点が一致するのか、不思議に思われる方も多いかもしれない。

実は、スコープの中は二重構造になっており、内部に「エレクターチューブ」と呼ばれる筒状のパーツが内蔵されている。このエレクターチューブが上下左右に動く仕組みになっていて、事実上、銃身軸とスコープの位置関係は平行ではない。したがって、銃身軸と照準線はどこかの地点でちゃんと交差するようになっているのだ。

また、スコープの内部には不活性ガスが封入されており、外部との温度差があっても結露が起きない。野外で使われることが前提なので、防水性も高く、銃の反動や衝撃によっても狂いが生じないよう、各部の設計はノウハウの結晶でもある。

レティクル

スコープで標的を狙う際にのぞく十文字、映画でもよく見るあの部分を、「レティクル」と呼ぶ。

一般的な十字線のものを「クロスヘア」というが、これは、昔の製品には本当に髪の毛が使われていたことに由来する。髪の毛のレティクルでは切れてしまうこともあったが、現在ではエッチングされた金属線などが使われており、当然だが切れる心配はない。

スコープで獲物を狙う際、重要なのはレティクルのデザインだ。後述するが、弾道は曲線を描き、距離が遠くなるほど下降していくので、獲物に命中させるためには、ときに「狙い越し」というテクニックが必要になる。これは、レティクルの縦線を使って着弾点の上下をコントロールするやり方だが、このとき、レティクルの線上に一定の間隔で点（ドット）のついている、「ミルドット」と呼ばれるレティクルだと使いやすい。横線のドットをうまく使えば、泳ぐカモや走っているシカを狙うときなどにも有効だし、特に空気銃の場合、弾が横風の影響を受けると思われるときでも狙い越しがやりやすい。

逆に、正確な射撃をしようとするときは、ドットが邪魔になる場合もあるので注意が必要だ。空気銃などで小さな鳥を狙う場合、ドットが獲物にかぶさってしまい狙いにくい、という状況も考えられる。

可変倍率のスコープの場合、倍率を上げるに比例してレティクルの大きさ（太さ）が変わるものを「ファーストフォーカルプレーン」と呼ぶ。倍率を上げても、レティクルの大きさが変わらないものは「セカンドフォーカルプレーン」だ。ミルドットを使用して着弾点をコントロールしようとするなら、どの倍率でもドットの間隔が一定なファーストフォーカルプレーンのほうが使いやすい。もちろん、セカンドフォーカルプレーンでもミルドットは活用できるが、その場合は、常に

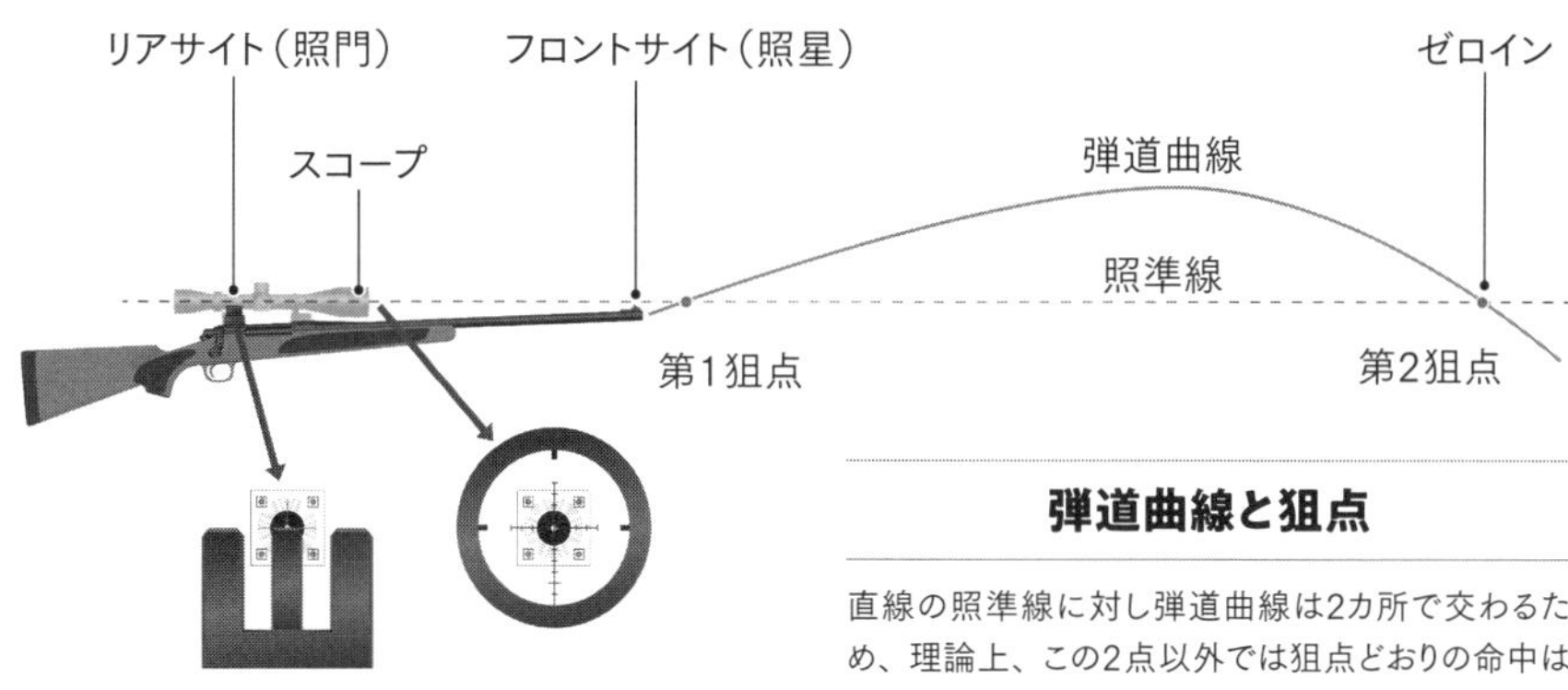

弾道曲線と狙点

直線の照準線に対し弾道曲線は2カ所で交わるため、理論上、この2点以外では狙点どおりの命中はない。これを理解したうえでスコープを運用するのが効率よく獲物を獲るコツだ

決まった倍率にしておく必要がある。

　ちなみに、現在流通しているほとんどのスコープはセカンドフォーカルプレーンで、ファーストフォーカルプレーンは一部の高級品に見られるのみ、といった状況だ。

弾道曲線と狙点

銃弾というものは、銃口を飛び出した瞬間から、引力によって下降を始める。空気銃はもちろん、どんなに威力の強いライフルでも、撃ち出された弾は必ず落下していくのだ。そのため、銃の照準器は、銃自体を上向きにするよう設計されている。

　スコープの場合、内部のエレクターチューブが若干だが下を向くようになっているため、結果的に銃は上を向く。これはアイアンサイトでも同じで、銃を構え、獲物を狙った状態で、少しだけ上に向けて発射するような仕組みになっているのである。

　上方向に撃ち出された弾は、やがて上死点に到達し、そこから弓なりに下降していく。これを「弾道曲線」と呼ぶが、射手は獲物を直線上で見ているので、まっすぐな「照準線」と弾道曲線は常に一致しているわけではない。あくまでも、照準線と弾道曲線の2本が交差した所を狙っているときのみ、獲物に命中するのだ。理論上、その場所は2カ所あり、射手から見て手前から「第1狙点」「第2狙点」と呼ぶ。逆にいえば、それ以外の地点では命中しないということで、左右のブレがなければ、弾は獲物の上を通過するか、手前に落ちてしまう。

　空気銃の場合、一般的な5.5㎜口径のプレチャージ式で、第2狙点を50mに設定した場合、第1狙点は約7mという超至近距離になる。そんなに近い場所に獲物がじっと止まっているということはまずあり得ないので、通常の鳥猟では、第1狙点よりも遠くを狙うはずだ。そうなると、自分から獲物までの距離が重要になってくる。

第2狙点が50mなら、弾の上死点は30mほどになるため、そのあたりの距離にいる獲物に当てるのは、少々コツがいる。

普通に考えれば、50mより30mのほうがずっと近いわけだから、当てやすいような気もするのだが、ここが空気銃猟の難しいところだ。特に、体の小さなムクドリやヒヨドリなどの場合、獲物のど真ん中を狙って撃ったら背中をかすめて外してしまった、などということがよくある。これは、弾道曲線を読み誤ったために起こりがちな失敗で、上死点付近の距離にいる獲物に対しては、少し下を狙わなければ当たらないのだ。

逆に、第2狙点よりも遠い所にいる獲物を狙うには、少し上に照準を合わせる必要がある。

第2狙点以降、弾はどんどん落下していくので、距離によっては獲物の背中のずっと上、何もない空中を狙わなければならない。

これが「狙い越し」といわれるテクニックだが、空気銃を使いこなすには、やはり、ある程度の慣れと理論が必要なのである。

ちなみに、空気銃よりもはるかに威力の強いライフルの場合、弾道曲線はもっと長くて緩やかなラインを描く。しかも、狙う獲物がシカなど大型の動物のため、実はかなりの遠距離でなければあまり狙い越しの必要はない。

一般的な３０８口径のライフルなら、第２狙点を１００mに設定した場合、１５０mでもちゃんと獲物に当たるはずだ。２００mあたりで少し着弾が落ち気味になるかな、という程度。獲物の背中よりも上に狙い越しをしなければならないのは、３００mを越えてからである。

スコープの取り付け

スコープを銃に取り付けるには、いくつかの部品が別途必要になる。一般的には、マウントベース（スコープベースともいう）と、マウントリング（スコープリングともいう）の2点があれば大丈夫だ。

マウントベースは、銃によっては最初から備わっているものもあるが、そうではない銃の場合は、別に用意しなければならない。

マウントベースの規格は2種類あり、一般的に空気銃は11㎜幅、猟銃（装薬銃）は20㎜幅が多い。20㎜幅のものを特に「ウィーバーベース」と呼ぶことがあるが、これは、アメリカのWeaber社が最初に商品展開した規格に由来する。したがって、正確にはWeaber社製以外のものをそう呼ぶのはおかしいのだが、今では20㎜幅＝ウィーバーベースという言い方が定着しているようだ。

マウントリングは2個必要なので、通常、2個セットで販売されている。マウントリングを選ぶ際に必要なのは、「マウントベースの幅」「スコープのチューブ径」「マウントリングの高さ」の3つの要素だ。

マウントベースが11㎜と20㎜の2種類、スコープのチューブ径が1インチと30㎜の2種類あるわけだから、それぞれの組み合わせの数だけマウントリングがあり、さらに、マウントリング自体の高さにもいくつかの種類がある。高さに関しては好みもあるが、銃によっては物理的に取り付けられる高さが決まってしまうものもあるため、可能な限り現物合わせで選ぶようにしたい。

取り付けには多少のノウハウが必要なので、初めのうちは、信頼できる銃砲店に依頼したほうが無難かもしれない。だが、作業そのものはさほど難しいものではないため、慣れてきたら自分でやってみることをおすすめする。

アイリリーフとケラレ

通常の望遠鏡などとは違い、スコープをのぞくには目と接眼レンズとの間にある程度の距離が必要だ。これを「アイリリーフ」といい、適切なアイリリーフが取れたかどうかを判断するには「ケラレ」の有無を見る。

ケラレというのは、スコープのレンズ上に見える黒い影のことで、これが見えているときは、接眼レンズに対する目の位置が適正ではない状態だ。その場合、少しずつスコープに近づいたり遠ざかったりして、スコープの映像がどこも欠けず、真円の状態に見える位置を探す。慣れないうちはこの動作に手間取りがちだが、スッと銃を構えると同時に適正位置でスコープをのぞけるようでないと、やはり獲物を撃ち獲るのは難しい。繰り返し据銃練習をして体で覚えるしかないだろう。

スコープがちゃんとのぞけるようになったら、レティクルがハッキリと見えるかどうかを確認する。標的とレティクルのどちらにもしっかりピントが合っているのが正常な状態だ。

レティクルのピントが合っていない場合、接眼レンズの縁についている「視度調節リング」を回して調節する。眼鏡をかけている人は、もちろん眼鏡を使用した状態で調節しよう。ピントが合ったら、通常、後からこのリングを動かすことはまずないはずだ。

可変倍率のスコープでは、接眼レンズの前にあるズームリングを回して倍率を調節する。普通は無段階調節になっているので、数値を目安にしながら、状況によって最適と思われる倍率に設定しよう。

遠く離れた標的ほど倍率を上げるのは当然だが、その代わりスコープで見える視野は狭くなる。肉眼では獲物が見えているのに、スコープの中に捉えることができない、という場合は、倍率を少し下げてみるとよいだろう。

スコープのゼロイン

銃にスコープを搭載したら、狙点と着弾点を一致させる作業をしなければならない。これをゼロインというが、実際に射撃場で撃ちながら行う必要がある。

やり方としては、まずは標的紙の中心を狙って1発、撃ってみる。これで標的紙のどこかに弾痕がつけば、しめたものだが、弾痕不明の場合は、スコープサイターなど、銃身軸と照準線をとりあえず一致させるための道具を使う。

標的紙に弾痕がついたら、それが標的の中心から上下左右にどれだけ離れているかを把握する。たとえば、中心から下に30㎝、左に15㎝の場所に弾痕がついたのなら、上に30㎝、右に15㎝移動させればいいわけだ。ここで使用するのが、チューブの中心付近にある調整ノブだ。上についているエレベーションノブで上下方向、射手から見て右側についているヴィンテージノブで左右方向の調整を行う。ノブのダイヤルには移動量が書いてあり、1/8、1/4、1/2MOAといった数値が表記してある。

MOAというのは「ミニッツ・オブ・アングル」の略で、1クリックするごとに100ヤード（90m）でどれだけ移動するかという意味だが、1/4MOAなら4分の1インチなので、4クリックすれば1インチ（約25㎜）移動するということだ。ただし、国内の射撃場では100mなので、目安としては4クリックで30㎜移動する、と考えればいいだろう。つまり、100mで前述の弾痕を撃った場合、エレベーションノブをUP（上）の方向に40クリック、ヴィンテージノブをR（右）の方向に20クリック回せばよい、ということになる。これが50mなら、単純にクリック数は倍になる。実際は、もう少し微調整が必要になってくるはずだが、自分のスコープの調整移動量を把握しておけば、ゼロイン作業はさほど難しいものではないのだ。

パララックスとは

スコープをのぞいたとき、接眼レンズと目の角度がズレていると、その角度に応じてレティクルの位置が変わって見えることがある。これをパララックス（視差）というが、どんな高級なスコープにでも起きる現象だ。いうまでもなく、レティクルの位置がそのつど変わって見えたのでは、弾が当たるはずはない。毎回必ず同じ状態でスコープをのぞくことがもっとも重要なのだが、狩猟の現場では時として予想外のことが起こるものだ。少々無理な姿勢のままスコープをのぞいて、そのまま撃たなくてはならない状況もあり得る。そんなとき、ほんの少しでも目の角度がズレていると、パララックスが起きる。

パララックスがあると、射手は着弾点と違う場所を見ていることになるため、当然だが狙った場所には当たらないわけだ。これを防止するのが、スコープのフォーカス機能である。

対物レンズ付近にフォーカスリングがあるものをフロントフォーカス、チューブ左側面にノブがあるものをサイドフォーカスと呼ぶが、どちらも機能は同じだ。これは、スコープをのぞいてフォーカスを回し、映像のピントを合わせたときに、パララックスが起きにくい（完全になくなるわけではない）状態になる、という仕組みになっている。

フォーカス機能のないスコープもあるが、常にピントが合っているので、わずらわしさがないという利点はある。しかし、あらかじめ設定されたパララックスフリーの地点（パララックスが起きない距離、通常は100m前後）以外では、常にパララックスが起きる可能性のある状態なので、スコープの性能を100%引き出すためには、のぞき方をしっかりと安定させることが重要だ。ただし、特に大物猟の場合には、パララックスをさほど気にする必要がないのも事実だ。なぜなら、パララックスによって着弾点が多少ズレたとしても、普通は数センチ単位の問題なので、その程度は誤差と考えても問題ないからだ。シカなど大きな動物であれば、それによって獲物に当たらないということはまずあり得ない。

　大きな影響があるのは、空気銃による鳥猟の場合だ。そもそも獲物が小さいため、パララックスによって少しでも着弾点がズレてしまえば、それはそのまま失中につながる可能性がある。空気銃に装着するスコープは、可能ならフォーカス機能付きのものを選ぶべきだろう。

よいスコープの選び方

　よいスコープを選ぶ際、究極の選別法というものは存在しない。ただし、ひとつの方向性として、基準となる要素はある。こういってしまっては身も蓋もないのだが、それは価格だ。一般的に価格とスコープの光学性能や耐久性は比例するので、あまり安すぎるものは避けたほうが無難だろう。普及品スコープメーカーの中には、修理に対応していないところもあるので、銃砲店で確認してみよう。

　スコープをのぞいてみて、レンズが曇っている場合、スコープ内部の不活性ガスが抜けているかもしれない。スコープには窒素ガスなどが封入されており、結露を防ぐ構造になっているが、衝撃などで気密が失われてしまうことがある。

　そうなると、暖房の効いた車内から外に出したとたんにレンズの内側が結露してしまい、猟場では使いものにならない。

　また、スコープの内部が機械的に損傷していると、上下左右の調整ダイヤルに症状が現れる場合もある。ダイヤルに妙な抵抗感があったり、そもそも回らないようなときは、故障を疑うべきだ。

　スコープは、故障した場合の症状がわかりにくいものでもある。どうも具合がおかしい（当たらない）と思いながら使い続けて、結局、スコープを交換したら当たるようになった、というのはよくある話だ。そういったムダな手間を省く意味でも、スコープに対するある程度の投資は重要なのだ。

　とはいえ、数万円クラスのものでも、実用に不都合のない製品はたくさんある。特に空気銃用であれば、射撃距離も50m前後のことが多く、高級品でなくても十分に楽しめる。具体的には、3-9×40もしくは4-12×40の1インチが1本あれば、たいていの狩猟スタイルには対応できるはずだ。スコープ初心者はまず普及品を使ってみて、たくさんの獲物を狙い、場数を踏んでほしい。スコープの活用術を理解したうえで、徐々にステップアップしていくプロセスを楽しもう。

アイアンサイトとは

アイアンサイトとは、光学式以外の照準装置全般を差し、オープンサイトとも呼ばれるものだ。基本的には前後ふたつに分かれており、射手に近いものをリアサイト（照門）、銃身の先端に載っているほうをフロントサイト（照星）という。散弾銃にはフロントサイトしかない銃もあるが、リアサイトだけ、という銃は、原則的に（一部の拳銃などを除く）存在しない。つまり、重要なのはどちらかといえばフロントサイトのほうであり、リアサイトは照準の補助的な役割をする部分ということになる。通常はリアサイトとフロントサイト、さらに標的とを合わせた合計3つの要素で狙うわけだが、特に初心者にとってはこれがなかなか難しい。

前回、解説したスコープや、後述するドットサイトなどのように、素通しの画面上でレティクルやドットと標的を重ねるだけのほうが、ずっと簡単だ。しかし、光学照準器にはそれなりの知識や扱い方のコツが必要となるわけで、ここは狩猟のスタイルなどによっても変わってくるところだろう。いずれにせよ、猟銃（散弾銃やライフル銃）全体の割合からすると、アイアンサイトを使う銃のほうが圧倒的に多いのは確かだ。アイアンサイトに関する正しい知識と、きちんとした使い方を習得することは、銃を撃つうえでの基本でもある。しっかりと理解したうえで、狩猟の安全とより大きな猟果に結び付けていただきたい。

アイアンサイトの種類

アイアンサイトには、フロントサイトだけのものと、リアとフロントの両方をそなえたものがあるのは前述のとおりである。リアサイトは、照門と呼ばれるとおり中央部分が開いており、その形状によってVノッチ、Uノッチ、スクエアノ

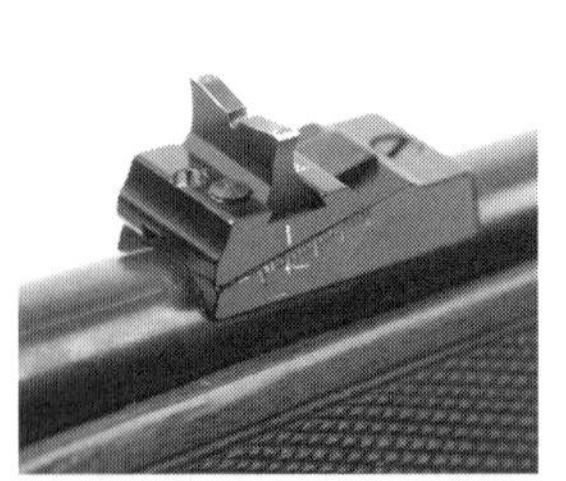

ライフルのリアサイト

形状はUノッチで、台の上を上下にスライドさせて調整する

ライフルのフロントサイト

専用の工具で左右の調整が可能なタイプ

散弾銃のフロントサイト

ビーズタイプと呼ばれるシンプルなものだ

ッチの3種類に分けられる。それによって組み合わせるべきフロントサイトも変わってきて、直感的に素早く狙えるのはVノッチ、より正確性を期するならスクエアノッチ、その中間がUノッチだ。

それぞれの形状については次ページのイラストをご覧いただきたいが、このほかにも、リアサイトの穴とフロントサイトに開いた穴を合わせ同心円状に狙うピープサイトもある。これはライフルの標的射撃専用なので、通常、狩猟には使わないが、狩猟用としては穴の大きいゴーストリングサイトが向いているだろう。

後述するが、アイアンサイトで着弾点を上下方向に調整する場合、高さを変える必要がある。そんなとき、ワンタッチで高さを変えられるタンジェントサイトがあると、獲物に対する距離が頻繁に変わるような猟場で重宝する。

フロントサイトにもさまざまな形状があり、薄い板状のものや円柱形のもの、ビーズタイプと呼ばれる球形のものなど、銃種や用途によって使い分ける。すべてに共通して重要なのは、リアサイトを通してのぞいたときに、シルエットがクッキリと見えることだ。角があるものはキリッとエッジが立っていなければならないし、曲線で構成されているものは一定のラインを描いていなければならない。これがあいまいだとうまく狙うことができず、結果的に命中率の低下につながってしまうため、アイアンサイト付きの銃を選ぶ際は気をつけたいところだ。

利き目

人にはたいてい利き手があるように、利き目というものもある。普段の生活ではほとんど気にする機会がないかもしれないが、アイアンサイトで銃を撃つなら、自分の利き目を知っておくことはとても大切だ。

それを知る方法だが、まずは5mほどの所にある視界のなかの何か、たとえば大きめの花や木の葉などを、両目を開いたまま利き手の人さし指でパッと指さしてみる。

次に、指の位置をしっかりと保ったまま、右目と左目を交互につぶってみよう。

すると、どちらかの目で見たときは両目と同じように見えるが、もう片方の目で見たときは指の位置が変わって見えるはずだ。両目と同じ位置に指が見えるほうが利き目であり、たいていは利き手と同じ側である場合が多い。

しかし、まれに利き手と利き目が違うこともあり、たとえば、手は右利きでありながら利き目が左の場合、両目照準がやりにくくなってしまう。銃は利き手側の目で狙うようにできているため、反対側の目が「強い」状態だと、視界のバランスが取りにくくなるのだ。スコープで狙うときは片目照準が基本なので、あまり問題はないはずだが、鳥猟やクレー射撃など、散弾銃を撃つ際は少々やっかいかもしれない。

ただ、これにも対策はあって、利き目を「弱く」させるため、メガネやシューティンググラスに貼るシールなども発売されている。これは、視界を完全に覆わ

各種リアサイト（照門）の形状

Vノッチ

Uノッチ

スクエアノッチ

フロントサイト（グレーの部分）と合わせたときの「余白」に注目してほしい。
余白を左右対称にする時間がそのまま照準するための時間になる

センター照準と6時照準の違い

センター照準

6時照準

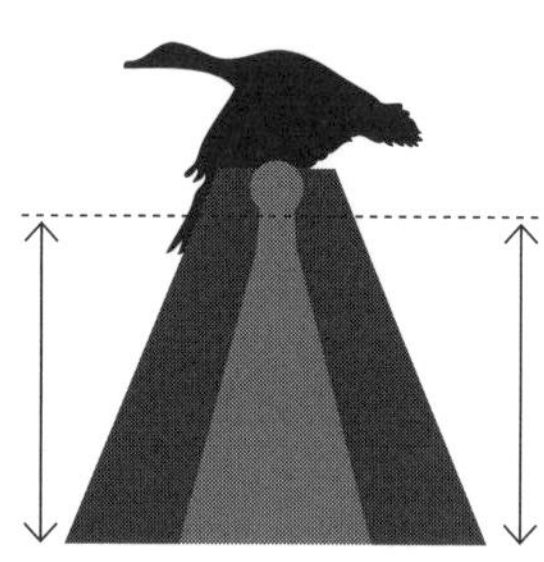
銃身（リブ）が左右対称に見える

遠くの獲物は小さく見えるため、センター照準では覆い隠してしまう。
散弾銃の見出しは二等辺の台形に見えるのが正しい

ずに少しだけ見えにくくすることで、利き手側の目で見るように意識させるための道具だ。

アイアンサイトを使いこなすためには、まず自分の利き目を知り、もし利き手と違う場合には、常に意識して利き手側の目で狙うという努力が必要かもしれない。光学照準器と違って、目も照準装置の一部である、という認識を持つことが重要なのだ。

狙い方

リアサイトのない散弾銃では、通常、フロントサイトに球形のビーズタイプが使われている。正確な照準には向かないが、とっさに目に入りやすく、直感的な射撃に向いているためだ。ここまでさんざんリアサイトがないと書いてきたが、厳密にいうとないわけではなく、実は射手の目がリアサイトの代わりとなる。つまり、目の使い方次第で、命中率が大きく左右されてしまうということだ。

具体的には、機関部上面から銃身につながるラインがまっすぐな二等辺の台形になっていることが重要であり、これを「見出し」という。見出しが毎回同じようにならなければ、毎回リアサイトが変わっているのと同じことになるので、当然、撃つたびに着弾はバラバラになってしまうのである。いつも同じ見出しで撃つためには、同じ頬付けで銃を構えることが重要で、射撃の上達には頬付け1日100回、などといわれるのはそのためなのだ。

また、銃身上にリブのある散弾銃には、中央付近に中間照星と呼ばれる小さな突起がついているものもある。銃身先端のフロントサイトと雪ダルマのようにふたつを重ねて使うため、一見、これがリアサイトのように思えるかもしれない。しかし、厳密にはこれもフロントサイトの一種であり、こうした散弾銃の場合、あくまでもリアサイトは射手の目なのである。

リアサイトとフロントサイトを使った狙い方は、まず、リアのノッチとフロントの隙間が均一になるようにして、さらに上辺を面イチで合わせる。そこに標的を重ねるわけだが、真ん中にかぶせるセンター照準と、標的の下端中心部、時計の6時部分をフロントサイトの上に乗せる「6時照準」がある。

それぞれに応じた着弾調整をする必要があり、たとえば6時照準の場合、6時とフロントサイトの間にごく細い隙間をあけた状態で標的の中心に命中するよう調整しておく。これを「6時照準白一線」などと呼ぶが、実際問題、猟場でこんな丁寧な狙い方をしている余裕はないだろう。

やはり、獲物のど真ん中に合わせるセンター照準のほうが素早く撃てるはずだが、アイアンサイト自体が獲物を覆い隠してしまうというデメリットもある。遠くに小さく見える獲物や飛んでいるカモなどを撃つ場合は、やはり6時照準のほうが向いているわけで、獲物や状況によって、狙い方（それに応じた着弾調整）を変える必要があるのだ。

スコープやドットサイトの場合、レティクルやドットと標的のピントが同時に合うため、狙い方にコツは必要ない。しかし、リアサイト、フロントサイト、標的（獲物）という、最大3つの要素を重ね合わせて狙うアイアンサイトでは、どこにピントを合わせるかということが重要になってくる。ハンターとしては獲物の姿をよく見たいところだが、標的にピントが合った状態で撃つのは基本的に間違いだ。

もちろん、狩猟では対象を確認せずに撃つことは絶対にできないため、まずは姿をしっかりと見る。次にピントを合わせるのはフロントサイトで、リアと標的はうっすらとボヤけた状態で見えているのが正解なのだ。

もしここで獲物が静止していて、余裕がある場合は、もう一度、獲物にピントを合わせて、状況の確認をしてもいいだろう。それによって、照準がほんの少しズレる可能性もあるが、矢先の安全確認はすべてに優先することを忘れてはならない。

構造と照準調整

アイアンサイトという呼び名の由来は、文字どおり鉄製の照準器、ということになる。散弾銃のフロントサイトの場合、真鍮や、最近ではプラスチック製のものも多いが、より高い精度が求められるライフルに関しては、いまだに鉄製のものが多い。これはやはり強度の問題で、形状的に突起物であるアイアンサイトは、不用意にぶつけてしまうことも考えられるからだ。そんなとき、簡単に壊れたり潰れたりしてしまっては、どんなに命中精度の高いライフルでも万事休す。銃の「目」ともいえるアイアンサイトは、とても重要な部品であり、頑丈であることが求められるのだ。

撃った弾を狙った場所に命中させるためには、アイアンサイト自体を物理的に動かす必要があり、これを照準調整という。構造としては単純なアイアンサイトだが、照準調整のやり方を理解し、きちんと使いこなすことが重要だ。スコープなどと違い、リアサイトとフロントサイトというふたつの要素があるため、多少、複雑にはなるが、覚えてしまえば簡単である。

まず、着弾点を上げたい場合、リアサ

アイアンサイトのゼロインの方法

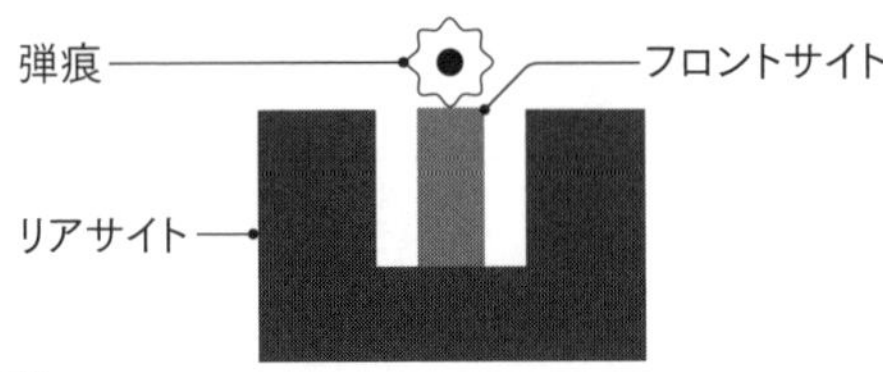

正しく照準調整された状態

リアサイトとフロントサイトを使った照準調整のやり方。リアサイトは着弾させたい方向に動かし、フロントサイトは逆方向に動かす、と覚えておくとよい

着弾が上にいく

リアサイト➡**低く**
もしくは
フロントサイト➡**高く**

着弾が下にいく

リアサイト➡**高く**
もしくは
フロントサイト➡**低く**

着弾が左にいく

リアサイト➡**右へ**
もしくは
フロントサイト➡**左へ**

着弾が右にいく

リアサイト➡**左へ**
もしくは
フロントサイト➡**右へ**

イトを高くするか、フロントサイトを低くする。銃にもよるが、一般的なフロントサイトは上下に動かせないものが多いので、普通はリアサイトを高くすることになるだろう。

　リアサイトはベース（台）が傾斜していて、その上をエスカレーターのように動くか、バネで直接、上下する仕組みになっている。無段階に動くタイプや、階段のように一定幅で上下するものなどがあり、微妙な調整には無段階のほうがやりやすく、猟場でとっさに調整するには階段式が向いている。

　逆に、着弾点を下げるにはこの逆となり、リアサイトを低くするか、フロントサイトが上下に動くものなら高くするわけだ。

　左右の場合、着弾点を左に移動させるには、リアサイトを左に動かすか、フロントサイトを右に動かす。リアサイトを右に動かすか、フロントサイトを左に動かせば、着弾点は右に移動するということになる。リアサイトが上下左右に調整可能なタイプなら、照準調整はリアサイトだけでまかなえるはずなので、通常はフロントサイトをいじる必要はない。フロントサイトの調整には専用工具が必要なものも多いため、実際にフロントサイトを動かす機会は少ないかもしれない。

　しかし、リアサイトだけでは調整範囲が追いつかなかったり、極端に左右どちらかに寄せなければならなかったりするような場合は、フロントサイトも使って調整することになるだろう。そのへんはシューターの好みや考え方にもよるが、アイアンサイトの仕組みを理解しておけば、いざというときにも慌てずにすむ。

光ファイバー

　昨今、光ファイバーを使用した照準装置が多く流通している。ほとんどがプラスチック製なので、厳密にはアイアンサイトとは呼べないが、オープンサイト全般として少し解説しておきたい。これらには、散弾銃用のフロントサイトや、スラッグ銃用のリアサイト＆フロントサイトなどがあり、どれも太陽光を取り込んで光るようになっている。電池式ではないため小型軽量で、曇り空でもかなり明るく見えるので、薄暗い猟場では頼りになるはずだ。光ファイバーの断面を直接的に照準器として利用するものがほとんどだが、なかには、レンズやプラスチック板に光を投影させるものもある。価格も手頃なため、狙い方がうまくいかず猟果が上がらない、といった悩みを持つハンターにも好評だ。ただし、銃本体や銃身との固定方法には十分に気をつけたい。

　クレー射撃用に、銃身のリブにマグネットで取り付けるだけのものもあるが、これをハードな猟場でかついで歩いたら、あっという間に紛失してしまうだろう。やはり、強力な両面テープか、イモネジで固定するタイプのものを選ぶべきだ。それでも、藪漕ぎをしていざ銃を構えたらフロントサイトがなかった、という笑えないオチも多く、接着するなど取り付けにはちょっとしたひと工夫が必要になるかもしれない。

無倍光学式サイトの有用性

アイアンサイトとはまったくの別物だが、スコープとも違う、という照準器がドットサイトだ。レンズ上に浮かび上がるドット（点）やサークル（円）などと、獲物を重ね合わせるだけで狙うことができる。アイアンサイトと共通するのは、倍率のないレンズを使うため、無倍の視界で標的を狙う、という点である。無倍なので獲物が大きく見えるわけではない。したがって、遠くを狙えるわけでもない。しかし、アイアンサイトのように、どこに目のピントを合わせるか考える必要がなく、照準器そのものが獲物を覆って視界の邪魔をする、という心配もない。両目照準で狙えば、近距離を走り去るイノシシなどに対し、かなり効果的な射撃が可能となるのだ。

ドットサイトには、大きく分けてチューブ型とオープン型のふたつの種類があり、チューブ型はスコープを短くしたような形状で、直径30㎜のものが一般的だ。スコープと同じく接眼レンズと対物レンズがあり、チューブ内にLEDを使った発光ユニットが内蔵されている。照準調整のやり方もスコープと同じで、上のダイヤルで上下の調整を、右のダイヤルで左右の調整をする仕組みになっている。通常、左にある突起物はボタン電池のスペースで、ドットの明るさなども調節可能だ。

オープン型にはチューブがなく、平たい本体の前方にレンズが立ち上がったような形状をしている。チューブ型に比べると圧倒的に小型軽量だが、レンズが完全に露出しているため、外部の影響を受けやすいのが欠点だ。機能そのものは完全防水であっても、水滴や雪などがつくと、とたんに視界が悪くなってしまう。

ドットサイト

倍率は等倍で、動く獲物などに素早く照準を合わせることができる。スコープと比べて、軽量なのもメリット

ドットサイズは3.5MOAや7.0MOAなどがあって、前者はドットが小さいため精密な射撃に向いている。後者はドットが大きく、動く獲物や近距離の獲物向き

取り扱いに多少の繊細さが必要になるが、感覚的には普通のアイアンサイトに近いため、使い方次第では有用な照準器となるだろう。ドットサイトを使うメリットは、前述のとおり両目照準にある。両目で狙えば、視界は広いまま、照準器と獲物のふたつ同時に目のピントを合わせられる。これはアイアンサイトにはできない芸当で、光学照準器ならではのメリットだといえる。

ただし、ドットサイト以外の、1倍と表示されているスコープに関しては注意が必要だ。たとえば、1倍から4.5倍の可変倍率スコープを使えば、近距離の獲物には1倍で、ちょっと遠い狙撃をしたい場合は倍率を上げればいい、とも思える。しかし、完全に1倍というスペックを実現しているスコープは少なく、現実にはかなりの高級品にしか存在しない。そのため、両目照準がうまくいかず、そういったスコープなら普通のドットサイトのほうが使いやすい、ということにもなりかねないのだ。

ドットサイトと混同されがちな光学照準器に、ホロサイトというものがある。これは、無倍のレンズ上にサークルが浮かび上がるという点ではドットサイトと同じだが、その投影方法がまったく違う。目に見えているサークルはレーザーによるホログラムなので、常に着弾点とシンクロしているというのが最も大きな特徴だ。着弾点とシンクロしているということは、極端な話、銃を構えなくてもサークルさえ標的に合わせれば当たる、ということ。実際には、銃を構えずに撃つなどということは危険なのでやるべきではないが、頬付けが甘くなってしまうのはよくあることだ。そんなときでも、ちゃんと獲物とサークルが重なっていれば当たるはずなので、猟場の状況によっては画期的な照準器といえるかもしれない。

欠点としては、電池の消耗が激しい点や、やはり価格の高さだろうか。また、これはドットサイトを含む電池式の光学照準器全般にいえることだが、ハードな猟場では常に故障の心配がつきまとう。こと頑丈さ、という点ではアイアンサイトに勝るものはないわけで、そこはハンターそれぞれの考え方や猟場の状況によって選ぶべきだろう。

狙って当てる

アイアンサイトやそれに準ずる照準器について解説したが、特にアイアンサイトの場合、ハンターが見ている視界は現実そのものだ。これがスコープになると、人工的に拡大された映像はどこか非現実的な世界のように感じてしまうこともあるだろう。

その点、獲物との距離感、矢先の安全性など、広い視野から確実な情報を拾えるのはアイアンサイトならではで、周囲の状況をしっかりと把握できるメリットは大きい。実際、どこの猟場でも、アイアンサイトで獲物を撃つハンターはなぜか尊敬される、という傾向もある。そこには、ハンターは道具に頼りすぎるべきではない、という考え方があるのかもしれない。

巻き狩り

複数のハンターによって獲物を狙うことを巻き狩りという。獲物を追い出す勢子と勢子が追い出した獲物を迎え撃つタツマ（射手）によるチーム猟だ。

巻き狩りを始める前にもっとも重要なのは見切りという作業だ。入ろうと検討しているエリアで目的の獲物の糞や足跡などの痕跡を読んで、入るかどうかを決定する。そのような痕跡が見られない場合は獲れる可能性が低いので、違うエリアを選ぶようにする。猟期が始まる前になると、勢子役のハンターたちは、足繁く猟場を見て回って痕跡を探して、あらかじめ獲物がいそうなエリアを絞っていくことが多い。イノシシ狙いなら、シカの痕跡が多い所は避けてイノシシの痕跡が多いエリアを探すといった具合だ。初めのうちは、イノシシなのかシカなのか、痕跡の判別ができないかもしれない。しかし、ひとつの痕跡だけではなく、いろいろな痕跡を拾い集めていくことで、目的の獲物かどうかがわかってくるはずだ。

まずチェックしておきたいのは、糞がみずみずしいかどうか。糞は、直近に食べたものを知る手がかりになるので、とても重要だ。そして糞と同様に、足跡から獲物の種類を知ることができ、個体の数やサイズを知る手がかりとなる。新旧を見極めることができれば追うべき対象を絞ることもできる。林道が広がっているエリアでは、林道にぐるりと囲まれたエリア内で獲物の足が抜けているかどうかも知ることができる。目的とする獲物の足跡が林道をまたいで抜けていないなら、その林道の範囲内にいるということなので、巻き狩りを始めよう。

動物の習性を知っておく

たとえば、シカは急峻な崖状になった獣道を一列になって通過する動きをする傾向がある。そこを抜けて平らになった

糞の新旧や種類を判別する

小動物の糞もよく見られる。木の実を食べていたり、動物食だったりさまざまだ

イノシシは粒状の糞が固まったようなのが特徴。古くなると酸化して黒っぽくなる

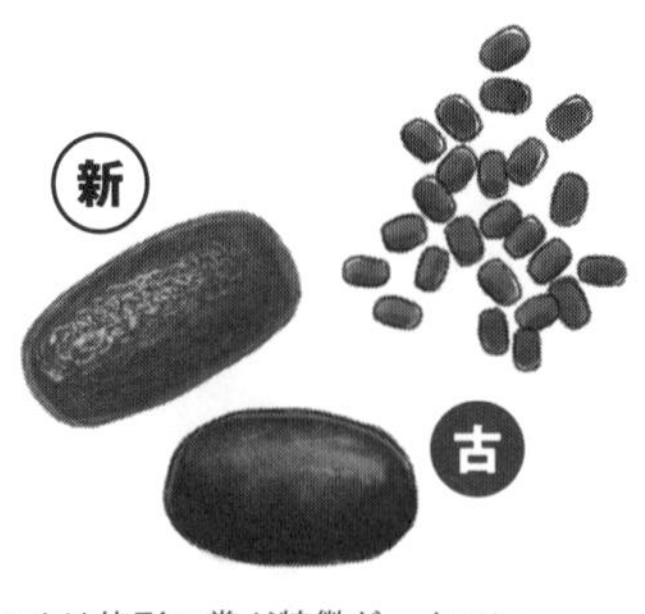

シカは俵形の糞が特徴だ。カモシカと似ているが、カモシカは1カ所に大量の糞をする傾向がある

下り巻き

勢子が山頂や尾根からタツマがいる下側へ獲物を出す方法。
タツマは下のほうで配置する

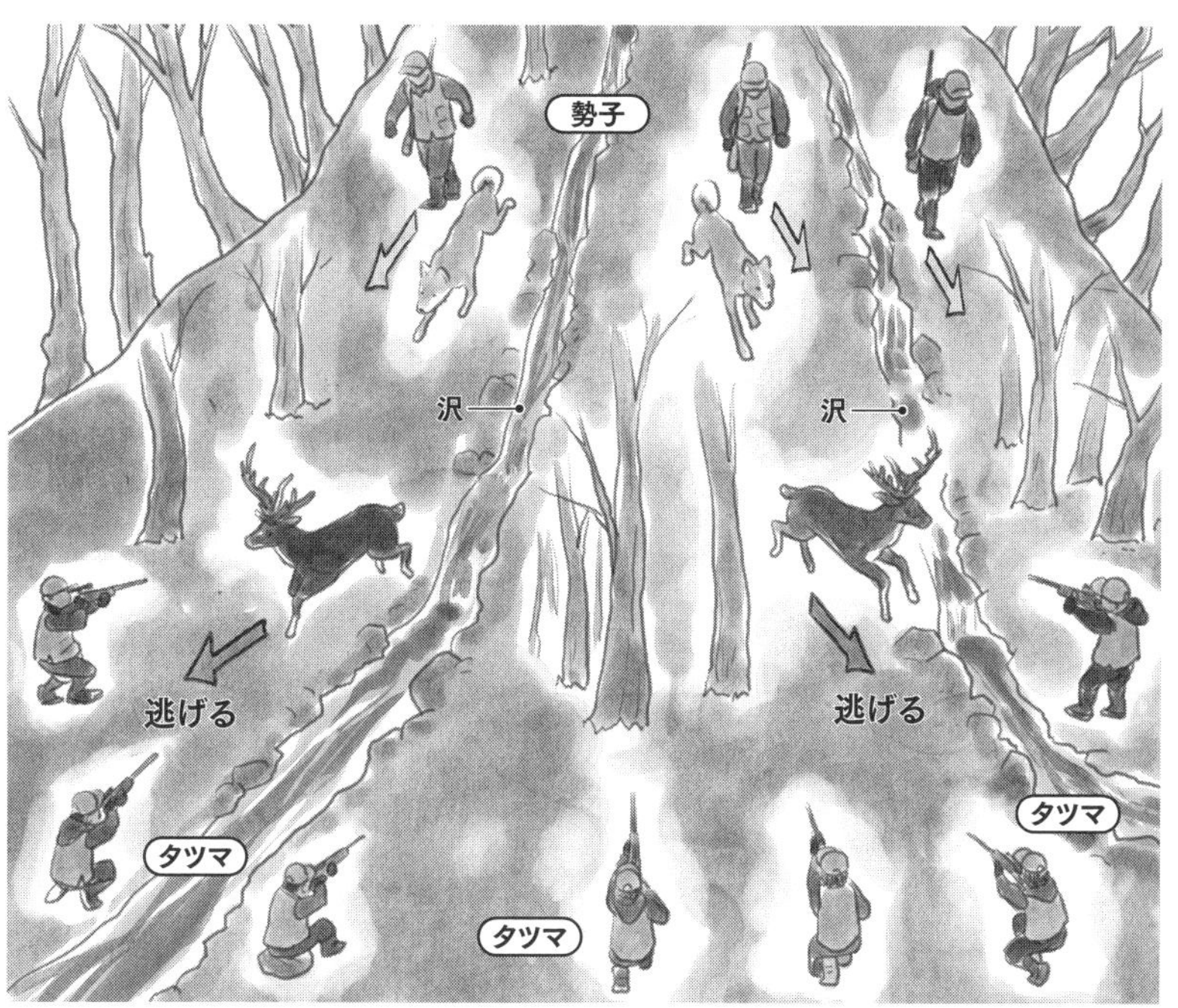

上り巻き

勢子が下から上へ追い上げる方法。
タツマは尾根や頂上付近に上がらないといけないため、配置するのが大変だが、
シカなどだけではなくクマ猟でもよく配置される方法

場所に出ると餌を求めて散らばって動く習性がある。こうした地形の場所では丁寧に足跡を探すことで、個体数の多かった群れが向かう方向がわかり、獲物が多く潜む猟場を見つけ出せる可能性も高くなる。イノシシの場合は、日中は寝ていることがよくある。静かに近づければ寝屋にいる個体を狙い撃つことができるが、猟犬によって起こされた場合は、猟犬と絡むか、逃げていくかに分かれる。和犬がイノシシをポイントして知らせてくれるような場面ではあせらずに狙うこともできるだろう。

勢子の仕事

勢子には犬を使わない、いわゆる「人勢子」も当然ある。人勢子の場合は、足跡などの痕跡を追いながら、「ホォーイ！　ホォーイ！」といった大声を出しながら歩いて、獲物をタツマのほうへ追い出していく。GPSを活用しているなら位置の把握を的確にできるだろう。

猟犬を使う勢子の場合は、猟犬が行く方向へ勢子もついていくのが基本。ときに獲物を猟犬が止めて、勢子が撃つ場合もある。勢子が一番仕留めている猟隊もあるほどだ。

タツマの仕事

タツマは、勢子が追い出した獲物を撃つ役割だ。あらかじめ決められたポイントまで行って、そこで獲物が来るまで待つ。獲物は多くの場合、けもの道を伝って逃げてくるので、どこに獲物が逃げてくるかを予測して待つが、事前にバックストップも必ず確認しておきたい。冬の寒い時期のタツマは非常につらいが、少しでも音を出したり動いたりすると獲物はハンターの存在を察知して、方向転換してしまうこともある。きたる一瞬に備えてジッと待つのがタツマの仕事の9割以上を占めているといえるだろう。それゆえ、防寒対策を万全にして臨みたい。

見事に撃ち獲ったら、無線などで伝える。まだ獲物がいるなら、その場から動かずに放血など肉をおいしくいただくための最低限の処置をして、持ち場から離れないのがルールだ。巻き猟を解除しない状態で猟場を勝手に歩くと、情報が伝わっていないと誤射されるおそれもある。これは、半矢にしてしまったときも同様に、追ってはいけない。仮に、半矢になってもほかのタツマのほうへ逃げていけば仕留めることができるから、半矢にしたハンターが追跡する必要はない。たとえ撃ち損じても、フォローしてくれる仲間がいるのが巻き狩りなのだ。それに不意の事故などがあっても、仲間がすぐに助けにきてくれる。仕留めた獲物を下ろすのも、複数人いればとても楽である。解体も猟隊全員で行い、肉は平等に分配するいわゆる「またぎ勘定」が基本。

巻き猟はたいてい10人前後で行うが、4～5人の少人数から、20人を超える巻き猟もできる。エリアの規模に応じて楽しむことができるのだ。

巻き猟の配置例　地形によって当然、タツマの配置も変わる

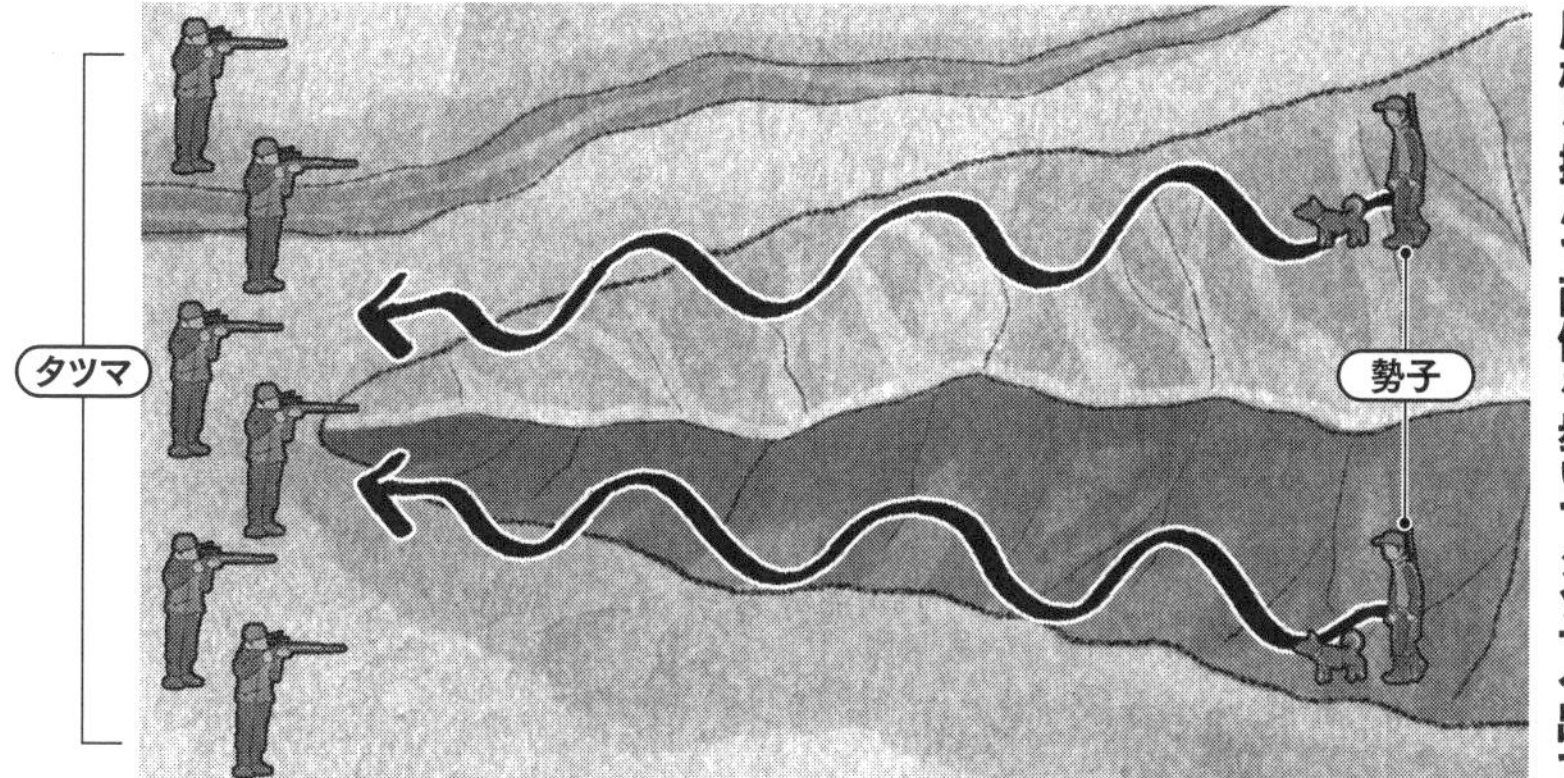

尾根を挟んで両側を歩いてタツマへ出す

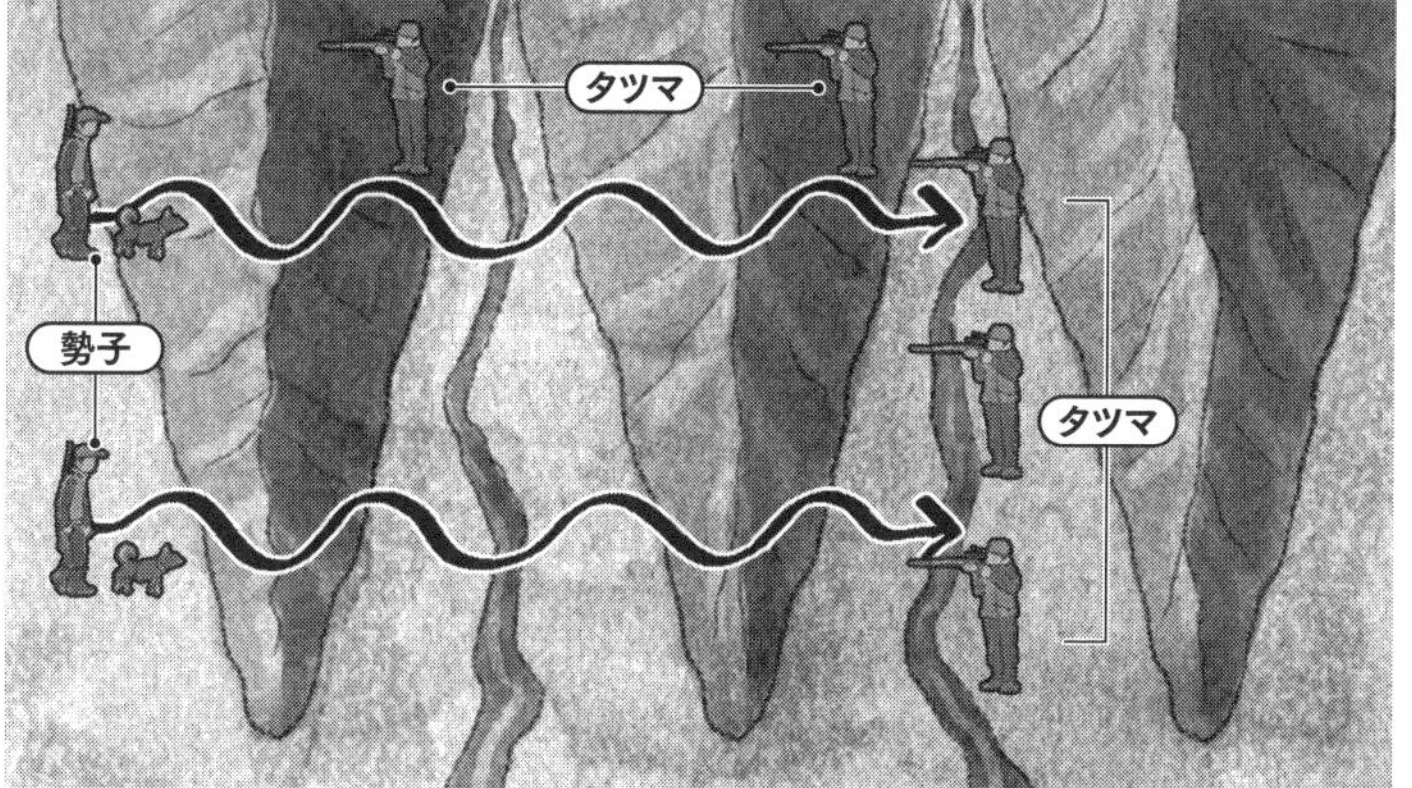

山を越えてタツマに出す

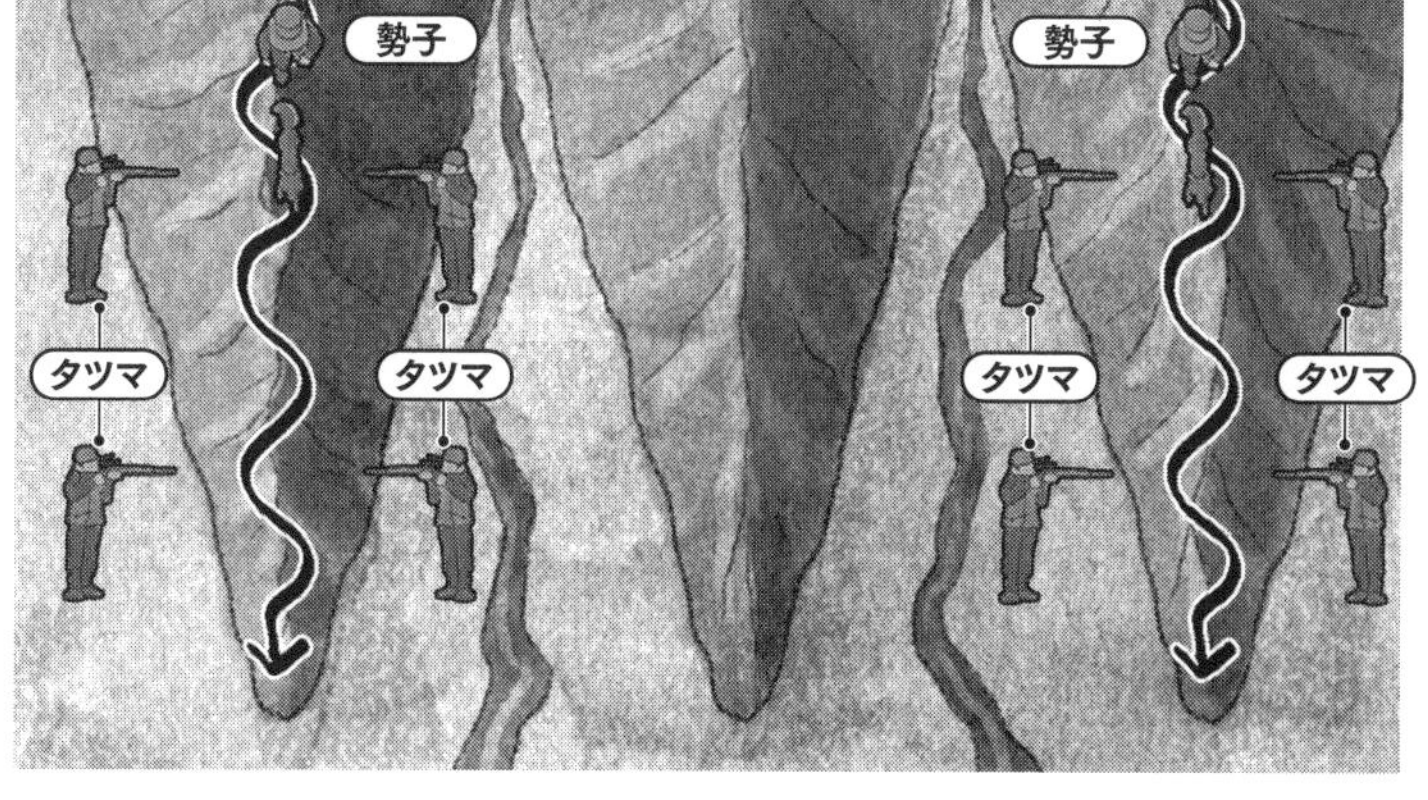

尾根を歩いてタツマに出す

獲物のどこを狙うか

射撃場で繰り返し撃ち込んで、自分が納得できる射撃技術を身につけたところで実猟に臨みたい。繰り返し射撃の練習をしておくことで、猟銃の取り扱いにも慣れ、安全に猟を行えるようになる。

シカやイノシシなどの大物と対峙した時にどこを狙えばよいか、あらかじめ覚えておいて、シミュレーションしておこう。よく狙われるのはバイタルエリアと呼ばれる心臓や肺など、生命維持に関わる臓器がある範囲だ。それらは比較的範囲が広く、当てても多くの場合は即倒するわけではない。心臓に弾丸が当たったとしても、なかには１００m以上も走り続ける個体もいるほどだが、致命傷を与えることができる。頭や首は、神経を遮断するため、長距離走らずに即倒させることができるが、的が小さいため、確実に当てられる技術がない場合はバイタルエリアを狙うのがよいだろう。

獲物は常に止まっているわけではなく、勢子に追われたりして動いている獲物を狙うことが実猟では多い。そこで、あらかじめどのくらいの狙い越しであれば思った所に当てられるのかを知っておこう。

左ページの図は、スラッグ弾やサボット弾による狙い越しやドロップ量を考慮した狙点について表したものだ。弾のドロップ量については、射撃場で50mゼロインした後に、１００mの場合にどれくらいドロップするかを確認できる。それを覚えておくことで、各距離でとっさの判断で狙点を変えて撃つことができるようになる。

そして動く獲物を狙うのはとても難しいが、ランニングターゲットの設備がある射撃場で、どれくらいの狙い越しで引き金を引けば当たるかを確認できる。50mや１００mがあるが、まずは50mで当てられるように撃ち込んでおきたい。鳥猟ならば、クレー射撃場に通い込んでどのくらいの狙い越しならクレーに当たるかをつかんでおくことで、実際の猟でもきっと結果が出るはずだ。

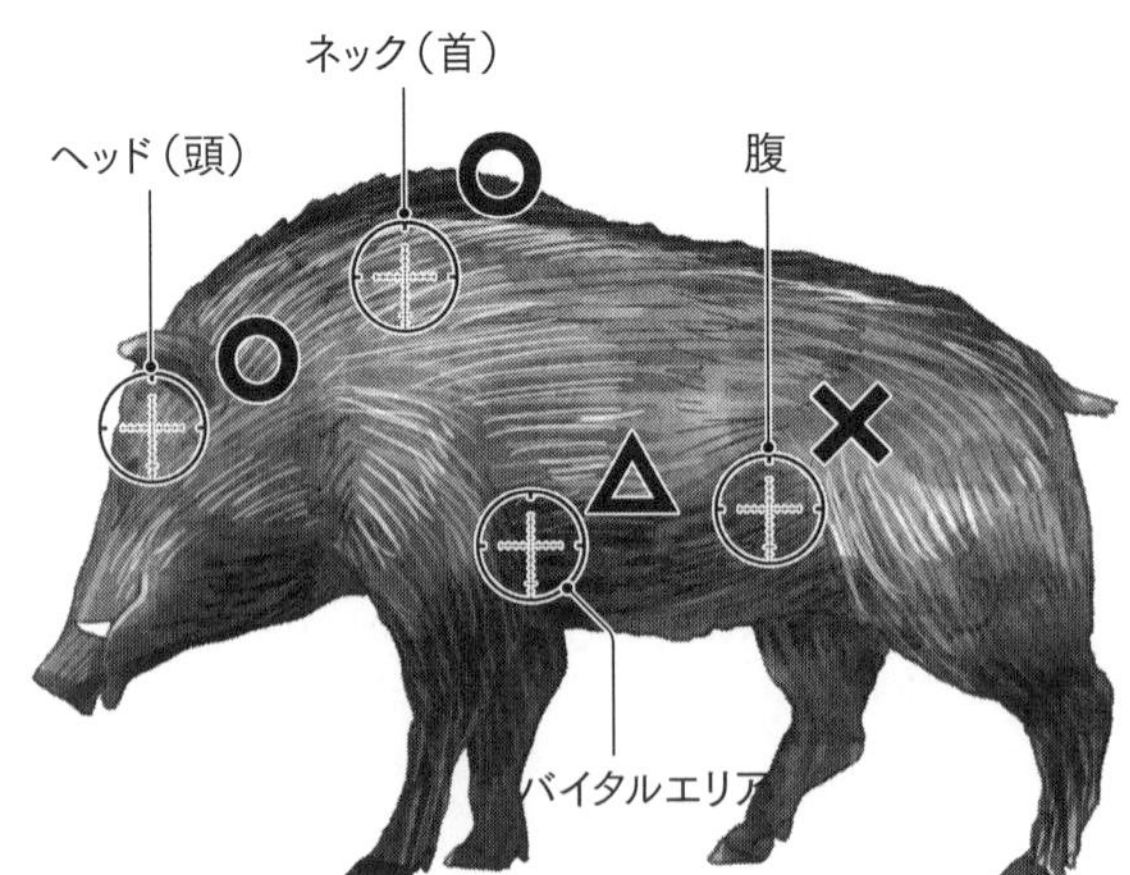

どこを狙ったらよいか？

イラストはイノシシだが、シカも基本的には一緒だ。頭や首は正確に当てられる技術があればいいいが、非常に的が小さいため、技術的に難しい場合はバイタルでもかまわない。最悪なのは腹で、無駄に獲物を苦しませてしまうし、消化器官の糞尿などの内容物が肉を汚染してしまうので、悪いことずくめ。逃げていく獲物は腹を撃つ可能性があるため、撃たずに見送る選択をしたい

距離と銃身種別による狙点の違い

スムースボア（滑腔銃身）とライフルドスラッグ弾の組み合わせでは銃と弾の相性によっても結果は大きく変わる。自分が使う銃と弾を使って事前に射撃場で必ず確認しよう。ハーフライフル銃身とサボットスラッグ弾なら、たいていの場合はこの図のようになるはずだ

スラッグ弾が狙点に到達するまでの間に獲物はこれだけ進む

スラッグ弾の初速は口径にもよるが約1,100ft/s（秒速約335m）。シカやイノシシは最高時速50㎞以上で走るといわれるが、50m先ではスラッグ弾が到達するまでに2mも進んでしまう。獲物を外した弾丸はサボット弾ならこの先500mは飛ぶ可能性がある。バックストップがあるのは当然だが、撃たないという判断も必要

20mの距離でも時速15㎞で木々の間を走るイノシシを撃つのは難しい。ランニングターゲット射撃を練習できる射撃場が限られるが、走る獲物に命中させるためには実戦的で有効な練習法だ。大物猟を目指すならぜひ挑戦したい

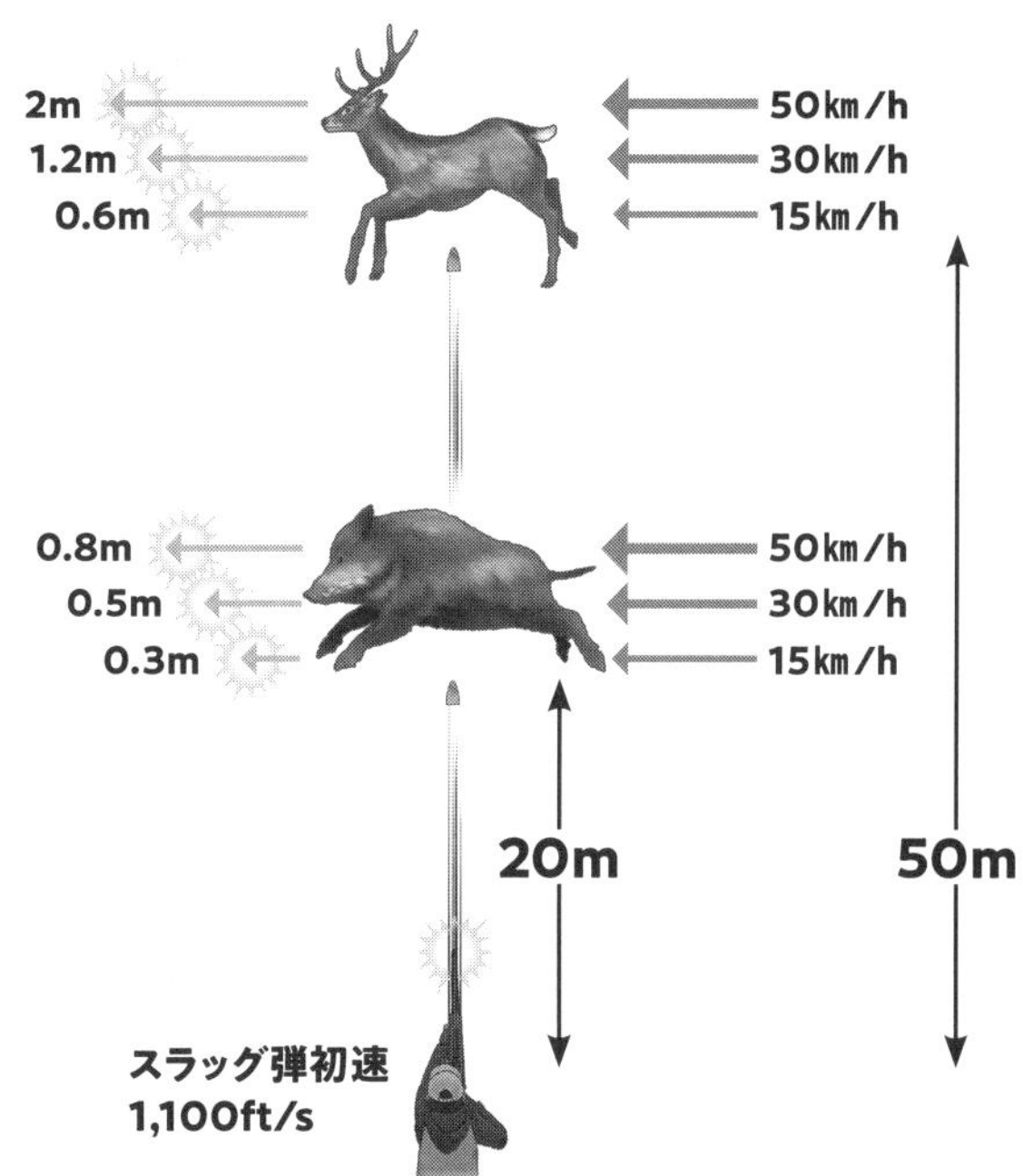

鳥撃ちの世界

鳥はハンターにとってもっとも身近な獲物といえるだろう。単独でもグループでも楽しむことができる。狩猟鳥は26種(2022年度猟期)いるが、そのなかでハンターに人気なのが、キジやヤマドリ、カモ類だろう。カモは大別すると陸ガモと海ガモに分かれ、前者はおいしく、後者は肉にクセがある。陸ガモには、マガモ、カルガモ、コガモ、オナガガモ、ハシビロガモ、ヨシガモなどがいる。海ガモには、ホシハジロ、キンクロハジロ、クロガモ、スズガモなどがいる。ハンターの間で海ガモがまずいといわれる理由のひとつに貝類など動物食であること。まずいといわれているため、積極的に狙うハンターは少ないようだ。逆に、陸ガモは人気の獲物で、マガモとカルガモは足が赤い(オレンジ)ことから「赤足」と呼ばれている。コガモは小さいながらも、もっともおいしいと評するハンターもいるが、可食部が少ないので獲らないというハンターもいる。

カモ類の多くは、オスとメスで模様が違う。オスは特徴的な羽色をしているので非狩猟鳥との判別はそれほど難しくはないが、メスはほかの非狩猟のメスとの判別が非常に難しい場合がある。確実に同定できない限り、メスのカモは狙わないほうが賢明だろう。

さて、カモ猟はとにかく水場をランガンして探り回るのが基本だ。池が凍らない時期は池を、凍ってしまったら川などを見て回ろう。日中のカモは基本的に休んでいて、夜になると田畑に飛来して餌を採る。だが、休んでいるとはいえ、警戒心はとても強い。音をできるだけ出さずに姿勢を低くして、水辺へアプローチするようにしたい。色の識別もできるというから、派手なウエアで派手な動きをすると、かなり遠くからでもハンターの存在がバレてしまっているだろう。

ハンターのバイブル『狩猟読本』を見ると、5号と6号はカモの近射、3号と4号はカモ、1号と2号はカモの遠射と

鳥撃ちの散弾銃

12番や20番を使う。号数は獲物によって替えるが、カモやキジなら3〜5号、コジュケイやキジバトなどは7号を使う。散弾粒が大きいほど遠くへ届く。非狩猟鳥を誤射をしないために、双眼鏡で事前チェックをしておきたい

❶マガモは秋から冬にかけて渡ってくる。オスは首から上が緑（青）色なので青首とも呼ばれる。またマガモとカルガモは足が赤（オレンジ）色なので、雌雄ともに赤足とも呼ばれることがある。❷カルガモと一部地域のマガモなどを除いて、猟期に飛来しているカモ類は渡り鳥。川やため池、ダムなどで集団でいることが多い。ダムなど広い水面では舟撃ちで狙うこともできる

日中に水面に浮かんでいるのは休んでいる個体だ↓

カモの1日の動き

水辺で休んでいる

休耕田などで餌を食べる

夜明け

帰る途中で悪天候になると緊急避難。普段見かけない水路などにもカモが出現する場合も

書かれている。どの程度の距離を想定しているのかは明記されていないが、遠射の場合、最大でも40mといった所ではないだろうか。そこから逆算すると、3号4号は20m、5号6号は10m程度ではないかと考えられる。1号や2号を使う場

飛び立ちの方向

高い障害物がある方向へ飛び立たず、開けたほうへ飛んでいく傾向がある

合、ほかの号数に比べて約50ｍも最大到達距離が増えてしまうため、十分な矢先の確認が必要だ。口径に関しては、やはり12番のほうが威力は強い。だが中近距離の場合、20番の反動の軽さはメリットとなる。連射性が高い分、2発かけられる場合もある。

鳥猟用エアライフルの口径は、5.5㎜が一般的だ。しかしカモは矢に強いため、当たり所によっては半矢になることもあるだろう。6・35㎜や7・62㎜を使えば高確率で止められるが、その代わり、肉の傷みが激しくなることを忘れてはいけない。自分の狩猟スタイルによって、よく考えて使う口径を選ぼう。

カモの回収は、池の周りで撃って田畑などの地面に落ちたらラッキーだが、カモは水辺にいるので、回収が意外に難しい。半矢の場合は水中に潜ってしまい、上がってこないこともある。浅い場所なら長靴を履いていれば回収は簡単だが、深い場合はレトリーバーなどの猟犬がいれば、ほぼ高確率で回収できるだろう。猟犬がいない場合は、ギャフやカモキャッチャーを使いたい。それでも使える範囲が決まっているので、カモ撃ちは回収までを考えて撃つことがとても大切なのである。

カモの回収には長い柄の先に鉤がついた道具を使うと便利。カモキャッターと呼ばれる釣りで使う鉤がたくさんついた仕掛けを投げ竿で投じて、カモを回収する人もいる

キジ、ヤマドリ、コジュケイ撃ち

狩猟鳥ではキジ科はキジ、ヤマドリ、コジュケイ、エゾライチョウの4種が指定されている。本州・四国・九州などに生息しているキジとヤマドリは羽色は違うが形は似ており、キジは比較的身近にいて、ヤマドリは山の奥のほうに生息している。1日でキジとヤマドリ合計2羽の制限があり、メスは非狩猟鳥である。

河川敷や田畑に隣接した藪の近くなどを歩いていると、突然、キジがバタバタバタと足元から飛び立つ場面に出くわすことがある。キジ場には大きめの糞も落ちているので、生息を知ることができるだろう。気づかないと意外に近くまでキジに寄ることができるが、出た瞬間にすぐに撃てるように据銃姿勢をとれるようにしておきたい。ただ、低く飛ぶことが多いので、矢先の安全を常に考えておきたい。エアライフルなら居鳥を狙うことになるので、キジ場を探し歩いていき、見つけたら警戒されない距離から狙おう。

キジは死んだふりをすることがよく知られている。半矢で落ちて動かないキジに近づいていくと、突然起き上がって走って逃げていく。最後まで気が抜けない獲物といえるだろう。キジ場はススキなどが生い茂る場所が多いので、撃ち落としたときの回収が難しいことが多い。半矢にしてしまうとさらに回収率が下がってしまうだろう。

ヤマドリは沢筋によく見られることから、そのあたりを中心に歩くハンターは多い。ヤマドリはキジよりもさらに動きが速いといわれていて、10mほどの狙い越しで撃たないと当たらないという話もあり、スキート射撃の8番射台がヤマドリ撃ちの練習になるというハンターも多い。実際、ハンターの真上を素早く飛び去るヤマドリと8番射台の飛行線はたしかに似ている。

ヤマドリもキジと同様においしい鳥として知られているが、販売が禁止されている。基本的にこの貴重な鳥を食べることができるのはハンターだけだ。5つの亜種（ヤマドリ《キタヤマドリ》、ウスアカヤマドリ、シコクヤマドリ、アカヤマドリ、コシジロヤマドリ）がいて、九州南部に生息しているコシジロヤマドリだけが非狩猟鳥になっている。

コジュケイは河川敷から山野の藪まで見られる全長27㎝の鳥で、非狩猟のウズラ（全長20㎝）よりも大きい。1日の制限数は5羽。

日中は、藪の中で「チョットコイ〜チョットコイ〜」と表現されるあの特徴的な鳴き声をよく聴くが、姿はほどんと見かけることがない。コジュケイは朝と夕の薄暗い時間帯に出ていることが多いのでその時間帯を狙ってもいいし、日中なら藪に潜むコジュケイを猟犬を入れて飛び立たせる方法もある。しかし、コジュケイ撃ちでの注意点がある。それは、コジュケイは水平に飛ぶ傾向がある鳥ということ。射撃の際には、必ずバックストップを確認しておきたい。藪の向こうの矢先が確認できていない限りは、撃たない選択をする。その時は獲れなくても、獲物がいる限りは再び出会えるのだ。

その他鳥撃ち

キジバトを積極的に狙うハンターはあまりいないかもしれないが、1日の制限数である10羽を狙ってみると、意外に難しい獲物だ。山に生息しているハトは木の実などを食べているためか、筋肉質の赤身の肉はとてもおいしい。ハトは木に止まっている個体を見つけて狙うこともできるが、都市部にいるドバトと違って非常に警戒心が高く、あまり近寄らせてくれない。それに、森の中では、鳴かずにジッと止まっているキジバトを見つけるのが意外に難しい。ちなみに鳴き声は「デーデーポッポー〜♩ デーデーポッポー♩」。

そこでハト撃ちのコツは、よく止まる木を見つけておいて、その下で待ち続ける。キジバトがその木に止まったら撃っていくという作戦がよい。飛ぶ個体を狙う場合は、ハト撃ちがルーツとされるトラップ射撃同様に、追い矢で狙うことに

❶キジは本州のいたる所に生息している日本の国鳥。藪から素早く飛び立ちすぐに降り立つので、射撃のチャンスは少ない。出たら素早く構えられるように据銃練習を欠かさずしておきたい。藪の向こう側への射撃の際は要注意。 ❷キジバト（全長33㎝）も山野で比較的よく見られる。首にある青と黒の縞模様が特徴の美しい鳥だ。同じような所にいるアオバト（非狩猟）にも注意が必要だ

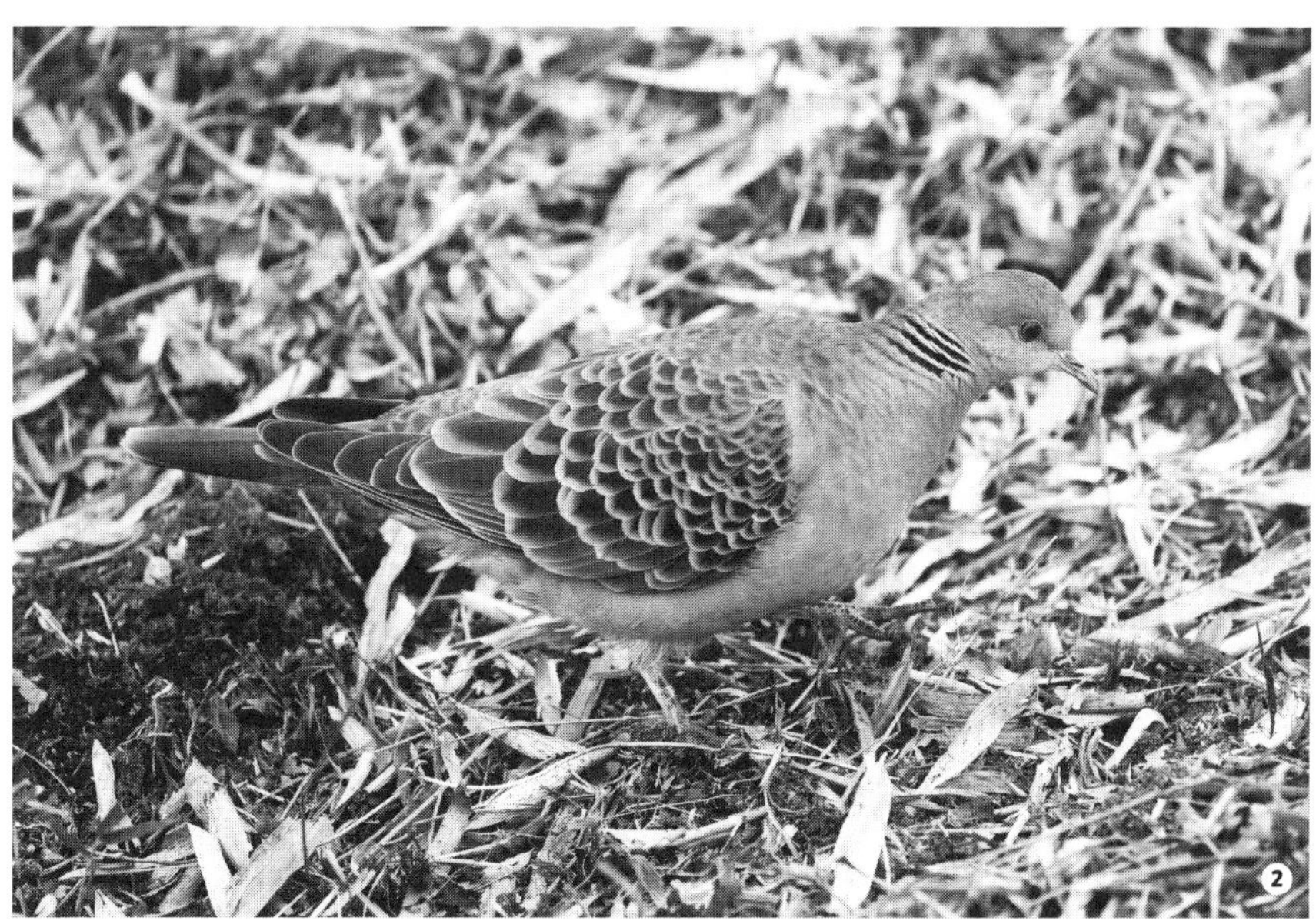

なる。ハトを狙いたい人はトラップ射撃を練習すると、きっと実猟にも生きるだろう。

ヒヨドリやムクドリもあまり積極的に狙われることはないが、食べている餌によっておいしい個体もいる。全長33㎝のキジバトよりも少し小さく、ヒヨドリは28㎝、ムクドリは24㎝。これらの鳥はエアライフルで止まっている個体を狙い撃つのが面白い。

タシギは英名Common Snipeと呼ばれ、スナイパーの語源になっている鳥。つまり、撃ち獲るのがとても難しい獲物のひとつといわれている。というのは、周囲の枯れ草の色に体色が同化していて姿を見つけるのが難しいこと、そして、動きが非常に素早いことなどが挙げられる。ハンターが至近距離に近づくまでジッとしていて、足元から突然「ジャッ」という鳴き声を発すると同時に飛び立つ。この飛行は長くはなく、すぐに降りてしまうので、降りた地点を覚えておいて、双眼鏡でよく探すと見つけられるかもしれない。これはヤマシギも同様なので、シギ系を獲りたいときは覚えておきたい。経験を積んで目が慣れてくると、風景に同化しているシギ類を見つけることもできる。そうなると、エアライフルで文字どおりスナイプすることも夢ではないのだ。なお、ヤマシギとタシギの制限数は1日合計5羽となっている。

カラス類は全国的に有害駆除で獲られることが多く、猟期中に好んで狙うハンターは少ないだろう。カラス類は頭がよくて難しい獲物だが、長野県の郷土料理のろうそく焼き（カラス田楽）でも知られていて、実際に食べてみるとおいしい肉であることがわかる。

カワウは2007年に狩猟鳥に指定された。主に内水面（河川や湖）でアユなどの漁業被害を出していて、有害駆除されることが多い鳥だ。カラス同様に積極的に猟期中にハンティングしているという人をあまり聞かない。暗い時間帯に餌の魚などを捕って、ハンターが動き出す明け方には寝屋に戻ってしまうことや、警戒心が非常に高く射程範囲に近づけないとても難しい狩猟鳥だ。

ヒヨドリは冬のみかん園によく出没する

柿を食べるムクドリ

❶タシギ（全長27㎝）は田畑近辺に生息している。周囲の模様になじんでいて、止まっていると見つけるのが非常に難しい。飛び立つときは非常に素早いが、長距離は飛ばずにすぐに降りてしまうことが多い。

❷ヤマシギ（全長33㎝）は山野に生息していて、夕方など薄暗い時間帯に活動するのでそのタイミングで遭遇することもある。見つけづらく、飛び立ちは俊敏なので、狩猟鳥の中でも難しい獲物のひとつ

わな猟免許で捕れる動物

狩猟鳥獣は46種（哺乳類20種＋鳥類26種）選定されている（2022年11月現在）。そのなかで、わな猟免許で捕獲が許可されているのは哺乳類の18種だけである。これがはたして多いと思うのか少ないと思うのかは、それぞれ違うだろう。狩猟鳥獣の中でわなで捕獲できないのは、鳥類すべてと、ヒグマとツキノワグマ、イタチとシベリアイタチ（チョウセンイタチ）のメス（＊長崎県対馬市に限り、シベリアイタチは雌雄ともに捕獲禁止）だ。毛皮の需要があった時代は、いわゆる毛皮獣といわれるキツネやテンやミンクなどは主たる捕獲対象であった。また、わなで捕獲できる狩猟獣であっても、地域によっては禁猟になっていることもある（一例として、栃木県ではアナグマは禁猟）ので、猟が始まる前に必ず確認しておきたい。

全鳥類とクマ類はわなでの捕獲禁止

狙っている動物を捕獲するには、その動物の生態をよく知っておく必要があるのはハンターとして当然のことだ。ただ、漠然とわなを仕掛けても捕れるものではない。野生動物を大まかに分けると、食性は肉食性と草食性と雑食性、行動は昼行性と夜行性、などがある。

銃猟が日の出から日没までしかできないのに対して、わな猟は獲物がかかるまでは仕掛けっぱなしなので、夜に動き回る動物も狙うことができる（夜の見回りや、銃を使わなければ止めさしもできる。ただし、毎日の見回りは必須）。

狩猟鳥獣の中でも生息数が多いシカやイノシシなどは昼行性にも夜行性にもなる。行動は動物によってある程度分類できるが、人間と同じように個々の性格もある。人的プレッシャーが高いエリアでは人の動きが少ない夜に行動する傾向になるといわれている。それゆえにわなの出番となる。

狩猟鳥獣はどうやって決められている？

狩猟鳥獣の指定は、鳥獣保護管理法第2条7項に「希少鳥獣以外の鳥獣であって、その肉又は毛皮を利用する目的、管理をするその他の目的で捕獲等の対象となる鳥獣（鳥類のひなを除く）であって、その捕獲等がその生息の状況に著しく影響を及ぼすおそれのないものとして環境省令で定めるものをいう」と記載があって、それに従っている。狩猟などによって捕獲しても生態系に大きな影響がない種について、狩猟鳥獣として指定されているというわけだ。

直近では、2022（令和4）年度の猟期からバンとゴイサギについて狩猟鳥の指定が解除された。指定解除の理由としては、生息数が減少傾向にあることが定期的な調査によって明らかにされたからだ。2012（平成24）年度に指定解除になったウズラも同様の理由による。

狩猟鳥獣の指定の変遷は、1918（大正7）年のデータでは、鳥獣類合計116種。そのうち鳥類は、ガン類、アイサ類、ウ類、ゴイサギ、キジ、ヤマドリ、ウズラ、エゾライチョウ、カモ類、バン、シギ類、ハト類、カラス類、スズメ、ニュウナイスズメ、ヒヨドリ、シメ、イカル、イスカ、カワラヒワ、ウソ、ホオジロなど多数が指定されていた。

獣類に関しては、アマミノクロウサギを除く獣類各種と記載されていてカウント不可とある。それが、1947（昭和22）年には、カモシカ、カワウソ、ヤマネコ、サル、メスジカを除く獣類各種となり、鳥獣類合計で約半数の52種になった。翌々年の1949（昭和24）年には鳥獣合計63種（獣類はムササビ、リス類、テン、クマ、ヒグマ、イノシシ、キツネ、タヌキ、アナグマ、オスイタチ、ノウサギ、ノネコ、ノイヌ、オスジカなど）となった。ヌートリアは1963（昭和38）年に指定になり、リスやバンドリと呼ばれ捕獲されていたムササビは1978（昭和53）年に禁猟になった。

近年、農林漁業被害を出しているハクビシン、アライグマ、ミンク、ヒヨドリ、ムクドリは1994（平成6）年に狩猟鳥獣に指定され、カワウは2007（平成19）年に狩猟鳥に指定されている。

狩猟獣ではシカとイノシシ、鳥類ではカモやキジなどが積極的に捕獲されているが、それ以外の種をハンターが積極的に捕獲しているかといわれると、必ずしも狙っていないかもしれない。ハンターは、獲った獲物を食べるために狩るのが本懐であるから、噂話でマズイといわれている動物を獲ろうとは思わないのだろう。しかし、噂話はあくまでも噂話だ。発情期のオスイノシシは臭いことで有名だが、それ以外でドングリを食べている時期はイベリコ豚同様に非常に美味。ハクビシンやアライグマは、食べている餌によってはとてもおいしい肉であるし、ヒヨドリやムクドリも果樹園に出没している個体はとてもおいしい。噂話に左右されずに自身で捕獲して、一度は食べてみるのもハンターしかできないことだ。

猟場のさまざまな痕跡を選別する

痕跡の代表例は足跡と糞だ。足跡はいわずもがな、そこに動物がいたというまぎれもない証拠である。シカやイノシシは鯨偶蹄目に属し、蹄がふたつに分かれている。一見するとシカもイノシシも同じ足跡のように見えるが、慣れてくるとわかってくる。シカは細長い感じの足跡で、対するイノシシの蹄はやや丸みがあり、泥地や雪などで深く足をつけられる条件では副蹄という1対の小さな蹄がつく。シカにも副蹄はあるが、イノシシよりも高い位置についているので地面に副蹄の跡は残りにくい。

よく使われているけもの道はしっかり踏みしめられて、明瞭な道ができている。たとえば、シカの行動を例に挙げると、日中は山の奥のほうにいて休み、薄暮〜夜間の外敵が少ないときに水場へと降りてくる。どんな動物にも水は必要だから、必ず山奥から沢や川へと抜ける道ができる。それに、牧草地などの餌場へと続く道もある。猟場を歩いてみて、いろいろなけもの道を観察していき、この道はどこへ抜けているのか、というのを猟期前に自分の猟場でしっかり観察しておくのも有効だ。山中を観察中にシカなどの動物に遭遇したときは、実際に動物がいた所まで行ってみてどんな足跡がついているかも自身の目で必ず確かめてみよう。それによって足跡を見る目が養われる。

糞もその場所に目的の動物がいた証拠だ。シカ糞は説明不要だと思うが、黒くて俵形のもの。カモシカの糞はシカ糞と似ているが、少し細長い。イノシシは、シカとは違い塊でひねり出される。食べている餌によって色も異なる。

わな猟では足跡や糞を重要サインとして活用するが、それ以外に、ヌタ場、擂り木、食痕、牙かけ、寝屋、などがある。季節によっては、ドングリや木の実など、利用する餌が異なる。餌がない所には動物は寄らないので、実がなる木の位置を山を歩いた際には忘れずにチェックしておこう。

大型獣3種の足跡と糞の見分け方

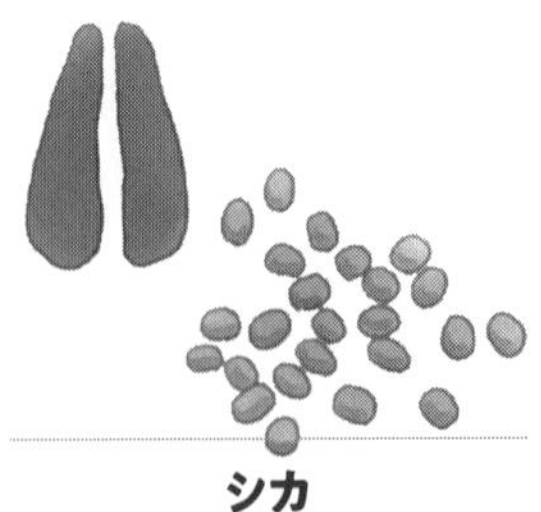

シカ

遭遇率が高いので、山を歩いているとこの足跡と糞をよく見かけるだろう

イノシシ

シカと比べてやや丸みがある。副蹄が地面につくこともある。しっかり観察しよう

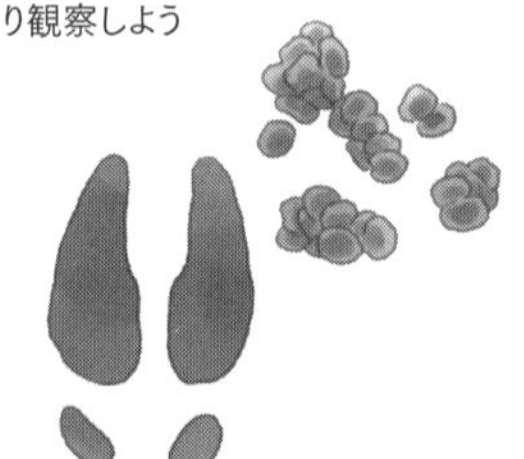

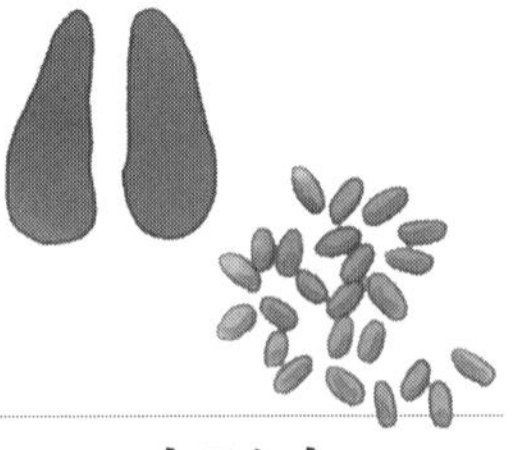

カモシカ

非狩猟獣だが念のため痕跡を知っておこう。糞は細長いが、足跡はシカと混同しやすい

❶シカの足跡。新旧を見極めてわなを仕掛けよう。くくりわなの場合は、くくり輪の真ん中に足を入れさせないと空はじきしてしまう。輪の前後に棒などを置くことで、狙いどおりに足を置かせることができる。❷シカの糞。新しいと黒色で湿っていてツヤツヤしている。古くなると乾燥して色が薄くなっていく。

❸食痕。葉の先端が食べられているのが見えるだろうか。❹ヌタ場。特にイノシシはヌタ打ちを行う傾向がある。シカの場合は、発情期のオスが行うことがある。❺寝屋。土が露出している所にシカが座っていたと思われる。積雪時には、寝屋の部分だけ雪が溶けるのでわかりやすい

わな猟の際は錯誤捕獲に注意

猟場にいるのはシカやイノシシだけではない。わな猟を行ううえで、忘れてはいけないのが錯誤捕獲の問題だ。錯誤捕獲とは、狩猟獣以外の獲物がかかってしまうことで、たとえばシカを狙っているところにカモシカ（非狩猟獣）がかかってしまうようなときだ。

錯誤捕獲があった場合、保定などをして自力でわなを外して無傷で逃がせるならよいが、手に負えないときもあるかもしれない。そのときは、各都道府県庁の自然保護課などが窓口になっている所が多いので、わなにかかった動物が弱るまで放置しないですぐに連絡を入れること。

大型のはこわなの場合はツキノワグマが入ってしまう可能性も皆無ではない。クマは警戒心が極めて強く、有害捕獲などで捕ろうとしてもそう簡単にわなには入らない動物ではあるが、絶対にないとはいえない。万が一の場合を考え、周辺にクマの足跡があるような場所はわなの設置を避けたい。都道府県によっては、はこわなの上面に脱出口がないものは使用禁止となっている。仮にペットのイヌやネコが入ってしまったとしても、大型のはこわなら放獣はそう難しくないだろう。そのような動物がかかるのが心配な時は、わなを仕掛ける前にトレイルカメラを設置して周辺に出入りしている動物や、足跡や糞などの痕跡から入念にチェックするなどの対策をしたい。

くくりわなでは、輪の直径を12㎝以下にすることと、締め付け防止金具の使用が定められている（前記に加えて、シカやイノシシの場合は、ワイヤ径4㎜以上、よりもどしの装着が必要）。狙いどおりシカやイノシシがかかっても、足首がちぎれて逃げられてしまうようなことがないように、脚の高い位置をくくれるようにわなを選んで設置しよう。

また、イヌやネコなど体重の軽い動物が踏んでも作動しないように荷重調整ができるくくりわなも販売されている。ハンターにとって錯誤捕獲の防止は重要課題だ。捕獲することばかりを考えるのではなく、あらゆる可能性に対して責任をもって臨もう。

アルミ製の見た目から「弁当箱」式と呼ばれるくくりわな

このネジの締め方で作動の抵抗が調整できる。体重の軽いネコなどの錯誤捕獲をある程度避けられる

錯誤捕獲は突然起こると思っておいたほうがいい。急な対処ができるように、保定具などを事前に用意しておくと安心だ

❶カモシカは、シカの猟場に同所的に生息していることがある。国の特別天然記念物に指定されていて、もちろん捕殺は禁止になっている。頻繁に見られる場所では、わなにかかってしまう可能性も万にひとつもあるので、わなを仕掛けない選択をしたい。 ❷くくりわなにかかったハクビシン。狙いはイノシシやシカで、狙いとは違う獲物ではあったが、猟期中であり、しかも狩猟獣なので問題はない。わながかかっている脚などが無傷なら、逃がすも食べるもハンターに委ねられる

わなとは？その使い分けとルール

無数のからくりを組み合わせて、自分流にカスタマイズできるのがわな猟の面白さ。獣との知恵比べに勝つため、そして安全に猟を行うためにも、必要な知識を頭に入れておこう。すでにわな猟をされている方々においては、日頃の猟を振り返る確認としてお読みいただければ幸いである。

Q どのような種類があるの？

法定猟具としてのわなは、大きく分けて4種類ある。

ワイヤなどで脚や体の一部をくくって捕える「くくりわな」、金属メッシュなどでできた箱に閉じ込める「はこわな」、上から天井を落として動きを封じる「はこおとし」、そして柵の囲いの中におびき寄せて入り口を封鎖する「囲いわな」などだ。

なかでも多くのハンターが愛用しているのが、イノシシやシカなどの大物を狙えるくくりわなとはこわなだ。獣の足をピンポイントで狙うくくりわなのスリルや、はこわなでイノシシの群れを捕らえたときの達成感は、ハンター冥利に尽きる。くくりわなや小型のはこわなでは、身軽に設置場所を変えながら獲物の反応を見る。大型のはこわなでは、あまり動かさずに長期戦で挑むことが多い。また、町や集落単位で予算を出し、大規模な「囲いわな」を設置している所もある。

一部の例外を除き、これらのわなの使用には狩猟免許の取得が必須だ。例外とは、自宅の庭や菜園など、塀や囲いのある住宅の敷地内にて捕獲を行う場合（住宅敷地内狩猟）である。しかしそれらの場合でも、法定猟具としてわなを使う際は、もちろん後述する法規制や猟期は守らなければならない。

Q 銃猟との違いは？

銃猟との最大の違いは、「わな自体には殺傷能力がない」という点である（殺傷能力を持ったわなは使用禁止）。よって、止めさしで獲物を絶命させるためには、銃、ナイフなどの刃物、または「電気止めさし器」などが必要となる。それらを持っていない場合は、あらかじめ止めさしができる仲間を探しておきたい。

また、1日で決着のつく銃猟とは違い、わな猟では日数を費やして勝負をかける。くくりわななら3日間以上、はこわなや囲いわななら数週間単位で予定を立てたほうがいいだろう。

手負いの動物が逃げ出したり、肉が傷んでしまったりするのを防ぐため、獲物がかかれば早めに処置をしなければならない。そのため、わなの設置期間は毎日の見回りが必須。わなを点検しつつ、獣道や足跡の変化を定点観測すれば、ターゲットの行動パターンも予測できるようになるので一石二鳥だ。

Q 法規制は？

わなを設置した場所は、いつも誰かが見張っているわけではない。よって、誤って人間がかかってしまった場合に致命傷を負うようなわなは、鳥獣保護管理法により禁止されている。

禁止されているわなには、重りで圧死させる「押しわな」、強力なバネで脚を挟む「とらばさみ」、原始的な「落とし穴」、大型の獣が宙吊りになるようなかけ方などがある。

そして狩猟鳥獣であっても、基本的にすべての鳥類とクマ類は、わなで獲ってはいけない。くくりわなにはクマ類の脚部が入らないように、基本的にスネア（脚をくくるワイヤの輪の部分）の直径を12㎝以下にすること。また非狩猟鳥獣がかかってしまった場合にも逃がせるよう、スネアに締め付け防止金具を装着しておくことなどが義務付けられている。

ただし、カラスやツキノワグマなどは、農作物や人間と遭遇することでの獣害などが問題となっている。これらの動物が有害鳥獣に指定されている地域では、わなでの捕獲が可能な場合もある。

ひとりのハンターが同時に設置できるわなは30基まで。とはいえ、毎日の見回りを考えると、あまりにたくさんかけるのは現実的ではない。初心者なら、はこわなで1～2台。手軽にかけられるくくりわなでも、3～10個あれば、十分に手ごたえを感じられるはずだ。朝の仕事前に見回るならどのくらい時間がとれるのか、など日々のスケジュールと相談しながら調整したい。

Q 自作か購入か？

ベテランともなると、ほとんどの人がわなを自作している。

針金やビニールパイプなどを組み合わせて独自の仕掛けをつくったり、鉄製の網を溶接してオリジナルのはこわなを用いたりすることも珍しくない。それこそが、ハンターとして積み重ねた経験と工夫の集大成。「捕れるわな」を持っているということは、狩猟の力量を示すステータスでもあるのだ。

ただし、初心者の場合は話が別。迷わず市販のものを購入するか、自作の場合でもベテランハンターのアドバイスを受けよう。わなの強度が甘いと、手負いのイノシシに命を奪われたり、誤作動で大ケガをしたりするからだ。

健康な体があってこその狩猟。急がば回れの精神が、長く狩りを楽しむための秘訣となる。

わな猟の鉄則は、安全第一

かかった動物は非常に狂暴だ。特にわなが外れたイノシシに突進された場合、ナイフのように鋭い牙で動脈を切られ、人間が命を落とすこともある。
わなの設置は「外れないように」細心の注意を払い、見回りに出かける際も家族に行き先と時間を伝えておいたり、銃以外の止めさしはふたり以上で行動したりするなど、慎重すぎるぐらいの用心が必要だ。

【くくりわな】

バネの瞬発力で脚を捕える

フットワークの軽さで右に出るものなし

わな猟のデビュー戦としてもっとも多く用いられるのが、このくくりわなだ。ほかのタイプの罠と比較して、小型で軽量、5000円前後から購入できて安価。設置時間も短く、ひとりで行えるので、気が向いたときにふらりと仕込みに行ける気軽さもある。

さらに、設置できる場所も幅広く、樹と樹の狭い隙間や斜面、穴を掘らない方法なら岩場でも問題ない。はこわなと違って事前の餌付けも必要なく、まさに、フットワークが軽いわなといえよう。

基本的な仕組みとしては、地面にワイヤの輪を設置し、獣がその上を通るとバネの力で輪が締まり、脚部を拘束するというもの。ターゲットの足跡を徹底調査し、「次はここを踏む」と確信した場所にピンポイントでわなを仕掛けるのだ。

デメリットとしては、当然ながら、ひとつのわなで1頭しか捕れない。また、直接、獲物を拘束するので部品が破損しやすく、取り替えの手間がかかる。

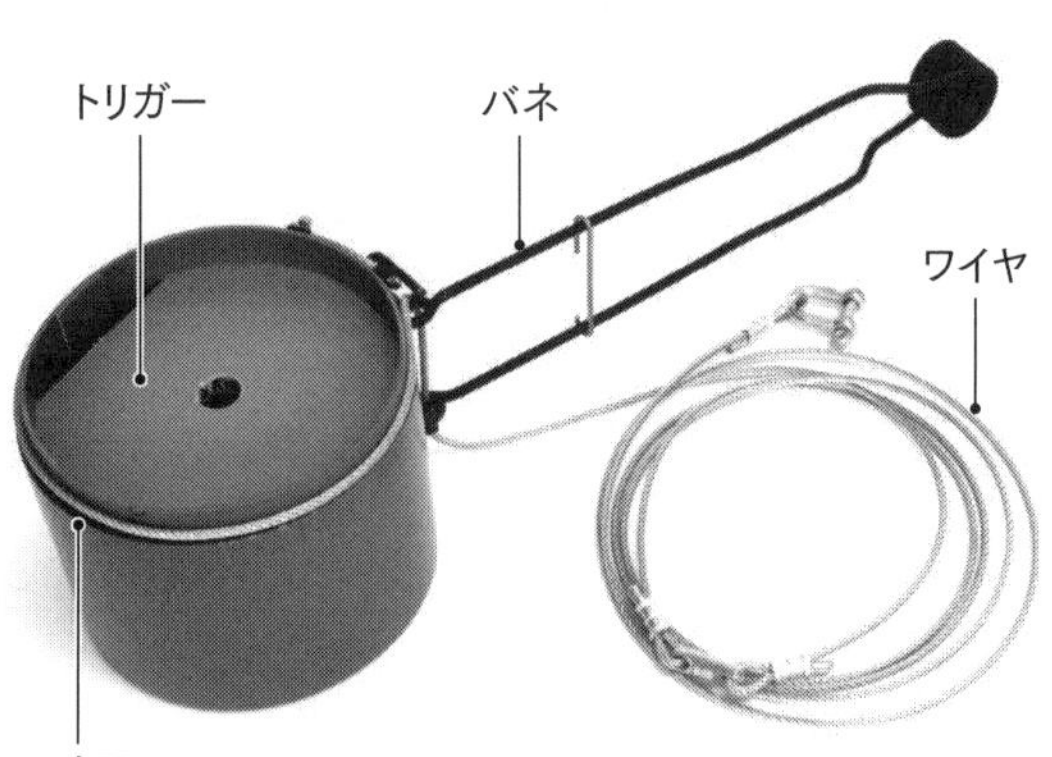

そして特に肝に銘じたいのは、止めさしのリスクだ。イノシシやシカなどの大型獣の場合は、ワイヤが切れたり外れたりしたときに向かってきて反撃に遭うかもしれない。手負いのまま逃がしてしまえば、凶暴化したけものが人を襲ってしまう可能性もある。そして、ケガをした動物は弱ってそのまま死んでしまうこと

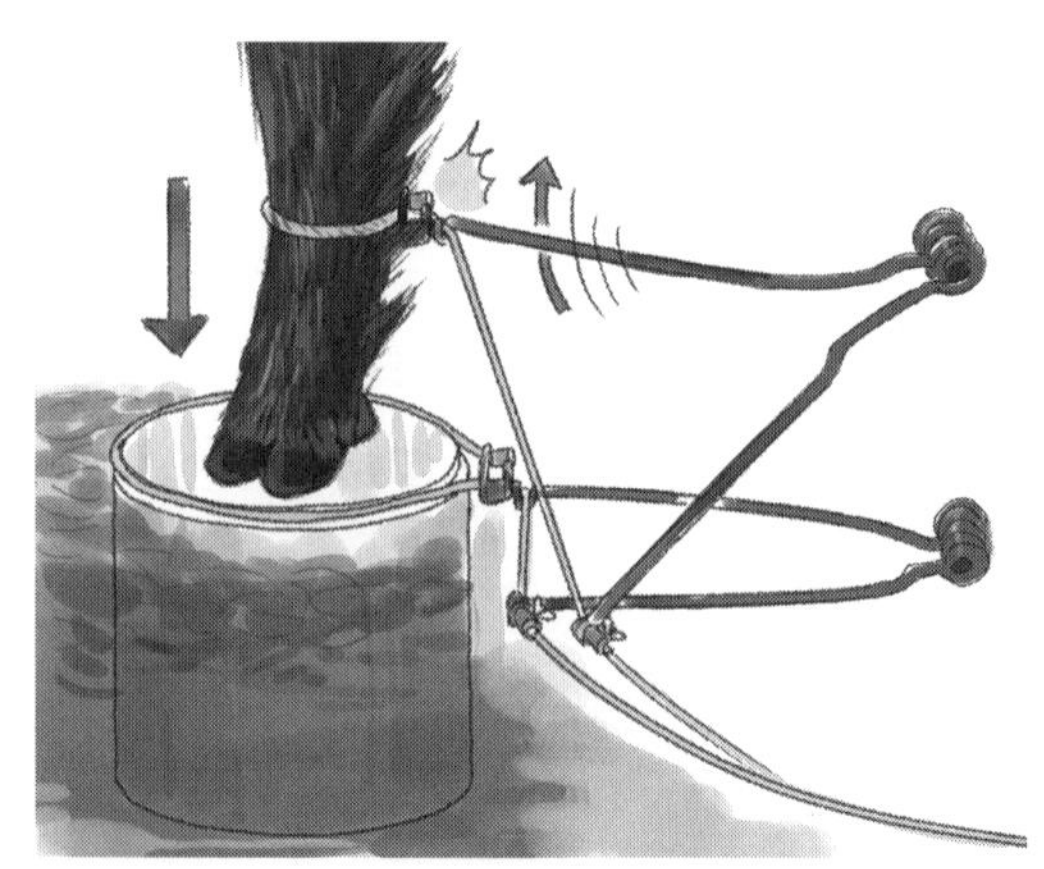

も多い。

　動物を無駄に苦しめずに人間の安全を守るためにも、ワイヤをくくりつける樹は、必ず太くて生きたものを選ぼう。枯れた樹は、しなやかさが失われて折れやすいからだ。

　止めさしの際には、人間が坂の上に立ってけものが向かってきづらい状況をつくる、手前に大きな樹を挟むようにするなど安全を確保できるように、設置する場所自体も吟味する必要がある。最初のうちは、ベテランハンターに付き添ってもらうと安心だ。

パーツの選択が猟果を左右する

　わなはとにかくパーツの種類が多い。それらをどう組み合わせてつくるかが、楽しみでもあり悩みどころでもある。この組み合わせによって、いろいろな状況に対応できる柔軟性が生まれるのだ。

　まず、動力となるバネだけでも3種類

トリガー部

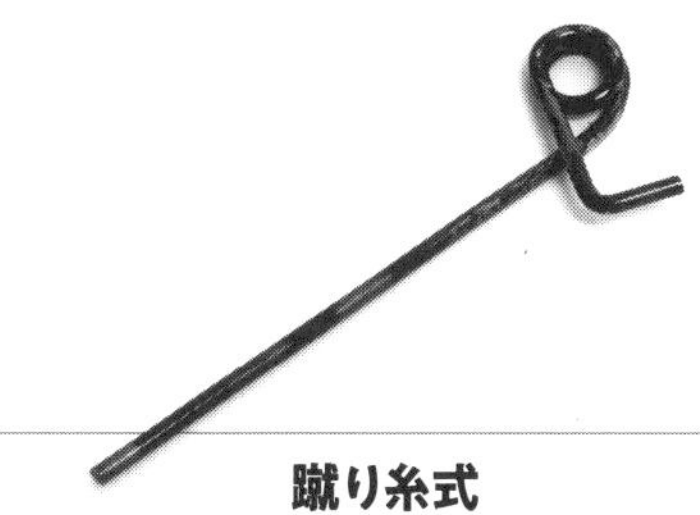

蹴り糸式

地上に張られた糸を押すことでバネが作動し、足元のワイヤが締まる。「ちんちろ」というテコの原理を併用することで、3㎝ほど押すだけでも瞬間的に罠が作動。捕りたい獲物によって糸の高さを調整する

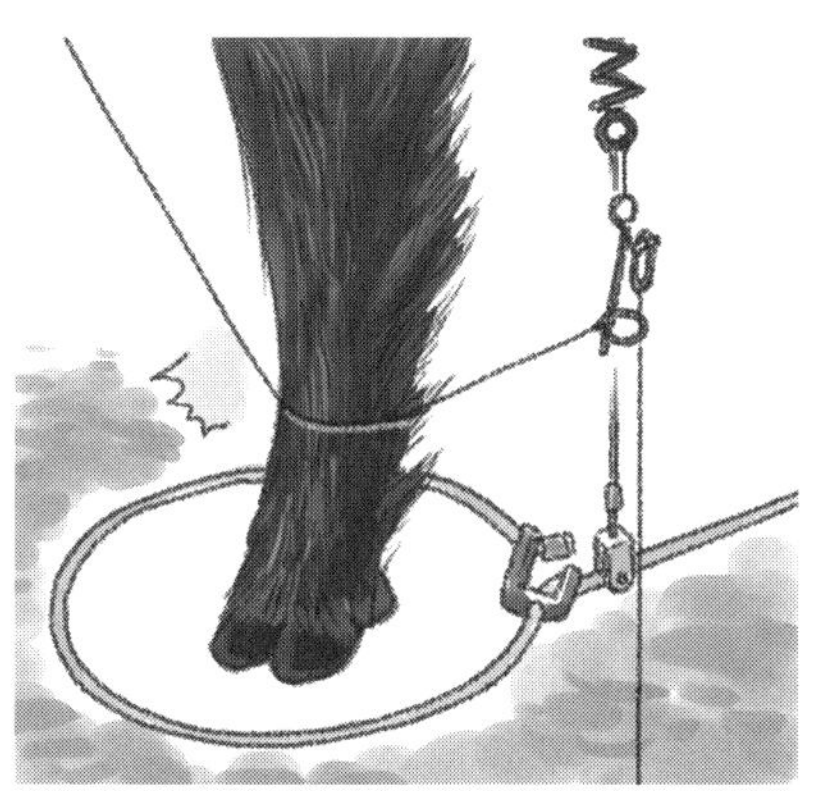

踏み込み式

地面に埋めた筒に足を踏み込むと、その縁にかけておいたワイヤの輪が外れ、瞬間的に脚を捕らえる。土を掘って埋めるので、匂いや形状の変化で獣に気づかれやすい。筒型、跳ね上げ式などがある

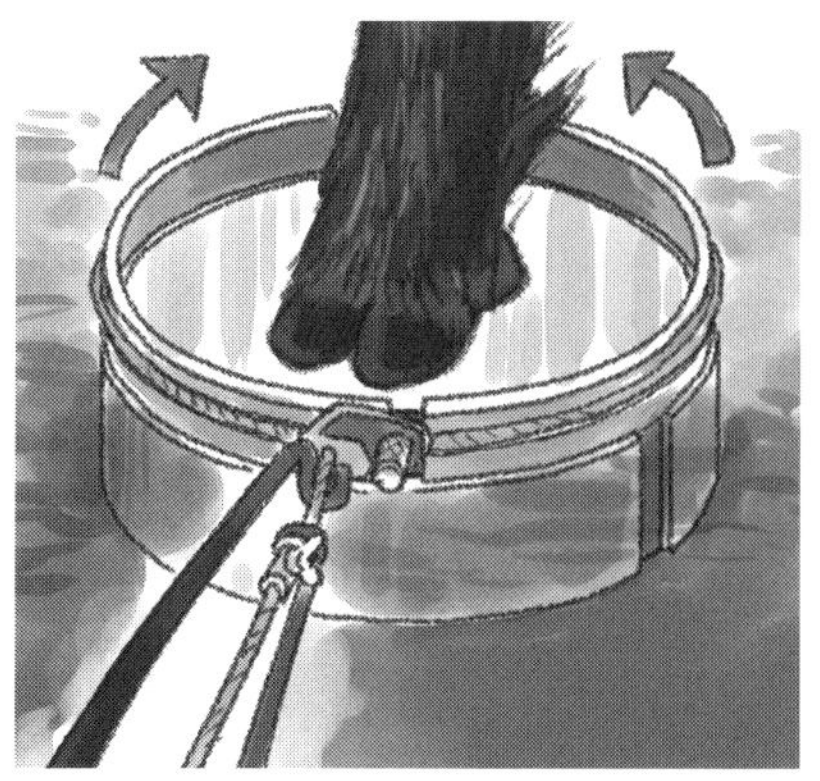

バネ

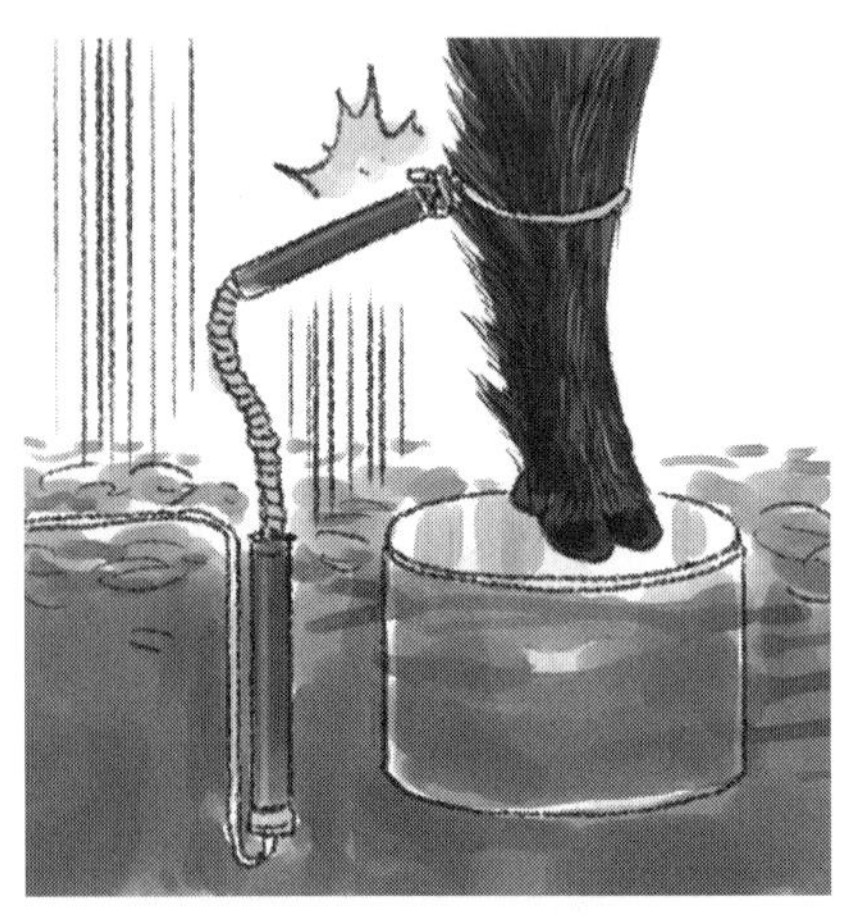

押しバネ

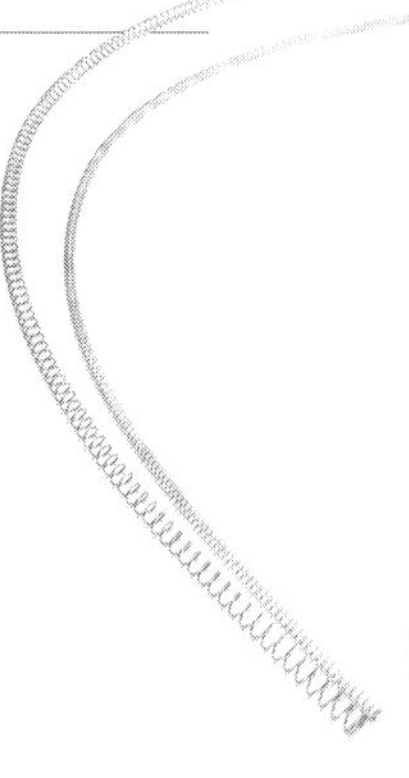

びっくり箱のバネのように、圧縮されたバネが戻る力を使う。設置方法には、塩ビ管などに押し込んで埋設する「縦引き」や、地面にそのまま置く「横引き」がある。設置場所はコンパクトで、つくるのも設置も簡単という初心者向けのバネだ。ただし、土が硬かったり木の根が張りめぐらされていたりする場所では、深い穴を掘るのにひと苦労。また、ワイヤと一体になるので、捕獲後は暴れた獲物でぐしゃぐしゃになってしまう。毎回の交換は必須だ

ねじりバネ

金属がねじられたときに元に戻ろうとする力を使ったバネ。洗濯ばさみの原理もこれだ。締め上げのスピードが速いという利点がありながら、設置が簡単。押しバネのように深い穴を掘る必要がない。また、他のバネに比べると強度があるので、手直しをすれば何回でも使用できる。不意の跳ね返りによるケガには注意

引きバネ

押しバネとは逆に、引っ張られたバネが元に戻る力を利用する。地面に埋めるのではなく、木の高い部分に固定して使うので、穴を掘れない岩盤上や急斜面でも使うことができる。セッティングした状態で運べないため、設置には時間がかかる。また、適した木のある場所でないと設置することができない

ほどある。バネが伸びる力を活かした「押しバネ」、縮む力を活かした「引きバネ」、開く力を活かした「ねじりバネ(松葉式バネ)」だ。トリガーにも、踏み込み式、蹴り糸式などがあり、組み合わせひとつで捕獲率が大きく変わる奥深さがある。

では、これらのパーツを選ぶときはどのように考えたらよいのだろう。

たとえば、わなが作動した瞬間、イノシシは脚を上げ、シカはジャンプするという傾向がある。だから、いかに脚の上部分を狙ってワイヤを飛ばすかが肝となる。そのためには、動作の速いねじりバネを使うのも有効だろう。ねじりバネを立てて埋め、ワイヤが地面と垂直に大きく跳ね上がるようにするのも有効だ。

では、トリガーについてはどうか? たとえば視線の高いシカの場合、鼻を土に擦りつけるように匂いを確認して歩くイノシシと違い、地面の変化に気づきにくい。なので、土を掘って埋設する踏み込み式が有効かもしれない——。こんなふうに推理をして、動物との知恵比べに挑むのも面白い。ダメ押しでわなの周囲に障害となる木を置き、トリガーに誘導する状態をつくっておけば、あとは結果を待つのみだ。

くくりわなに限ったことではないが、わなには正解がない。自然の形状をできるだけ壊さないよう、慎重に隠して設置する人もいれば、堂々と金具が見えたまま設置するような人もいる。ふたつのやり方は相反するように見えるが、それでもどちらでも「獲れる」ときがあるのだ。70歳、80歳を過ぎてもなお、楽しそうに猟をする大御所たちがいることにも、大いにうなずける。

ワイヤ

1本の金属ワイヤではなく、複数のワイヤの束を巻き付けてある丈夫なワイヤロープを使用しよう。法律で認められているワイヤはイノシシとシカでは、直径4㎜以上、輪の直径が12㎝未満のものだが、12㎝の基準を緩和している地域もある

ワイヤまわりの必須パーツ

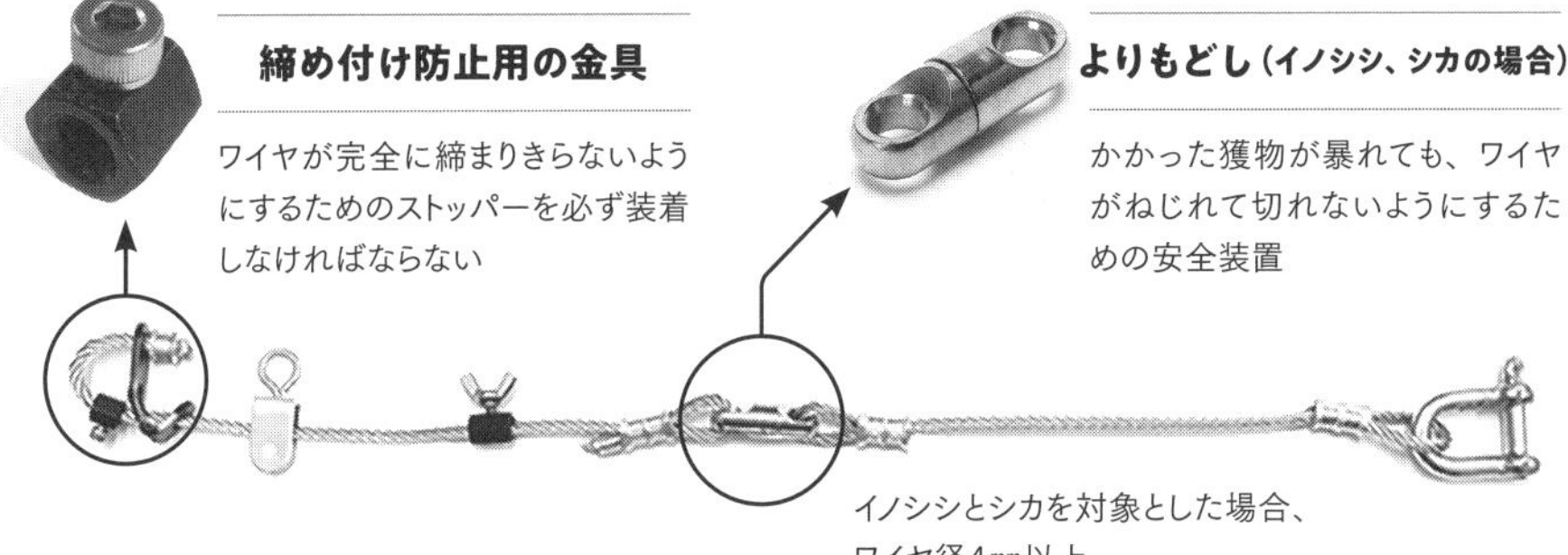

締め付け防止用の金具

ワイヤが完全に締まりきらないようにするためのストッパーを必ず装着しなければならない

よりもどし(イノシシ、シカの場合)

かかった獲物が暴れても、ワイヤがねじれて切れないようにするための安全装置

イノシシとシカを対象とした場合、ワイヤ径4㎜以上、よりもどしを装着しないと違法

くくりわなを仕掛ける

くくりわなを仕掛ける場所が決まったら、素早くわなを仕掛けたい。というのは、長くそこにとどまるほど、人間の残臭がついてしまうからだ。また、けもの道を歩かないようにすることも大事だ。敏感な個体は、人が一度でも歩いただけで嫌がるものもいるかもしれないからだ。けもの道を歩いてよいのは《動物だけ》と心がけよう。それに、かかった獲物が広い範囲を動き回らないように、ワイヤの長さをできるだけ短くしたほうがよいだろう。ここでは1.8mを目安に設置している。くくりわなの輪（スネア）は12㎝以内、締め付け防止金具の使用のほか、イノシシやシカの場合はワイヤ径4㎜以上、よりもどしの装着が義務付けられている

1 わなを仕掛ける位置が決まったら、表面にある葉やゴミなどをどける。けもの道には、人が乗らないように

2 熊手で、木枠のサイズ分だけ四方を掘っていく。根っこが出てくるかもしれないが、気にせずに掘り進める

3 土中の根っこは、ハサミを使ってカットしていく。太いものはもちろん、細いものまで除去していく

4 木枠をセットする。これがあることで、わなを遊ばずに安定させることができるのだ

5 木枠の周りの隙間を土で埋めていこう。写真の状態ぐらい埋めることができればいいだろう

6 くくりわなをセットする。すでに、バネを引いておいている状態なので、作動しないように、丁寧に置こう

ワイヤの末端を、折れたり切れたりしない丈夫な木に留める。ワイヤは2～3回転、回すようにする

ワイヤを固定した周辺を、土や葉っぱをかけて隠す。イノシシに気づかれる要素をなるべく減らす

わなの上に、土をかぶせて隠す。わな全体がしっかり隠れるように、丁寧に行おう

土のダマができているときは、細かく潰すようにしよう

葉っぱなどをかぶせて自然な感じになるように整える。場合によっては、ハケを使って整えることもある

仕掛けた前後に枝を配置。イノシシやシカは、木や石など硬いものを踏むのを嫌う。これをまたがせて、わなを踏ませる

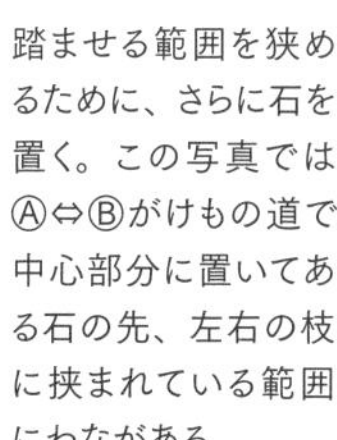

踏ませる範囲を狭めるために、さらに石を置く。この写真ではⒶ⇔Ⓑがけもの道で、中心部分に置いてある石の先、左右の枝に挟まれている範囲にわながある

【はこわな】

一度に複数捕獲のチャンスもある

飲食店の経営さながらじっくりと餌で誘因

多くのはこわなは、檻のような形をしている。獲物が檻の中に入って、餌を引っ張ったり仕掛けに触れたりすると出口の扉が自動で落ち、閉じ込められるという仕組みだ。

そして、ハンターのなかには「はこわな猟は飲食店の経営に似ている」という人もいる。はこわなが店舗だとしたら、客はイノシシやシカ、アナグマなどの動物。客の立場になってみれば、山のなかに突然見慣れない店（はこわな）が現れれば、強い警戒心を抱くだろう。そこで、檻の内外に米糠などのおいしい餌を撒きつづけて安心させ、中に誘い込むのだ。

扉
ロック装置
サイドパネル
トリガー

ロック装置

扉を上げた状態や落とした状態で固定するための装置。これがないと、捕獲されたイノシシなどが扉を鼻で持ち上げて脱走する場合がある

サイドパネル

通常の網目は10㎝角。細かくすれば強度も増し、ウリボウや小型獣も捕獲できる（写真は縦10㎝×横5㎝）

トリガー（仕掛け）の種類

蹴り糸方式

サイドパネルの両端に糸を張る。これが動かされると、扉を持ち上げているトリガーが外れ扉が落ちる。ターゲットによって高さや奥行きの自由がきく

餌釣り方式

先端を釣り鉤のように曲げた金属をわなの上からぶら下げ、その先に餌をつけておく、という古典的な方法。動物がこれを動かすとトリガーが外れて扉が落ちる

踏み板方式

地上に置かれた板の奥側に乗ると、連動して扉が落ちる。自動車のアクセルのようなイメージが近いかもしれない。大型獣用の広いわなの中では、踏み外されてしまうリスクもある

大型獣用の標準的なサイズは、高さと幅が各1m、奥行き2m。軽トラの荷台に満たない容量で、イノシシの一家5～6頭が丸ごと同時捕獲できることもある。朝の見回りで、何頭も檻に入っているのを見た日には、「やった!」とガッツポーズをとりたくなる。

はこわなの利点としては、初心者でも比較的捕れやすく、設置場所を多少読み違えても、餌の力を借りて獲物を呼び込めるところだ。くくりわなと違い、捕獲のタイミングを自分で決められるのもうれしい。日常の仕事が忙しく、見回りや解体ができない日などは、扉が落ちないようにストッパーで固定しておけばよいのだから。くくりわなの場合は、その都度土から掘り起こしたり、外したりするので手間がかかってしまう。

はこわなの価格は、イタチやタヌキなど小型獣用は3000円台から流通しているが、イノシシやシカ用だと一基6万～10万円することもあり、決して安くはない。しかし有害鳥獣の駆除目的であれば、自治体から補助金が下りる場合もある（条件あり）。

予算に余裕があれば、赤外線カメラの購入に充ててもいいだろう。獣の歩き方や夜間の行動なども学習でき、ほかのわな猟や銃猟にも活かせるはずだ。

餌の味付けと両開きの扉で工夫

獲物を誘引する工夫のひとつに、わなの内外にまく餌がある。好みに個体差があるものの、イノシシやシカにとって万能選手なのは米糠（ぬか）だ。内陸部の個体にとって塩分は貴重なので、塩を少々かけておくと食いつきがいいといわれている。

また、はこわなには、「両開き扉」と「片開き扉」の2種類がある。簡単にいうと、出口がふたつあるかひとつしかないかの違いだ。両開きのメリットは、獲物が入ろうとしたとき、突き当たりに壁がなくトンネルのように見えるため警戒されにくい点にある。はこわなは、わなの中に「最初の一歩」を踏み入れてもらうまでが勝負。それが両開き式だと、片開きより1週間、短縮できることもある。一方の扉を閉じれば片開き式としても使えるので、迷ったら両開きにしておくのがよさそうだ。両者とも広くて平らな場所に設置するのが基本で、定期的に見回りや餌付けに行ける距離感であることも重要だ。

わなを作動させる仕掛けは、イノシシやシカなど大型獣だと「蹴り糸方式」、アライグマやタヌキなど小型獣の場合は、「餌釣り方式」や「踏み板方式」が主流だ。前ページにまとめたので、参考にしていただければと思う。

はこわなの広域バージョンとして「囲いわな」がある。最大の違いは天井と床がないことだ。個人での使用はなく、町や集落の自治体単位で購入・運用されている。

わなの設置場所で気をつけることは？

獲物が獲れそうな場所を見つけたら、すぐにわなをかけたくなるかもしれない。しかし、あせりは禁物。設置の仕方によっては、近隣の人とトラブルになったり、周囲を危険に巻き込んだりする可能性がある。事前にハンターマップ（鳥獣保護区等位置図）でわな猟ができるエリアか確認するのはもちろんのことだが、トラブルなく猟を楽しむためにも、最低限次のことは押さえておきたい。

土地の所有者に許可を取る

日本国内の土地には、山林を含めてほぼすべてに所有者がいる。なので、わなを設置する場合も無断で行うのはNG。その所有者に許可を得る必要がある。たとえばイノシシやシカなど、害獣でもある動物を狙い、なおかつそのエリアに人の出入りが少ない場合は、快く了承をもらえることも多い。しかし、勝手にかければトラブルに発展することも。

ちなみに、軽犯罪法の第1条32号では、違反の対象として、「入ることを禁じた場所又は他人の田畑に正当な理由がなくて入つた者」とも記載されている。

土地の所有者がわからない場合は、周囲の家の人に聞くと教えてもらえることもある。それでも不明であれば、法務局で登記簿謄本（登記事項証明書）を取得し、調べるという手もある。

競合するハンターがいないか確認する

いかにも獲物がいそうな場所には、すでに他のハンターがわなをかけている可能性もある。獲物の数が変わらない場合、ハンターの数が増えれば、基本的にひとり当たりの捕獲のチャンスは減る。近場にわなをかけられることをよく思わないハンターもいるかもしれない。互いの捕獲率を上げるためにも別の猟場に変更したり、知り合いのハンターであれば、ひと声かけておくなど、ときには柔軟に行動することも必要だろう。

一般の人に危険が及ばぬように配慮する

わなをかける場合は、一般の人が獲物に襲われてケガをしたり、恐怖をあおられたりしないような配慮が必要だ。

設置場所は、なるべく公道から離れて通常の動線から見えない場所に設置するのが望ましい。また、子どもの遊び場になっていないか、山菜採りや犬の散歩などに来る人がいないかも確認しておこう。不安が残る場合は猟場を変えるか、周囲にわなの存在を伝える警告板を設置するなど、事故予防策を講じよう。

周囲から信頼されるハンターには、獲物の情報も自然と集まる。マナーを守ってわな猟を楽しみたい。

網猟よ、永遠なれ！

寒風の吹く青空のもと、広々とした田んぼに網を張って、のんびりとスズメがかかるのを待つ。そんな昔ながらの日本の風景をイメージさせる網猟。

水辺や藪でじっと身を潜めながら、何も知らずに近寄ってきた鳥を引き付けて「えいっ！」と手綱を引く。獲物がかかったら、逃げられないように網まで即ダッシュ。こんな網猟の動き方は、魚釣りにもよく似ている。

もっとも原始的な猟具といわれる網だが、これには他の猟具にはない魅力がたくさんある。ひとつは、銃やわななどと比べて、ハンター自身の危険が少ないことだ。銃器を扱えばもちろんのこと、わなでもイノシシやシカなどの大物猟の場合、獲物から反撃される可能性もある。その点、ウサギなどの小動物やカモ、スズメなどの鳥を相手にする網猟は、その心配がほとんどない。

カモの網猟が行われる休耕田。冬に飛来する前に米などの餌をまいておいて、おびき寄せておく

だからこそ、民家の近くでも猟を行えるし、子どもや家族を連れて猟に出かけることも可能だ。狩猟免許が必要のない範囲において、子どもが猟に関わることは、自然を学ぶ格好の教材となるだろう。また、釣りでいう疑似餌のように、おとりやゲームコール（鳥笛）を使って獲物を出し抜く面白さもある。

さらに網猟には、いぶし銀の格好よさもある。日没直後に行われる越網猟などで、カモを捕えようと青藍色の空に無数の網が投げ放たれる光景は、ゾクッとするような美しさを持つ。石川県の「坂網猟法」や宮崎県の「巨田池（こたいけ）の鴨網猟」は、各県の文化財にも指定されているほど。このように多種多様な顔を持つのも網猟の魅力なのかもしれない。

近年では、残念ながら田畑やスズメの群れが減るとともに網猟をする人もかなり減ってしまった。しかし、このままこの文化がついえてしまうにはあまりにもったいなく、価値のある猟法だ。ここでは、鳥を獲物とした主な網猟について紹介していく。

デコイや鳥笛との合わせ技も

必要な道具と事前準備

狩猟免許を持つ人にとっては常識ではあるが、網猟とひと口にいってもそのスタイルはさまざまだ。

田んぼや河川敷などの地面に網を伏せておく「無双網」や、木の間などの空中に網を張る「張り網」。長い柄のついた網を突き出す「つき網」、たも網を投げて捕獲する「なげ網」など個性豊か。仕掛けについては自作するハンターがほとんどだが、銃砲店にお願いすれば網とセットで購入可能だ。

気をつけたいのは、猟場の地権者とのトラブル。網をかけたい場所を見つけたら、持ち主を探して許可を得ておこう。河川敷でも、国土交通省や都道府県などの管理者に一報入れておけば、何かあったときの対応が違うはずだ。

場所が確保できたら、次は網の準備だ。網は大きいほど捕獲できる獲物の数も増える。なかには全長100mもの大網を仕掛けるベテランもいるが、初心者は対スズメ類で幅6m×高さ2m、カモ類で8m×5mぐらいが操作しやすいだろう。昔は、網を編むところから自作していたが、最近では漁網の活用が一般的だ。鳥が網に頭を突っ込み、抜けなくなったところを捕らえるので、網目のサイズは獲物の頭の大きさに合わせて選びたい。目安としては、カモ類なら6㎝角、スズメなら2㎝角程度とされている。

そして無双網についていえば、せっかく網を張っても何もせずに待っていては、お目当ての獲物は来ない。

鳥たちを油断させる「おとり」は、創意工夫のしどころだ。カモ類狙いならカモ、スズメ狙いならスズメのおとりを置いておけば、鳥は「仲間がいる＝安全だ」と勘違いをする。おとりの理想は、「生きている本物」だが、手に入らなければデコイを使うという手もある。その場合は鳴き声を録音したテープか、ゲームコールを併用しよう。擬態の効果もアップする。

カモ類のおとりは、つがいで設置すると効果がより高まる。ほかにも、水中に頭を突っ込んで採餌中というお尻だけのデコイもある

笛でカモの鳴き声をまねるのにはコツがいるが、これなら筒を上下に振るだけで再現できる。スコッチ社製で7,000円程度

「かすみ網」は所持も違法

はり網の一種である「かすみ網」は、非常に糸が細いため視認性が低く、無差別大量捕獲や密猟が問題となった。そのため現在では、その使用だけでなく所持、販売が原則禁止されている。

ワイヤでおとりを巧みに操る

スズメ用　双無双（ふたむそう）

無双網では、地面に伏せておいた網を鳥にかぶせて捕獲する。網から操作用の長い手綱を伸ばし、ハンターはその端を持って離れた場所で待機する。そして、獲物が狙いの場所に来たら手綱を引っ張り、網を獲物のほうへ倒すのだ。

多くの場合が単独猟だが、３人ぐらいの仲間と共同で行うこともある。網の形などの違いによって、「穂打ち」「片無双」「双無双」「袖無双」などに分かれる。

なかでも双無双は、スズメの捕獲などによく使われる。稲刈り後の枯れた田んぼや畑に近づいた途端、わっとスズメの群れが舞い上がる。そんな場所は、絶好の双無双のかけ所だ。

獲物を呼び込みたいポイントにおとりを配置し、両側から対の網を倒して捕獲する。群れをうまく呼び込めれば、猟期のスタート時で１日２００羽以上を捕獲

待機

スズメは人馴れしているので、待機する場所は15mぐらい離れていればよい。ただし、あまり目立たぬように座って待とう

設置

銃と違って民家の近くでも猟ができる

カラスのデコイ

シュモクから10mぐらいの位置に、カラスのデコイを何体か設置するとスズメが寄りつきやすい。スズメが怖がらないように、少し離れた場所に置くというのがミソだ。スズメが寄り付く理由は、警戒心の強いカラスがいることで「ここは安全」と判断するのだろうか……。明確な答えはわかっていない

おとりについて

次の3種類のおとりを同時に使うと、スズメの群れが集まりやすい。①シュモクにつなげたスズメ（動きで呼び寄せる）、②おとりカゴに入れるスズメ（中で餌を食べさせ、その鳴き声で仲間を呼ぶ）、③おとりカゴにかぶせた稲穂に固定するスズメ（姿で呼び寄せる）

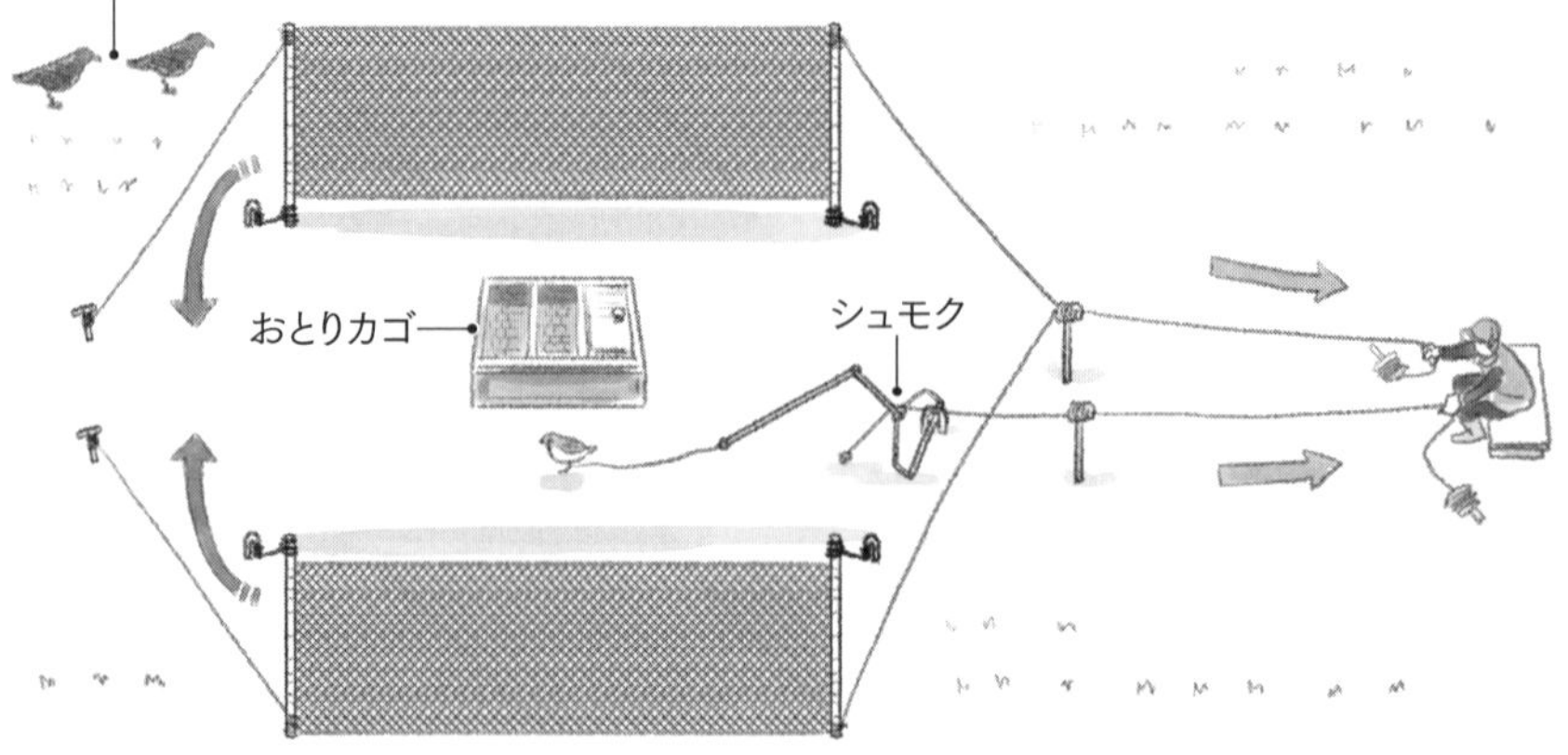

することも可能だといわれている。

田んぼには餌となる籾が落ちているから、スズメはあえて怪しい網に近づいてくることはない。よって、警戒を解くためのおとりとして、生きた本物のスズメが必要となる。おとりはシュモクという金具とワイヤの装置につなぎ、ハンターがワイヤを引く力加減で、羽ばたきや回転、地面をついばむなどの動きを誘導する。スズメ猟の醍醐味は、このおとりの操作にあるといっても過言ではない。

警戒心の強い相手

カモ用　穂打ち

穂打ちとは、たたんだ網の片側をペグなどで地面に留めておき、手綱を引くことで網の反対側がアコーディオン状に伸びて鳥を覆うという仕組みの猟具だ。

カモ類の場合、設置場所は河川敷や池の岸、水田など。水田の場合は、網を2枚使うのが一般的である。古米や稲穂などで事前に餌付けをしておくとよく獲れる。警戒を解くために、網は出猟の2～3日前には設置しておくとよいだろう。

銃猟では日没後の猟は禁止されているが、網猟は猟が可能だ。夜間に猟をする場合でも、眼が慣れれば鳥の姿は見える。稲穂を結んだ紐に呼鈴をつけておくベテランもいるが、鈴が鳴るとカモも警戒するので諸刃の剣でもある。試しながら自分に合った方法を見いだそう。

鳥屋

カモは警戒心が強い。手綱を引くには、最低50mは離れた場所に鳥屋を設置し、その中に隠れて待機する。長いときで1時間はこの中に潜むので、防寒対策は徹底したい

網

網の片側の耳紐をU字の鋼棒で留める。土が軟らかいことが多いので、棒は深めにさす

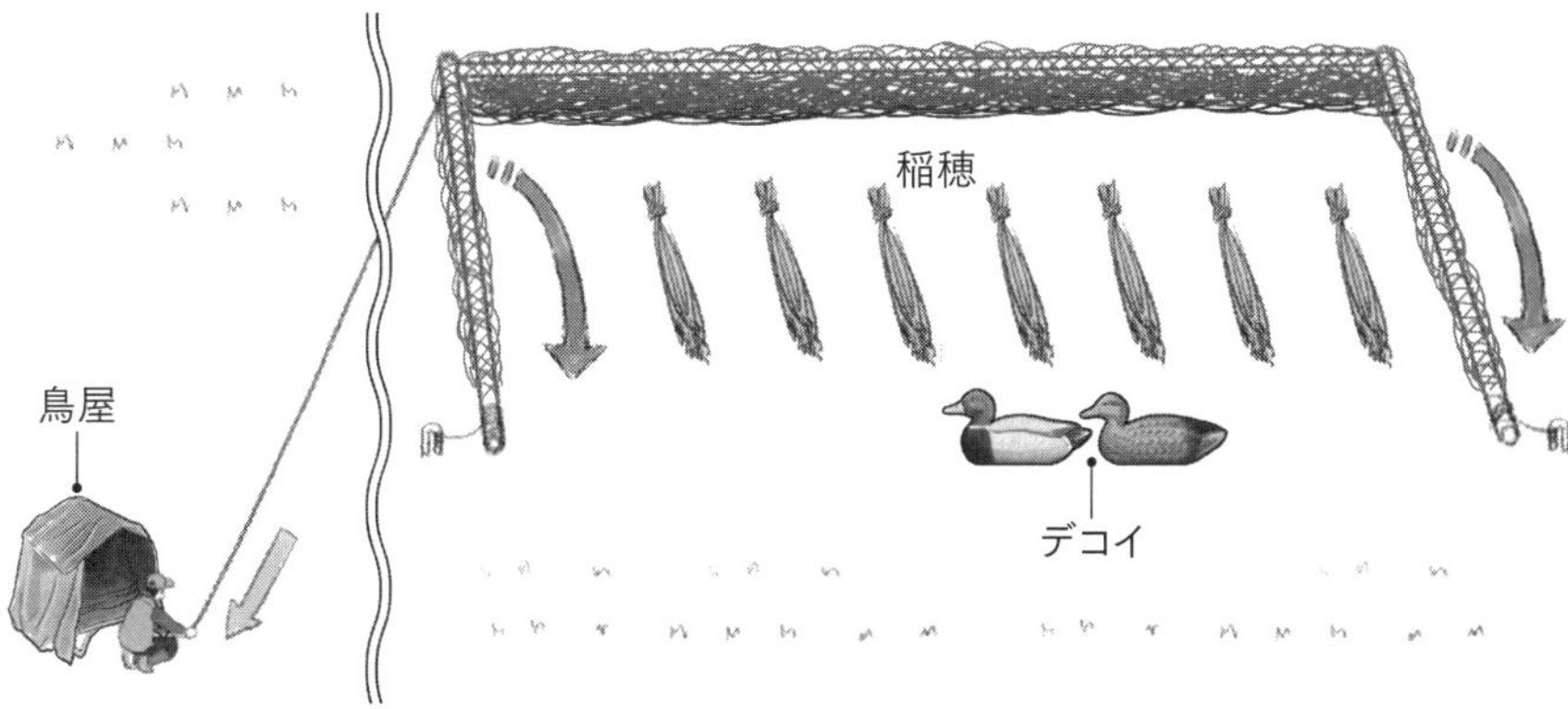

デコイは稲穂のそばに置き、餌をついばんでいるように見せかけよう

狩猟に必要なナイフとは

ハンターにとって、ナイフはもっとも大切な道具である。ナイフがなければ、獲物を手にしてもその肉を糧にすることはできない。

狩猟の場合、土地やハンターによって狙う獲物やスタイルが異なるため、ナイフに求められる要素も千差万別だ。たとえば、北海道でエゾシカの流し猟をするなら、ある程度大型で重いナイフでも問題ないだろう。クルマでの移動であれば、すぐに使わないナイフはバッグなどに保管しておけばよく、身に着けておく必要がないからだ。

一方、本州の険しい山で巻き狩りをするなら、なるべく小型で軽量なナイフが望ましい。ナイフに限らず、山歩きの装備は軽いに越したことはなく、あまり重いなものは避けたいところだ。

また、わなにかかった獲物を止めさしするには頑丈で長いナイフが必要になる。一般的なナイフというより、よくマタギが使うような山刀（ナガサ）に近いものが理想であり、アウトドアで使う刃物としてはもっとも特殊なジャンルかもしれない。

反対に、鳥猟の場合は対象となる獲物が小さく皮や肉も切りやすいため、ナイフが大げさでは逆に使いにくい。手のひらサイズでガットフック（腸抜き）がついた、バードナイフに代表されるフォールディングタイプのほうが重宝する。

ハンティングナイフを選ぶうえで重要なのは、もちろんサイズや重さだけではない。いうまでもなく、切れ味についても吟味するべきだが、これもハンターの考え方によって理想型は変わってくる。単純によく切れることだけを優先させれば、高炭素鋼のナイフが最高だろう。高炭素鋼は研ぎやすいため、使用中に切れ味が落ちた場合でも、小型の砥石などがあればその場でタッチアップできる。だが、錆びやすいという特徴もあり、こまめなメンテナンスが必要だ。

反対にステンレス鋼は錆に強いが、素材に粘りがあるため、切れ味と研ぎやすさの点で多少の妥協は必要かもしれない。

価格の点でも、数千円の普及品から数十万円のカスタムナイフまでピンキリだが、刃物は値段が高ければよいというものではない。たしかに高級品は耐久性が高く、一生モノにはなるはずだが、万が一、猟場で落としてしまったら目も当てられない。ならばナイフは消耗品と割り切って、安いものを使い潰す、というスタイルも間違いではないのだ。

それぞれのナイフのタイプには一長一短があり、結局のところ、究極のハンティングナイフなど存在しないというのがおわかりいただけると思う。まずは各自のハンティングのスタイルに合った、理想のナイフを見つけてほしい。

ハンドル材とブレード鋼材

ナイフを使うとき人の手に直接触れる部分がハンドルだ。どんなによく切れるナイフでも、ここがしっかりと手になじまなければ、道具としては失格である。ハンドル材は天然素材と人工素材とに分けられるが、実用性の点で狩猟には人工素材が向いている。なかでも定番のマイカルタは、軽く、水に強く、価格も安い。薄く削った木や布などを合成樹脂で固めたものなので、それなりに風合いもある。ここ数年、マイカルタに取って代わりつつあるのが新素材のG10だ。ガラス繊維をエポキシ樹脂で固めたもので、マイカルタより少々重いが、硬度や耐久性が高い。天然素材では、木、革、動物の角や骨などがハンドル材に使用される。重厚で存在感があり、風合いや雰囲気といった点では最高。しかし、こまめなメンテナンスが必要なため、道具としての利便性を求めるハンターには不向きかもしれない。

次に、ナイフの命ともいえるブレード材だが、ハンティングナイフに最も多用されるのは錆に強いステンレス系の鋼材だ。なかでもポピュラーなのが440Cで、切れ味と研ぎやすさのバランスがほどよく、価格も安い。

鋼材の硬度を表す数値にロックウェル硬度（HRC）という単位があり、数値が上がると硬度も上がるが、440Cは

鋼材の成分	鋼材名	特徴
炭素鋼	W2鋼	耐衝撃性に優れ、破損しにくく頑丈
	O1鋼	腐食に弱いが強い靭性を持ち、研ぎやすい。ランドールに採用されている鋼材
	D2鋼	耐摩耗性と靭性が高い。セミステンレスとも呼ばれ、アウトドアでの使用に向いた素材
	青紙1号	日立金属の鋼材。白紙に比べて切れ味がよく、長く続く
	白紙2号	日立金属の鋼材。高い耐摩耗性と靭性をもっている。耐蝕性は低い
	青紙スーパー	日立金属の鋼材。青紙1号から硬度と耐摩耗性を向上した
ステンレス鋼	銀紙1号	日立金属の鋼材。日立安来鋼銀紙1号の略。ステンレスの中では耐蝕性が高く錆びにくい
	440C	丈夫で刃こぼれしにくく、安価で人気がある鋼材。フィッシングやダイビングの刃物によく使われる
	154CM鋼	航空機の部品にも使われていて、高い硬度と耐蝕性を持つ
	ATS-34鋼	154CMと同様の性質に加え、刃こぼれしにくい。高級ファクトリーナイフに使われることが多い
	AUS-8	愛知製鋼の鋼材。刃こぼれしにくく、耐摩耗性も高い。多くのファクトリーナイフに使われている
	ZDP189鋼	日立金属の鋼材。非常に硬く、耐摩耗性が高く、耐蝕性もよい。靭性は低く、やや研ぎにくい
	カウリX	粉末ステンレス鋼。炭素鋼と同等の硬度があり、刃こぼれしにくく、耐蝕性もよい

※上表は製造を中止したものも含む

刃物の形

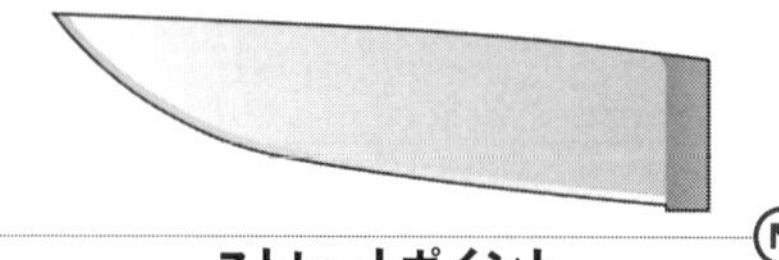

ストレートポイント

もっとも基本的な形状。「切る」と「刺す」という両方の作業がバランスよくこなせる

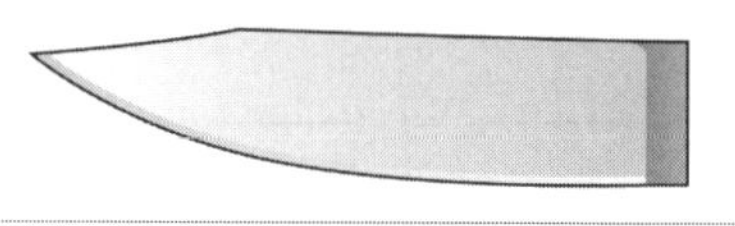

ユーティリティ

先端が若干落ちているため、ポイントの向きが意識しやすく細かい作業も可能

ドロップポイント

獲物の解体全般に向くハンティングナイフのスタンダード。医療用メスがモチーフ

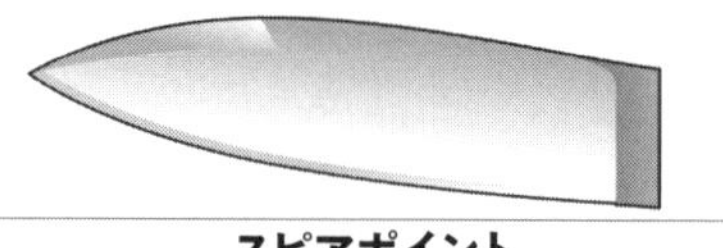

スピアポイント

通常のナイフでありながら剣のような形状を持ち、突き刺す作業に向く

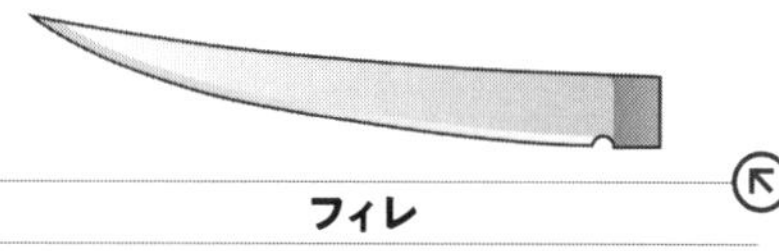

フィレ

薄く柔らかい魚の身を崩さずにおろすためのフィッシング用ナイフ

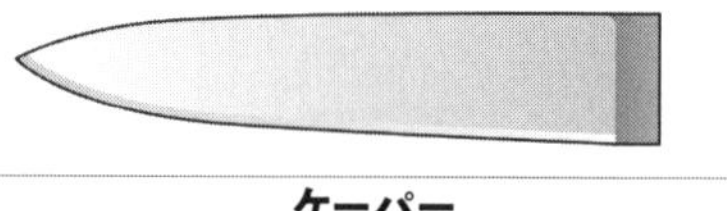

ケーパー

小型で鳥の解体など細かい作業に向く。ハンドルよりもブレードが小さいものも

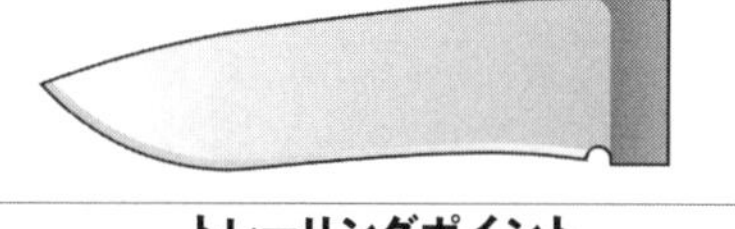

トレーリングポイント

ドロップポイントが広まるまでは、古くからハンティングナイフとして好まれた形状

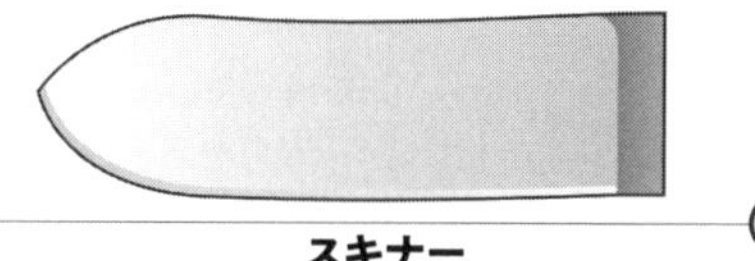

スキナー

獲物のスキニング（皮剝ぎ）に特化したナイフ。大きく弧を描く木の葉形状が特徴

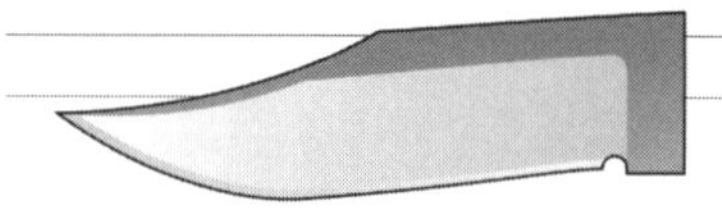

クリップポイント

クラシックなハンティングナイフに多い。鋭利な先端が関節外しなどに有効

グラインドの違い

ホロー

細かな細工をするような作業に適している形状。柔らかい物を切るときにも向いている

コンケーブ

刃先が繊細で鋭い切れ味を求める作業に適している形状だが、無理はできない

フラット

一般的なグラインド形状。大量生産されているナイフに多い

HRC58ほど。高級カスタムナイフなどに使用されるATS34になると60くらいになる。もちろん、硬度が高ければよいというものではなく、狩猟用ナイフとしてはこのくらいがちょうどよいだろう。あまり硬すぎると、刃こぼれや使い方次第では折れてしまうこともあるため注意が必要だ。たとえば、究極の硬さを誇るZDP189やカウリXなど、HRC硬度が68以上にもなり、切れ味の鋭さでは他の追随を許さない。しかし、硬すぎて普通の砥石では研ぐこともままならず、また欠けや折れを防ぐため、ブレード自体を厚くしなければならないという欠点も。最近ではS30Vなど、高い耐摩耗性がありながら研ぎやすいという鋼材も出てきている。さまざまなナイフを実際に使ってみて、自分好みの鋼材を探そう。

タングについて

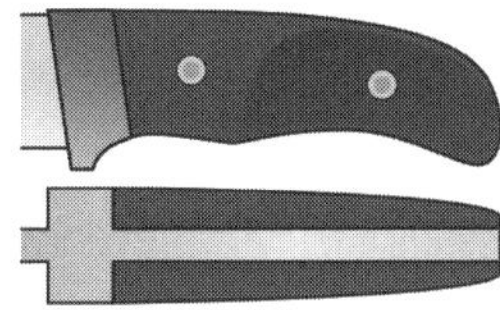

フルタング

強度は高いが手元が重くなるため長時間の作業には向かない

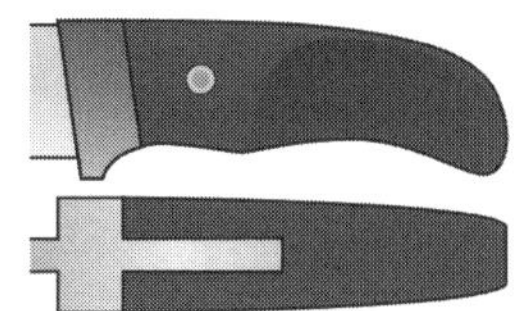

ハーフタング

もっとも軽量だが強度は低い。和包丁などに多く見られる

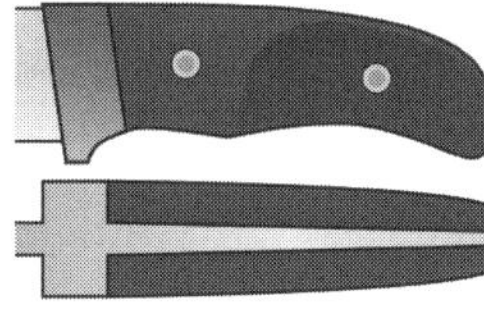

テーパード・タング

後方が薄く、持った際のバランスがよい。製作に手間がかかる

コンシールドタング

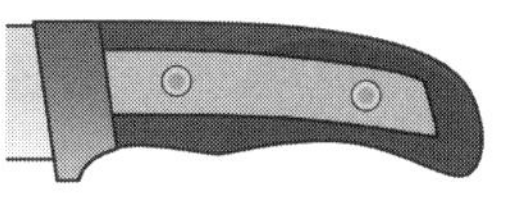

ハンドルの形状に融通がきくものの、強度は若干落ちることも

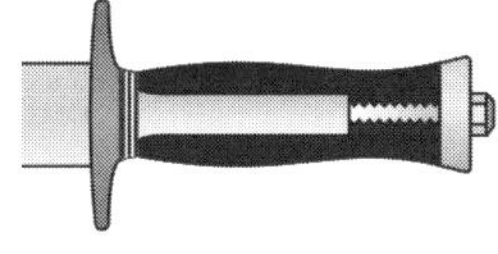

ナロータング

丸く持ちやすく軽くて強度が高い。ランドールが長年採用

両刃

両断するような使い方に適している形状

片刃

物を削って切るような作業に適している形状

コンベックス

蛤刃（はまぐりば）とも呼ばれる。硬い物を叩き切るのに適した形状だが、難点は研ぎにくいこと

シースナイフ

ラブレスデザイン・ガーバードロップハンター。カスタムナイフの神様、R.W.ラブレス氏がデザインし、ガーバーブランドで発売された限定生産のセミカスタムナイフ。全体的に隙間のないことがよいシースナイフの条件だが、このナイフはブレードからヒルト、タングまですべて完全一体成形のインテグラルという製法でつくられている。

❶ポイント
❷エッジ
❸ブレード
❹リカッソ
❺ヒルト
❻ハンドル
❼ソングホール

シースとは鞘（さや）のことで、ブレードが固定されているのがシースナイフである。ブレード後部がハンドル内の途中まで埋没しているものをブラインドタング、ハンドルを貫通し後端で固定されているものをナロータング、ブレードの後部そのものがハンドルを兼ねているものをフルタングと呼ぶ。強度的にはフルタングが一番頑丈だが、握りやすさの点ではナロータングに軍配が上がる。ブラインドタングはハンドル内に小物の収納スペースを設けることが可能で、いわゆるサバイバルナイフなどがこれに相当するが、あまり実用的とはいえない。

選ぶうえで重要なのは、ナイフ自体に隙間がないことと、シースが頑丈であることだ。ヒルトやハンドルとブレードの間に隙間があると、そこから水や獲物の血液が浸入して腐食を起こす。さらに、鞘であるシースにも気を配りたい。どんなによいナイフでも、収めるシースがヘナヘナでは使い物にならない。万が一、転倒した場合などを考えると、頑丈なシースでなければ危険なのである。

フォールディングナイフ

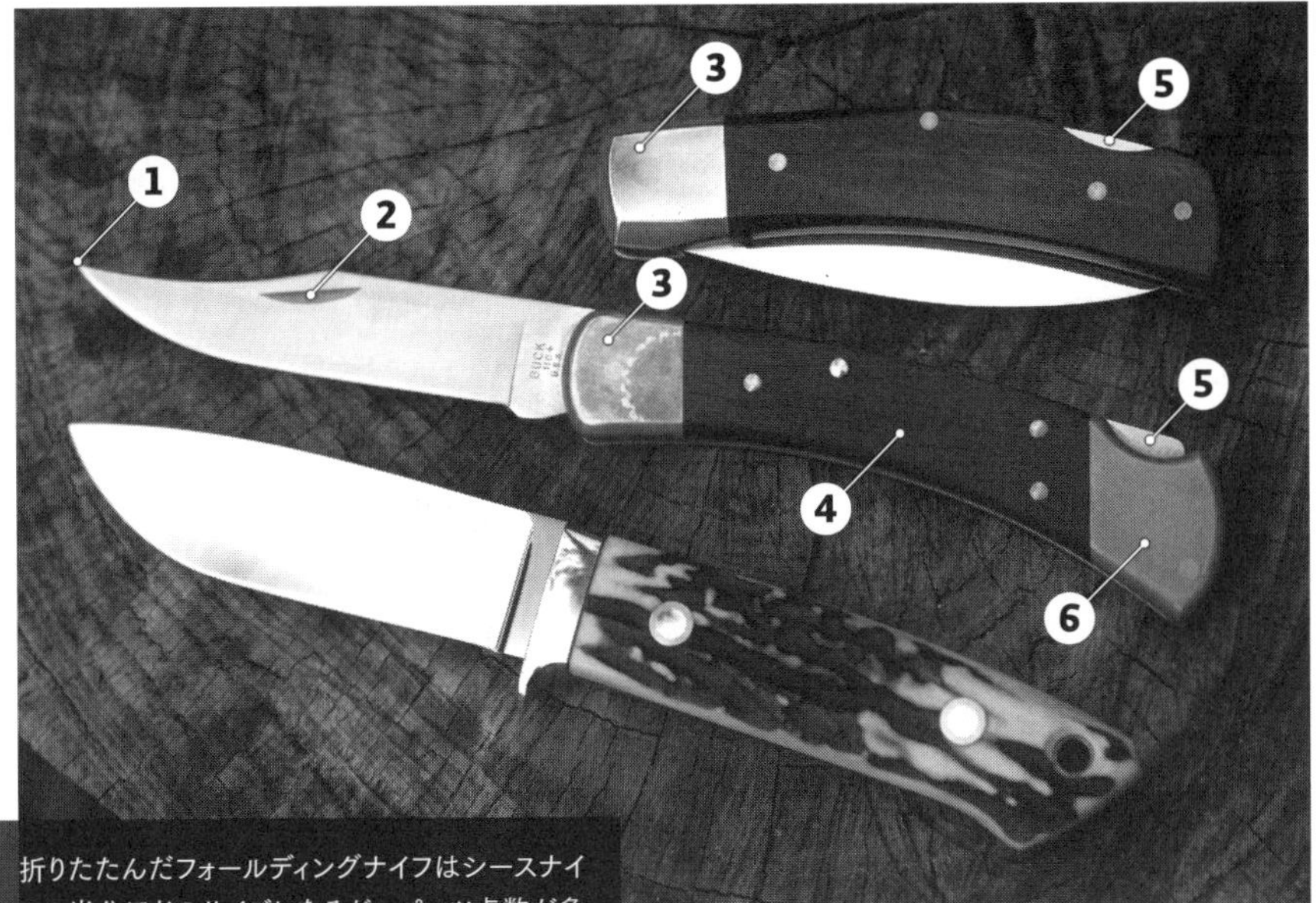

折りたたんだフォールディングナイフはシースナイフの半分ほどのサイズになるが、パーツ点数が多い分、同等サイズのシースナイフより重くなることが多い。可動部分にガタがなく、ロック機構のしっかりとしたものを選びたい。上はオールドS&Wの6060、中がバック110でどちらもフォールディングナイフ、下は成恒正人氏製作のシースナイフ。

❶ポイント
❷ネイルマーク
❸ボルスター
❹ハンドル
❺ロックスイッチ
❻エンドボルスター

折りたたみ式ナイフのことを、フォールディングナイフと呼ぶ。コンパクトになるうえ、シースも必要ない。しかし、ブレードのロックがしっかりしていないと、思い切り力を入れた場合に破損する可能性も否定できない。ロックバック方式とライナーロック方式のふたつに大きく分けられ、一般的にはロックバック方式のほうが頑丈だといわれている。だが、これも信頼できるメーカー品であることが前提で、シースナイフと同等に扱えるフォールディングナイフはそう多くない。その代わり、多機能を持たせられることがフォールディングナイフのメリットだ。

ブレード以外にガットフックやチョークレンチが付属したものなどは、フォールディングナイフならではのデザインだ。

また、ライナーロック方式のナイフは片手で開閉できるものが多い。実際問題、中型のフォールディングナイフが1本あれば、狩猟におけるたいていの状況には対応できるはずで、あまりハードな使い方をしない鳥猟にはフォールディングナイフのほうが向いている。

安全でおいしいジビエの解体

自分の手で獲った鳥や獣をさばいて食べる。これは、ハンターにしか味わえない喜びのひとつだろう。また、地域のためにジビエに関わる人たちにとっても「なるべくおいしい状態で食べられるようにしたい」という気持ちは同じはずだ。

しかし、捕獲した後の獲物の取り扱いや処理の仕方ひとつで、その肉質や味だけでなく、食肉としての安全性にも大きな差が出てしまうのがジビエの厳しさでもある。

「解体」とは、捕獲した鳥獣を絶命させた後に、枝肉や部分肉に加工することをいう。安心しておいしくいただくための解体の基礎知識は、営利目的であっても自家消費であっても、必須だ。解体は、人によって効率よくさばくための美学や、やりやすい方法が異なることもあるが、基本の考え方さえ押さえていれば、必要以上に難しく考える必要はない。

解体の流れ

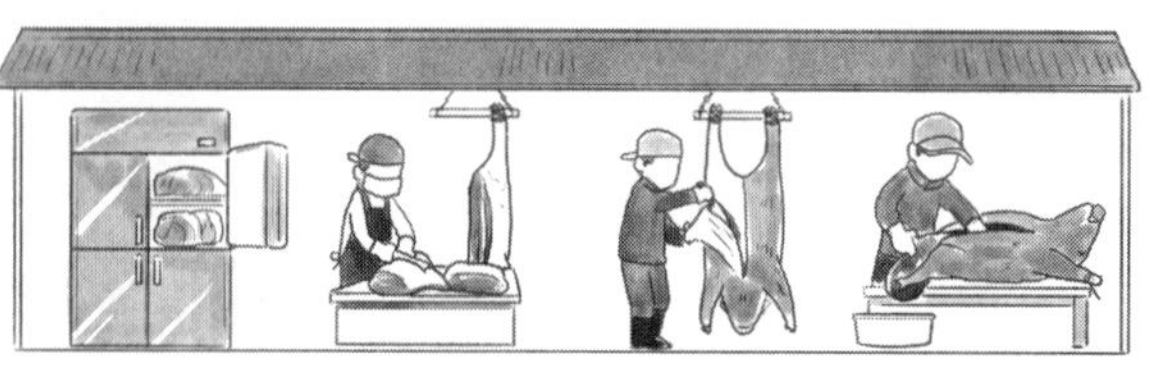

保存・調理 ← 解体・精肉 ← 剥皮 ← 内臓摘出 ← 放血 ← 止めさし

解体はおおよそ上のイラストの流れになる。自家消費用で山中で解体する場合も、山から下ろして解体場で行う場合でも基本は同じだ。確実な放血と素早い内臓摘出、体温を早く下げることが大事

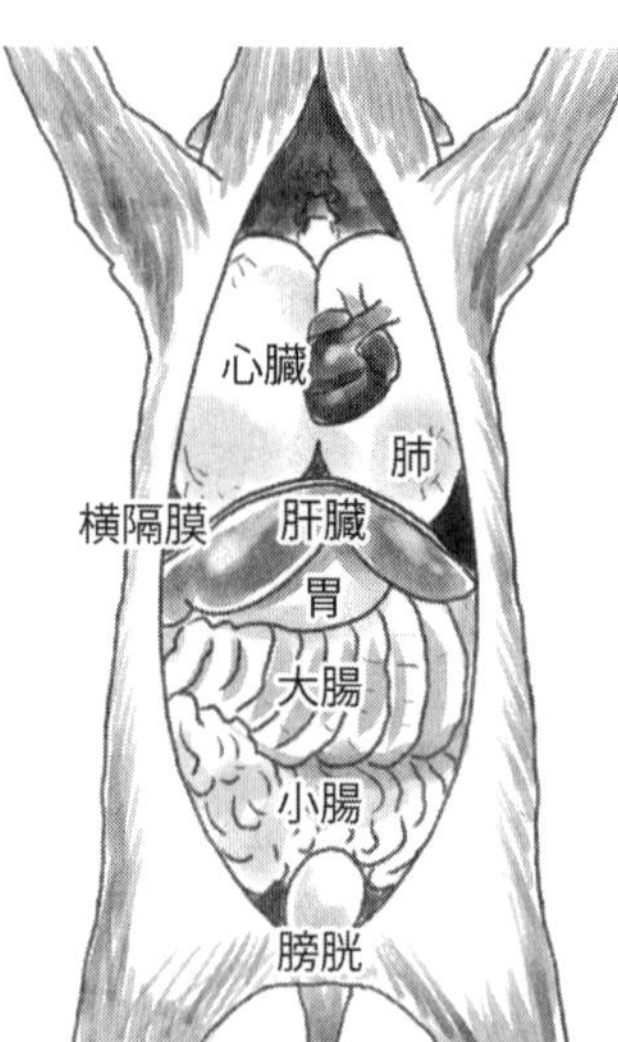

内臓の位置を把握

イラストはイノシシのものだが、哺乳類の内臓の位置はどの種でも大差はない。構造を覚えておくことで、シカやクマなどの大型種、ハクビシンやアナグマやウサギといった中型種などいろいろな種を解体することができるようになるだろう

安全に留意しながら道具や手順を自分流にアレンジしていくのも面白いし、肉の状態を見ながら「これはどんな味なのだろう」と想像しながらナイフを動かすのも楽しいひとときなのだ。

ここでは、野生動物の肉を扱うときに最初に知っておきたいことをまとめたので、解体入門として参考にしてほしい。

自由な獣ゆえの感染症リスク

畜産の肉と野生肉の違い

野生の肉（ジビエ）と畜産の肉の大きな違い、それは育成環境の管理ができているかどうかだ。たとえば畜産の肉の場合、家畜衛生関係法で伝染病の予防や飼育環境の管理体制が定められているほか、と畜場法により解体から出荷に至るまでの食肉の安全性に対して細かな規定がある。

しかし、ジビエの場合は野生動物なので、そもそも育成環境を管理することはできない。なので、ハンターが仕留めた個体が、E型肝炎や狂犬病、野兎病、ブルセラ病といった人畜共通の感染症を持っている可能性も否定はできない。と畜場であれば、獣医師の資格を持った「と畜検査員」が病気の検査を行うが、ジビエの処理においてはそれが強制されていない。よって、と畜検査員のいないジビエの食肉処理施設においては、病気を見逃すリスクが高いともいえる。

このような事態を避けるために、現在では厚生労働省から「野生鳥獣肉の衛生管理に関する指針」が発布され、それに準じたガイドラインを策定している自治体もある。これらには、安全性の高いジビエを生産するうえで、関係者が共通して守るべき衛生措置に関する事項が具体的に示されている。

このガイドラインは、販売などを行う「営利目的」での取り扱いを想定して定められたものだが、自家消費が目的の場合でも参考にできる点は多い。

どこで解体するのがベスト？

捕獲から解体までの主な流れ

鳥獣を捕獲してから精肉にする作業のことを「解体」と呼ぶ。動物によって多少の違いはあるが、哺乳類の場合、大まかな流れとしては、内臓摘出（腹出し）、剝皮、大バラシ（部位ごとに切り分ける）、精肉などがある。

解体する場所については、自家消費が目的の場合、狩猟小屋の横だったり、軽トラックの荷台だったりとさまざまだ。集団猟の場合は、仲間とわいわい解体しながら、その日の猟を振り返るのも醍醐味だし、単独猟ならひとりで肉と向き合い、ストイックにナイフを滑らせる時間も悪くない。

コガモなど中〜小サイズの鳥などの場合は、大バラシは家庭の台所でできなくもない。しかし、羽をむしる際は軽い羽毛が大量に舞い上がることがあるので、屋外でビニール袋などをかぶせて行うと、羽毛が散らからずに後始末が楽だ。ちなみに、鳥類の場合は、腸から肉に匂いがついてしまう。捕獲後は、先が鉤（かぎ）状に曲ったガットフックなどで、なるべく早く肛門から腸を抜いてしまおう。

とはいえ、野生動物を解体する場合は、なるべく家庭で口にするものとは分けたほうが安全である。前述のとおり、野生動物は人畜共通の感染症を持っている可能能性があり、まな板についた血液などから感染するおそれもあるからだ。また、近所の人から動物虐待だと誤解されないように、解体は玄関先などの目立つ場所で行わないことをおすすめする。ジビエ肉を販売する営利目的の場合は、食品衛生法に基づいた施設での解体が求められるので、最後の章で改めてお伝えしたい。

また解体の前に行う、止めさしや放血（血抜き）も、肉のおいしさを左右する重要なファクターだ。

捕獲後の獲物を絶命させる止めさしは、ナイフを使う方法、銃を使う方法、電流で感電させる方法などがある。畜産業ではと殺場に動物を入れる際にストレスが少なくなるように管理されているが、狩猟では捕獲から止めさしまでに時間をかけると、動物に大きなストレスを与えてしまう。

動物の筋肉はストレスにさらされると肉が水っぽく蒸れてしまったり、赤黒く変色したりすることもあるため、狩猟では止めさしまでの手際のよさが肉質に大きな差を生むといわれている。

一方で、わなで生け捕りにしたイノシシの場合では、目隠しをして数時間休ませると動きや呼吸も穏やかになる。その状態を確認してから止めさしをすると、捕獲直後に止めさしをするより肉質がよくなったという事例もある。捕獲から止めさしまでの時間を気にするより、動物の心身の負荷をなるべく考慮したうえで、止めさしを行うことが大切なのかもしれない。

臭みの原因となる血液も、放血処理で早めに抜いたほうがいい。放血から解体までが流れ作業で行われる畜産業とは違い、狩猟では猟場から解体拠点までの運搬に必ず時間がかかってしまう。その場で確実に放血をすることが、肉の質を低下させないポイントとなる。

放血には、獲物が生きているうちに気管の脇の動脈を切断する方法や、止めさし後に心臓を切開する方法などがある。効率よく血が抜けるのは前者だが、体の表面からでは動脈の位置がわかりづらく、誤って食道などを傷つけてしまうおそれがある。自信がないうちは、面積の広い心臓から血を抜くのが確実だろう。

後始末も抜かりなく

最低限押さえておきたい3つの衛生管理

自家消費の場合、初心者のうちからでも最低限配慮したい衛生管理とはどのようなものか？ 食中毒や感染症を防ぎ、合法的に解体を行うために最低限守るべきポイントは、

①ウイルスや菌から、肉が汚染されるのを防ぐ
②肉が傷む前に食べるか、保存を行う
③残滓（ざんし）の適切な廃棄

の3点である。

肉の汚染には、マダニや地表の雑菌など「外界由来」のものから、消化管の内容物やウイルス・菌などによる「内臓由来」のものがある。そのため解体前には外皮をよく洗浄し、熱湯をかけてマダニを死滅させる。熱湯をかけすぎると肉が傷んでしまうので、さっと短時間で行う

のがコツだ。熱湯を使わずに、ガスバーナーで炙る人もいる。

解体が始まったら、胃や腸など消化管の内容物が肉に付着しないように細心の注意を払おう。銃で胃腸を撃ち抜かれた個体は、肉が汚染されている可能性があるので食べるのは諦めたほうがいいかもしれない。一方、外界と接触のない心臓や肝臓については、そこまで神経質になる必要はなさそうだ。

解体時の服装にも気をつけたい。動物の血液などから人間への感染症を防ぐためには、長袖、長ズボン、ゴム手袋などを利用して、毛皮や血液に直接触れないようにもしておきたい。作業環境も、なるべく温度の低い場所や、衛生的な空間で作業をすること。食中毒を予防するのと同時に、肉を新鮮に保つことにもつながる。

おざなりになりやすいのが、内臓や骨、皮などの「残滓」の処理である。そもそも残滓の放置は、鳥獣保護管理法で原則的に禁じられている。山中に埋めずに捨てたり、また埋め方が甘かったりすれば、衛生面、野生動物による掘り起こしなどで周辺住民とのトラブルになりかねない。生態系への悪影響も与えてしまうだろう。ハンターが猟や解体を行えるのは、ご近所や社会の理解あってのものだ。残滓は密閉できる容器などに入れ、都道府県が定めたルールに則って、速やかに埋設や焼却などの処理を行おう。

ジビエ肉を売りたいと思ったら

処理場の開設に必要なこと

ジビエ肉を解体して販売するのであれば、食品衛生法が定める「食肉処理業」の許可が必要だ。解体などを行う食肉処理場の設備も、その基準を満たすものが求められる。

最低限必要なものとしては、ナイフや屋内での解体設備に加え、住所が登録できる物件（移動解体車などは登録できない可能性がある）、熱湯で消毒するためのボイラーや水回り、商品保管のための冷蔵・冷凍設備などがある。しかし、許可が取れるか否かのボーダーラインについては、各保健所や担当者によって解釈のバラつきがあるのが現状。「あの処理場では許可が出たのに、ウチはNGだった」という事例も少なからずあるので、ひとつひとつ地域の保健所に確認を取りつつ進めていくほうが結果的にスムースかもしれない。

また、運用面としては、個体を管理して追跡するための仕組みが必要となってくる。

食肉処理を行わず、販売のみの場合は「食肉販売業」、燻製やハムなどの加工を行う場合は「食肉製品製造業」の許可が求められる。

これらの業種については、食品衛生法による「HACCPに基づいた衛生管理」が義務化されている。HACCPとはHazard Analysis and Critical Control Point の頭文字で、国際基準を満たした衛生管理法のひとつである。「営業許可制度」の見直しも行われ、食品製品製造業については、ハムやソーセージだけでなく、総菜の製造も可能になった。

進化した調理器具で軟らかく
生食は厳禁！必ず加熱を

こんな風に、細心の注意を払って処理されたジビエ肉。安心して味わうために、簡単かつもっとも重要なのは「必ず加熱調理を行う」ことである。昔は、シカの肉などは生に近いほどおいしいといわれてきたが、現在のジビエで生食は厳禁だ。

日本でジビエが原因となった感染症には、E型肝炎や腸管出血性大腸菌O157、ウェステルマン肺吸虫という寄生虫などが報告されているが、いずれも生食や過熱不足によるもの。厚生労働省は前述の指針で、「充分な加熱処理（中心部の温度が75℃以上で1分間以上、またはこれと同等以上の効力を有する方法）」を求めている。

ひと昔前までは「火を通すと硬くなる」と敬遠された肉でも、今は低温調理機などの進化で、充分な殺菌加熱をしながらも軟らかく仕上げることが容易になった。ジビエのレシピ本や狩猟の雑誌などから情報を集めることもできるので、ぜひ安全でおいしく食べられるさまざまな調理法を試してみたい。

ジビエ肉が食べられるようになるまでには、一見面倒にも思える手続きやルールがつきまとう。しかし、これらはより安全に、よりおいしく野生の肉を楽しむために必要な道のりでもあるのだ。

たとえ自家消費であっても、可能な限りガイドラインに沿った処理をすることは、猟果を分かち合う家族や仲間に対するハンターの責任でもある。それが今後の狩猟文化やジビエカルチャーの発展にもつながっていくことは、想像に難くないだろう。

低温調理が流行っているが、野生鳥獣の調理の際には的確な温度管理を行って、安全第一で食べるようにしたい

温度	時間
70℃	3分
69℃	4分
68℃	5分
67℃	8分
66℃	11分
65℃	15分

中心温度75℃1分と同等の加熱殺菌条件

表の温度を参考に加熱調理をするほか、解体中に刃物を熱湯消毒することも大事。止めさし、剥皮、内臓摘出、精肉で別々の刃物を使用する／厚生労働省「野生鳥獣肉に関するQ&A」を参考に作成

止めさしや処理の方法で変わる肉の味のこと

ベストな止めさし法とは？

現在、衛生的でよい肉を得るためのベストの方法は、牛や豚の食肉処理施設で行われているものである。生産地から処理施設に生体で受け入れされた家畜は解体ラインに乗る。工程としては、生体洗浄、係留、追い込み、保定、スタニング(専用のボルトガンや電撃機などで気絶処理をすること)、喉刺し・放血(スティッキング)、剝皮前処理、剝皮、内臓摘出、背割り、トリミング、冷蔵・保管、となる。

追い込みでは激しく追い立てられることはないし、仮に人の姿を見たとしても、養豚場にいたときに人間は危険ではないということを家畜は認識している。処理施設の環境が飼育されていたときの環境と少し違うというだけで、大きなストレスを受けてはいないと思われる。

一方、山野で行われる狩猟の場合、イノシシやシカにとって、人間は近づいてはいけない存在だ。端的に言うと敵である。近づけば距離を保って警戒してストレスを受けるし、人の前にはできるだけ姿を見せないように行動する。危険を察知するや否や逃げていくが、興奮したイノシシのように毛を逆立てて絶叫しながら向かってくる個体も中にはいる。

巻き狩りの場合はタツマがいる場所へと獲物を追い込んでいくが、ときとして獲物は全速力で跳んで逃げる。回収しやすい狙いどおりの場所へ追い込んで撃ち斃すのだから、猟法としては非常に効率がよいが、「肉質優先」という点で考えると走らせてしまっているというのがウイークポイントともいえる。それに、狩猟の現場では常に安定した状態で止めさしができるわけではない。たとえよい所に被弾していたとしても、その場で崩れ落ちるように斃れないで、走られたり崖

放血のために刃物を入れる部位

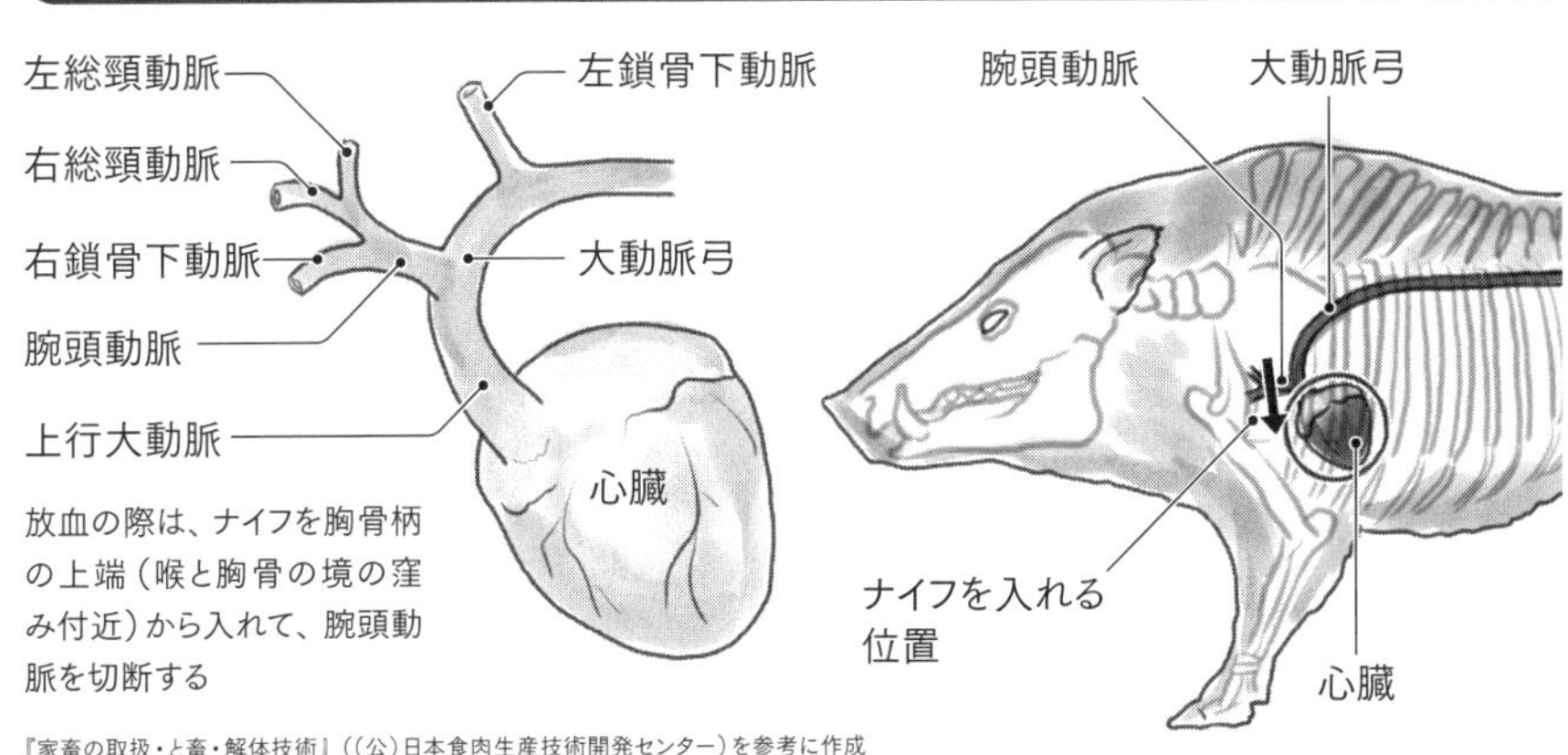

放血の際は、ナイフを胸骨柄の上端(喉と胸骨の境の窪み付近)から入れて、腕頭動脈を切断する

『家畜の取扱・と畜・解体技術』((公)日本食肉生産技術開発センター)を参考に作成

から落ちてしまうことだってある。藪に入られでもしたらなかなか見つからず、回収に時間がかかってしまう。ハンターなら回収に時間をかけてはいけないことを経験として知っているが、実際に肉質に与える影響はあまり知られていない。

さて、家畜が肉になるには、「と殺→死後硬直→解硬→熟成」の過程を経るが、肉の中では以下のような変化が起こっている。

⓪止めさし
①呼吸の停止
②無呼吸（無酸素状態）での筋肉の収縮（グリコーゲンが分解されてＡＴＰを生成）（ＡＴＰを分解してエネルギー発生）（ＡＴＰ→ＡＤＰ→ＡＭＰ→イノシン酸））
③エネルギー源が枯渇するまで収縮する。死後硬直（豚では約12時間）
④グリコーゲンの分解により乳酸蓄積（pH低下。7→5.4）
⑤エネルギー源が枯渇。筋肉収縮終了
⑥死後硬直解除（解硬）
⑦筋原線維の軟化（保水性向上）
⑧タンパク質の分解（アミノ酸生成。ＡＴＰの分解産物イノシン酸との相乗効果でうま味向上＝肉の熟成（豚で４～６日間））

グリコーゲンは筋肉を動かすエネルギー源であり、死後硬直とともにＡＴＰ→

表1 食肉の品質

肉色	筋肉中に含まれる色素タンパク質（ミオグロビン）の含有量で決まる
風味	脂肪の組成によって変化。飼料によって影響を受ける
多汁性	筋原線維タンパク質の結合水を多く保つことで保水性、結着性が高まる。凍結すると損なわれる
柔軟性	筋原線維タンパク質の結合水を多く保つことで柔軟性が高まる。筋繊維の細かさによる。結合組織（コラーゲンなど）の量によって決まる。凍結することで損なわれる

表2 食肉のpHについて

pH	
7.2	生体
7.1	
7.0	
6.9	
6.8	
6.6	
6.5	
6.4	
6.3	
6.2	
6.1	
6.0	
5.9	↑
5.8	DFD
5.7	
5.6	
5.5	最適
5.4	
5.3	
5.2	PSE
5.1	↓
5.0	

pH7付近が中性、それより数値が高くなるとアルカリ性、低くなると酸性になる。生きているときの肉のpHは中性（7.2～7.0）。止めさし後、酸性に傾いていくが、処理の方法によってpHが最適値にならなくなることもある。最適値は5.3～5.7で、かなり狭い範囲である

＊DFD＝
Dark（色が濃く）
Firm（締まって硬い）
Dry（乾燥している）

＊PSE＝
Pale（色が淡く）
Soft（柔らかく）
Exudative（水っぽい）

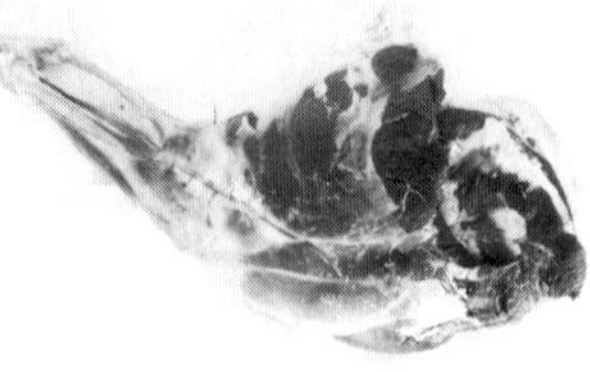

死後硬直の前に脱骨すると、その後、筋肉が収縮する。柔らかい肉を得るには、脱骨は死後硬直の後に行ったほうがよい

ADP→AMPと変化していき、イノシン酸（うま味成分）へ変わる。その後、熟成工程に入りタンパク質が分解されてアミノ酸に変わる。獲りたての肉はフレッシュだが、ちょっと味気ないと感じるのはアミノ酸に変わっていないからだといえる。

次ページの表は、止めさしや処理条件ごとの肉質の違いについてまとめたものだ。表のとおり、走らせたり興奮させたり放血が遅かったりした獲物の肉質が落ちることは容易に理解できる。さらに、この表で興味深いのは、脱骨タイミングや凍結・解凍タイミングによっても、肉が硬くなったり大量のドリップが出たりと、うま味物質がなくなってしまうことだ。肉質を悪化させない主な方法を以下に紹介していこう。

●脱骨は死後硬直が終了してから行う。
●急速凍結は死後硬直が終了してから行う。
●死後硬直中は十分に冷却する。
●赤身が多いシカの場合、死後硬直中は中心部が10℃を下回らないように冷却。

そして、血こそが肉の臭みをもたらす元凶であるから、放血を確実に行いたい。放血時に的確な部位にナイフを入れることも重要で、よく「心臓を刺す」と表現されるが、それは的確ではない。放血をさらに確実なものにするには、心臓を直撃してはいけない。心臓を切ってしまうと、放血が不十分になってしまうからだ。

289ページの図のように、獲物を失神時間内に死亡させるために、心臓から脳へ送られる動脈（「腕頭動脈」(わんとう)という）を切断する。そのときに心臓が脈動している状態が望ましいので、銃猟の場合は、撃った直後に心臓がまだ動いている頭部か頸部を撃ち抜くのがベスト。わな猟なら電気止めさし器や棍棒で失神させるが、猟師が近づくことで動物を興奮させてしまうのは致し方ない。止めさし時に獲物を過度に興奮させたり体力を消耗させたりすると、PSEやDFDといった異常肉になってしまう。それに、スタニングが不十分であったり、スティッキングが不正確だったり、時間をかけすぎたりしてしまうと、肉にスポット（血斑）という毛細血管の破裂による点々と血が滲んだ状態になる。

放血後に速やかに内臓を摘出することは必須だが、大バラシや脱骨は1日置いてから行ってもよいということである。ただし、原則的に肉の状態は外気温に左右され、ハエなどの活動が活発な暑い時期は屋外での解体は避けるべき。暑い時期なら、大バラシまでは一気に行ってしまい、骨がついたまま各部位をハエがつかない低温下に置くようにする。

このように、肉質を低下させる要因はさまざまにある。猟場はどこもかしこも不安定で、ここで書いたような処理がはたして実践できるかどうかはわからない。しかし、知識として身につけ意識することが、今よりベターな質の肉を得ることにつながる。もちろん野生動物は個体ごとの個性（雌雄、年齢、運動量、食習慣、時期など）と相まって肉質が決まるものだから、その日の狩猟シーンもすべてひっくるめて自分たちが食べるために他人の力を借りずに仕留めて解体して得たジビエの味を楽しんでほしい。

0 ジビエ・基本工程

『ジビエ・肉の科学』（(公)全国食肉学校）ジビエサミット2019年11月発表資料を参考に表を作成

基本工程	捕獲	放血	解体	冷却	脱骨	冷蔵保管
形態	生体	と体		枝肉	部分肉	
状態	安静	死後硬直			解硬	熟成
グリコーゲン・ATP	普通	減少			ゼロ	
体温	普通	上昇		低下	ー	
pH（乳酸の生成）	7	死後硬直			5.5	
肉色	ー	ー			良い	
柔軟性	軟らかい	硬い			普通	軟らかい
保水性（多汁性）	高い	低い			普通	高い
風味（うま味）	ー	なし		イノシン酸	ー	アミノ酸

1 放血前に興奮させた場合→PSE

PSE (1)	捕獲	放血	解体	冷却	脱骨	冷蔵保管
形態	生体	と体		枝肉	部分肉	
状態	興奮	急激な死後硬直			解硬	熟成
グリコーゲン・ATP	普通	急激に減少			ゼロ	
体温	高い	さらに上昇		低下	ー	
pH（乳酸の生成）	7	急激に低下			5.2以下	
肉色	ー	ー			淡い	
柔軟性	軟らかい	硬い			より軟らかい	
保水性（多汁性）	ー	低い			水っぽい	
風味（うま味）	ー	なし		イノシン酸	ー	アミノ酸

2 放血前に体力を消耗させた場合→DFD

DFD	捕獲	放血	解体	冷却	脱骨	冷蔵保管
形態	生体	と体		枝肉	部分肉	
状態	消耗	死後硬直不十分			解硬	熟成
グリコーゲン・ATP	少ない	早くなくなる			ゼロ	
体温	普通	上昇		低下	ー	
pH（乳酸の生成）	7	あまり低下しない			5.8以上	
肉色	ー	ー			濃い	
柔軟性	軟らかい	硬い			硬い	
保水性（多汁性）	ー	低い			乾いている	
風味（うま味）	ー	なし		なし	ー	アミノ酸

3 解体後すぐに脱骨した場合→収縮が大きい

収縮大	捕獲	放血	解体	脱骨	冷却	冷蔵保管
形態	生体	と体		部分肉		
状態	安静	死後硬直（骨がないので、より収縮する）			解硬・熟成	
グリコーゲン・ATP	普通	減少			ゼロ	
体温	普通	上昇		低下	ー	
pH（乳酸の生成）	7	低下			5.5	
肉色	ー	ー			良い	
柔軟性	軟らかい	硬い			より硬い	
保水性（多汁性）	ー	低い			普通	
風味（うま味）	ー	なし		イノシン酸	ー	アミノ酸

獲物を長時間走らせたり、半矢にして疲労させたりすることで、肉の質が落ちる。獲物に気づかれない状態で頭や首を撃って、その場で斃れるのが理想。すぐに放血や冷却なども適切に行う

④ 解体後すぐに脱骨して凍結し、使用時に完全解凍した場合→解凍硬直

解凍硬直	捕獲	放血	解体	脱骨	急速凍結	解凍
形態	生体	と体		部分肉		
状態	安静			死後硬直不十分		死後硬直
グリコーゲン・ATP	普通			保持		減少
体温	普通			−		−
pH（乳酸の生成）	7			保持		低下
肉色	−			−		濃い
柔軟性	軟らかい			軟らかいまま冷凍		硬い
保水性（多汁性）	高い			高い		大量のドリップ
風味（うま味）	−	なし				なし

⑤ 解体後すぐに脱骨して凍結し、使用時に半解凍して練り製品を製造した場合→結着性が高いので加工にリン酸塩不要

高い結着力	捕獲	放血	解体	脱骨	急速凍結	半解凍・加工
形態	生体	と体		部分肉		
状態	安静			死後硬直不十分		
グリコーゲン・ATP	普通			ATPが十分残っている		
体温	普通			−		
pH（乳酸の生成）	7			下がらない		
肉色	−			濃い		
柔軟性	軟らかい			軟らかい		
保水性（多汁性）	高い			高い		
風味（うま味）	−	なし				なし

＊死後硬直前に脱骨・急速凍結した場合、完全解凍せずに加工すれば、保水性・結着性が高く、リン酸塩を使用しなくても練り製品の製造ができる

⑥ 解体後の冷却が不充分な場合→死後硬直が早まりPSE状態になる

PSE (2)	捕獲	放血	解体	常温	脱骨	冷蔵保管
形態	生体	と体		枝肉	部分肉	
状態	安静	死後硬直が早まる			解硬熟成	熟成
グリコーゲン・ATP	普通	急激に減少			ゼロ	
体温	普通	さらに上昇			−	低下
pH（乳酸の生成）	7	急激に低下			5.2以下	
肉色	−	−			淡い	
柔軟性	軟らかい	硬い			より軟らかい	
保水性（多汁性）	−	低い			水っぽい	
風味（うま味）	−	なし		イノシン酸	−	アミノ酸

＊死後硬直中は十分冷却する

⑦ 解体後に急激に冷却した場合→コールドショートニング（寒冷収縮）・赤色筋の多いヒツジなど

基本工程	捕獲	放血	解体	急速冷却	脱骨	冷蔵保管
形態	生体	と体		枝肉	部分肉	
状態	安静	死後硬直の度合いが強い			解硬	熟成
グリコーゲン・ATP	普通	減少			ゼロ	
体温	普通	10時間以内に10℃以下			−	
pH（乳酸の生成）	7	低下			5.5	
肉色	−	−			良い	
柔軟性	軟らかい	硬い			硬い	
保水性（多汁性）	高い	低い			普通	高い
風味（うま味）	−	なし		イノシン酸	−	アミノ酸

＊赤身の多いシカの場合、死後硬直中は中心部が10℃を下回らないように冷却する

いかにストレスをかけない方法で止めさしができるかが、良質の肉を得るために重要。獣肉処理施設へ生体搬入後、しばらく時間をおいて安静状態にさせてから止めさしに入るハンターもいる

猟趣はひとえに犬次第

めくるめく和犬系猪犬たちの世界

日本のイノシシ猟では、古来猪犬(ししいぬ)と呼ばれるイノシシ猟用の和犬たちが活躍していました。今のようにさまざまなデジタルデバイスやアウトドア装備などなかった時代、イノシシを捜索し、起こし、止める、というイノシシ猟で不可欠な手順を踏むためには優秀な猪犬が欠かせませんでした。もちろん現代のイノシシ猟においても猪犬を駆使する猟師は数多く、それぞれに多様な系統、血統、犬種の猪犬が使役されています。そして名犬といわれる有名な猪犬も過去には存在し、そういった犬の名血を受け継ぐ猪犬を持ったり、独自の猪犬を作出することがイノシシ猟師の間ではステータスでもありロマンにもなっているのです。

紀州犬系

国の天然記念物指定も受けている日本犬の一種、紀州犬。猪犬としてもよく耳にする犬種だと思いますが、決して「紀州犬=猪犬」というものではありません。というのも、紀州犬の中にも猟欲の有無や強弱があり、「猪犬になり得た紀州犬」たちが、過去から現在まで日本のイノシシ猟場で活躍しています。

猪犬界での紀州犬の元祖といえば「紀州3名犬」と呼ば

れた「鳴滝の市（なるたきのいち）」「義清の鉄（よしきよのてつ）」「喜一の八（きいちのはち）」は外せません。いずれも大正から昭和初期にかけて活躍したとされる紀州犬で、ベテランのイノシシ猟師であれば一度はその名を聞いたことがある優秀な猪犬であり、昭和前半に発行された日本犬関連の書籍の中でも、これら3頭のイノシシ猟における優秀性はある意味神格化されているといっても過言ではありません。「鳴滝」は所有者の屋号、「義清」「喜一」はそれぞれ所有者の名前を表し、吠え止めに秀でた犬たちであったとされています。当時、イノシシは高値で取引され、猟師の大切な収入源でもあったことから、猟に不可欠な優秀な猪犬やその仔犬たちは猟師にとって鉄砲以上に重要な存在でした。優秀な猪犬には商品価値もありましたので、そういう意味では3犬の猟能が誇張されている可能性も否定できませんが、それだけ猪犬に「熱い」時代だったともいえます。現在でもベテラン猟師の中には、自分が所有する紀州犬について、この3犬の血を引いていることを自慢気に口にする方もいることでしょう。

紀州犬について、猟師が独自に繁殖や掛け合わせを行い、その名がついた系統犬も存在します。小竹（しの）友次郎氏の小竹系、細田良一氏の細田系、古家（こや）弥知夫氏の古家系などなど。これらの作出者の方々はもう亡くなられていますが、今でも全国のイノシシ猟師がそれらの系統犬を所有し、イノシシ猟に使役しています。

これらの名血、名犬たちがどのような猟能を持ち、系統的に一定の固定化を見ていたのか？　これについて自分で批評できるほど私はまだ経験も知識もありませんが、紀州犬というカテゴリーから飛び出し、ポインターのような犬種としての固定化にたどり着いていないところからは、明確な猟芸の遺伝的固定には至らなかったものと想像されます。しかし、それぞれに紀州犬を猪犬として繁殖するとき、そこには作出者が持つイノシシ猟師としての審美眼と、追い求める目標があったことでしょう。紀州犬系の猪犬を見るとき、そこに過去の繁殖者たちの熱意を感じ取ってみると、イノシシ猟の趣（おもむき）もまた変わってくるのです。

地犬系

国の天然記念物指定を受けている紀州犬、四国犬、甲斐犬、北海道犬、柴犬、秋田犬の日本犬6犬種も、そのルーツをたどれば日本各地で存在し、地域性などから一定の固定化を見たいわゆる地犬たちです。そしてこれら6犬種以外にも、猟犬として使役されている地犬が存在します。

屋久島犬は、その名のとおり屋久島で飼育されている地域性の濃い犬のことです。地元の屋久島ではヤクシカというシカの狩猟に古くから使役されてきましたが、それを入手し、本州でイノシシ猟などに使役する猟師もいます。短毛の赤毛、深くくびれた腰、大きく薄い立ち耳、三角形の鋭いつり目などが特徴です。

〝地柴〟と呼ばれる柴犬の地犬の一種、美濃柴犬も狩猟で使役される地犬です。柴犬のルーツでもある岐阜地方に伝わる小型犬で、緋色（濃い赤色）が特徴。古くから集落での狩猟に使われた歴史があり、寒さや雪に強いことから、現在でも冬季のクマ猟などに連れる猟師がいます。

和歌山県南部および三重県南部のいわゆる熊野地方をルーツに持つ熊野地犬もイノシシ猟師の間では人気がありま す。紀州犬、紀州犬系の猟犬との線引きは定かではありませんが、古くから熊野地方の集落に住むイノシシ猟師の間で受け継がれてきた犬という位置づけで、熊野地犬という呼称には、猪犬として犬を育て繁殖してきた猟師たちのプライドを感じます。

ほかにもさまざまな地犬たちが現役の猟犬として日本各地で活躍しています。その名前はルーツとなる地域を表しているだけでなく、その地元猟師たちがつないできた狩猟の歴史も表しているのです。

独自作出系

各地の地犬をベースにして他犬種を掛け合わせるなどして、猟師が独自に作出・繁殖し、独特の名前がついている猟犬もいます。

宮崎県からはM氏が作出した「ラガー犬」、新田氏が作出した「新田犬」の名が知られており、徳島県のH氏が作出した「アストル犬」もまたベテラン猟師ならば必ず耳にしたことがある犬でしょう。いずれもイノシシ猟師がつくり出した犬たちであり、全国各地の猟場で活躍しています。先にも述べたとおり、私がそれらの犬の猟芸や猟能を評価することはできませんが、そういった独自の犬をつくろうとしたベテラン猟師の意気込みや繁殖における考え方、目指した境地に思いを馳せるのも面白いかもしれません。

犬がいてこそ深まる猟趣

「猟趣」（りょうしゅ）という猟師言葉があります。意味はそのまま「猟における趣」でいいかと思います。

近年は、犬を連れない狩猟をする人が増えているように思います。私自身、犬もいますが、天候などによっては犬無しで出猟することもあります。そのとき思うことは「やはり、犬がいないと面白くない」ということです。犬無し猟を否定はしませんが、犬がいてこそ感じるもの、見えるもの、得られるものがあるからです。

大物猟でも鳥猟でも、それに使役される多数の犬種や、独自の作出犬がいます。また、同じ犬種でも、犬ごとに性格や猟能は異なってきます。多種多様な実猟犬が存在する理由は、犬に求める作業の違いもありますが、それぞれに猟趣が異なるからだろうとも思います。

「この犬とならどんな猟になるだろう」

「この犬でこういう猟をしたい」

そういう強い好奇心が、犬持ち猟師にとって猟犬を育成する意欲となり、そして猟師の足をまた山に向ける猟欲になっています。まだ自分の猟犬がいない方は、ぜひ、ご自身の猟犬を手に入れ、飼育し、共に出猟する機会を模索してみてください。必ずや今までにない猟趣を感じることができると思います。

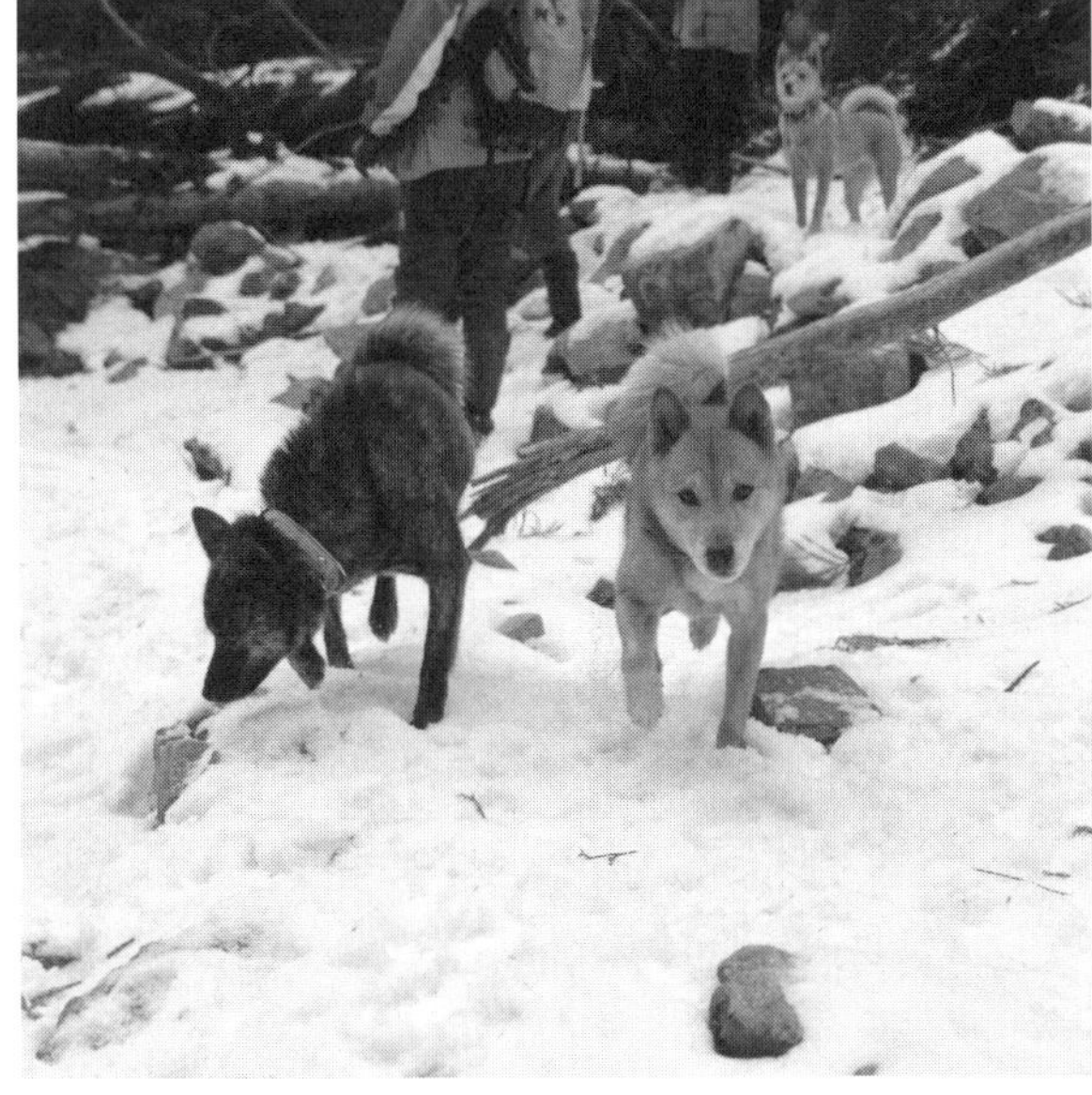

参考文献

●参考書籍・雑誌

『日本狩猟百科』 狩猟百科編纂委員会 編（全日本狩猟倶楽部）1973年

『スポーツナイフ大研究』 赤津孝夫（講談社）1982年

『アウトドアナイフがわかる本』 蓬莱博史（地球丸）2016年

『猟銃等取扱読本（16訂版）』（全日本指定射撃場協会）2019年

『復刻版　日本犬大観』（誠文堂新光社）1987年

『〈犬種別〉シリーズ　英・ポインター』 愛犬の友編（誠文堂新光社）1980年

『注釈　銃砲刀剣類所持等取締法【第2版】』 大塚 尚 著／辻義之 監修（立花書房）2015年

『改訂5版　鳥獣保護管理法の解説』 環境省自然環境局野生生物課鳥獣保護管理室（大成出版社）2017年

『増補改訂　最新世界の犬種大図鑑』 藤田りか子（誠文堂新光社）2021年

『ビジュアル　犬種百科図鑑』（緑書房）神里 洋2016年

『世界大百科事典』（平凡社）1998年

『オックスフォード動物学辞典』 Michael Allaby 編／木村一郎・野間口隆・藤沢弘介・佐藤寅夫（朝倉書店）2005年

『鳥類学』 フランク・B. ギル 著／山階鳥類研究所 訳（新樹社）2009年

『日本動物大百科　第1巻　哺乳類Ⅰ』日高敏隆 監修（平凡社）1996年
『日本動物大百科　第2巻　哺乳類Ⅱ』日高敏隆 監修（平凡社）1996年
『野生動物観察事典』今泉忠明 著（東京堂出版）2004年
『原色日本植物図鑑・木本編Ⅱ』北村四郎・村田源 著（保育社）1979年
『山溪ハンディ図鑑7　新版 日本の野鳥』叶内拓哉・安部直哉・上田秀雄 著（山と溪谷社）2013年
『街・野山・水辺で見かける野鳥図鑑』樋口広芳 監修／柴田佳秀 著（日本文芸社）2019年
『くらべてわかる野鳥　文庫版』叶内拓哉 著（山と溪谷社）2016年
『くらべてわかる哺乳類』小宮輝之 著（山と溪谷社）2016年
『観察する目が変わる動物学入門』浅場明莉・菊水健史 著（ベレ出版）2017年
『大学1年生の　なっとく！　生態学』鷲谷いずみ 著（講談社）2017年
『レザークラフトに役立つ 革の事典』（スタジオ タック クリエイティブ）2015年
『じつは食べられるいきもの事典』松原 始・伊勢優史 著（宝島社）2020年
『ジビエ教本　野生鳥獣の狩猟から精肉加工までの解説と調理技法』依田誠志（誠文堂新光社）2016年
『料理人のためのジビエガイド　上手な選び方と加工・料理』神谷英生（柴田書店）2014年
『ジビエ・バイブル』川﨑誠也・皆良田光輝・藤木徳彦・有馬邦明・谷利通・手島純也・湯澤貴博・髙橋雄二郎・川手寛康 著（ナツメ社）2016年
『狩猟読本（令和2年改訂版）』（大日本猟友会）2020年
『狩猟生活』2017 VOL1～2018 VOL4（地球丸）2017～2018年
『狩猟生活』2019 VOL5～2022 VOL11（山と溪谷社）2019～2022年

参考文献

●参考ウエブサイト

環境省　https://www.env.go.jp/

農林水産省　https://www.maff.go.jp/

警察庁　https://www.npa.go.jp/

厚生労働省　https://www.mhlw.go.jp/

林野庁　https://www.rinya.maff.go.jp

国立研究開発法人　国立環境研究所　https://www.nies.go.jp

国立感染症研究所　https://www.niid.go.jp/niid/ja/

国立国会図書館　レファレンス協同データベース　https://crd.ndl.go.jp/reference/

北海道　https://www.pref.hokkaido.lg.jp/

石川県　https://www.pref.ishikawa.lg.jp/

新潟市　https://www.city.niigata.lg.jp/

福島県　https://www.pref.fukushima.lg.jp/

愛知県　https://www.pref.aichi.jp/

広島県　https://www.pref.hiroshima.lg.jp/

沖縄県　https://www.pref.okinawa.jp/

みやざき文化財情報　https://www.miyazaki-archive.jp/d-museum/mch/

一般社団法人 日本毛皮協会　http://www.fur.or.jp/

一般社団法人 大日本猟友会　http://j-hunters.com/

一般社団法人 日本ジビエ振興協会　https://www.gibier.or.jp/

一般社団法人ジャパン ケネル クラブ　https://www.jkc.or.jp/

日本中央競馬会（JRA）　https://www.jra.go.jp/

公益財団法人　日本野鳥の会「BIRD FAN」　https://www.birdfan.net/

公益財団法人東京動物園協会「東京ズーネット」　https://www.tokyo-zoo.net/

学研キッズネット　https://kids.gakken.co.jp/

のんほいパーク（豊橋総合動植物公園）　https://www.nonhoi.jp/

つだ動物病院　https://tsuda-vet.com/

イトキン株式会社　https://www.itokin.com/

「世界哺乳類標準和名リスト2021年度版」
川田伸一郎・岩佐真宏・福井 大・新宅勇太・天野雅男・下稲葉さやか・樽 創・姉崎智子・鈴木 聡・押田龍夫・横畑泰志　2021　https://www.mammalogy.jp/list/index.html

協力（順不同）

一般社団法人 大日本猟友会
一般社団法人 栃木県猟友会
公益社団法人 神奈川県猟友会
一般社団法人 全日本狩猟倶楽部
株式会社 サイトロンジャパン
有限会社 オーエスピー商会
松原 始（動物行動学者／東京大学総合研究博物館特任准教授）
小原和仁（公益社団法人 全国食肉学校）
渡邉秀典（しまなみイノシシ活用隊 代表）
山口明宏（山口産業 株式会社）
羽田健志（Gray Wolf）
髙橋浩信（髙竜犬舎）
國井克己
広畑美加
山口 円（シューティングサプライ）
浜田修吾（浜田銃砲店）
岩田友太（ガンルームシモン）
宮澤幸男（八珍）
片桐邦雄（寿司割烹 竹染）
首藤正人（樂樂）
甘利 治
武重 謙
千松信也
久保俊治

本書の内容に基づく銃器の取り扱い、狩猟や捕獲行為、解体、料理等については関連法令を遵守したうえで自身の責任で行ってください。

デザイン 尾崎行欧
本多亜実
（尾崎行欧デザイン事務所）
イラストレーション 小倉隆典
校正 五十嵐柳子
編集 鈴木幸成（山と溪谷社）

著者プロフィール

小堀ダイスケ

27歳で散弾銃を所持し、その後、狩猟免許を取得。第一種銃猟・わな猟・網猟と3種の狩猟免許を持つ。これまでに扱ったナイフは200本以上、所持した銃の合計は30丁と、豊富な知識と経験を活かし2013年からライターとして活動を開始。国内ではほぼ唯一の狩猟・銃・ナイフの専門ライターとして、狩猟専門誌などで執筆を続けている。現在、一般社団法人栃木県猟友会の事務局長を務める。趣味はオートバイ

佐茂規彦

株式会社AEG代表取締役。神戸大学法学部を卒業後、国家公務員経験を経て、現在は狩猟／射撃用品・猟銃販売のAEGハンターズショップを運営。販売業の傍ら、2013年から自社出版の狩猟専門誌『けもの道』（現在は三才ブックスが出版）で執筆・編集・制作を現在まで担当し、取材等を通じて全国の狩猟者や捕獲従事者らと親交が深い。自らは紀州犬とともに一銃一狗を目指しつつ、銃猟歴9年

吉野かぁこ

フリーライター。2017年より狩猟専門誌『狩猟生活』（山と溪谷社）や『けもの道』（三才ブックス）に寄稿。第一種銃猟・わな猟免許保持。猟期には集団猟などに参加し、ベテランハンターの指導を受けながら知見を広げている。ジビエラーメンの専門店「猪骨（しし こつ）ラーメン」の経営にも携わる。カラス愛好家でありカラス専門誌『CROW'S』発行人。著書に『Voyager ——虐待サバイバー、救済の物語』（花伝社）

狩猟用語事典

二〇二三年一月五日　初版第一刷発行

編者　『狩猟生活』編集部
著者　小堀ダイスケ、佐茂規彦、吉野かぁこ
発行人　川崎深雪
発行所　株式会社　山と溪谷社
郵便番号一〇一－〇〇五一
東京都千代田区神田神保町一丁目一〇五番地
https://www.yamakei.co.jp/
印刷・製本　株式会社　シナノ

●乱丁・落丁、及び内容に関するお問合せ先
山と溪谷社自動応答サービス
電話〇三－六七四四－一九〇〇
受付時間／十一時～十六時（土日、祝日を除く）
メールもご利用ください。【乱丁・落丁】service@yamakei.co.jp
【内容】info@yamakei.co.jp
●書店・取次様からのご注文先
山と溪谷受注センター
電話〇四八－四五八－三四五五
FAX〇四八－四二一－〇五一三
●書店・取次様からのご注文以外のお問合せ先
eigyo@yamakei.co.jp

Printed in Japan　ISBN978-4-635-81021-0